"十二五"职业教育国家规划教材
经全国职业教育教材审定委员会审定
高等职业院校精品教材系列

省级精品课
配套教材

# 建筑工程计量与计价

## (第2版)

肖伦斌　罗　滔　主编
王　争　刘跃国　罗丹霞　副主编

電子工業出版社
Publishing House of Electronics Industry
北京·BEIJING

## 内容简介

本书在第1版得到广泛使用的基础上，按照最新的职业教育教学改革要求，结合国家示范专业建设课程改革新成果，以及作者多年的校企合作经验进行修订编写。主要内容包括建筑工程计量与计价基础、建筑工程工程量计算、装饰工程工程量计算、措施项目工程量计算、工程造价形成和建筑安装工程费用项目组成、建筑工程投标报价、工程结算和竣工决算七大部分。同时，将基本建设、工程量与工程量清单、定额计价与清单计价、定额原理等基础性内容，按照适度够用的原则整合为建筑工程计量与计价基础部分；将建设项目计价过程的拆分和组合思路贯穿于建筑工程量计算、装饰工程量计算、综合单价的确定、建筑工程投标报价等章节中，使学生能够通过多个实际案例的学习，真正具备进行单位工程投标报价和工程竣工结算的能力。

本书内容新颖实用，易于实施教学，可作为高等职业院校土建类专业对应课程的教材，以及应用型本科、开放大学、成人教育、中职学校、培训班的教材，也可供建筑工程技术人员学习参考。

本书配有免费的电子教学课件、练习题参考答案和**精品课网站**，详见前言。



**图书在版编目(CIP)数据**

建筑工程计量与计价/肖伦斌，罗滔主编．—2版．—北京：电子工业出版社，2014.9（2022.11重印）
高等职业院校精品教材系列

ISBN 978-7-121-24277-9

Ⅰ．①建…　Ⅱ．①肖…　②罗…　Ⅲ．①建筑工程-计量-高等职业教育-教材②建筑造价-高等职业教育-教材　Ⅳ．①TU723.3

中国版本图书馆CIP数据核字(2014)第203499号

策划编辑：陈健德(E-mail：chenjd@phei.com.cn)
责任编辑：靳　平
印　　刷：北京七彩京通数码快印有限公司
装　　订：北京七彩京通数码快印有限公司
出版发行：电子工业出版社
　　　　　北京市海淀区万寿路173信箱　邮编 100036
开　　本：787×1092　1/16　印张：18.5　字数：473.6千字
版　　次：2010年11月第1版
　　　　　2014年9月第2版
印　　次：2022年12月第11次印刷
定　　价：54.00元

凡所购买电子工业出版社图书有缺损问题，请向购买书店调换。若书店售缺，请与本社发行部联系，联系及邮购电话：(010)88254888。

质量投诉请发邮件至zlts@phei.com.cn，盗版侵权举报请发邮件至dbqq@phei.com.cn。

服务热线：(010)88258888。

# 职业教育　继往开来(序)

自我国经济在21世纪快速发展以来，各行各业都取得了前所未有的进步。随着我国工业生产规模的扩大和经济发展水平的提高，教育行业受到了各方面的重视。尤其对高等职业教育来说，近几年在教育部和财政部实施的国家示范性院校建设政策鼓舞下，高职院校以服务为宗旨、以就业为导向，开展工学结合与校企合作，进行了较大范围的专业建设和课程改革，涌现出一批示范专业和精品课程。高职教育在为区域经济建设服务的前提下，逐步加大校内生产性实训比例，引入企业参与教学过程和质量评价。在这种开放式人才培养模式下，教学以育人为目标，以掌握知识和技能为根本，克服了以学科体系进行教学的缺点和不足，为学生的顶岗实习和顺利就业创造了条件。

中国电子教育学会立足于电子行业企事业单位，为行业教育事业的改革和发展，为实施“科教兴国”战略做了许多工作。电子工业出版社作为职业教育教材出版大社，具有优秀的编辑人才队伍和丰富的职业教育教材出版经验，有义务和能力与广大的高职院校密切合作，参与创新职业教育的新方法，出版反映最新教学改革成果的新教材。中国电子教育学会经常与电子工业出版社开展交流与合作，在职业教育新的教学模式下，将共同为培养符合当今社会需要的、合格的职业技能人才而提供优质服务。

近期由电子工业出版社组织策划和编辑出版的“全国高职高专院校规划教材·精品与示范系列”，具有以下几个突出特点，特向全国的职业教育院校进行推荐。

(1) 本系列教材的课程研究专家和作者主要来自于教育部和各省市评审通过的多所示范院校。他们对教育部倡导的职业教育教学改革精神理解得透彻准确，并且具有多年的职业教育教学经验及工学结合、校企合作经验，能够准确地对职业教育相关专业的知识点和技能点进行横向与纵向设计，能够把握创新型教材的出版方向。

(2) 本系列教材的编写以多所示范院校的课程改革成果为基础，体现重点突出、实用为主、够用为度的原则，采用项目驱动的教学方式。学习任务主要以本行业工作岗位群中的典型实例提炼后进行设置，项目实例较多，应用范围较广，图片数量较大，还引入了一些经验性的公式、表格等，文字叙述浅显易懂。增强了教学过程的互动性与趣味性，对全国许多职业教育院校具有较大的适用性，同时对企业技术人员具有可参考性。

(3) 根据职业教育的特点，本系列教材在全国独创性地提出“职业导航、教学导航、知识分布网络、知识梳理与总结”及“封面重点知识”等内容，有利于老师选择合适的教材并有重点地开展教学过程，也有利于学生了解该教材相关的职业特点和对教材内容进行高效率的学习与总结。

(4) 根据每门课程的内容特点，为方便教学过程对教材配备相应的电子教学课件、习题答案与指导、教学素材资源、程序源代码、教学网站支持等立体化教学资源。

职业教育要不断进行改革，创新型教材建设是一项长期而艰巨的任务。为了使职业教育能够更好地为区域经济和企业服务，殷切希望高职高专院校的各位职教专家和老师提出建议和撰写精品教材（联系邮箱：chenjd@phei.com.cn，电话：010－88254585），共同为我国的职业教育发展尽自己的责任与义务！

**中国电子教育学会**

# 第 2 版前言

本书在第 1 版得到全国广大院校师生的认可和广泛使用的基础上，根据中华人民共和国住房和城乡建设部颁布的《建设工程工程量清单计价规范（GB 50500—2013）》和全国高职高专院校土建类专业的培养方案和相应课程标准，结合示范院校建设课程改革要求、校企合作与工学结合经验进行修订编写本书。

由于工程的计量与计价与国家有关的法律法规、当地的具体规范或规定，以及工程建设和造价文件的编制时间密切相关，具有很强的政策性、地区性和时间性。为了适应各地区工程计量与计价的需要，本书首次将清单计量和定额计量规则进行对比讲解，适时地补充地区定额规则和说明，结合很多实际案例进行分析，并安排有十多个实训任务，以便更多地掌握课程内容。本书具有以下特色：

1. 以课程教学改革成果为基础不断优化与提炼

本书是在国家示范院校建设和提升专业服务产业能力三大项目建设的基础上，结合课程教学改革成果进行开发和完善的。本书依据行业特点和岗位职业资格标准确定学生应具备的知识、能力和技能，按照建筑企业施工工作过程和职业人才成长规律，以学生职业能力培养为中心，突出了“工作任务导向”的“教、学、做”一体化的课程设计思想。

2. 从职业岗位分析入手，完善和重构课程框架

本书内容与中华人民共和国住房和城乡建设部《建设工程工程量清单计价规范》、《国家造价员执业标准》和《预算员职业资格》紧密对接，以市场需求为导向，对职业领域进行工作岗位分析，将典型工作整合成工作任务和知识内容，从而构建课程框架。

3. 体系和内容安排新颖

本书首次将建筑工程计量与计价分开，以建筑工程计量为核心，并将建设项目进行拆分和组合，提前在工程量计算规则中展现，在两种计量规则的对比讲解中，弄清清单项目拆分的真正原因，为清单计价和投标报价埋下伏笔。同时，配套开发了教学资源库、网络课程、虚拟仿真实训平台、通用主题素材库，以及名师名课音像制品等多种形式的数字化配套教材。

4. 注重中高职院校的衔接和贯通

本书以学生为中心，以教学活动为载体，以培养技术技能型人才需要为根本，案例、实训多，在内容、评价标准和能力训练方面注重了中高职衔接和贯通的需要。

本书内容新颖实用，易于实施教学，是高等职业院校土建类专业对应课程的教材，也可作为应用型本科、开放大学、成人教育，中职学校、培训班的教材，还可供建筑工程技术人员学习参考。

本书由绵阳职业技术学院和邢台职业技术学院联合编写，由肖伦斌、罗滔担任主编，王争、刘跃国、罗丹霞担任副主编，尹志细、夏春燕等参加编写，全书由肖伦斌统稿。

本书在编写过程中，参考和引用了国内外大量文献资料，在此谨向原书作者表示衷心感谢。由于时间仓促，编者业务水平和教学经验有限，本书难免存在不足和疏漏之处，敬请各位读者批评指正。

为了方便教师教学及学生学习，本书配有免费的电子教学课件、练习题参考答案，请有需要的教师及学生登录华信教育资源网（www. hxedu. com. cn）免费注册后再进行下载，有问题时请在网站留言板留言或与电子工业出版社联系（E-mail：gaozhi@ phei. com. cn）。读者也可通过该课程的精品课网站（http：//jpkc. myvtc. edu. cn/jlyjj/）浏览和参考更多的教学资源。

目 录

# 第1章 建筑工程计量与计价基础

## 教学导航

**学习目的** 1. 掌握基本建设分类、组成和程序；
2. 掌握工程量与工程量清单的基本概念，比较定额工程量与清单工程量；
3. 了解劳动定额、材料消耗定额、机械台班定额编制；
4. 了解建筑工程预算定额的编制，学会正确使用预算定额。

**学习方法推荐** 练习法、头脑风暴法、小组讨论法等

**教学时间** 7～9学时

**延伸活动或技能训练时间** （2学时）

**教学做过程/教学手段/教学场所安排建议**

| 教学做过程 | 具体内容 | 教学方法及时间安排 | | | 场所安排 |
|---|---|---|---|---|---|
| | | 授课时间（学时） | 活动时间（学时） | 延伸时间（学时） | |
| 基本建设概述 | 基本建设分类与组成 | 1 | | | 教室 |
| | 基本建设的程序 | | | | |
| | 基本建设经济文件 | | | | |
| 工程量与工程量清单概述 | 工程量的概念与工程量计算原理 | 1 | | | 教室 |
| | 工程量清单 | 2 | | （1） | 教室 |
| | 清单计量与定额计量比较 | | | | |
| 工程定额基础 | 定额发展概况 | 2 | | （1） | 教室 |
| | 基础定额 | | | | |
| | 建筑工程预算定额 | 1 | | | 教室 |
| 小　计 | | 7 | | （2） | |

# 1.1 基本建设概述

基本建设是国民经济的重要组成部分，在现代化建设中占据重要地位。它是一种宏观的经济活动，是通过建筑业的勘察、设计、施工和安装等活动来实现的，内容有建筑工程、安装工程、设备、工器具的购置，以及其他建设工作。

具体地说，基本建设就是形成固定资产的经济活动过程，是实现社会扩大再生产的重要手段，固定资产扩大再生产的新建、扩建、改建、恢复工程及其与之有关的工作均称为基本建设。

固定资产是指在社会再生产过程中，可供生产或生活较长时间使用，在使用过程中基本保持原有实物形态的劳动资料和其他物质资料，如建筑物、构筑物、电气设备等。

为了便于管理和核算，凡列为固定资产的劳动资料，一般应同时具备以下两个条件。

(1) 使用期限在一年以上。

(2) 单位价值在规定的限额以上。

不同时具备上述两个条件的应列为低值易耗品。

## 1.1.1 基本建设分类与组成

### 1. 基本建设的分类

基本建设是由若干个具体基本建设项目（简称建设项目）组成的，根据不同的分类标准，基本建设项目大致可分为以下几类。

按项目建设的性质不同分：新建项目、扩建项目、改建项目和迁建项目。

按项目建设过程的不同分：筹建项目、施工项目、投产项目和收尾项目。

按项目资金来源渠道的不同分：国家投资项目和自筹投资项目。

按项目建设规模和投资额的大小分：大型建设项目、中型建设项目和小型建设项目。

### 2. 基本建设项目组成

由于建筑产品都是单件生产、体积庞大、建设周期较长，为了便于施工和管理，必须将建设项目按照其组成内容的不同进行科学的分解，按从大到小，一个建设项目可分解为单项工程、单位工程、分部工程和分项工程。

1）建设项目

建设项目是指具有设计任务书和总体设计，经济上实行独立核算，行政上具有独立组织形式的建设单位，如工厂、学校、医院等。

一个建设项目中，可能有几个单项工程，也可能只有一个单项工程。

2）单项工程

单项工程是指在一个建设项目中，具有独立的设计文件，竣工后可以独立发挥生产能力或使用效益的工程，如车间、宿舍、办公楼等。

单项工程是具有独立存在意义的一个完整的建筑及设备安装工程，也是一个很复杂的综合体。单项工程一般为工程承发包的对象，为了便于计算工程造价，单项工程仍需进一步分解为若干个单位工程。

3）单位工程

单位工程是指在一个单项工程中，具有独立设计文件，可以独立组织施工，但完工后不能独立发挥生产能力或使用效益的工程，如住宅建筑中的土建、给排水、电气照明等。

建筑安装工程通常包括建筑工程、电气照明工程、给排水工程、工业管道工程；设备安装工程通常包括机械设备安装工程和电气设备安装工程。

4）分部工程

分部工程是单项或单位工程的组成部分，是按结构部位、路段长度及施工任务将单项或单位工程划分为若干部分的工程，如建筑与装饰工程中的土（石）方工程，地基处理与边坡支护工程，桩基工程，砌筑工程，混凝土及钢筋混凝土工程，金属结构工程，木结构工程，门窗工程，屋面及防水工程，保温、隔热、防腐工程，楼地面工程，墙、柱面装饰与隔断、幕墙工程，天棚工程，油漆、涂料、裱糊工程，其他装饰工程，拆除工程等。

5）分项工程

分项工程是分部工程的组成部分，是按不同施工方法、材料、工序、路段长度等将分部工程划分为若干个分项或项目的工程。分项工程是建设工程定额中最基本的构成单位，如土（石）方分部工程中的平整场地、挖沟槽土方、挖土方、回填土等分项工程内容。

### 1.1.2　基本建设程序

基本建设程序是指一项建设工程从设想、提出到决策，经过设计、施工直至投产或交付使用的整个过程中，必须遵循的先后顺序（先勘察、后设计、再施工）。

基本建设是一种多行业、各部门密切配合的综合性比较强的经济活动，有些是需要前后衔接的，有些是横向、纵向的密切配合甚至交叉进行的，所以必须遵循一定的科学规律，有步骤、有计划地进行。实践证明，基本建设只有按程序办事，才能加快建设速度，提高工程质量，降低工程造价，提高投资效益。

基本建设的全过程，可分为以下步骤。

#### 1. 项目建议书阶段

项目建议书是向国家提出建设某一项目的建议性文件，是对拟建项目的初步设想。主要内容包括建设项目提出的必要性和依据，产品方案、拟建规模和建设地点的初步设想，资源情况、建设条件和协作关系，投资估算和资金筹措设想，建设进度设想，经济效果和社会效益的初步估计等。项目建议书是国家选择建设项目和有计划地进行可行性研究的依据。

#### 2. 可行性研究阶段

可行性研究是指在项目建议书的基础之上，通过调查、研究，分析与项目有关的社会、技术、经济等方面的条件和情况，对各种方案进行比较、优化，对项目建成后的经济效益和

社会效益进行预测、评价的一种投资决策研究方法和科学分析活动，以保证实现建设项目最佳经济和社会效益。按建设项目的隶属关系，根据国家发展国民经济的长远规划和市场需求，项目建议书由国家主管部门、地区或业主提出，经国家有关管理部门挑选后，进行可行性研究。可行性研究由建设单位或委托单位进行，经国家有关部门批准立项后，要向当地建设行政主管部门或其授权机构进行报建。

可行性研究的内容随行业不同有所差别，但基本内容是相同的。可行性研究一般包括建设项目的背景和历史，市场需求情况和建设规模，资源、原料及主要协作条件，建厂条件和厂址方案，设计方案和比较，对环境影响和保护，生产组织、劳动定员和人员培训，项目实施计划、进度要求，财务和经济评价及结论等。

#### 3. 编制设计任务书

设计任务书是工程建设的大纲，是确定建设项目和建设方案的基本文件，是在可行性研究的基础上进行编制的。

设计任务书的内容，随着建设项目不同而有所差别。大、中型工业项目一般应包括以下几个方面。

（1）建设的目的和依据。

（2）建设规模、产品方案及生产工艺要求。

（3）矿产资源、水文、地质、燃料、动力、供水、运输等协作配套条件。

（4）资源综合利用和“三废”治理的要求。

（5）建设地点和占地面积。

（6）建设工期和投资估算。

（7）防空、抗震等要求。

（8）人员编制和劳动力资源。

（9）经济效益和技术水平。

非工业大中型建设项目设计任务书的内容，各地区可根据上述基本要求，结合各类建设项目的特点，加以补充和删改。

#### 4. 选择建设地点

建设地点应根据区域规划和设计任务书的要求选择，是落实确定建设项目具体坐落位置的重要工作，是建设项目设计的前提。

建设地点的选择主要考虑下面几个因素。

（1）原料、燃料、水源、劳动力等技术经济条件。

（2）地形、工程地质、水文地质、气候等自然条件。

（3）交通、动力、矿产等外部建厂条件。

（4）职工生活条件，“三废”治理等。

#### 5. 编制设计文件

设计阶段是工程项目建设的重要环节，是制定建设计划、组织工程施工和控制建设投资的依据。按照我国现行规定，一般建设项目进行初步设计和施工图设计两阶段设计；对技术

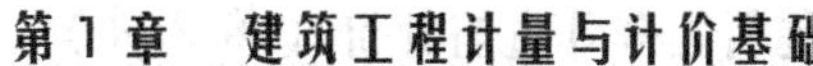

复杂而又缺乏经验的项目，可增加技术设计（扩大初步设计）阶段，即进行三阶段设计。

经过批准的初步设计，可作为主要材料（设备）的订货和施工准备工作的依据，但不能作为施工的依据。施工图设计是经过批准的在初步设计和技术设计的基础上进行的正确、完整、详尽的施工图纸。

初步设计应编制设计概算，技术设计编制修正设计概算，它们是控制建设项目总投资和施工图预算的依据；施工图设计应编制施工图预算，它是确定工程造价、实行经济核算和考核工程成本的依据，也是建设银行划拨工程价款的依据。

设计文件经批准后，具有一定的严肃性，不能任意修改和变更。如果必须修改，凡涉及初步设计内容，须经原批准单位批准；凡涉及施工图内容，须经设计单位同意。

#### 6. 列入年度计划

建设项目的初步计划和总概算，经过综合平衡审核批准后，列入基本建设年度计划。经过批准的年度计划，是进行基本建设拨款或贷款、订购材料和设备的主要依据。

#### 7. 施工准备

当建设项目列入年度计划后，就可以进行施工准备工作。

施工准备的内容很多，办理征地拆迁，主要材料、设备的订货，建设场地的“五通一平”等。

#### 8. 组织施工

组织施工是根据列入年度计划确定的建设任务，按照施工图纸的要求组织施工。

在建设项目开工之前，建设单位应按有关规定办理开工手续，取得当地建设主管部门颁发的建设施工许可证，通过施工招标选择施工单位，方可进行施工。

#### 9. 生产准备

工程投产前，建设单位应当做好各项生产准备工作。本阶段是由建设阶段转入生产经营阶段的重要衔接阶段。生产准备工作主要内容有：招收和培训生产人员；组织生产人员参加设备安装、调试和工程验收；落实生产所需原材料、燃料、水、电等的来源；组织工具、器具等的订货等。

#### 10. 竣工验收、交付使用

建设工程按设计文件规定的内容和标准全部完成，符合要求，应及时组织办理竣工验收。

竣工验收前，施工单位应组织自检，整理技术资料，在正式验收时作为技术档案，移交生产单位保存。建设单位应向主管部门提出，并组织勘察、设计、施工等单位进行验收。

竣工验收是考核建设成果、检验设计和施工质量的关键步骤，是由投资成果转入生产或使用的标志。竣工验收合格后，建设工程才能交付使用。

从竣工验收交付使用起，还有一个保修期，在这个时期内，承包单位要对工程中出现的质量缺陷承担保修与赔偿责任。

### 1.1.3 基本建设经济文件

基本建设经济文件包括投资估算、设计概算、施工图预算、施工预算、工程结算、竣工决算等。基本建设经济文件之间的关系：投资估算的数额应控制设计概算，设计概算的数额应控制施工图预算，工程结算根据施工图预算编制。施工图预算反映行业的社会平均成本，施工预算反映企业的个别成本，具体如图1.1所示。

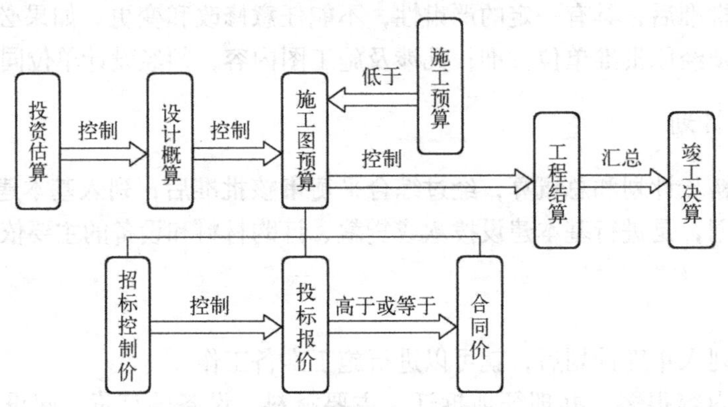


图1.1 基本建设经济文件之间的关系

**1. 投资估算**

投资估算是基本建设前期工作的重要环节之一，在项目决策阶段，根据现有的资料和一定的方法，对建设项目的投资数额进行估计的经济文件。一般由建设项目可行性研究主管部门或咨询单位编制，由于是在设计前编制的，因此编制的主要依据不可能很具体，只能是粗线条的。

**2. 设计概算**

设计概算是在工程初步设计或扩大初步设计阶段，根据初步设计或扩大初步设计图纸、概算定额（或指标）、材料及设备预算价格，以及有关取费标准编制的单位工程概算造价的经济文件，一般由设计单位编制。

**3. 施工图预算**

施工图预算是在工程施工图设计阶段，根据施工图纸、施工组织设计、预算定额及有关取费标准编制的单位工程预算造价的经济文件，一般由施工单位或招标单位编制。施工图预算在工程实施阶段包括招标控制价、投标价和合同价。

1）招标控制价

招标控制价又称为拦标价，是指招标人根据国家或省级、行业建设主管部门颁发的有关计价依据和办法，以及拟定的招标文件和招标工程量清单，结合工程具体情况编制的招标工程的最高投标限价。

2）投标价

投标价是指投标人投标时，响应招标文件所报出的对已标价工程量清单汇总后标明的总价。

3）合同价

合同价又称为签约合同价，是指发承包双方在工程合同中约定的工程造价，即包括了分部分项工程费、措施项目费、其他项目费、规费和税金的合同总金额。

**4. 施工预算**

施工预算是在施工阶段，施工企业根据施工图纸、施工定额、施工组织设计及有关施工文件，按照班组核算的要求进行编制，体现企业个别成本的劳动消耗量文件，一般由施工单位编制。

**5. 工程结算**

工程结算是指一个工程（单项工程、单位工程、分部工程、分项工程）在竣工验收阶段，施工企业根据施工图纸、现场签证、设计变更资料、技术核定单、隐蔽工程记录、预算定额、材料预算价格和有关取费标准等资料，在施工图预算的基础上编制，确定单位工程造价的经济文件，一般由施工单位编制，建设单位审定。

**6. 竣工决算**

竣工决算是指在竣工验收阶段后，由建设单位编制的综合反映该工程从筹建到竣工验收、交付使用等全部过程中各项资金的实际使用情况和建设成果的总结性经济文件。

## 1.2　工程量与工程量清单概述

工程量是工程量清单计价和定额计价的重要依据，准确的工程量计算，对工程计价、编制计划、财务管理及成本计划执行情况的分析都是十分重要的。

工程量主要包括两方面的内容：一种是由招标人按照《工程量清单计价规范》中的统一项目编码、项目名称、计量单位和工程量计算规则编制的清单工程量；另一种是由投标人根据招标人提供的清单工程量，按照企业定额工程量计算规则，拆分和重新计算后的定额工程量。当前，由于许多企业没有自己的内部定额，使用的仍是由省、自治区、直辖市建设行政主管部门制定颁布的地区统一定额，本书中我们讲述工程量计算规则时，将地区统一定额和清单规范规则进行对比讲述。

### 1.2.1　工程量的概念与工程量计算原理

**1. 工程量的概念**

工程量是以物理计量单位或自然计量单位表示的各种具体工程或结构构件的数量。

物理计量单位是以物体的物理属性为计量单位，一般是指以公制度量表示的长度、面积、体积、质量等的单位。如土建工程中挖土方、基础、墙体等工程量以 $m^3$ 为计量单位；装饰工程中楼地面、墙柱面、天棚等工程量以 $m^2$ 为计量单位；管道工程、装饰线等工程量以m为计量单位；土建工程中的钢筋工程量以t为计量单位。

自然计量单位是以施工对象本身自然组成情况为计量单位。装饰工程中的门窗五金工程量以“个（套）”为计量单位；构筑物工程中的烟囱以“座”为计量单位。

### 2. 工程量计算的一般原则

工程量计算一般应遵循以下原则。

1）计算口径一致，避免重复列项或漏项

工程量计算时，根据工程施工图列出的分项工程应与清单或定额中相应子目的口径相一致。因此在列项时，一定要结合该子目所包括的工作内容进行考虑。如楼地面贴大理石，定额工作内容包括结合层、找平层、面层，所以在列项中，就不能一一列出，否则会重项。

2）计量单位一致

计算工程量时，各分项工程的计量单位，必须与清单或定额中相应子目的计量单位一致。如混凝土构件的计量单位为$m^3$，墙面抹灰的计量单位为$m^2$。

3）计算规则一致，避免错算

在计算工程量时，必须严格执行工程量计算规则，注意清单工程量与定额工程量计算规则的不同，避免造成工程量计算的失误。

4）计算精确度一致

在计算工程量时，计算式要整洁、数字要清楚。汇总工程量时，应遵循下列规定：

① 以$m^3$、$m^2$、m、kg为单位的，保留小数点后两位数字，第3位小数四舍五入。

② 以吨为单位的，保留小数点后3位数字，第4位小数四舍五入。

③ 以个、件、根、组、系统为单位的，取整数。

5）计算尺寸的取定要准确

如标准砖规格为240 mm×115 mm×53 mm，其砌体计算厚度为：1/2标准砖墙厚度计算尺寸为115 mm，3/4标准砖墙厚度为180 mm。

6）按一定的顺序进行计算

为了避免重算和漏算，应按照一定顺序进行计算。

### 3. 常见工程量计算的顺序和一般方法

一个单位工程的计算项目，少则几十项，多则近百项，为了加快计算速度，避免重算或漏算，并有利于计算和审核，必须按一定的计算顺序进行计算。

1）按施工先后顺序计算

根据建筑工程项目的施工工艺特点，按施工的先后，同时考虑到计算的方便，由基层到面层或从下至上逐层计算。此法打破了定额分章的界限，计算工程量流畅，但要求使用者有一定的施工经验，能掌握组织施工的全部过程，对定额及图样内容十分熟悉。

（1）按顺时针方向计算工程量。按图纸的顺时针方向计算工程量适用于外墙面装饰抹灰、镶贴块料面层、外墙身、楼地面、天棚、挑檐等装饰工程量计算。

(2) 按先横后竖、先上后下、先左后右的顺序计算工程量。按先横后竖、先上后下、先左后右的顺序计算工程量适用于内墙面、内墙裙装饰、间壁墙面层装饰等。

(3) 按图纸上注明的编号顺序计算工程量。按图纸编号顺序计算工程量适用于钢筋混凝土构件，如柱、板等的装饰面层和铝合金推拉窗等。

工程量计算顺序图如图1.2所示。

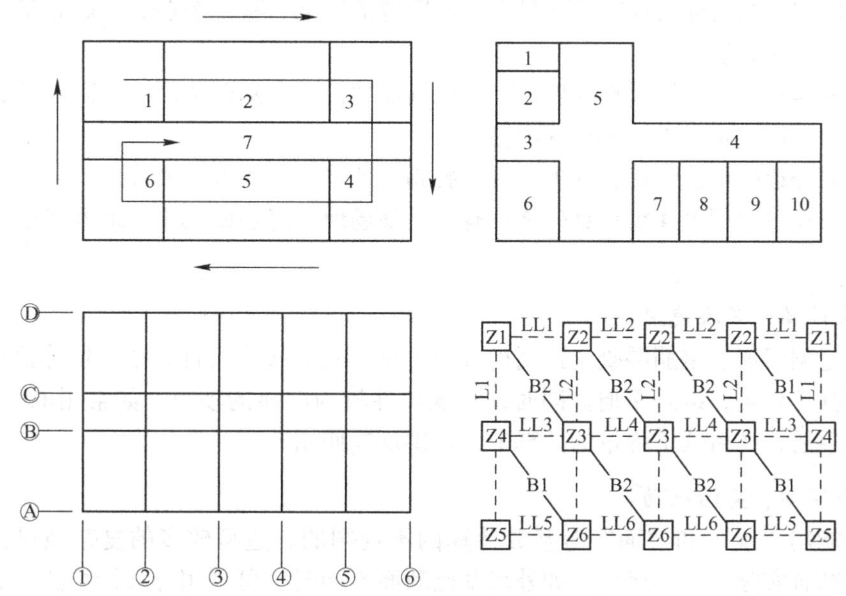


图1.2　工程量计算顺序图

2）*按施工预算的分部分项顺序计算*

即按预算定额的章、节、子目顺序，由前到后，逐项对照，只需核对定额项目内容与图样设计内容一致即可。此法要求使用者有一定的工程设计基础知识。

### 4. 统筹法原理计算法

统筹法原理计算法不是按施工顺序和定额顺序逐项计算的，是通过对定额的项目划分和工程量计算规则进行分析，找出各分项工程之间的内在联系，抓住共性、先主后次、统筹安排，再结合其顺序计算。其基本要点如下。

1）*统筹程序、合理安排*

工程量计算的先后程序，关系到预算编制效率的高低。如室内地面项目中的房心回填土、地面垫层、地面面层，按施工顺序计算工程量：

$$(1)\ \frac{\text{房心回填土}}{\text{长}\times\text{宽}\times\text{厚}} \rightarrow (2)\ \frac{\text{地面垫层}}{\text{长}\times\text{宽}\times\text{厚}} \rightarrow (3)\ \frac{\text{地面面层}}{\text{长}\times\text{宽}}$$

由上可以看出，按施工顺序计算工程量时，重复计算了三次“长×宽”，而利用统筹法计算工程量时，只需计算一次①“长×宽”，就可以将地面面层的计算结果运用于房心回填土和地面垫层的计算中，如下所示：

$$(1)\ \frac{\text{地面面层}}{\text{长}\times\text{宽}} \rightarrow (2)\ \frac{\text{房心回填土}}{①\times\text{厚}} \rightarrow (3)\ \frac{\text{地面垫层}}{①\times\text{厚}}$$

2）利用基数、连续计算

所谓基数，是指“三线一面”，即外墙中心线（$L_{中}$）、外墙外边线（$L_{外}$）、内墙净长线（$L_{内}$）和底层建筑面积（$S_{底}$），它是许多工程量计算的基础。

利用外墙中心线可连续计算的项目有：外墙地槽挖土、基础垫层、基础砌筑、墙基防潮层、基础梁、外墙砌筑等项目。

利用内墙净长线可连续计算的项目有：内墙地槽挖土、基础垫层、基础砌筑、墙基防潮层、基础梁、内墙砌筑和内墙装饰等项目。

利用外墙外边线可连续计算的项目有：勒脚、外墙裙、散水等项目。

利用底层建筑面积可连续计算的项目有：平整场地、房心回填土、地面垫层、综合脚手架等项目。

3）一次计算、多次使用

把各种定型门窗、钢筋混凝土预制构件等分项工程，按个、件、根、块等数量单位，预先一次计算其工程量，编入手册。同时，将规律性较为明显的项目，如常用的工程系数等，也预先编入手册，在后续工程量的计算中，可供反复使用。

4）结合实际、灵活机动

对于不能用“线”和“面”等基数计算的不规则的、造型较多的复杂项目，在计算工程量时，应结合实际，灵活运用。如外墙基础断面不同时，可采用分段计算法；如遇多层建筑物各楼层的建筑面积不同时，可采用分层计算法；如外墙带有壁柱时，可采用加补计算法，先计算外墙的体积，再计算砖柱的体积；如每层楼地面面积相同，地面构造除一层门厅为大理石地面以外，其余均为水泥砂浆地面时，可采用补减计算法，先按每层均是水泥砂浆地面计算各楼层工程量，然后再减去门厅的大理石工程量。

5）利用《工程量计算手册》和计算表格

《工程量计算手册》是各地区编制的适用于本地区的预算工程量计算手册，这种手册将本地区常用的定额构件，通过构配件和常用系数，按预算工程量的计算要求，经计算或整理汇总而成。

工程量计算表格常用的有预制（现浇）混凝土构件统计计算表、金属结构工程量统计计算表、门窗洞口工程量统计计算表等。

### 1.2.2 工程量清单的组成

工程量清单应反映拟建工程的全部工程内容，以及为实现这些工程内容而进行的其他工作，包括分部分项工程项目、措施项目、其他项目的名称和相应数量，以及规费、税金等内容的明细清单。在建设工程发承包及实施过程的不同阶段，又可分别称为“招标工程量清单”和“已标价工程量清单”。

“招标工程量清单”是招标人依据国家标准、招标文件、设计文件及施工现场实际情况编制的，并随招标文件发布供投标人投标报价的工程量清单，包括说明和表格。

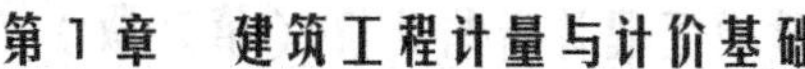



“已标价工程量清单”是指构成合同文件组成部分的投标文件中已标明价格且承包人已确认的工程量清单，包括说明和表格。

**1. 分部分项工程量清单**

分部分项工程量清单是由招标人按照《工程量清单计价规范》（以下简称《计价规范》）中统一的项目编码、项目名称、计量单位和工程量计算规则进行编制的。分部分项工程量清单表格见表1.1。

**表1.1　分部分项工程量清单**

| 项目编码 | 项目名称 | 项目特征描述 | 计量单位 | 工程量 |
|---|---|---|---|---|
| | | | | |
| | | | | |

分部分项工程量清单在编制时应注意以下几个方面。

1）项目编码

《计价规范》中对每一个分部分项工程量清单项目均给定一个编码。项目编码采用12位阿拉伯数字表示，1～9位为全国统一编码（其中1、2位为附录顺序码，3、4位为专业工程顺序码，5、6位为分部工程顺序码，7、8、9位为分项工程项目名称顺序码），10～12位由清单编制人确定。如1:3水泥砂浆抹天棚的项目编码采用11301001001，如图1.3所示。

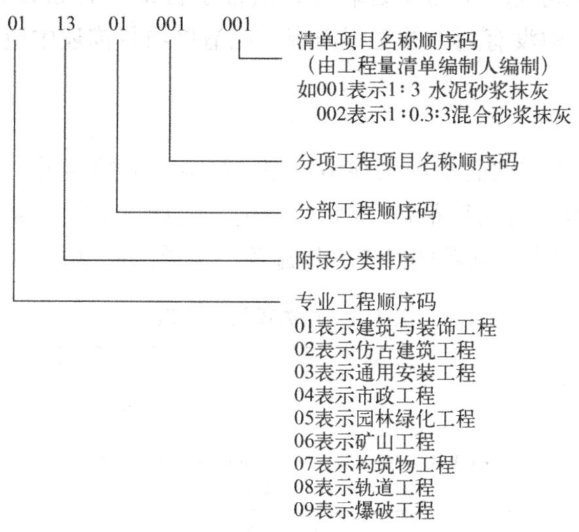


图1.3　工程量清单项目编码

补充项目编码由本规范的代码01与B和三位啊拉伯数字组成，并应从01B001起顺序编制，不得重码。

2）项目名称

清单项目名称应按《计价规范》规定，不能变动主体名称。如预制弧形楼梯，《计价规范》中项目名称为“楼梯”，编码为010413001。在清单项目设置时，项目名称不应编为“预制弧形楼梯”，而弧形楼梯可在项目特征中给予描述。

3）项目特征

分部分项工程量清单的项目特征直接影响其综合单价。项目特征描述是清单项目设置的重要内容，应对项目的特征做全面的描述。在项目特征描述时应注意以下几点。

(1) 项目的本体特征：项目的材质、型号、规格、品牌等。例如，混凝土构件的强度等级、油漆的品种、管材的材质、规格和型号等。

(2) 工艺方面的特征：对项目的工艺要求，在清单编制时应进行详细说明。例如，管道工程中钢管的连接方式是螺纹还是焊接，塑料管是粘接还是热熔连接等。

(3) 对工艺或施工方法有影响的特征也应进行详细说明。例如，大体积混凝土的浇筑，在项目特征描述时应注明是大体积，而不是普通混凝土，报价时应考虑大体积混凝土保温或降温所增加的费用。又如，挖淤泥质土，在项目特征描述时应注明是淤泥，报价时应考虑变换施工工具和由此引起的降效产生的费用。

另外，对工程计量没有实质影响的内容可不描述，如现浇混凝土的高度、断面尺寸等；对于土壤类别、取土或弃土运距等，可不详细描述，由投标人根据在建工程施工情况自主决定，以体现竞争的要求。

4）工程内容

分部分项工程量清单的工程内容直接影响其综合单价，对其工程内容的描述也是工程量清单编制的主要工作。由于清单项目是按实体设置的，而实体又是由多个工程子目组合而成的。实体项目即《计价规范》中的项目名称，组合子目即《计价规范》中的工程内容。如果发生了《计价规范》中没有列出的工程内容，在清单项目描述中应予以补充。

**2. 措施项目清单**

由于影响措施项目清单设置的因素很多，除工程本身的因素外，还涉及水文、气象、环境、安全以及施工企业的实际情况等，如临时设施、大型机械进出场费、施工降水等。措施项目一览表见表1.2，仅作为列项的参考，措施项目清单编制详见第4章相关内容。

**表1.2 措施项目一览表**

| 通用项目 | 专用项目 | |
|---|---|---|
| | 建筑工程 | 装饰装修工程 |
| 1. 安全文明施工（环境保护、文明施工、安全施工、临时设施） | 1. 混凝土、钢筋混凝土模板及支架 | 1. 脚手架 |
| 2. 夜间施工 | 2. 脚手架 | 2. 垂直运输机械 |
| 3. 二次搬运 | 3. 垂直运输机械 | 3. 室内空气污染测试 |
| 4. 冬/雨季施工 | | |
| 5. 大型机械设备进出场及安拆 | | |
| 6. 施工排水 | | |
| 7. 施工降水 | | |
| 8. 地下、地上设施，建筑物的临时保护设施 | | |
| 9. 已完工程及设备保护 | | |

### 3. 其他项目清单

其他项目清单主要考虑工程建设标准的高低、工程的复杂程度、工程的工期长短、工程的组成内容等直接影响工程造价的部分，它是分部分项项目和措施项目之外的工程措施费用。它包括暂列金额、暂估价、计日工、总承包服务费四项内容。

其他项目清单是以表格形式体现的，具体形式见表 1.3 ~ 表 1.8。

**表 1.3　其他项目清单与计价汇总表**

工程名称：　　　　　　　　　　　　　　　　　　　　　　　　第　页共　页

| 序号 | 项 目 名 称 | 金额（元） | 估价金额（元） | 备　注 |
|---|---|---|---|---|
| 1 | 暂列金额 | | | |
| 2 | 暂估价 | | | |
| 2.1 | 材料暂估价 | | | |
| 2.2 | 专业工程暂估价 | | | |
| 3 | 计日工 | | | |
| 4 | 总承包服务费 | | | |
| | | | | |
| 合　计 | | | | |

**表 1.4　暂列金额明细表**

工程名称：　　　　　　　　　　　　　　　　　　　　　　　　第　页共　页

| 序号 | 项 目 名 称 | 计 量 单 位 | 暂列金额（元） | 备　注 |
|---|---|---|---|---|
| | | | | |
| | | | | |
| 合　计 | | | | |

**表 1.5　材料（工程设备）暂估单价及调整表**

工程名称：　　　　　　　　　　　　　　　　　　　　　　　　第　页共　页

| 序号 | 材料名称（工程设备）名称、规格、型号 | 计量单位 | 单价（元） | | 合价（元） | | 差额 ±（元） | | 备注 |
|---|---|---|---|---|---|---|---|---|---|
| | | | 暂估 | 确认 | 暂估 | 确认 | 单价 | 合价 | |
| | | | | | | | | | |
| | | | | | | | | | |
| 合　计 | | | | | | | | | |

**表 1.6　专业工程暂估价及结算表**

工程名称：　　　　　　　　　　　　　　　　　　　　　　　　第　页共　页

| 序号 | 工程名称 | 工程内容 | 暂估金额（元） | 结算金额（元） | 差额 ±（元） | 备注 |
|---|---|---|---|---|---|---|
| | | | | | | |
| | | | | | | |
| 合　计 | | | | | | |

表 1.7　计日工表

工程名称：　　　　　　　　　　　　　　　　　　　　　　　　第　页共　页

| 编　号 | 项 目 名 称 | 单位 | 暂定数量 | 综合单价（元） | 合　价 | |
|---|---|---|---|---|---|---|
| | | | | | 暂定 | 实际 |
| 一 | 人工 | | | | | |
| 1 | 建筑、市政、园林绿化、抹灰工程、措施项目普工 | 工日 | | | | |
| 2 | 建筑、市政、园林绿化、措施项目混凝土工 | 工日 | | | | |
| 3 | 建筑、市政、园林绿化、抹灰工程、措施项目技工 | 工日 | | | | |
| 4 | 装饰普工 | 工日 | | | | |
| 5 | 装饰技工 | 工日 | | | | |
| 6 | 装饰细木工 | 工日 | | | | |
| 7 | 安装普工 | 工日 | | | | |
| 8 | 安装技工 | 工日 | | | | |
| 9 | 抗震加固普工 | 工日 | | | | |
| 10 | 抗震加固技工 | 工日 | | | | |
| 人工小计 | | | | | | |
| 二 | 材料 | | | | | |
| 材料小计 | | | | | | |
| 三 | 施工机械 | | | | | |
| 施工机械小计 | | | | | | |
| 四 | 企业管理费和利润 | | | | | |
| 总　　计 | | | | | | |

表 1.8　总承包服务费计价表

工程名称：　　　　　　　　　　　　　　　　　　　　　　　　第　页共　页

| 序号 | 项目名称 | 项目价值（元） | 服务内容 | 计算基础 | 费率（%） | 金额（元） |
|---|---|---|---|---|---|---|
| | | | | | | |
| | | | | | | |
| 合　　计 | | — | — | | — | |

### 4. 索赔与现场签证

索赔是指在工程合同履行过程中，合同人一方因非己方的原因而遭受损失，按照合同约定或法律法规规定应由对方承担责任，从而向对方提出补偿的要求。

现场签证是指发包人代表（或其授权的监理人、工程造价咨询人）与承包人现场代表就施工过程中涉及的责任事件所做的签认证明。

索赔与现场签证清单是以表格形式体现的，具体形式见表1.9。

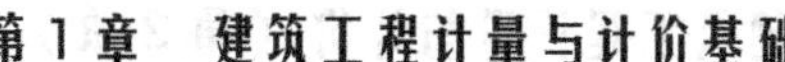

表 1.9　索赔与现场签证计价汇总表

工程名称：　　　　　　　　　　　　　　　　　　　　　　第　页共　页

| 序号 | 签证及索赔项目名称 | 计量单位 | 数量 | 单价（元） | 合价（元） | 索赔及签证依据 |
|---|---|---|---|---|---|---|
| | | | | | | |
| | | | | | | |
| 合　计 | | — | — | — | | — |

**5. 规费、税金清单**

规费、税金清单编制详见第 5 章相关内容。

### 1.2.3　清单工程量与定额工程量的比较

招标人按照“工程量清单计价规范”编制的清单工程量和投标人根据招标人提供的清单工程量，与按照企业定额工程量计算规则计算的定额工程量比较，这两种工程量在项目名称、计算规则、计量单位、工作内容、消耗水平等方面存在一定的差别。

**1. 项目名称的设置**

定额计价的项目一般是按施工工序、工艺进行设置的，定额项目包括的工程内容一般是单一的；清单工程量项目设置是以一个“综合实体”考虑的，综合项目一般包括了多个子目工程内容。例如，砖基础（带防潮层），在工程量清单设置中就是一个子目，内容包括砌筑砖基础、做防潮层等多项内容；而定额计价中则分别以砖基础、防潮层等单一内容作为项目名称设置。

**2. 计算规则的制定**

定额计价中，工程量计算规则的制定在内容和形式上应与《工程量清单计价规范》中工程量计算规则的制定有区别。定额计价中，计算规则应考虑具体施工条件、技术、组织等因素，针对第一线的操作者和应用者，其规则的制定更加深入、细致、具体。例如，清单规则中的“挖沟槽”计算规则，按图示尺寸，以基础垫层底面积乘以挖土深度来计算；而企业定额“挖沟槽”项目的计算规则，应根据基础的尺寸、放坡情况、工作面大小等现场资料情况，以立方米为单位计算。具体情况又可分为不放坡不支挡土板、放坡自垫层下表面起放、放坡自垫层上表面起放、支挡土板、放坡且留工作面等情况分别考虑。

**3. 计量单位的确定**

定额计价中的计量单位与清单工程量的计量单位不完全一致。由于定额计价的项目划分很细，其计量单位的确定更多应以“物理计量单位”为主，辅以“自然计量单位”；而清单工程量的项目划分是以一个“扩大的分项工程”综合考虑的，其计量单位的确定更多应以“自然计量单位”为主，辅以“物理计量单位”。

定额计价的计量单位的确定，主要根据工程项目的形体特征、变化规律、组合情况来确定，更应体现以下几个原则。

（1）当物体长、宽、高三个方向的尺寸均变化不定时，应以“立方米”为计量单位，

如土（石）方工程、砖石工程、混凝土工程等。

(2) 当物体厚度一定，而面积不固定时，应以“平方米”为计量单位，如楼地面工程、抹灰工程等。

(3) 当物体的截面有一定的形状和大小，但长度方向不固定时，应以“延长米”为计量单位，如踢脚线、楼梯扶手等。

(4) 当物体形体相同，但重量和价格差异很大，应以“吨”为计量单位，如钢材。

(5) 有些项目可按个、台、套、座等自然单位为计量单位，砖砌污水池等。

(6) 计量单位确定后，为便于标定和使用，一般采用扩大单位，如100 m、10 $m^3$、100 $m^2$等。

**4. 消耗量水平**

定额计价中的人工、材料、机械消耗量是根据各地行政主管部门颁布的地方定额标准编制的，是按各地区社会平均水平考虑的；而清单计价中的人工、材料、机械消耗量是由投标人根据企业的自身情况自定的，反映了企业自身的水平。

# 1.3 定额基础知识

## 1.3.1 定额的概念、发展与分类

**1. 定额的内涵**

所谓“定”，就是规定；“额”，就是额度或限度。从广义上理解定额就是规定的额度或限度，是一种标准或尺度。例如，分配领域的工资标准、生产和流通领域的原材料消耗定额、成品和半成品储备定额、技术方面的设计标准和规范等。

在西方一些国家，定额往往借助于经济的、法律的力量表现出来。在社会主义国家，它往往凭借着政府的权力，以集中的、稳定的形式表现出来，成为政治、经济、技术的统一体。但不论表现形式如何，定额的基本性质是一种规定的额度，是一种对事、对人、对物、对资金、对时间、对空间，在质和量上的规定。

定额具有一定的特性，具体如下：

1) 定额的法令性

定额是由国家或授权部门根据当时的实际生产力水平制定并颁发的一种具有法令性的指标，所属各地区都必须严格遵守和执行，不得随意变更调整和修改，以保证工程造价有一个统一的尺度。

2) 定额的科学性和群众性

定额的编制是在认真研究客观规律的基础上，在大量测定、分析、研究和综合实际生产中的有关数据和资料的基础上，运用科学的方法制定出来的，具有严密的科学性，同时也具有广泛的群众基础，反映建筑安装工人的实际水平，并保持一定的先进性，使之容易为广大群众所掌握。

3) 定额的稳定性和时效性

任何一种定额，在一段时期内表现出稳定的状态，一般为5～10年。但是任何一种定额

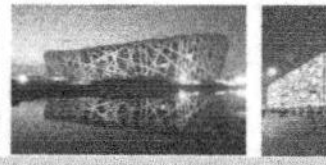

只反映一定时期内的社会生产水平，随着科学技术水平和管理水平的提高，社会生产水平也必然提高，原有的定额就会变得陈旧，就需要修订、调整和补充，甚至重新编制。

**2. 定额的产生和发展**

定额的产生和发展与管理科学的产生与发展有着密切的关系。

19 世纪末 20 世纪初，资本主义生产日益扩大，生产技术迅速发展，劳动和分工协作也越来越细，传统的经验管理严重地阻碍了生产力的进一步发展，改善管理已成为生产管理的迫切需要。

管理成为科学应该说是从泰勒开始的。泰勒是美国人，在西方赢得“管理之父”的尊称。当时美国正处于资本主义上升阶段，虽然美国的设备先进、科学技术发展很快，但管理上仍然沿用传统的经验方法，使得生产效率低、生产能力得不到充分发挥。泰勒适应了这一客观要求，提倡科学管理，着眼于提高劳动生产率，提高工人的劳动效率。泰勒通过科学试验，对工作时间的合理性进行细致的研究，制定出所谓标准的操作方法；对工人操作方法、操作程序进行培训，制定出较高的工时定额；同时又制定了工具、机器、材料和作业环境的标准化；以及有差别的计件工资制度。以上四个方面的内容，便构成了资本主义社会初期科学管理的内容，通常称为“泰勒制”。它的产生和推行，在提高劳动生产率方面取得了显著效果，给资本主义企业带来了根本性的变革和深远影响。

继泰勒之后，一方面管理科学从操作方法、作业水平的研究向科学组织的研究上扩展，另一方面也利用现代自然科学和技术科学的新成果作为科学管理的手段。20 世纪 20 年代出现的行为科学，强调重视社会环境、人际关系对人的行为影响，着重研究人的本性的需要、行为的动机、生产中的人际关系等方面，以达到提高生产的目的。

定额随着管理科学的产生而产生，随着管理科学的发展而发展。定额是企业管理科学化的产物，也是科学管理企业的基础和必备条件，在西方企业的现代化管理中占有重要地位。

在我国，国家对建立和加强建设工程定额工作十分重视。从 1950 年开始，我国东北地区铁路、煤炭、纺织等部门，大部分实行了劳动定额。1951 年制定了东北地区统一劳动定额，其他地区也相继制定了劳动定额或工料消耗定额。在第一个五年计划时期，随着大规模社会主义经济建设的开始，为了加强企业管理，合理安排劳动力，推行计件工资制，劳动部和建设工程部于 1955 年联合主持编制了《全国统一劳动定额》，1956 年国家建委又进行了修订，增加了材料消耗和机械台班定额内容，编制了《全国统一施工定额》。1962 年正式修订颁发了《全国建筑安装工程统一劳动定额》。

“文化大革命”时期，国民经济处于全面崩溃边缘，定额工作遭到了严重的破坏，形成了劳动无定额、核算无标准、效率无考核的局面。

党的十一届三中全会以后，全党工作重点转移到社会主义现代化建设上来。1978 年以来，中央有关部门明确指出，要加强建筑企业劳动定额工作，全国大多数省、市、自治区先后恢复、建立了劳动定额机构，充实了定额管理专职人员，同时对原定额进行修订，颁发了新定额。1985 年后，国家建设主管部门先后组织编制和颁发了《全国统一安装工程预算定额》、《全国统一建筑装饰工程预算定额》、《全国统一市政工程预算定额》、《全国统一施工机械台班费用定额》、《全国统一建筑工程基础定额》、《全国统一建筑工程预算工程量计算规则》等。

1992 年后，在工程建设管理中，有人对定额的存在持反对态度。他们认为，定额是计划经济的产物，不适应社会主义市场经济的需要，特别是工程量清单实施以后。为此，我们有必要对定额的产生和发展、本质和地位进行探索，统一认识，这将对我国经济发展，对经济管理的强化，对提高项目投资和工程建设的效益，有着十分重要的意义。

### 3. 工程建设定额分类

工程建设定额是一个综合概念，是工程建设中各类定额的总称。就一个建设项目而言，由于所处的工程建设阶段不同，使用的定额就不同。按照定额的基本因素、用途、主管部门及使用范围的不同，定额可分为以下几类。

1）按定额反映的物质消耗内容分类

按定额反映的物质消耗内容，可以把工程建设定额分为劳动消耗定额、材料消耗定额、机械台班消耗定额。

劳动消耗定额（简称劳动定额）、机械台班消耗定额（简称机械定额）、材料消耗定额（简称材料定额），它们是施工定额、预算定额、概算定额、概算指标等多种定额的重要组成要素，通常又称为基础定额。

2）按编制程序和用途分类

按定额的编制程序和用途，把工程建设定额分为施工定额、预算定额、概算定额、投资估算指标、万元指标和工期定额等。

（1）施工定额：是以同一性质的施工过程为测算对象，以工序定额为基础，规定某种建设工程单位产品的人工、材料、机械台班消耗的数量标准。施工定额是施工企业在企业内部组织生产和加强管理所使用的一种定额，属于生产性定额。施工定额的项目划分很细，是工程建设定额中分项最细、定额子目最多的一种定额。“清单计价”实施后，在自主报价、市场定价的原则下，将更突出施工定额在今后形成的新的定额体系中的地位和作用。

（2）预算定额：是以分部分项工程为对象，规定完成单位合格产品需要消耗的人工、材料和机械台班的数量标准。预算定额是由国家主管部门或其授权机关组织编制、审批颁发执行的一种具有法令性的指标。它的项目划分是以分项工程或结构构件进行划分的，比施工定额的项目划分略微要综合、扩大了一些。预算定额使用范围较广，编制深度与施工图设计的深度相适应，是一种计价性定额。长期以来，我国承发包计价、定价是以工程预算定额作为主要依据的。

（3）概算定额：是编制初步设计或扩大初步设计概算时，计算和确定工程概算造价，计算劳动、机械台班、材料需要量所使用的定额。它的项目划分较粗，与初步设计或扩大初步设计的深度相适应，它是在预算定额的基础上编制的，是预算定额的综合扩大。概算定额是控制项目决策和项目投资的重要依据，在工程建设项目的投资管理中有重要作用。

（4）投资估算指标：是在项目建议书、可行性研究和编制设计任务书阶段编制投资估算、计算投资需要量时使用的一种定额。它非常概略，项目划分往往以独立的单位工程或完整的工程项目为计算对象，主要是为项目决策和投资控制提供依据。投资估算指标往往根据历史的预、决算资料和价格变动等资料编制，但其编制基础仍然离不开预算定额、概算定额和估算指标。

(5) 万元指标：是以万元建筑安装工程量为单位，制定的人工、材料、机械台班消耗量的标准。它是以实物指标表示的，是一种计划定额。主要为国家综合部门、主管部门和地方部门提供编制长期计划和年度计划的依据。

(6) 工期定额：是为各类工程规定的施工期限的定额天数，包括建设工期定额和施工工期定额两个层次。建设工期是指建设项目或独立的单项工程从开工建设起到全部建成投产或交付使用时止所经历的时间，一般以月数或天数表示。施工工期是指单项工程或单位工程从开工到完工所经历的全部有效天数，它是建设工期的一部分。

3) 按投资的费用性质分类

按投资的费用性质分类，把工程建设定额分为直接费定额、其他直接费定额、现场经费定额、间接费定额、工器具定额及工程建设其他费用定额等。

(1) 直接费定额：是施工过程中耗费的用于构成工程实体和有助于工程实体形成的各项费用标准，包括人工费、材料费、施工机械使用费标准。

(2) 其他直接费定额：指预算定额分项内容外，与建筑安装施工生产直接有关的各项费用开支标准。包括冬雨季施工增加费、夜间施工增加费、流动施工津贴费和二次搬运费等。由于其费用发生的特点不同，只能独立于预算定额之外，也是编制施工图预算和概算的依据。

(3) 现场经费定额：是指与现场施工直接有关，而又未包括在直接费定额内的某些费用的定额。包括临时设施和现场管理费两项。它是施工准备、组织施工生产和管理所需的费用定额。

(4) 间接费定额：是指与建筑安装施工生产的个别产品无关，而为企业生产全部产品成本所必需，为维持企业的经营管理活动所必须发生的各项费用开支的标准。间接费包括企业管理费和其他间接费两类性质的费用。由于间接费在工程的预算成本中一般要占20%左右，其中许多费用的发生和施工任务的大小没有直接关系，因此，通过间接费定额的管理，有效地控制间接费的发生是十分必要的。

(5) 工具和器具定额：是为新建或扩建项目投产运转首次需要配置的工具、器具的数量标准。工具和器具是指按照有关规定不符合固定资产标准的工具、器具和生产用家具。

(6) 工程建设其他费用定额：是独立于建筑安装工程、设备和工器具购置之外的其他费用开支的标准。工程建设的其他费用主要包括土地征购费、拆迁安置费、建设单位管理费等。它一般占项目总投资的10%左右，其他费用定额是按各项独立费用分别制定的，以便于控制开支。

4) 按主编单位和管理权限分类

按主编单位和管理权限分类，把工程建设定额分为全国统一定额、专业定额、地区定额、企业定额和补充定额等。

(1) 全国统一定额：是由国家建设行政主管部门，综合全国工程建设中技术和施工组织管理的情况编制，并在全国范围内执行的定额。

(2) 专业定额：是考虑到各专业主管部门由生产技术特点所决定的基本建设特点，参照统一定额的水平编制的定额。一般只在本部门范围内执行，有时地方定额包含不了的项目也往往参照专业定额。

(3) 地区定额：包括省、市、自治区等各级地方制定的定额。地方定额是在考虑地区性

特点和全国统一定额水平的条件下编制的，只在规定的地区范围内执行的定额。各地区不同的气候条件、物质技术条件、地方资源条件、交通运输条件等对定额内容和水平的影响，是拟定地方定额的客观依据。

(4) 企业定额：是指由施工企业考虑本企业具体情况，参照国家、部门或地区定额的水平制定的定额。企业定额只在企业内部使用，是企业素质的一个标志。企业定额水平一般应高于国家现行定额，才能满足生产技术发展、企业管理和市场竞争的需要。

(5) 补充定额：是指随着设计、施工技术的发展，现行定额不能满足需要的情况下，为了补充缺项所编制的定额。补充定额只能在指定的范围内使用，可以作为以后修订定额的基础。

5) 按专业分类

按专业不同可分为建筑工程定额、装饰工程定额、市政工程定额、维修工程定额、安装工程定额、仿古园林工程定额。

### 1.3.2 基础定额

劳动定额、材料消耗定额和机械台班定额统称为基础定额，它是编制建筑安装工程其他定额的基础。

#### 1. 劳动定额

劳动定额也称为人工定额，是指在一定的生产技术组织条件下，生产单位合格产品所需要的劳动消耗量标准。劳动定额表示建筑安装工人劳动生产率的指标，反映建筑安装企业的社会平均先进水平。

1) 劳动定额的表现形式

劳动定额有两种表现形式，即时间定额和产量定额。

(1) 时间定额。

时间定额是指某种专业的工人班组或个人，在合理的劳动组织和合理施工技术的条件下，完成单位合格产品所必须消耗的工作时间。它包括准备与结束时间、基本生产时间、辅助生产时间、不可避免的中断时间及工人必需的休息时间。

时间定额的计量单位：工日/$m^3$、工日/$m^2$、工日/t、工日/块等，每个工日的工作时间按8 h计算。时间定额的计算公式：

$$单位产品时间定额=\frac{1}{每工日产量}$$

或

$$单位产品时间定额=\frac{小组成员工日数总和}{台班产量（班组完成产品数量）}$$

例如，现浇混凝土过梁的时间定额为1.99 工日/$m^3$。

(2) 产量定额。

产量定额是指某种专业的工人班组或个人，在合理的劳动组织和合理施工技术的条件

下，单位时间完成合格产品的数量。

产量定额的计量单位：$m^3$/工日、$m^2$/工日、t/工日、块/工日等。产量定额计算公式为：

$$单位产品产量定额 = \frac{1}{时间定额}$$

或

$$单位产品产量定额 = \frac{小组成员工日数总和}{单位产品时间定额}$$

例如，砌一砖半厚标准砖基础的产量定额为 1.08 $m^3$/工日。

(3) 时间定额与产量定额的关系。

$$时间定额 = \frac{1}{产量定额}$$

$$时间定额 \times 产量定额 = 1$$

(4) 时间定额与产量定额的特点。

时间定额以工日/$m^3$、工日/$m^2$、工日/t、工日/块等为单位，不同的工作内容有共同的时间单位，定额完成量可以相加，适用于劳动计划的编制和统计完成任务情况。

产量定额以 $m^3$/工日、$m^2$/工日、t/工日、块/工日等为单位，数量直观、具体，容易为工人理解和接受，适用于向工人班组下达生产任务。

2) *劳动定额的测定和编制*

劳动定额的测定一般有四种方法，即技术测定法、比较类推法、统计分析法和经验估计法。

(1) 技术测定法：又称为计时观察法，是指在合理的技术、组织和施工工艺条件下，在充分发挥生产潜力的基础上，对生产（施工）过程的各个组成部分进行观察测量时，分析计算制定定额的方法。

根据施工过程的特点和计时观察的不同目的，计时观察法又可分为测时法、写实记录法、工作日写实法和简易测定法。其中测时法和写实法使用较为普遍。

(2) 比较类推法：也称为典型定额法，是以同类型工序、同类产品定额水平或技术测定的实耗的工时为标准，经过分析对比类推出同一组定额中相邻项目定额水平的方法。这种方法工程量小、定额制定速度快。

(3) 统计分析法：是根据已完工的同类工程或工序的工时消耗等统计资料，结合当前生产技术组织条件的变化因素，进行分析研究、修理和修正。此方法的优点是：方法简单、有一定的准确度。其不足是：过去的统计资料，由于不可避免地包含某些不合理因素，定额水平也受不同程度影响。

(4) 经验估计法：是根据定额专业人员、工程技术人员和工人过去从事施工生产、施工管理的经验，参照图纸、施工规范等有关的技术资料，经过座谈讨论、分析研究和综合计算而制定的定额。其优点是定额制定简单、及时、工程量小、易于掌握。其不足是由于无科学技术测定资料，精确度差，有相当的主观性、偶然性、定额水平不易掌握。

劳动定额在测定时，在取得现场测定资料后，一般采用下列计算公式编制劳动定额：

$$时间定额 = \frac{基本工作时间（分钟）}{1 - 其他工时百分率之和}$$

其他工时百分率之和——辅助工作时间、准备工作时间、休息时间、不可避免的中断时间等所占全部定额工作时间的百分率之和。

**案例1-1** 计算时间定额和产量定额。

根据下列现场测定资料，试计算抹100 $m^2$ 水泥砂浆地面的时间定额和产量定额。

**解：** 基本工作时间：1450工分/50 $m^2$。

辅助工作时间：占全部工作时间3%。

准备与结束工作时间：占全部工作时间2%。

不可避免的中断时间：占全部工作时间2.5%。

休息时间：占全部工作时间10%。

$$\text{抹100 m}^2\text{水泥砂浆地面基本工作时间} = 1450\times\frac{100}{50} = 2900\ (\text{工分})$$

$$\text{抹100 m}^2\text{水泥砂浆地面的时间定额} = \frac{\text{基本工作时间（分钟）}}{1-\text{其他工时百分率之和}}$$

$$= \frac{2900}{1-3\%-2\%-2.5\%-10\%} = 3515\ (\text{工分})$$

$$= 58.58\ (\text{工时}) = 7.32\ (\text{工日})$$

$$\text{抹水泥砂浆地面的产量定额} = \frac{1}{7.32} = 0.137\ (100\ \text{m}^2/\text{工日}) = 13.7\ (\text{m}^2/\text{工日})$$

**2. 材料消耗定额**

材料消耗定额是指在合理使用和节约材料的条件下，生产单位合格产品所必须消耗的材料、半成品、构件、配件、燃料等的数量标准。

1）材料消耗定额的内容

（1）主要材料消耗定额。

主要材料消耗定额可分为两部分，一部分是直接用于建筑安装工程的材料，称为材料净用量；另一部分是操作过程中不可避免的施工废料和材料施工操作损耗，称为材料损耗量。

材料消耗量、材料净用量和材料损耗量之间的关系为：

$$\text{材料消耗量} = \text{材料净用量} + \text{材料损耗量}$$

$$\text{材料损耗率} = \frac{\text{材料损耗量}}{\text{材料消耗量}}\times 100\%$$

$$\text{材料消耗量} = \frac{\text{材料净用量}}{1-\text{材料损耗率}}$$

在实际工程中，为了简化计算过程，材料损耗率用材料损耗量与材料净用量的比值计算，其计算公式为：

$$\text{材料损耗率} = \frac{\text{材料损耗量}}{\text{材料净用量}}\times 100\%$$

$$\text{材料消耗量} = \text{材料净用量} + \text{材料损耗量}$$

$$= \text{材料净用量}\times(1+\text{损耗率})$$

(2) 周转性材料消耗定额。

周转性材料指在施工过程中多次使用、周转的工具性材料，如钢筋混凝土工程用的模板、脚手架，搭设脚手架用的杆子、跳板等。定额中，周转材料消耗量指标的表示，应当用一次使用量和摊销量两个指标表示。一次使用量是指周转材料在不重复使用时的一次使用量，供施工企业组织施工用；摊销量是指周转材料退出使用，应分摊到每一定计量单位的结构构件的周转材料消耗量，供施工企业成本核算或预算用。

模板及支架摊销量 = 一次使用量的摊销 + 每次补损量的摊销 - 回收量的摊销

$$\text{一次使用量的摊销} = \frac{\text{一次使用量}}{\text{周转次数}}$$

$$\text{每次补损量的摊销} = \frac{\text{一次使用量} \times (\text{周转次数} - 1) \times \text{补损率}}{\text{周转次数}}$$

$$\text{回收量的摊销} = \frac{\text{一次使用量} \times (1 - \text{补损率}) \times 50\%}{\text{周转次数}}$$

2) 材料消耗定额的测定

材料消耗定额的编制方法通常有现场观察法、试验室实验法、统计分析法和理论计算法。

(1) 现场观察法：通常用于制定材料的损耗量。通过现场实际观察，获得必要的施工过程中可以避免和不可避免的损耗资料，同时测出合理的材料损耗量，制定出相应的材料消耗定额。

(2) 试验室实验法：是通过实验仪器设备确定材料消耗定额的一种方法，只适用于在试验室条件下测定混凝土、沥青、砂浆、油漆涂料等材料的消耗定额。用此方法制定材料消耗定额时，应考虑施工现场条件和各种附加损耗数量。

(3) 统计分析法：是指在施工现场，对分部分项工程领出的材料数量、完成的建筑产品的数量、竣工后剩余的材料数量等资料，进行统计分析，确定材料消耗定额的一种方法。此方法不能将施工过程中材料的合理损耗和不合理损耗区别开来，制定出的材料消耗量准确性不高。

(4) 理论计算法：是根据设计图纸、施工规范及材料规格，运用一定的理论计算公式制定材料消耗定额的方法。主要适用于计算按件论块的现成制品材料。

3) 常见材料用量的计算方法

(1) 砖砌体材料用量计算。

① $1\ m^3$ 砌体中砌块体净用量（块）$= \dfrac{1}{\text{标准块体积}} \times$ 标准块中块体的数量

$$\text{标准块体积} = \text{墙厚} \times (\text{砖长} + \text{灰缝}) \times (\text{砖厚} + \text{灰缝})$$

$$10\ m^3\ \text{砖砌体净用量(块)} = \frac{10 \times \text{墙厚的砖数} \times 2}{\text{墙厚} \times (\text{砖长} + \text{灰缝}) \times (\text{砖厚} + \text{灰缝})}$$

$$\text{砖的消耗量} = \frac{\text{净用量}}{1 - \text{损耗率}}$$

② 砂浆的净用量 =（10 - 砖的净用量 × 每块砖的体积）

$$\text{砂浆的消耗量} = \frac{\text{净用量}}{1 - \text{损耗率}}$$

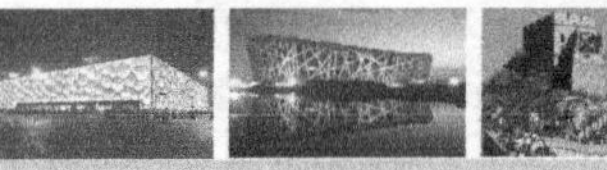

**案例1-2** 计算空心砌块墙中砌块和砂浆消耗量。

尺寸为390 mm×190 mm×190 mm的空心砌块，按190 mm厚混合砂浆砌筑，试计算每立方米砌块和砂浆消耗量（灰缝10 mm，砌块和砂浆损耗率均为1.8%）。

**解：** 1 m³砌体空心砖净用量 $=\dfrac{1}{0.19\times(0.39+0.01)\times(0.19+0.01)}\times 1=65.8$（块）

砖的消耗量 $=\dfrac{65.8}{1-1.8\%}=67.0$（块）

1 m³砂浆的净用量 $=(1-65.8\times 0.19\times 0.19\times 0.39)=0.074$（m³）

砂浆的消耗量 $=\dfrac{0.074}{1-1.8\%}=0.075$（m³）

**案例1-3** 计算砖墙中砖和砂浆消耗量。

计算10 m³一砖半厚砖墙中砖和砂浆消耗量（灰缝宽10 mm，砖损耗率为1.5%，砂浆损耗率为1.2%）。

**解：** 砖的净用量 $=\dfrac{10\times 1.5\times 2}{0.365\times(0.24+0.01)\times(0.053+0.01)}=5218.5$（块）

砖的消耗量 $=\dfrac{5218.5}{1-1.5\%}=5298$（块）

砂浆的净用量 $=(10-5218.5\times 0.24\times 0.115\times 0.053)=2.366$（m³）

砂浆的消耗量 $=\dfrac{2.366}{1-1.2\%}=2.395$（m³）

（2）块料面层材料用量计算。

① 100 m²块料净用量（块） $=\dfrac{100}{(\text{块料长}+\text{灰缝})\times(\text{块料宽}+\text{灰缝})}$

100 m²块料消耗量（块） $=\dfrac{\text{净用量}}{1-\text{损耗率}}$

② 100 m²结合层砂浆净用量 $=100\times$ 结合层厚度

100 m²结合层砂浆消耗量 $=\dfrac{\text{净用量}}{1-\text{损耗率}}$

③ 100 m²灰缝净用量 $=(100-\text{块料长}\times\text{块料宽}\times\text{块料净用量})\times$ 灰缝深

100 m²灰缝消耗量 $=\dfrac{\text{净用量}}{1-\text{损耗率}}$

**案例1-4** 计算地砖和砂浆的材料消耗量。

地砖规格为500 mm×500 mm×20 mm，结合层20 mm，灰缝宽1 mm，地砖损耗率为2%，砂浆损耗率为1.5%，试计算每100 m²地面地砖和砂浆的材料消耗量。

**解：** 计算地砖消耗量：

地砖净用量 $=\dfrac{100}{(0.5+0.001)\times(0.5+0.001)}=398.4$（块）

地砖消耗量 $=\dfrac{398.4}{1-2\%}=406.5$（块）

计算砂浆消耗量：

结合层砂浆净用量 $= 100 \times 0.02 = 2$ （$m^3$）

灰缝砂浆净用量 $= (100 - 0.5 \times 0.5 \times 398.4) \times 0.02 = 0.008$ （$m^3$）

砂浆总消耗量 $= \dfrac{2 + 0.008}{1 - 1.5\%} = 2.04$ （$m^3$）

（3）卷材用量计算。

100 $m^2$ 防潮、防水层卷材用量

$$= \frac{100 \times 每卷卷材面积 \times 层数}{(卷材宽 - 顺向搭接宽) \times (卷材长 - 横向搭接宽)} \times (1 + 损耗率)$$

**案例 1-5** 计算卷材屋面油毡的消耗量。

采用 350 号石油沥青油毡，按规定油毡搭接长度：长边搭接长度为 80 mm，短边搭接长度为 125 mm，施工操作损耗为 1%。试计算 100 $m^2$ 三毡四油卷材屋面油毡的消耗量（卷材尺寸为 915 mm × 21860 mm，每卷卷材面积为 20 $m^2$）。

**解：** 卷材用量 $= \dfrac{100 \times 0.915 \times 21.86 \times 3}{(0.915 - 0.08) \times (21.86 - 0.125)} \times (1 + 1\%)$

$= 333.91$ （$m^2$）

（4）砂浆配合比计算。

一般抹灰砂浆分为水泥砂浆、石灰砂浆、混合砂浆、素水泥浆及其他砂浆。抹灰砂浆配合比以体积比计算，其材料用量计算公式为：

$$砂用量（m^3）= \frac{砂子比例数}{配合比总比例数 - 砂子比例数 \times 砂子空隙率}$$

$$水泥用量（kg）= \frac{水泥比例数 \times 水泥容重}{砂子比例数} \times 砂子用量$$

$$石灰膏用量（m^3）= \frac{石灰膏比例数}{砂子比例数} \times 砂子用量$$

当砂子用量计算超过 1 $m^3$ 时，因其空隙容积已大于灰浆数量，均按 1 $m^3$ 计算。

**案例 1-6** 计算水泥石灰砂浆配合的材料用量。

水泥石灰砂浆配合比为 1∶1∶6，水泥容重为 1200 $kg/m^3$、砂容重为 1550 $kg/m^3$、密度为 2650 $kg/m^3$。淋制 1 $m^3$ 石灰膏需用生石灰 600 kg。求水泥石灰砂浆配合的材料用量。

**解：** 砂子空隙率 $= \left(1 - \dfrac{1550}{2650}\right) \times 100\% = 41\%$

砂子用量 $= \dfrac{6}{(1 + 1 + 6) - 6 \times 0.41} = 1.083 > 1$ 　　取 1 $m^3$

水泥用量 $= \dfrac{1 \times 1200}{6} \times 1 = 200$ （kg）

石灰膏用量 $= \dfrac{1}{6} \times 1 = 0.167$ （$m^3$）

生石灰 $= 0.167 \times 600 = 100.20$ （kg）

（5）预制构件模板摊销量计算。

预制构件模板摊销量是按多次使用、平均摊销的方法计算的，其计算公式为：

$$模板一次使用量=1\ m^3\ 构件模板接触面积\times 1\ m^2\ 接触面积模板净用量\times\frac{1}{1-损耗率}$$

$$模板一次摊销量=\frac{一次使用量}{周转次数}$$

**案例1-7** 计算预制过梁的模板摊销量。

根据选定的预制过梁标准图计算，1 $m^3$ 构件模板接触面积为10.16 $m^2$，1 $m^2$ 接触面积模板净用量为0.095 $m^3$，模板损耗率为5%，模板周转28次，试计算1 $m^3$ 预制过梁的模板摊销量。

**解：** 过梁模板一次使用量计算 $=10.16\times 0.095\times\frac{1}{1-5\%}=1.016\ (m^3)$

过梁模板摊销量计算 $=\frac{1.016}{28}=0.036\ (m^3/次)$

**3. 机械台班定额**

机械台班定额是指在正常施工条件、合理劳动组织和合理使用机械的条件下，完成单位合格产品所必需的一定品种、规格的施工机械台班的数量标准。

机械台班按一台机械工作8小时为一个台班计算。

1）机械台班定额的表现形式

机械台班定额有两种表现形式，即机械时间定额和机械产量定额。机械时间定额与机械产量定额互为倒数。

2）机械台班定额的编制

编制机械台班定额，主要包括以下内容。

（1）拟定正常施工条件。

拟定正常施工条件主要是拟定工作地点的合理组织和拟定合理的人工编制。

（2）确定机械纯工作1 h的正常劳动生产率。

确定机械正常生产率必须先确定机械纯工作1 h的正常劳动生产率，才能根据机械利用系数计算出施工机械台班定额。

机械纯工作时间是指机械必须消耗的净工作时间，包括正常负荷下工作时间、有根据降低负荷下工作时间、不可避免的无负荷工作时间、不可避免的中断时间。

机械纯工作1 h正常劳动生产率是指在正常施工条件下，由具备一定技能的技术工人操作施工机械净工作1 h的劳动生产率。

（3）确定施工机械的正常利用系数。

机械的正常利用系数是指机械在工作班内工作时间的利用率，它与工作班内的工作状况密切相关。因此，计算机械正常利用系数时，先计算工作班在正常状况下，准备与结束工作、机械开动、机械维护等工作必须消耗的时间，以及有效工作的开始与结束时间，然后计算机械工作班的纯工作时间，最后确定机械正常利用系数。

$$机械正常利用系数 = \frac{工作班内机械纯工作时间}{机械工作班延续时间}$$

(4) 计算机械台班定额。

在确定了机械正常工作条件、机械纯工作 1 h 正常劳动生产率和机械利用系数后，再确定机械台班的定额消耗指标。

$$施工机械台班产量定额 = 机械纯工作1\,h正常劳动生产率 \times 工作班延续时间 \times 机械正常利用系数$$

**案例 1-8**　计算起重机台班产量定额。

桅杆起重机吊装 2 t 内的基础梁，采用基本测时法，测得每循环一次的总时间为 14 min 4 s（即 844 s），每次循环吊装基础梁 1 根，起重机在工作班内的纯工作时间，采用工作日写实法测得为 6. 8 h，求起重机台班产量定额。

**解：** 机械 1 h 正常劳动生产率 = 1 × (3600 ÷ 844) = 4. 265(根/h)

机械台班利用系数 = 6. 8 ÷ 8 = 0. 85

台班产量定额 = 4. 265 × 8 × 0. 85 = 29 (根/台班)

### 1. 3. 3　建筑工程预算定额

预算定额是指在正常合理的施工条件下，规定完成一定计量单位的合格产品，必须消耗的人工、材料、施工机械台班的数量标准。它是定额计价模式下，编制施工图预算，确定建筑安装工程直接费的计价依据。目前，常用的预算定额分为：全国统一定额、行业统一定额和地区统一定额。

#### 1. 预算定额消耗量的确定

预算定额的人工、材料、机械台班消耗量指标是以基础定额的消耗量指标为基础，再考虑一定的幅度差来确定的。

1) 人工消耗量指标的确定

预算定额中的人工消耗量指标可以根据劳动定额计算求得，包括基本用工、其他用工。

(1) 基本用工。

基本用工是指完成某一合格分项工程所必须消耗的技术工种用工。按技术工种相应劳动定额的工时定额计算，按不同工种列出定额工日。

(2) 其他用工。

通常包括辅助用工、超运距用工、人工幅度差。

① 辅助用工。是指在施工中发生的，而在劳动定额中又未包括的材料加工用工。例如，筛砂、淋灰等增加的用工量。

② 超运距用工。是指预算定额中规定的材料的平均运距比劳动定额规定的运距大而引起的增加用工量。

③ 人工幅度差。在确定人工消耗量指标时，还应考虑在劳动定额中未包括，而在一般正常施工情况下又不可避免发生的一些零星用工因素。如各工种间工序搭接、交叉作业时不可避免的停歇工时消耗，质量检查影响操作消耗的工时，以及施工作业中不可避免的其他零星

用工等。其计算采用乘系数的方法：

人工幅度差 =（基本用工 + 辅助用工 + 超运距用工）× 人工幅度差系数

人工幅度差系数由国家统一规定，一般为10% ~15%。

2）材料消耗量指标的确定

主要材料、周转性材料同前面的材料消耗定额的确定方法。次要材料，在估算用量后，合并为“其他材料费”，用“元”表示。

3）机械台班消耗量指标的确定

预算定额中的施工机械台班消耗量，是根据机械台班消耗定额的基本消耗量，加上机械消耗幅度差计算的。机械幅度差是指合理的施工组织条件下机械的停歇时间。

（1）土（石）方、打桩、构件吊装、运输等项目施工用的大型机械台班消耗量指标的确定

计算公式如下：

大型机械台班消耗量 = 台班消耗定额的基本消耗量 ×（1 + 机械幅度差系数）

大型机械幅度差系数规定：土（石）方机械为25%；吊装机械为30%；打桩机械为33%；其他专用机械如打夯、钢筋加工、木工、水磨石等幅度差系数为10%。

（2）按操作小组配用的机械台班消耗量指标的确定

垂直运输的塔吊、卷扬机、砼搅拌机、砂浆搅拌机是按工人小组配备使用的，应按小组产量计算台班产量，不增加机械幅度差。计算公式如下：

$$\text{机械台班消耗量} = \frac{\text{分项定额计量单位值}}{\text{小组总产量}}$$

小组总产量 = 小组总人数 × 每工时产量

**2. 预算定额单价的确定**

在制定地区统一预算定额时，按照上述方法确定了人工、材料、施工机械台班的消耗量标准后，还需根据本地区的人工工资单价、材料预算价格和施工机械台班单价，计算出以货币形式表示的完成单位合格产品的基价或单位价格。

1）人工工资单价的确定

生产工人的人工工日单价的组成内容，在各地区并不完全相同，但其中每一项内容都是根据相关法规文件，结合本地区的特点，通过反复测算最终确定的。一般情况，人工工日单价由以下内容构成。

（1）计时工资或计件工资是指按计时工资标准和工作时间或对已做工作按计件单价支付给个人的劳动报酬。

（2）奖金是指对超额劳动和增收节支支付给个人的劳动报酬，如节约奖、劳动竞赛奖等。

（3）津贴补贴：是指为了补偿职工特殊或额外的劳动消耗和因其他特殊原因支付给个人的津贴，以及为了保证职工工资水平不受物价影响支付给个人的物价补贴，如流动施工津贴、特殊地区施工津贴、高温（寒）作业临时津贴、高空津贴等。

（4）加班加点工资是指按规定支付的在法定节假日工作的加班工资和在法定日工作时间外延时工作的加点工资。

（5）特殊情况下支付的工资是指根据国家法律、法规和政策规定，因病、工伤、产假、

计划生育假、婚丧假、事假、探亲假、定期休假、停工学习、执行国家或社会义务等原因按计时工资标准或计时工资标准的一定比例支付的工资。

2）材料预算价格的确定

材料预算价格也称为材料单价，是指材料由来源地或交货地点，经中间转运到达工地仓库或施工现场堆放地点后的出库价格。均须经过采购订货、装卸、运输、包装、保管等过程，这个过程中所发生的一切费用便构成了材料的预算价格。它是由材料原价、供销部门手续费、包装费、运杂费和采购及保管费五项组成的。

材料预算价格的计算公式如下：

材料预算价格 =［材料原价 ×(1 + 供销部门手续费率) + 包装费 + 运杂费］×(1 + 采购及保管费率) − 包装品回收值

其中材料原价、运输费、采购及保管费三项是构成材料预算价格的基本费用，其余两项费用可能发生，也可能不发生。为了便于结算价款，可把上述五项费用划分为材料供应价、市内运杂费、采购及保管费三项。其计算公式可以简化为：

材料预算价格 =(材料供应价 + 市内运杂费) ×(1 + 采购及保管费率) − 包装品回收值

(1) 材料原价的确定。

材料原价是指材料、工程设备的出厂价格或商家供应价格。例如，生产厂家的出厂价、国营商业部门的批发牌价、物资仓库的出库价、市场批发价以及进口材料的调拨价等。同一种材料因来源地、生产厂家、交货地点或供应单位不同而有几种原价时，要采用加权平均方法计算其平均原价。

**案例1-9**　计算标准砖的平均原价。

工程的标准砖有三个来源：甲地供应量为24%，原价为150.00元/千块；乙地供应量为45%，原价为156.00元/千块；丙地供应量为31%，原价为158.00元/千块，求标准砖的平均原价。

**解**：标准砖的平均原价为

150.00 ×24% +156.00 ×45% +158 ×31% =155.18（元/千块）

(2) 供销部门手续费。

建筑施工中所需材料的供应方式大致有两种情况：一种是生产厂家直接供应；另一种是物质供应部门供应。供销部门手续费是指某些材料必须经过当地物资供销部门供应而支付的附加手续费。

计算公式为：供销部门手续费 = 材料原价 × 供销部门手续费率

供销部门手续费可执行国家规定的费率或根据国家规定的费率结合地方情况制定的费率。目前，我国各地区大部分执行国家经委规定的费率，见表1.10。

**表1.10　供销部门手续费率**

| 序　号 | 材料名称 | 费　率（%） | 序　号 | 材料名称 | 费　率（%） |
|---|---|---|---|---|---|
| 1 | 金属材料 | 2.5 | 4 | 化工材料 | 2 |
| 2 | 木材 | 3 | 5 | 轻工材料 | 3 |
| 3 | 电机材料 | 1.8 | 6 | 建筑材料 | 3 |

随着商品市场的不断开放，需通过国家供销部门供应的材料越来越少。很多材料不经过物资供销部门，直接从生产单位采购，因此可不单独计算此项费用。

(3) 材料包装费。

包装费是指为便于材料运输和保护材料而进行包装所需要的费用。包装费的计算一般有两种情况。

① 由生产厂家负责包装的材料。

由生产厂家负责包装的材料，如袋装水泥、铁钉、玻璃、油漆、卫生陶瓷等，其包装费已计入原价，不再另行计算，但应在材料预算价格中扣除包装品的回收值。

$$包装品的回收值 = 包装品原价 \times 回收率 \times 残值率$$

包装品的回收值，如地区有规定的，按地区规定计算；地区无规定的，可根据实际情况，参照表1.11计算。

**表1.11　包装品回收率、残值率**

| 包装材料 | 回收率 | 残值率 |
| --- | --- | --- |
| 木材、木桶、木箱 | 70% | 20% |
| 铁桶 | 95% | 50% |
| 铁皮 | 50% | 50% |
| 铁丝 | 20% | 50% |
| 纸袋、纤维品 | 50% | 50% |
| 草绳、草袋 | 不计 | 不计 |

例如，每吨水泥用纸袋20个，每个纸袋1元，则其包装品的回收值 = 1 × 20 × 50% × 50% = 5 元/t。

② 由采购单位自备包装品的材料。

由采购单位自备包装品的材料，如麻袋、铁桶等，应计算包装费，列入材料预算价格中。此时，材料包装费，应按多次使用、分次摊销的方法计算。

麻袋按5次周转，回收率按50%，残值率按材料原价的50%计算。

铁桶按15次周转，使用期间按75%计算维修费，回收率按95%，残值率按材料原价的50%计算。

其计算公式如下：

$$自备包装品的包装费 = \frac{包装品原价 \times (1 - 回收率 \times 残值率) + 使用期间维修费}{周转使用次数}$$

(4) 材料运杂费。

材料运杂费是指材料、工程设备自来源地运到工地仓库（或指定堆放地点）所发生的全部费用，包括装卸费、调车费、运输费等。

$$材料途中损耗费 = (材料原价 + 调车费 + 装卸费 + 运输费) \times 途中损耗率$$

在编制材料预算价格时，材料来源地的确定必须贯彻就地就近取材，最大限度地缩短运距的原则。材料运杂费的计算，应根据材料的来源地、运输里程、运输方式，并按国家或地方规定的运价标准采用加权平均的方法计算。

**案例 1-10**　计算材料的平均运费。

某材料有三个货源地，各货源地的运距、运费见表 1.12，试计算该材料的平均运费。

**表 1.12　某材料各货源地的运距、运费**

| 货源地 | 供应量 (t) | 运　距 (km) | 运输方式 | 运费单价 [元/(t·km)] |
|---|---|---|---|---|
| A | 600 | 54 | 汽车 | 0.35 |
| B | 800 | 65 | 汽车 | 0.35 |
| C | 1600 | 80 | 火车 | 0.30 |

**【解法一】**

每吨材料的运费分别如下。

A 地：54 ×0.35 =18.90 （元/t）

B 地：65 ×0.35 =22.75 （元/t）

C 地：80 ×0.30 =24.00 （元/t）

$$平均运费 = \frac{18.90 \times 600 + 22.75 \times 800 + 24.00 \times 1600}{600 + 800 + 1600} = 22.65 \text{（元/t）}$$

**【解法二】**

$$汽车运输的平均运距 = \frac{54 \times 600 + 65 \times 800}{600 + 800} = 60.29 \text{（km）}$$

汽车运输的平均运费 =60.29 ×0.35 =21.10 （元/t）

火车运输的运费 =80 ×0.30 =24.0021.10 （元/t）

$$该材料的平均运费 = \frac{21.10 \times (600 + 800) + 24.00 \times 1600}{600 + 800 + 1600} = 22.6 \text{（5 元/t）}$$

（5）材料采购及保管费。

材料采购及保管费是指为组织采购、供应和保管材料、工程设备过程中所需要的各项费用，包括采购费、仓储费、工地保管费、仓储损耗。

由于材料的种类、规格繁多，采购及保管费不可能按每种材料在采购过程中所发生的实际费用计取，只能规定几种费率。目前，国家经委规定的综合采购及保管费率为 2.5%（其中采购费率为 1%，保管费率为 1.5%）。由建设单位供应材料到现场仓库的，施工单位只收保管费。其计算公式为：

材料采购及保管费 =（材料供应价 + 运杂费 + 包装费）× 采购及保管费率

**案例 1-11**　计算水泥的预算价格。

根据表 1.13 中的资料计算 425#袋装水泥的预算价格。

**表 1.13　各货源地的运输情况**

| 货源地 | 供应量 (t) | 原价 (元/t) | 汽车运距 (km) | 运输价 (元/(t·km)) | 装卸费 (元/t) |
|---|---|---|---|---|---|
| 甲 | 8000 | 248.00 | 28 | 0.60 | 6.00 |
| 乙 | 10000 | 252.00 | 30 | 0.60 | 5.50 |
| 丙 | 5000 | 253.00 | 32 | 0.60 | 5.00 |

（1）包装费已包括在原价内，每个纸袋0.9元。

（2）供销部门手续费率为2%，运输损耗率为2%，采购及保管费率为2%。

**解：**（1）水泥原价 $=\dfrac{248\times8000+252\times10000+253\times5000}{8000+10000+5000}=250.83$（元/t）

（2）供销部门手续费：

$$250.83\times2\%=5.02\text{（元/t）}$$

（3）回收值：

$$1\times20\times50\%\times50\%\times0.9=4.50\text{（元/t）}$$

（4）运杂费：

$$\text{平均运距}=\frac{28\times8000+30\times10000+32\times5000}{8000+10000+5000}=29.74\text{（km）}$$

$$\text{运输费}=0.60\times29.74=17.84\text{（元/t）}$$

$$\text{装卸费}=\frac{6\times8000+5.5\times10000+5\times5000}{8000+10000+5000}=5.57\text{（元/t）}$$

$$\begin{aligned}\text{运输损耗费}&=(\text{材料原价}+\text{手续费}+\text{运输费}+\text{装卸费})\times\text{运输损耗率}\\&=(250.83+5.02+17.84+5.57)\times2\%\\&=5.59(\text{元/t})\end{aligned}$$

$$\text{水泥的运杂费}=17.84+5.57=23.41\text{（元/t）}$$

（5）水泥预算价格 =（材料原价 + 手续费 + 运杂费 + 运输损耗费）×（1 + 采购及保管费率）- 回收值

$$=(250.83+5.017+29)\times(1+2\%)-4.50=286.04(\text{元/t})$$

3）施工机械台班单价的确定

施工机械台班使用费是指在正常运转情况下，施工机械在一个工作班（8小时）中应分摊和所支出的各种费用之和，由完成全部工程内容所需定额机械台班消耗量乘以机械台班单价（或租赁单价）计算而成。

机械费的计算表达式：

$$\text{机械费}=\sum\text{（机械台班数}\times\text{机械台班单价）}$$

机械台班单价，也称为机械台班预算价格，是指一台施工机械在正常运转情况下一个台班（8小时）所支出分摊的各种费用之和。

机械台班预算价格一般是在该机械折旧费（及大修费）的基础上加上相应的运行成本等费用。包括“第一类费用（不变费用）”和“第二类费用（可变费用）”。

第一类费用的特点是不管机械运转程度如何，都必须按所需费用分摊到每一台班中去，不因施工地点、条件的不同发生变化，是一项比较固定的经常性费用，故称为“不变费用”，它包括如下内容。

（1）折旧费：指施工机械在规定的使用年限内，陆续收回其原值的费用。

（2）大修理费：指施工机械按规定的大修理间隔台班进行必要的大修理，以恢复其正常功能所需的费用。

（3）经常修理费：指施工机械除大修理以外的各级保养和临时故障排除所需的费用，包括为保障机械正常运转所需替换设备与随机配备工具附具的摊销和维护费用，机械运转中日常保养所需润滑与擦拭的材料费用及机械停滞期间的维护和保养费用等。

（4）安拆费及场外运费：安拆费指施工机械（大型机械除外）在现场进行安装与拆卸所需的人工、材料、机械和试运转费用，以及机械辅助设施的折旧、搭设、拆除等费用；场外运费指施工机械整体或分体，自停放地点运至施工现场或由一施工地点运至另一施工地点的运输、装卸、辅助材料及架线等费用。

第二类费用的特点是只有机械作业运转时才发生，也称为一次性费用或可变费用。这类费用必须按照《全国统一施工机械台班费用定额》规定的相应实物量指标分别乘以预算价格（即编制地区人工工日工资，材料、燃料等动力资源的价格）进行计算，它包括如下内容。

（1）人工费：指机上司机（司炉）和其他操作人员的人工费。

（2）燃料动力费：指施工机械在运转作业中所消耗的各种燃料及水、电等。

（3）税费：指施工机械按照国家规定应缴纳的车船使用税、保险费及年检费等。

### 3. 预算定额的内容组成

预算定额中含有人工、材料、机械台班资源的“量”、“价”两种指标形式，运用预算定额不但可以得到工程项目建设过程中的各种工、料、机资源消耗量，同时也可得出项目的工程造价。要正确地使用预算定额为建设生产服务，必须首先了解预算定额的基本结构。

预算定额的内容可以分为三大部分，即文字说明、定额项目表和附录。

1）文字说明

预算定额的总说明。包括预算定额的适用范围、定额的编制原则及编制依据、定额采用的价格情况、定额项目允许换算的原则、定额编制过程中已经包括及未包括的工作内容等。

建筑面积计算规则。建筑面积是分析建筑工程技术经济指标的重要数据，是核算工程造价的基础，是编制计划和统计工作的指导依据，必须根据国家有关规定，对建筑面积的计算做出统一规定。

分部工程定额说明。包括分部工程的定额项目工作内容、分部工程定额项目工程量计算规则、分部工程定额综合的内容及允许换算和不得换算的界限。

2）分项工程定额项目表

分项工程定额项目表列出了每一单位分项工程中人工、材料、机械台班消耗量及相应的各项费用，是预算定额的核心内容。包括分项工程内容，定额计量单位，定额编号，预算基价，人工、材料、机械消耗量及相应的人工费、材料费、机械费等。见以下公式：

$$子目基价(或子目单价)=人工费+材料费+机械费$$

式中，$人工费=人工工日消耗量\times人工单价$

$材料费=\sum(材料消耗量\times材料预算价格)$

$机械费=\sum(机械台班消耗量\times机械台班单价)$

有些地方定额的分项工程定额项目表，除了上述内容以外，还在定额基价的基础上计算了“综合基价”，将“取费”过程考虑进了各个分项工程基价中。见以下公式：

综合基价 = 基价 + 综合费用

式中，基价 = 人工费 + 材料费 + 机械费

综合费用 = 费用 + 利润

费用 = 现场管理费 + 企业管理费 + 财务费用 + 社会劳动保险费

= （人工费 + 机械费）× 费率

利润 = （人工费 + 机械费）×利润率

综合基价中不包括税金，规费和税金按相关取费文件的规定计算。一般土建工程综合费用按三类工程考虑取费费率，桩基础工程综合费用区分灌注桩和预制桩，分别按一类工程、二类工程考虑取费费率。

表1.14是某省不含综合基价的定额项目表，表1.15是某省含综合基价的定额项目表。

整套《河北省建筑工程预算综合基价》的定额项目表分三部分：实体项目、施工技术措施费、施工组织措施费。

3）附录

附录放在定额手册的最后，供定额换算之用，是定额应用的重要补充资料。《河北省建筑工程预算综合基价》的附录包括：配合比表，材料、成品、半成品损耗率表，材料、成品、半成品价格取定表，建筑施工机械台班价格取定表。

**表1.14　砖砌基础及实砌内外墙**

工作内容：1. 调制砂浆（包括筛砂子及淋灰膏）、砌砖。基础包括清理基槽。2. 砌窗台虎头砖、腰线、门窗套。3. 安放木砖、铁件等。

单位：10 m³

| 项目编号 | | | | A3－1 | A3－2 | A3－3 |
|---|---|---|---|---|---|---|
| 项目名称 | | | | 砖基础 | 砖砌内外墙（墙厚） | |
| | | | | | 一砖以内 | 一砖 |
| 基价（元） | | | | 1726.47 | 2083.57 | 1909.94 |
| 其中 | 人工费（元） | | | 438.40 | 738.80 | 599.20 |
| | 材料费（元） | | | 1258.81 | 1320.01 | 1282.23 |
| | 机械费（元） | | | 29.26 | 24.76 | 28.51 |
| | 名　称 | 单　位 | 单　价（元） | 数　量 | | |
| 人工 | 综合用工二类 | 工日 | 40.00 | 10.960 | 18.470 | 14.980 |
| 材料 | 水泥砂浆 M5.0（中砂） | m³ | — | （2.360） | — | — |
| | 水泥石灰砂浆 M5.0（中砂） | m³ | — | — | （1.920） | （2.250） |
| | 标准砖 240 mm×115 mm×53 mm | 千块 | 200.00 | 5.236 | 5.661 | 5.314 |
| | 水泥 32.5 | t | 220.00 | 0.505 | 0.411 | 0.482 |
| | 中砂 | t | 25.16 | 3.783 | 3.078 | 3.607 |
| | 生石灰 | t | 85.00 | — | 0.157 | 0.185 |
| | 水 | m³ | 3.03 | 1.760 | 2.180 | 2.280 |
| 机械 | 灰浆搅拌机 200L | 台班 | 75.03 | 0.390 | 0.330 | 0.380 |

**表 1.15　预制混凝土过梁**

工程内容：1. 混凝土制作、运输、浇筑、振捣、养护等构件制作。2. 构件堆放。3. 构件安装。
4. 砂浆制作、运输。5. 接头灌缝、养护。　　单位：10 $m^3$

| 定额编号 | | | | AD0541 | AD0542 |
|---|---|---|---|---|---|
| 项　目 | | 单　位 | 单　价 | C20 | C25 |
| 综合单（基）价 | | 元 | | 3675.75 | 3847.24 |
| 其中 | 人工费 | 元 | | 914.40 | 914.40 |
| | 材料费 | 元 | | 1992.49 | 2163.98 |
| | 机械费 | 元 | | 432.21 | 432.21 |
| | 综合费 | 元 | | 336.65 | 336.65 |
| 材料 | 二等锯材 | $m^3$ | 1400.00 | 0.08 | 0.08 |
| | 铁件 | kg | 4.50 | 1.17 | 1.17 |
| | 砼（低、中砂）C20 | $m^3$ | 162.30 | 10.22 | — |
| | 砼（低、中砂）C25 | $m^3$ | 179.08 | — | 10.22 |
| | 砼（低、中砂）C30 | $m^3$ | 245.84 | 0.38 | 0.38 |
| | 水泥砂浆（中砂）1:2.5 | $m^3$ | 266.72 | 0.18 | 0.18 |
| | 水泥 32.5 | kg | | (2946.78) | (3416.90) |
| | 水泥 42.5 | kg | | (144.40) | (144.40) |
| | 中砂 | $m^3$ | | (5.50) | (5.09) |
| | 卵石 5－10 | $m^3$ | | (0.31) | (0.31) |
| | 卵石 5－40 | $m^3$ | | (9.10) | (9.20) |
| | 水 | $m^3$ | 1.50 | 12.38 | 12.38 |
| | 其他材料费 | 元 | | 56.52 | 56.52 |
| 机械 | 汽油 | kg | | (0.51) | (0.51) |
| | 柴油 | kg | | (4.04) | (4.04) |

**4. 预算定额的应用**

在使用预算定额，套用定额基价（或综合基价）时，由于施工环境复杂多变，施工方案多种多样，实际施工方案与定额规定的情况可能一致，也可能不一致，因此套定额的方法也要随着施工方案的不同而不同。

预算定额的应用情况如下。

1）当设计要求与定额项目内容完全一致时

可以直接套用预算定额的预算基价及工料机消耗量。

2）当设计要求与定额项目内容不完全一致时

存在以下两种套用定额的情况。

（1）定额规定不允许换算时，直接套用定额的预算基价。

（2）定额允许换算时，应对定额项目进行相应换算后，再套用换算后的综合基价。为了区别换算之后的定额项目，应在换算的定额项目编号后以下标的方式注上汉字“换”，如“$A3-4_{换}$”。在定额使用过程中，这种对定额项目先进行换算，再套用其基价的情况很常见。

3）当设计要求与定额项目内容完全不一致时

对施工图预算造价中的分项工程费用应做如下处理。

（1）对分项工程费用进行实际发生额的估算。这种方法要求操作者具备一定的实践经验，适用于那些数量相对较少，价值水平不高的分项工程。

（2）对预算定额中未涉及的新工艺、新材料、新结构，可以由一线施工人员编制补充定额，对此类缺项进行弥补，补充定额必须经造价管理部门审批后方能使用。

下面根据某地区的预算定额的相关规定，以案例的形式对预算定额的应用方法做进一步说明。

**案例1-12** 计算人工挖地槽的相关费用。

**【情况一】**某工程，人工挖地槽，普硬土，挖土深度为2 m，根据设计图纸计算地槽体积200 $m^3$。根据地质勘测资料，地槽土方在地下常水位以上。人工挖地槽（二类土，挖土深度2 m）定额子目相关内容：定额编号A1－11，定额单位100 $m^3$，基价1034.73元，其中人工费1030.50元，机械费4.23元。

计算此分项工程的直接成本、人工费、机械费分别是多少？

［**分析**］“土（石）方工程”规定“人工土方项目是按干土编制的，如挖湿土时，人工乘以1.18系数。干湿的划分，应根据地质勘测资料按地下常水位划分，地下常水位以上为干土，以下为湿土。”根据题意，工程设计要求与定额项目内容一致，可以直接套用定额子目。

**解：**A1－11人工挖地槽（二类土，干土，挖土深度2 m，挖地槽工程量200 $m^3$）

基价：1034.73（元/100 $m^3$）

合价：$\frac{200}{100}\times1034.73=2069.46$（元）

其中人工费：$\frac{200}{100}\times1030.50=2061.00$（元）

其中机械费：$\frac{200}{100}\times4.23=8.46$（元）

**【情况二】**某工程，人工挖地槽，普硬土，挖土深度为2 m，根据设计图纸计算地槽体积200 $m^3$。其中50 $m^3$为湿土。人工挖地槽（二类土，挖土深度2 m）定额子目相关内容：定额编号A1－11，定额单位100 $m^3$，基价1034.73元，其中人工费1030.50元，机械费4.23元。

计算此分项工程的直接成本，人工费，机械费分别是多少？

［**分析**］如上例的规定“人工土方项目是按干土编制的，如挖湿土时，人工乘以1.18系数。”工程中50 $m^3$湿土在套定额之前，是需要对定额项目进行换算的；而其余的150 $m^3$干土可以直接套用定额基价费用进行计算。

**解：**① A1－$11_{换}$人工挖地槽（二类土，湿土，挖土深度2 m，挖地槽工程量50 $m^3$）

基价：$1030.50\times1.18+4.23=1220.22$（元/100 $m^3$）

或$1034.73+1030.50\times0.18=1220.22$（元/100 $m^3$）

合价：$\frac{50}{100}\times1220.22=610.11$（元）

其中人工费：$\frac{50}{100}\times(1030.50\times1.18)=608.00$（元）

其中机械费：$\frac{50}{100}\times4.23=2.11$（元）

② A1－11人工挖地槽（二类土，干土，挖土深度2 m，挖地槽工程量150 $m^3$）

基价：1034.73（元/100 $m^3$）

合价：$\frac{150}{100}\times1034.73=1552.10$（元）

其中人工费：$\frac{150}{100}\times 1030.50 = 1545.75$（元）

其中机械费：$\frac{150}{100}\times 4.23 = 6.35$（元）

**案例 1-13**　计算砌筑一砖外墙的相关费用。

某工程，砌筑一砖外墙 300 m³，设计采用 M7.5 水泥石灰砂浆（中砂）砌筑。砌筑一砖外墙的定额子目相关内容：定额编号 A3-3，定额单位 10 m³，基价 1909.94 元，其中人工费 599.20 元，材料费 1282.23 元，机械费 28.51 元。

计算此分项工程的直接成本，人工费、材料费、机械费分别是多少？

**[分析]**“砌筑工程”规定“砂浆按常用强度等级列出，设计不同时可以换算”。砌筑一砖外墙定额子目（A3-3）是按 M5.0 水泥石灰砂浆（中砂）砌筑考虑的，显然这与设计要求不同，应对此定额项目进行换算后才可套用其基价。砂浆换算公式如下：

换算后的基价 = 换算前的基价 + 定额子目砂浆消耗量

×（设计选用的砂浆单价 - 定额选用的砂浆单价）

式中，“定额子目砂浆消耗量”可以从定额项目的材料消耗中查到；“砂浆单价”从定额附录“配合比”表中查找。

**解：**查定额 A3-3：砌筑 10 m³ 一砖砌体，耗 M5.0 水泥石灰砂浆（中砂）2.250 m³。

查配合比表：M7.5 水泥石灰砂浆（中砂）单价 101.00 元/m³；M5.0 水泥石灰砂浆（中砂）单价 96.03 元/m³。

$A3-3_{换}$　砌筑一砖外墙（M7.5 水泥石灰砂浆（中砂）砌筑）

基价：$1909.94 + 2.250\times(101.00-96.03) = 1921.12$（元/10 m³）

合价：$\frac{300}{10}\times 1921.12 = 57633.60$（元）

其中人工费：$\frac{300}{10}\times 599.20 = 17976.00$（元）

其中材料费：$\frac{300}{10}\times[1282.23 + 2.250\times(101.00-96.03)] = 38802.30$（元）

其中机械费：$\frac{300}{10}\times 28.51 = 855.30$（元）

**案例 1-14**　计算现浇钢筋混凝土带形基础的相关费用。

某工程，现浇钢筋混凝土带形基础 200 m³，设计采用现浇混凝土（中砂碎石）C15-40。现浇钢筋混凝土带形基础定额子目相关内容：定额编号 A4-3，定额单位 10 m³，基价 1924.74 元，其中人工费 374.40 元，材料费 1397.49 元，机械费 152.85 元。

计算此分项工程的直接成本，人工费、材料费、机械费分别是多少？

**[分析]**“混凝土及钢筋混凝土工程”规定“混凝土强度等级及粗骨料最大粒径是按通常情况编制的，如设计要求不同时，可以换算”。现浇钢筋混凝土带形基础定额子目（A4-3）

是按现浇混凝土（中砂碎石）C20－40考虑的。这与设计要求不同，应对此定额项目进行换算后才可套用其基价。混凝土换算公式如下：

$$\text{换算后的基价}=\text{换算前的基价}+\text{定额子目混凝土消耗量}\times(\text{设计选用的混凝土单价}-\text{定额选用的混凝土单价})$$

式中，“定额子目混凝土消耗量”可以从定额项目的材料消耗中查到；“混凝土单价”从定额附录“配合比”表中查找。

**解：**查定额A4－3：浇筑10 $m^3$ 钢筋混凝土带形基础，耗现浇混凝土C20－40（中砂碎石）10.100 $m^3$。

查配合比表：现浇混凝土（中砂碎石）C15－40单价122.22元/$m^3$；现浇混凝土（中砂碎石）C20－40单价135.02元/$m^3$。

$A4-3_{换}$　现浇钢筋混凝土带形基础（现浇混凝土（中砂碎石）C15－40）

基价：$1924.74+10.100\times(122.22-135.02)=1795.46$（元/10 $m^3$）

合价：$\frac{200}{10}\times1795.46=35909.20$（元）

其中人工费：$\frac{200}{10}\times374.40=7488.00$（元）

其中材料费：$\frac{200}{10}\times[1397.49+10.100\times(122.22-135.02)]=25364.20$（元）

其中机械费：$\frac{200}{10}\times152.85=3057.00$（元）

**案例1-15**　计算普通木门窗的相关费用。

某工程，普通木门框（单裁口）制作，根据施工图纸计算的木门框制作工程量（即设计框长）1000 m，设计框料立边断面面积48 $cm^2$。普通木门框（单裁口）制作定额子目相关内容：定额编号B4－55，定额单位100 m，基价1474.62元，其中人工费97.20元，材料费1349.41元，机械费28.01元。

计算此分项工程的直接成本，人工费、材料费、机械费分别是多少？

［**分析**］“门窗工程”规定“若设计框料断面与附注规定不同时，项目中烘干木材含量，应按比例换算，其他不变”。根据定额B4－55的规定普通木门框料断面单裁口以57.00$cm^2$为准。设计与定额的规定不一致，应进行换算。换算公式如下：

$$\text{换算后的基价}=\text{换算前的基价}+\left(\frac{\text{设计框料断面面积}}{\text{定额框料断面面积}}-1\right)\times\text{烘干木材定额消耗量}\times\text{烘干木材预算单价}$$

**解：**查定额B4－55：普通木门框（单裁口）制作100 m，耗烘干木材0.662 $m^3$，其单价1925.32元/$m^3$。

$B4-55_{换}$　普通木门框制作（单裁口）

基价：$1474.62+\left(\frac{48}{57}-1\right)\times0.662\times1925.32=1273.37$（元/100 m）

合价：$\frac{1000}{100}\times 1273.37=12733.70$（元）

其中人工费：$\frac{1000}{100}\times 97.20=972.00$（元）

其中材料费：$\frac{1000}{100}\times\left[1349.41+\left(\frac{48}{57}-1\right)\times 0.662\times 1925.32\right]$

$=11481.60$（元）

其中机械费：$\frac{1000}{100}\times 28.01=280.10$（元）

**案例 1-16**　计算打桩工程的相关费用。

某打桩工程，柴油打桩机打预制方桩，截面 300 mm × 300 mm，桩长工程量 100 m，一级土。柴油打桩机打预制方桩（桩长 12 m 以内，一级土）定额子目相关内容：项目编号 A2 - 1，定额单位 10 m，定额基价 94.43 元，其中人工费 22.40 元，材料费 7.22 元，机械费 64.81 元。

计算此分项工程的直接成本，人工费、材料费、机械费分别是多少？

**[分析]** “桩与地基基础工程” 规定 “单位工程打桩的工程量在 800 m 以内时，其人工、机械按相应项目乘以 1.25 系数计算”，1.25 即打桩小型工程系数。本题中单位工程打桩工程量 100 m，显然是小型工程，应按定额规定的系数进行换算。

**解：** $A2-1_{换}$　柴油打桩机打预制方桩（截面 300 mm × 300 mm，单根桩长 12 m 以内，一级土）

基价：$(22.40+64.81)\times 1.25+7.22=116.23$(元/10 m)

或 $94.43+(22.40+64.81)\times 0.25=116.23$(元/10 m)

合价：$\frac{100}{10}\times 116.23=1162.30$(元)

其中人工费：$\frac{100}{10}\times(22.40\times 1.25)=280.00$(元)

其中材料费：$\frac{100}{10}\times 7.22=72.20$(元)

其中机械费：$\frac{100}{10}\times(64.81\times 1.25)=810.13$(元)

**案例 1-17**　计算混凝土基础垫层的相关费用。

某工程，C15 混凝土基础垫层 150 $m^3$。混凝土垫层定额子目相关内容：定额编号 B1 - 24，定额单位 10 $m^3$，定额基价 1692.85 元，其中人工费 386.40 元，材料费 1249.55 元，机械费 56.90 元。

计算此分项工程的直接成本，人工费、材料费、机械费分别是多少？

**[分析]** “楼地面工程” 规定 “垫层项目如用于基础垫层时，人工、机械乘以 1.20 系数”。本题设计垫层即为基础垫层，故需换算。

**解：** $B1-24_{换}$ 混凝土基础垫层

基价：$(386.40+56.90)\times1.20+1249.55=1781.51$（元/10 $m^3$）

或 $1692.85+(386.40+56.90)\times0.20=1781.51$（元/10 $m^3$）

合价：$\frac{150}{10}\times1781.51=26722.65$（元）

其中人工费：$\frac{150}{10}\times(386.40\times1.20)=6955.20$（元）

其中材料费：$\frac{150}{10}\times1249.55=18743.25$（元）

其中机械费：$\frac{150}{10}\times(56.90\times1.20)=1024.20$（元）

上述各例仅是定额换算中的一部分内容，在实际操作中，还有其他的定额换算情况，要想灵活使用定额，使编制的预算最大限度地接近工程实际支出，必须掌握定额分部工程说明中规定的各种换算方法，正确使用定额换算方法，方能达到目的。

## 知识梳理与总结

本章主要是围绕工程计量与计价所需的基础知识展开的，建筑工程计量与计价是基本建设工作中的一个很重要的组成部分，了解基本建设的相关知识时，应了解工程量与工程量清单、定额计价与工程量清单计价以及工程定额等基础知识。

基本建设主要讲解基本建设的含义、组成、分类和程序，一个建设项目由若干个单项工程组成，一个单项工程由若干个单位工程组成，一个单位工程由若干个分部工程，一个分部工程由若干个分项工程，分项工程是建设工程定额中最基本的构成单位。

基本建设经济文件包括投资估算、设计概算、施工图预算、施工预算、工程结算、竣工结算等，其中，施工图预算在工程实施阶段包括招标控制价、投标价和合同价。基本建设经济文件之间的关系为：投资估算的数额应控制设计概算，设计概算的数额应控制施工图预算，工程结算根据施工图预算编制。施工图预算反映行业的社会平均成本，施工预算反映企业的个别成本。

工程量是以物理计量单位或自然计量单位表示的各种具体工程或结构构件的数量。注意工程量计算的原则和方法，掌握统筹法计算工程量。

工程量清单由分部分项工程量清单、措施项目清单、其他项目清单、规费和税金清单组成，工程量清单体现招标人要求投标人完成的工程项目及相应工程数量，是投标报价的依据，是招标文件不可分割的部分。应注意工程量清单编码、项目设置、项目内容、项目特征和计量单位等。注意定额工程量和清单工程量的不同。

建筑工程定额原理，介绍了定额的形成与发展，引出了定额的分类和工程计价工作中作为重要依据的预算定额，了解预算定额在整个定额体系中的地位及作用。

基础定额由劳动定额、材料消耗定额、机械台班消耗量定额组成。它是确定其他各种定额的基础性文件。其编制水平体现了社会先进定额水平，预算定额就是在其基础上考虑了幅度差之后编制出来的。

预算定额包括两大指标："量"和"价"。即其一是定额消耗量的确定，其二是定额预

算单价的确定。本章主要讲述预算定额单价的确定，尤其是材料单价的确定。

预算定额的应用主要介绍了定额换算。由于施工环境复杂多变，施工方案多种多样，套定额应针对不同的施工情况选择正确的定额套用方法。

## 思考与练习题 1

1. 简述基本建设的组成，何谓建设项目、单项工程、单位工程？
2. 简述我国基本建设的程序。
3. 基本建设经济文件有哪些？
4. 工程量计算的一般原则是什么？
5. 工程量清单是由哪些部分组成的？其他项目清单包括哪些内容？
6. 工程量清单的编码采用多少位数的阿拉伯数字？是如何进行编码的？
7. 编制工程量清单时，其分部分项工程量清单中的项目特征应体现哪些方面？
8. 措施项目的清单编制，应考虑哪些因素？
9. 其他项目清单由哪些内容组成？
10. 什么是定额？什么是工程建设定额？
11. 简述工程建设定额的分类？
12. 什么是材料消耗量？由哪些组成？
13. 什么是材料预算价格？由哪些组成？
14. 某工程某种规格的钢筋由建设单位供货到工地仓库，各货源地的情况见表 1.16。

(1) 计算该钢筋的材料预算价格？

(2) 按规定施工单位应计取多少保管费？（保管费率为 1.5%）

**表 1.16　各货源地的情况**

| 货源地 | 数量（t） | 买价（元/t） | 运距（km） | 运输费（元/（t·km）） | 装卸费（元/t） | 采购及保管费率 |
|---|---|---|---|---|---|---|
| 甲地 | 100 | 2300 | 70 | 0.6 | 14 | 2.5% |
| 乙地 | 300 | 2350 | 40 | 0.7 | 16 | 2.5% |

15. 机械台班价格的费用由哪些组成？

16. 用 1∶2 水泥砂浆贴规格为 150 mm×75 mm×5 mm 的外墙面砖，墙面砖灰缝宽为 10 mm，墙面砖损耗率为 6%，砂浆损耗率为 2%，试计算每 100 $m^2$ 墙面砖与灰缝砂浆的消耗量。

17. 已知砖的损耗率为 2.5%，砂浆的损耗率为 1%。试计算 1 $m^3$ 厚度为 240 mm 的标准砖墙中标准砖和砂浆的消耗量。

18. 根据表 1.17 计算袋装生石灰材料的预算价格。

**表 1.17　各货源地的情况**

| 货源地 | 出厂价（元/t） | 数量（t） | 运费（元/t） | 运输损耗率 | 供销部门手续费率 | 采购及保管费率 |
|---|---|---|---|---|---|---|
| 甲地 | 110 | 1500 | 14 | 1.5% | 3% | 2.5% |
| 乙地 | 120 | 2500 | 16 | 1.5% | 3% | 2.5% |
| 丙地 | 108 | 4000 | 15 | 1.5% | 3% | 2.5% |

注：生石灰用编织袋包装，每吨用 25 个，每个单价 1.1 元，回收率 60%，残值率 50%，每吨装卸费 8 元。

# 第2章 建筑工程工程量计算

## 教学导航

**学习目的** 1. 掌握建筑面积概念及计算；
2. 了解建筑工程各分部相关知识；
3. 掌握建筑工程各分部分项清单工程量和定额工程量计算规则；
4. 能进行建筑工程各分部分项定额工程量和清单工程量的计算；
5. 能进行建筑工程各分部分项招标工程量清单编制。

**学习方法推荐** 行动导向法、练习法、头脑风暴法、小组讨论法

**教学时间** 38～58 学时

**教学活动及技能训练时间** 7 学时

**延伸活动或技能训练时间** （13 学时）

**教学做过程/教学手段/教学场所安排**

| 教学做过程 | 具体内容 | 教学方法及时间安排 | | | 场所安排 |
|---|---|---|---|---|---|
| | | 授课时间（学时） | 活动时间（学时） | 延伸时间（学时） | |
| 建筑面积计算 | 建筑面积的概念 | 2 | | | 教室 |
| | 建筑面积计算规则 | | | | |
| | 实训1：某多层房屋建筑面积计算 | | 1 | （1） | 实训室 |
| 建筑各分部工程工程量计算 | 建筑各分部工程相关知识 | 6 | | | 教室 |
| | 建筑各分部分项工程工程量计算规则 | 28 | | | 教室 |
| | 建筑各分部分项定额工程量计算规则补充 | | | | |
| | 实训2～实训7技能训练 | 2 | 6 | （12） | 实训室 |
| | | | | | |
| | | | | | |
| 小计 | | 38 | 7 | （13） | |

# 2.1　建筑面积计算

## 2.1.1　建筑面积的概念

### 1. 建筑面积、使用面积、辅助面积和结构面积

广义的建筑面积是指建筑在特定的阶段、范围、功能和目的情况下的面积，它是以相应建筑图和建筑面积计算规则为依据计算的，基本单位为平方米。狭义的建筑面积是指不同的建筑面积有不同的概念，根据特定的阶段、范围、功能和目的，可以确定相应狭义建筑面积的概念。例如，“预售商品建筑面积是指施工阶段的建筑面积，它是以施工图标准尺寸和建筑面积计算规则为依据计算的，基本单位为平方米”。“产权面积是指房屋竣工后的建筑面积，它是以竣工图标注尺寸和建筑面积计算规则及相应产权面积计算规则为依据计算的，基本单位为平方米。

我们讲的建筑面积是指广义的建筑面积，是指房屋建筑各自然层水平平面面积的总和，根据国家统一规定的计算规则，针对建筑设计平面图（包括方案设计、初步设计和施工图设计）进行计算的。建筑面积包括使用面积、辅助面积和结构面积。

使用面积是指建筑物各层平面布置中可直接为生产或生活使用的净面积总和，在民用建筑中也称为居住面积。

辅助面积是指建筑面积各层平面布置中为辅助生产和生活所占净面积的总和。包括过道、厨房、卫生间、厕所、储藏室等。

使用面积和辅助面积的总和称为有效面积。

结构面积是指建筑物各层平面布置中的墙体、柱等结构所占面积的总和。

建筑面积 = 使用面积 + 辅助面积 + 结构面积

### 2. 建筑面积的作用

建筑面积是编制基本建设计划、控制建设规模、计算建筑工程技术经济指标的基本数据之一，也是确定其他分部分项工程量的基础数据。在工程计量与计价中，建筑面积的作用更多是用来确定每平方米建筑面积的造价和工料用量的基础性指标：

工程单位面积造价 = 工程造价/建筑面积

人工消耗指标 = 工程人工工日耗用量/建筑面积

材料消耗指标 = 工程材料耗用量/建筑面积

## 2.1.2　建筑面积计算规则

建筑面积计算规则包含了计算建筑面积的范围、不计建筑面积的范围和其他三个方面的内容和规定。

### 1. 计算建筑面积的范围

（1）单层建筑物其建筑面积按建筑物外墙勒脚以上结构外围水平面积计算。并应符合下

列规定：

单层建筑物高度在2.20 m及以上者应计算全面积；高度不足2.20 m者应计算1/2面积。

利用坡屋顶内空间时净高超过2.10 m的部位应计算全面积：净高在1.20～2.10 m的部位应计算1/2面积；净高不足1.20 m的部位不应计算面积。

（2）单层建筑物内设有局部楼层者，局部楼层的二层及以上楼层，有围护结构的应按其围护结构外围水平面积计算，无围护结构的应按其结构底板水平面积计算。层高在2.20 m及以上者应计算全面积；层高不足2.20 m者应计算1/2面积。

**说明：**

① 勒脚是指外墙外缘靠近室外地坪的部分，为防止雨水的浸蚀和机械碰撞，常见的处理办法是将这部分墙体进行抹灰、镶贴面砖、墙身加厚等。

②“外墙勒脚以上外围结构水平面积”主要强调建筑面积应计算墙体结构面积，而不应包括墙体构造所增加的面积，如抹灰厚度、材料厚度等均不计入建筑面积内。

③ 应计入与不计入建筑面积的建筑物高度的划分界线：层高是以2.20 m为界，净高是以2.10 m为界。

（3）高低联跨的建筑物，其示意图如图2.1所示，应以高跨结构外边线为界分别计算建筑面积；其高低跨内部连通时，其变形缝应计算在低跨面积内。

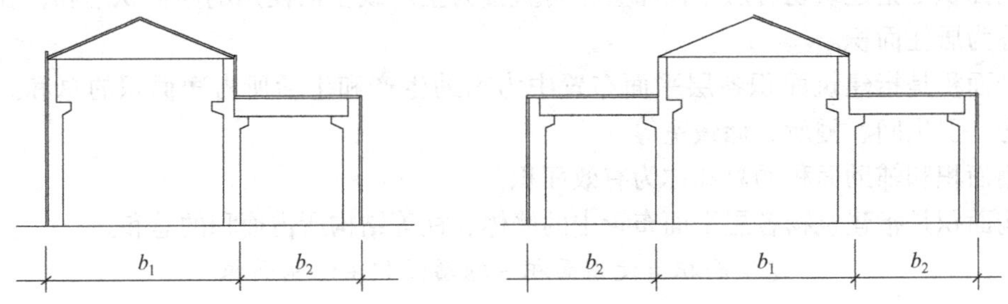


图2.1　高低联跨的建筑物示意图

**说明：**

① 高低联跨的单层建筑物分别计算建筑面积时，其分界线在高跨结构外边线。

② 不等高跨中柱所围的建筑面积应属于高跨。

（4）多层建筑物的建筑面积按各层建筑面积的总和计算，其首层按建筑物外墙勒脚以上结构外围水平面积计算，二层及二层以上按外墙结构外围水平面积计算。层高在2.20 m及以上者应计算全面积；层高不足2.20 m者应计算1/2面积。

（5）多层建筑坡屋顶内和场馆看台下，当设计加以利用时净高超过2.10 m的部位应计算全面积；净高在1.20～2.10 m的部位应计算1/2面积；当设计不利用或室内净高不足1.20 m时不应计算面积。

**说明：**

① 当各楼层平面布置或结构形式不同时，“二层及二层以上”应分别计算建筑面积。

② 同一建筑物中，当楼层层数不同时，高低层建筑面积应分别计算。

（6）地下室、半地下室（车间、商店、车站、车库、仓库等），包括相应的有永久性顶

盖的出入口，应按其外墙上口（不包括采光井、外墙防潮层及其保护墙）外边线所围水平面积计算。半地下室示意图如图 2.2 所示。层高在 2.20 m 及以上者应计算全面积；层高不足 2.20 m 者应计算 1/2 面积。

**说明：**

① 同一建筑物其地下部分与地上部分的结构有所不同，特别是承重的墙体厚度。因此，应以地面上口部分的外围水平面积计算。

② 计算相应出入口外墙外围的结构面积时，不应包括由于构造需要所增加的面积，如采光井、立面防潮层、保护墙等厚度所增加的面积。

(7) 坡地的建筑物吊脚架空层、深基础架空层（如图 2.3 所示）。设计加以利用并有围护结构的，层高在 2.20 m 及以上的部位应计算全面积；层高不足 2.20 m 的部位应计算 1/2 面积。设计加以利用、无围护结构的建筑物吊脚架空层，应按其利用部位水平面积的 1/2 计算；设计不利用的深基础架空层、坡地吊脚架空层、多层建筑坡屋顶内、场馆看台下的空间不应计算面积。

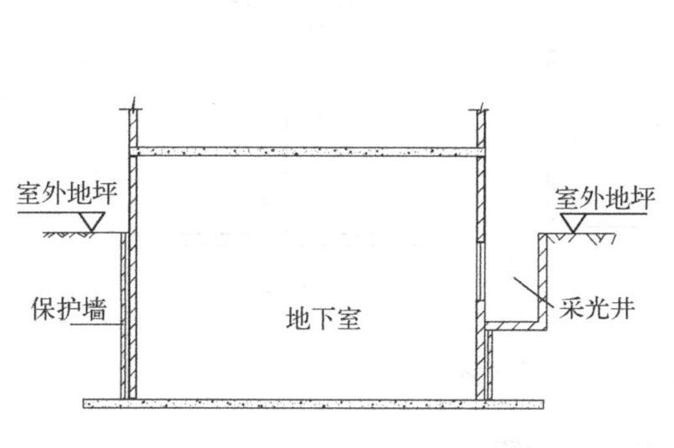


图 2.2　半地下室示意图

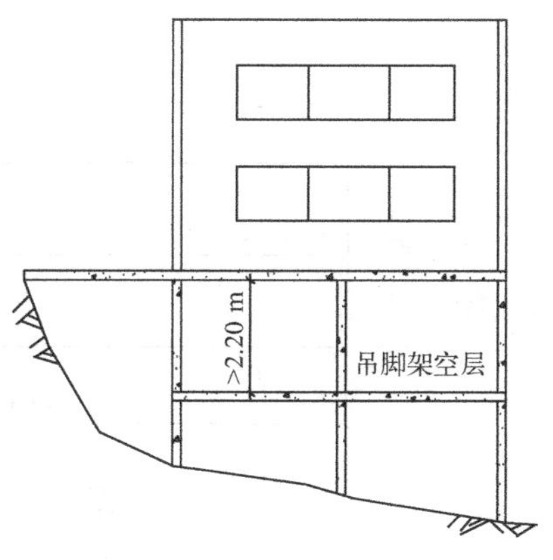


图 2.3　吊脚架空层、深基础架空层

**说明：**

① 坡地吊脚架空层是指采用打桩或筑柱做基础时形成的架空结构。

② 层高超过 2.2 m，是指大于 2.2 m。

(8) 建筑物的门厅、大厅按一层计算建筑面积。门厅、大厅内设有回廊时，应按其结构底板水平面积计算。层高在 2.20 m 及以上者应计算全面积；层高不足 2.20 m 者应计算 1/2 面积。

(9) 建筑物间有围护结构的架空走廊，应按其围护结构外围水平面积计算。层高在 2.20 m 及以上者应计算全面积；层高不足 2.20 m 者应计算 1/2 面积。有永久性顶盖无围护结构的应按其结构底板水平面积的 1/2 计算。

**说明：**

①“建筑物的通道”是指建筑物内的交通要道。无论该通道高度如何，均按一层计算建筑面积。

②“门厅、大厅内回廊部分”是指在建筑物内大厅或门厅的上部的环形走廊。

(10) 室内楼梯间、电梯井、提物井、垃圾井、管道井等，均按建筑物自然层计算建筑面积。

**说明：**

① 电梯井、提物井、垃圾井、管道井等，尽管只有一层，仍按自然层计算建筑面积。

②“自然层”是指上述通道经过了几层楼，就应计算几层的面积。

（11）立体书库、立体仓库、立体车库，无结构层的应按一层计算，有结构层的应按其结构层面积分别计算。层高在2.20 m及以上者应计算全面积；层高不足2.20 m者应计算1/2面积。

（12）有围护结构的舞台灯光控制室，应按其围护结构外围水平面积计算。层高在2.20 m及以上者应计算全面积；层高不足2.20 m者应计算1/2面积。

**说明：**

舞台灯光控制室一般设在舞台内侧夹层上或舞台两边的灯光室内，是有围护结构的分隔室。

（13）有永久性顶盖无围护结构的车棚、货棚、站台、加油站、收费站等，应按其顶盖水平投影面积的1/2计算。车棚、货棚、站台示意图如图2.4所示。

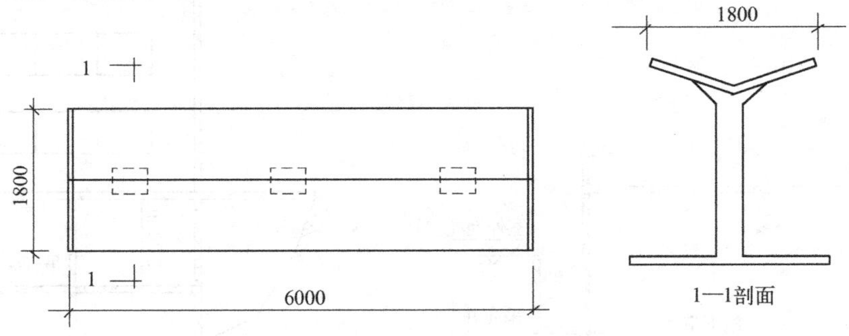


图2.4　车棚、货棚、站台示意图

（14）建筑物的阳台均应按其水平投影面积的1/2计算。

（15）雨篷结构的外边线至外墙结构外边线的宽度超过2.10 m者，应按雨篷结构板的水平投影面积的1/2计算。

（16）以幕墙作为围护结构的建筑物，应按幕墙外边线计算建筑面积。

（17）建筑物顶部有围护结构的楼梯间、水箱间、电梯机房等，层高在2.20 m及以上者应计算全面积；层高不足2.20 m者应计算1/2面积。

**说明：**

① 突出屋面有围护墙和顶盖的附属建筑，均应按围护结构的外围水平面积计算建筑面积。

② 单独置于屋面上的钢筋混凝土水箱或钢板水箱，不计建筑面积。

（18）建筑物外有围护结构的落地橱窗、门斗（如图2.5所示）、挑廊、走廊、檐廊，应按其围护结构外围水平面积计算。层高在2.20 m及以上者应计算全面积；层高不足2.20 m者应计算1/2面积。有永久性顶盖无围护结构的应按其结构底板水平面积的1/2计算。

（19）建筑物内的室内楼梯间、电梯井、观光电梯井、提物井、管道井、通风排气竖井、垃圾道、附墙烟囱应按建筑物的自然层计算。

（20）有永久性顶盖无围护结构的场馆看台应按其顶盖水平投影面积的1/2计算。

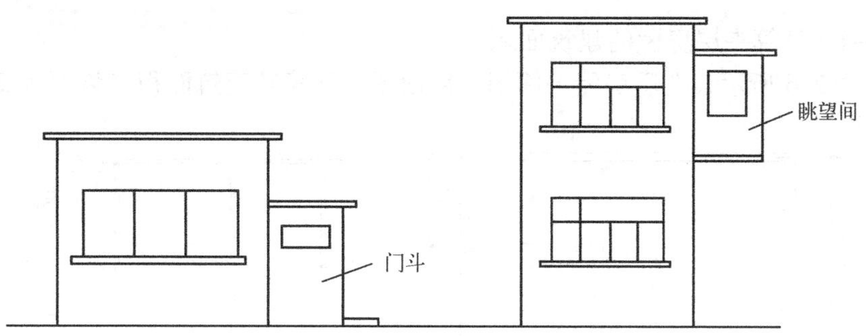


图 2.5　有围护结构的落地橱窗、门斗

(21) 设有围护结构不垂直于水平面而超出底板外沿的建筑物，应按其底板面的外围水平面积计算。层高在 2.20 m 及以上者应计算全面积；层高不足 2.20 m 者应计算 1/2 面积。

(22) 有永久性顶盖的室外楼梯，应按建筑物自然层的水平投影面积的 1/2 计算。

**说明：**

① 楼梯的作用是上下交通和紧急疏通，不管室外楼梯是何种作用，均应按自然层投影之和计算建筑面积。

② 此处室外楼梯是指踏步板在建筑物围护结构之外的楼梯。

(23) 建筑物内的变形缝，按自然层计算建筑面积，并入建筑物建筑面积内计算。

**说明：**

① 变形缝包括温度缝、伸缩缝和沉降缝。

② 建筑物的总尺寸中已包括缝宽时，不另计算缝宽面积，否则应将缝宽尺寸并入建筑物总尺寸内计算。

### 2. 不计建筑面积的范围

(1) 建筑物通道（骑楼、过街楼的底层）。

(2) 建筑物内的设备管道夹层。

(3) 建筑物内分隔的单层房间，舞台及后台悬挂幕布、布景的天桥、挑台等。

(4) 屋顶水箱、花架、凉棚、露台、露天游泳池。

(5) 建筑物内的操作平台、上料平台、安装箱和罐体的平台。

(6) 勒脚、附墙柱、垛、台阶、墙面抹灰、装饰面、镶贴块料面层、装饰性幕墙、空调机外机搁板（箱）、飘窗、构件、配件、宽度在 2.10 m 及以内的雨篷，以及与建筑物内不相连通的装饰性阳台、挑廊。

(7) 无永久性顶盖的架空走廊、室外楼梯和用于检修、消防等的室外钢楼梯、爬梯。

(8) 自动扶梯、自动人行道。

(9) 独立烟囱、烟道、地沟、油（水）罐、气柜、水塔、贮油（水）池、贮仓、栈桥、地下人防通道、地铁隧道。

### 3. 其他

(1) 建筑物与构筑物连接成一体的，属建筑物部分按上述规定计算。

(2) 本规则适用于地上、地下建筑物的建筑面积计算，如遇上述未尽事宜，可参照上述规则处理。

**案例 2-1** 计算夹层房屋的建筑面积。

根据如图 2.6 所示某夹层房屋平面图、剖面图，计算其建筑面积（墙厚为 240 mm）。

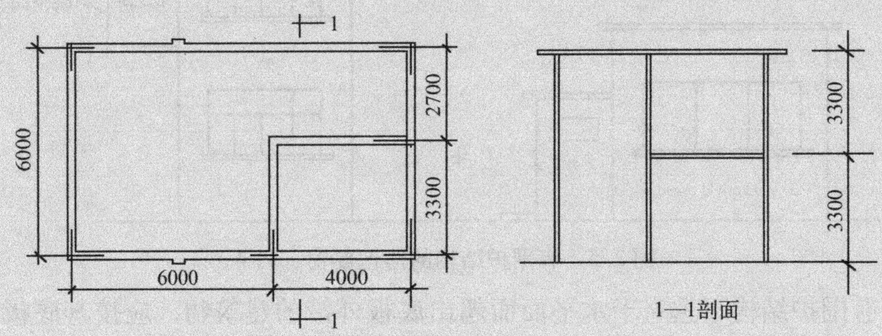


图 2.6 某夹层房屋平面图、剖面图

［分析］单层建筑物不论其高度如何均按一层计算，单层建筑物内如带有部分楼层者，也应计算建筑面积；突出墙面的附墙柱不计建筑面积。

**解：** 底层建筑面积 $=(6.0+4.0+0.24)\times(3.30+2.70+0.24)$

$=10.24\times6.24=63.90(\mathrm{m}^2)$

楼隔层建筑面积 $=(4.0+0.24)\times(3.30+0.24)$

$=4.24\times3.54=15.01\ (\mathrm{m}^2)$

该夹层房屋的建筑面积 $=63.90+15.01=78.91\ (\mathrm{m}^2)$

**案例 2-2** 计算雨篷的建筑面积。

根据如图 2.7 所示有柱雨篷、独立柱雨篷和挑雨篷四种情况，分别计算其雨篷的建筑面积。

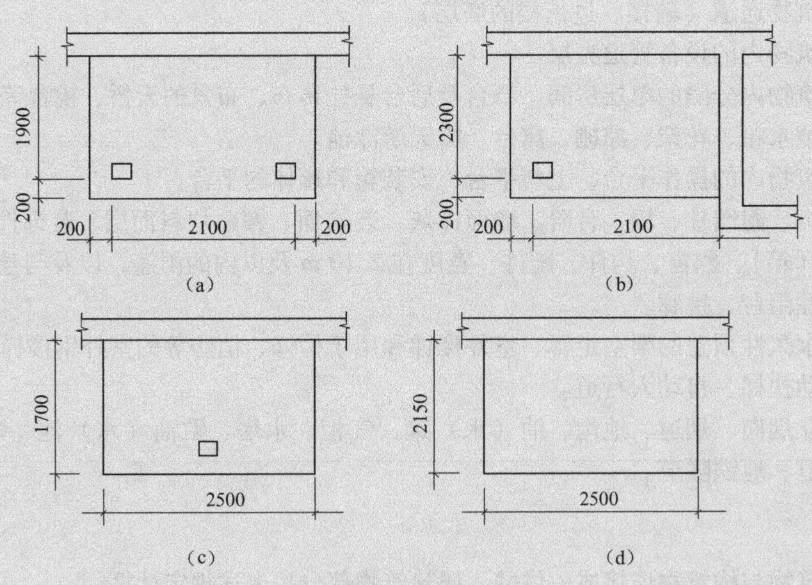


图 2.7 雨篷

［分析］雨篷按结构的外边线至外墙结构外边线宽度的 2.1 m 为分界计算，大于 2.1 m 者，应按雨篷结构板的水平投影面积的 1/2 计算。小于 2.10 m 者，不计建筑面积。

**解**：图（a）雨篷按结构的外边线至外墙结构外边线宽度 =（1.9 +0.2）

=2.1（m）=2.1（m）

有柱雨篷的建筑面积 =0

图（b）雨篷按结构的外边线至外墙结构外边线宽度 =（2.3 +0.2）

=2.5（m）>2.1（m）

有柱雨篷的建筑面积 $=(2.3+0.2)\times(2.1+0.2)\times\frac{1}{2}=2.875(m^2)$

图（c）雨篷按结构的外边线至外墙结构外边线宽度 =1.7（m）<2.1（m）

独立柱雨篷的建筑面积 =0

图（d）雨篷按结构的外边线至外墙结构外边线宽度 =2.15（m）>2.1（m）

挑雨篷的建筑面积 $=2.50\times2.15\times\frac{1}{2}=2.69\ (m^2)$

## 实训 1　某多层房屋建筑面积计算

### 1. 实训目的

通过多层房屋建筑面积计算实例的练习，熟悉房屋建筑施工图，掌握建筑面积工程量计算规则。

### 2. 实训任务

根据非地震区多层房屋建筑施工图，完成已给定图纸的计算。

(1) 计算第一层及第二层房屋的建筑面积。

(2) 计算出屋面楼梯间的建筑面积。

(3) 指出该图纸中不计建筑面积的部分有哪些?

### 3. 背景资料

(1) 多层房屋部分建筑施工图（如图 2.8 所示）。

(2) 该施工图除标高以米计量外，其余均以毫米计量。

(3) 内、外墙体未注明者，厚度均为 240 mm。

### 4. 实训要求

(1) 学生应在教师指导下，独立认真地完成各项项目内容。

(2) 工程量计算正确，项目内容完整，无丢项现象。

(3) 提交统一规定的工程量计算书。

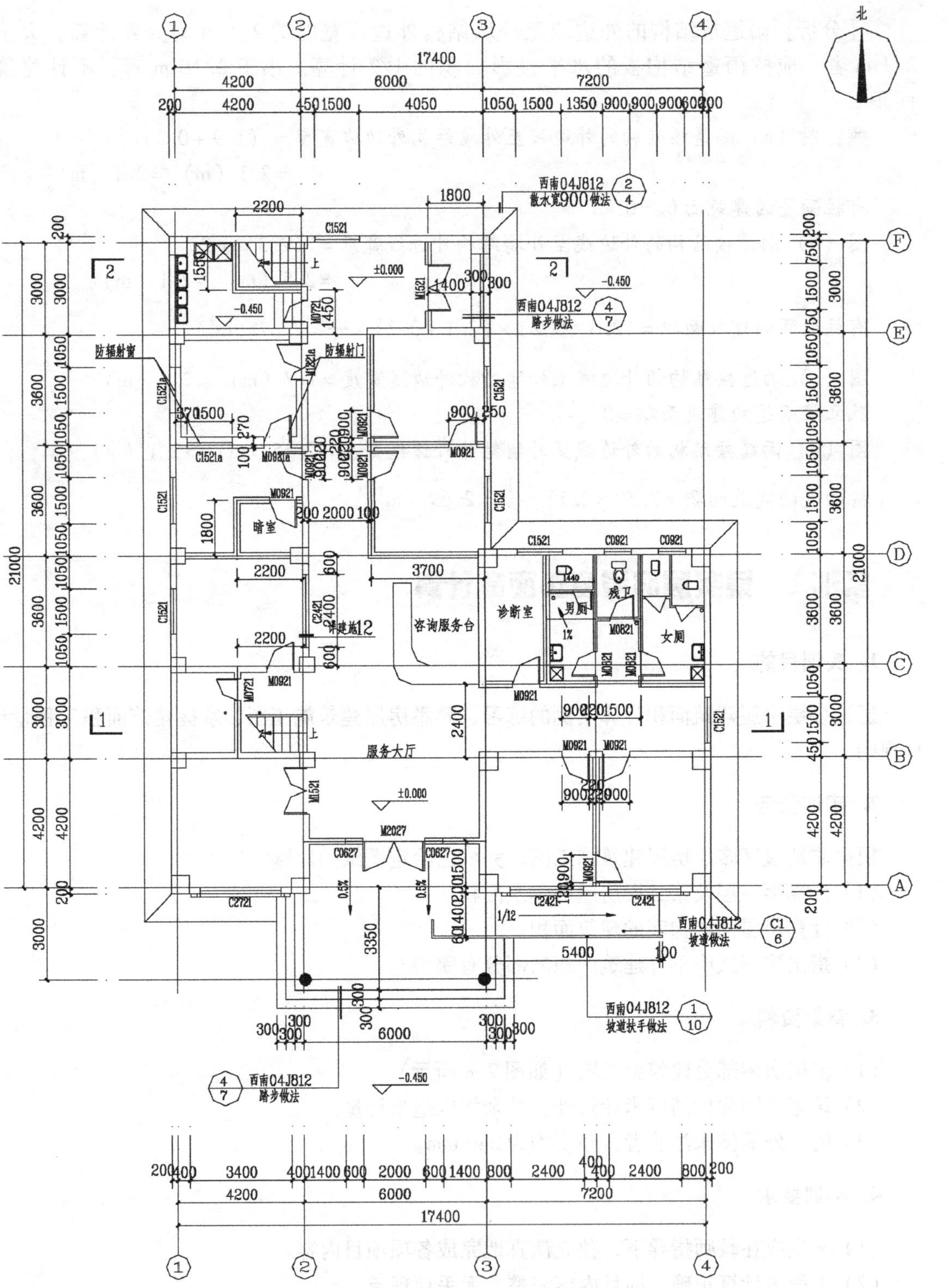

一层平面图 1:100

图2.8 某多层房屋建筑施工图

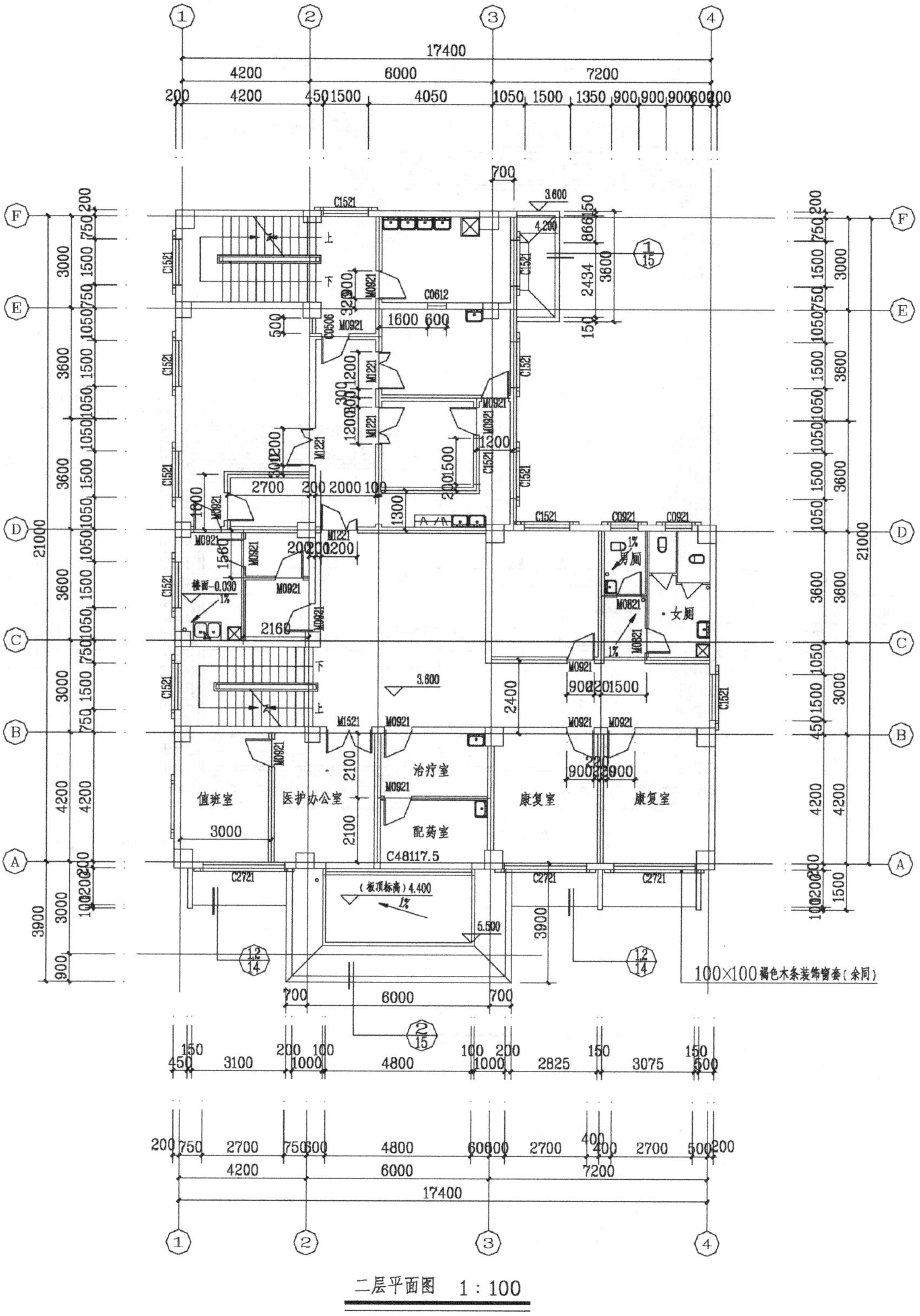

二层平面图　1：100

图 2.8　某多层房屋建筑施工图（续）

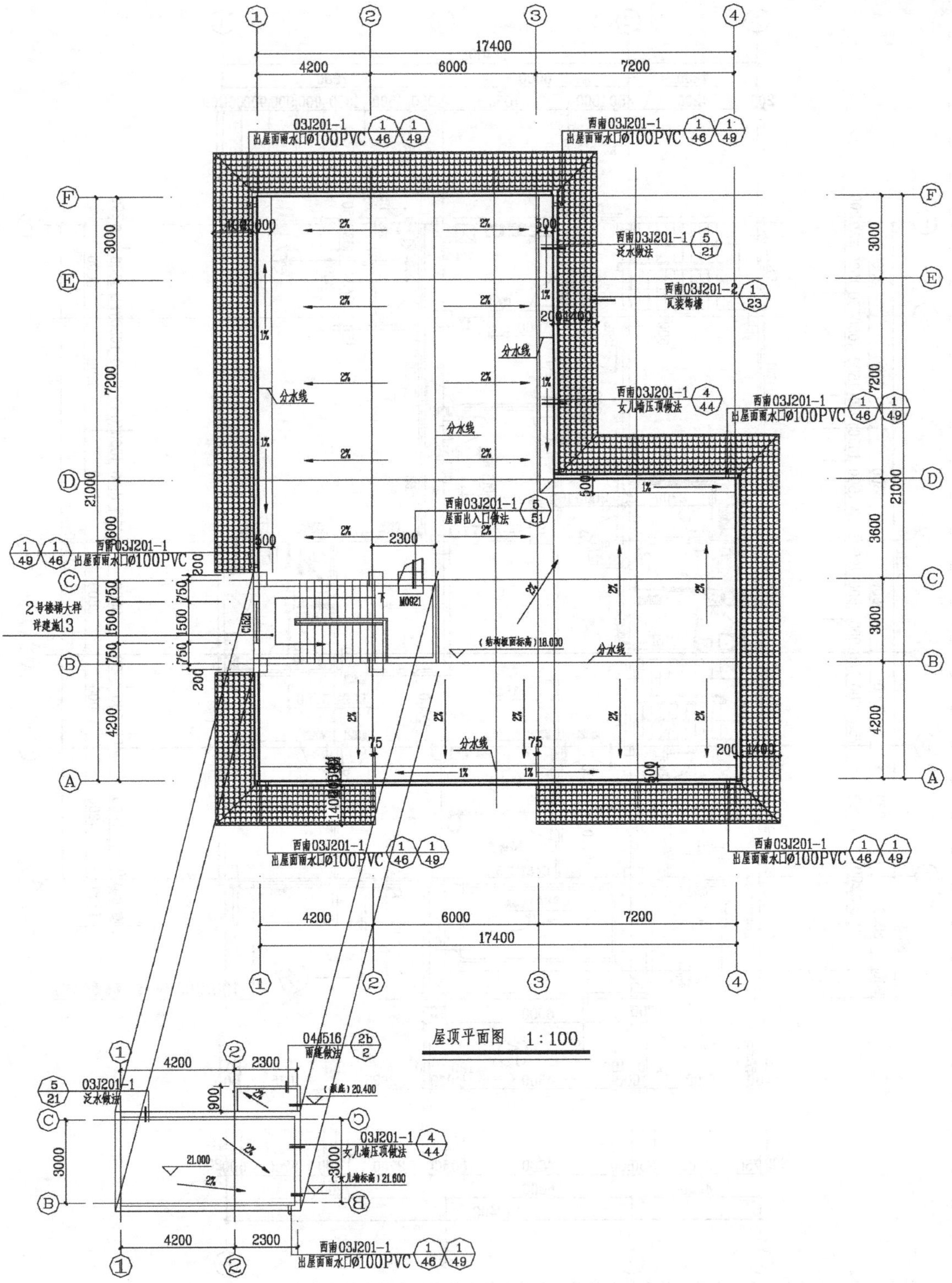

屋顶平面图　1:100

图 2.8　某多层房屋建筑施工图（续）

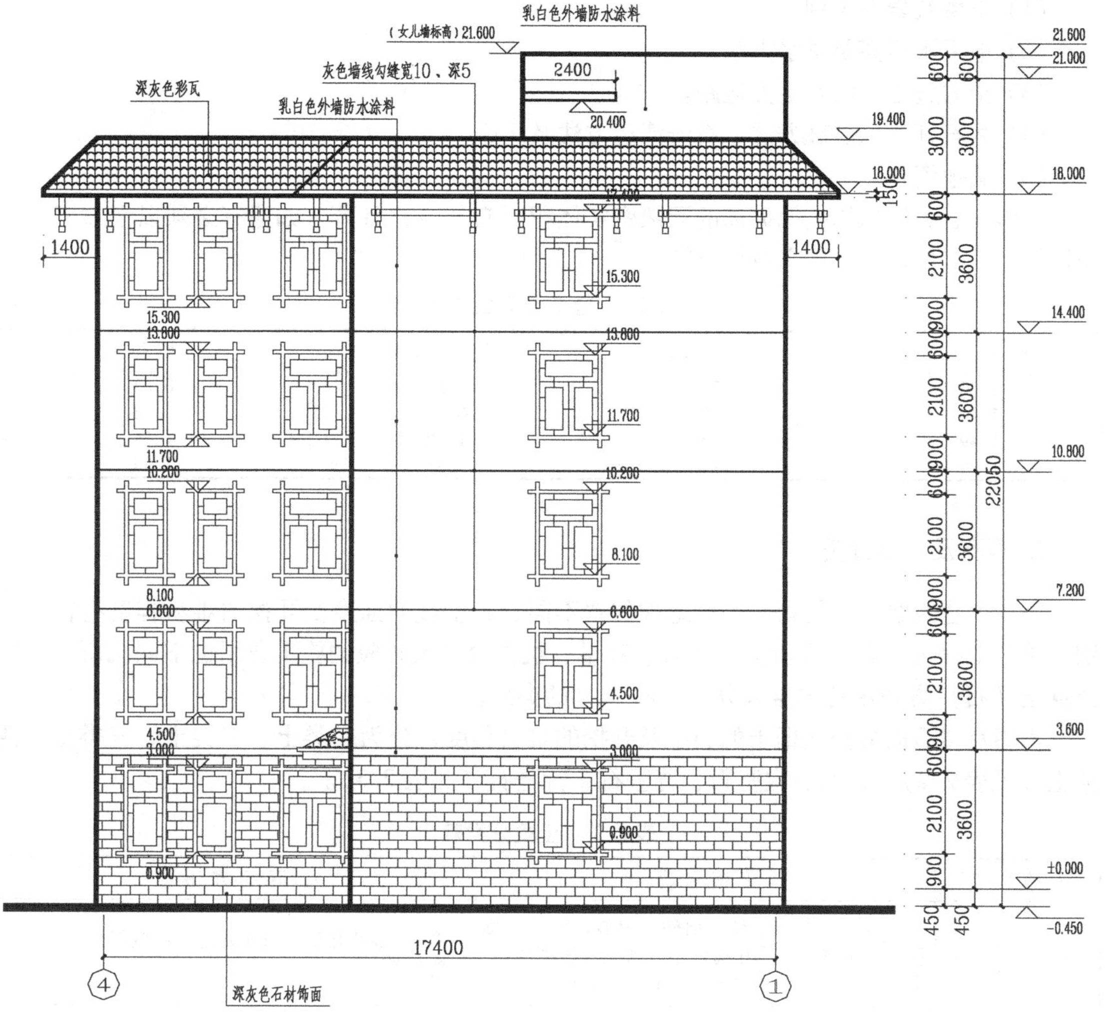

④-① 轴立面图　1∶100

图 2.8　某多层房屋建筑施工图（续）

## 2.2　土（石）方工程工程量计算

### 2.2.1　土（石）方工程相关知识

**1. 主要内容**

土（石）方工程按施工方法可分为人工土（石）方和机械土（石）方，内容包括土方工程、石方工程和回填，项目具体子目主要涉及平整场地、挖一般土（石）方、挖基槽（基坑）土（石）方、冻土开挖、挖淤泥流沙、管沟土方及土方运输回填等内容。

**2. 准备工作**

在编制土（石）方工程造价前，应确定下列资料。

(1) 土壤及岩石类别。

(2) 地下水标高及排水方法。

(3) 土方施工方法及土方运距。

(4) 岩石开凿、爆破方法、石渣清运方法及运距。

(5) 其他资料。

土壤、岩石体积均按挖掘前的天然密实体积（自然方）计算。如遇有必须以天然密实体积折算时，应按表2.1规定数值折算。

**表2.1　土方体积折算表**

| 虚方体积 | 天然密实体积 | 夯实后体积 | 松填体积 |
|---|---|---|---|
| 1.00 | 0.77 | 0.67 | 0.83 |
| 1.30 | 1.00 | 0.87 | 1.08 |
| 1.49 | 1.15 | 1.00 | 1.24 |
| 1.20 | 0.93 | 0.81 | 1.00 |

### 3. 岩石及土壤分类

因各个建筑物、构筑物所处的地理位置不同，其土壤的强度及开挖的难易程度有很大差别，单位工程土（石）方所消耗的人工数量、机械台班及相应的施工费用也不同。所以正确计算土（石）方费用首先需区分土（石）方的类别。

土壤及岩石的分类根据土的类型及开挖的难易程度，分为一类土、二类土、三类土、四类土（见表2.2）、松石、次坚石、普坚石、特坚石（见表2.3）。

**表2.2　土壤分类表**

| 土壤分类 | 土壤名称 | 开挖方法 |
|---|---|---|
| 一、二类土 | 粉土、砂土（粉砂、细砂、中砂、粗砂、砾砂）、松质黏土、弱中盐渍土、软土（淤泥质土、泥碳、泥碳质土）、软塑红黏土、冲填土 | 用锹，少许用镐、条锄开挖，机械能全部直接铲挖满载者 |
| 三类土 | 黏土、碎石土（圆砾、角砾）、混合土、可塑红黏土、硬塑红黏土、强盐渍土、素填土、压实填土 | 主要用镐、条锄开挖，少许用锹开挖。机械需部分刨松方能铲挖满载者或可直接铲挖但不能满载者。 |
| 四类土 | 碎石土（卵石、碎石、漂石、块石）、坚硬红黏土、超盐渍土、杂填土 | 全部用镐、条锄开挖，少许用撬棍挖松，机械须普遍刨松方能挖满载者 |

**表2.3　岩石分类表**

| 岩石分类 | | 代表性岩石 | 开挖方法 |
|---|---|---|---|
| 极软岩 | | 1. 全风化的各种岩石<br>2. 各种半成岩 | 部分用手凿工具、部分用爆破法开挖 |
| 软质岩 | 软岩 | 1. 强风化的坚硬岩或较硬岩<br>2. 中等风化—强风化的较软岩<br>3. 未风化—微风化的质岩、泥岩、泥质砂岩等 | 用风镐和爆破开挖 |
| | 较软岩 | 中等风化—强风化的坚硬岩或较硬岩<br>未风化—微风化的凝灰岩、千枚岩、泥灰岩、砂质泥岩等 | 用爆破开挖 |
| 硬质岩 | 较硬岩 | 微风化的坚硬岩<br>未风化—微风化的大理石、板岩、石灰岩、白云岩、钙质砂岩等 | 用爆破开挖 |
| | 坚硬岩 | 未风化—微风化的花岗岩、闪长岩、辉绿岩、玄武岩、安山岩、片麻岩、石英岩、石英砂岩、硅质砾岩、硅质石灰岩等 | 用爆破开挖 |

**4. 人工挖基坑、人工挖沟槽、人工挖土方、平整场地的区别（见表 2.4）**

**表 2.4　人工挖基坑、人工挖沟槽、人工挖土方、平整场地项目的划分条件**

| 划分条件 / 项目 | 坑底面积（$m^2$） | 槽底宽度（m） |
|---|---|---|
| 人工挖基坑 | ≤150 | — |
| 人工挖沟槽 | — | 底宽≤7，且底长大于底宽三倍以上 |
| 人工挖土方 | >150 | >7 |
| | 场地平整挖土厚度在 300 mm 以外 | |
| 平整场地 | 场地平整挖土厚度在 300 mm 以内的就地挖、填、找平 | |

注：坑底面积、槽底宽度不包括加宽工作面的尺寸。

## 2.2.2　工程量计算规则

### 1. 平整场地（清单编码：010101001）

平整场地工程量计算规则见表 2.5。

**表 2.5　平整场地工程量计算规则**

| 预制桩 | 计量单位 | 计算规则 | 工作内容 |
|---|---|---|---|
| 清单规则 | $m^2$ | 按设计图示尺寸以建筑物首层建筑面积计算：$S_{平}=a\times b$ | 1. 土方挖填<br>2. 场地找平<br>3. 场地内运输 |
| 定额规则 | $m^2$ | 建筑物底面积的外边线每边各加 2 m 以面积计算：$S_{额}=(a+4)\times(b+4)=S_{首}+L_{外}\times2+16$ | |



注：应考虑土壤类别、弃土运距和取土运距等项目特征。

### 2. 挖一般土（石）方（清单编码：010101002/010102001）

挖一般土（石）方工程量计算规则见表 2.6。

**表 2.6　挖一般土（石）方工程量计算规则**

| 挖一般土（石）方 | 计量单位 | 计算规则 | 工作内容：土方 | 工作内容：石方 |
|---|---|---|---|---|
| 清单规则 | $m^3$ | 按设计图示尺寸以体积计算 | 1. 排地表水<br>2. 土方开挖<br>3. 围护（挡土板）支撑<br>4. 基底钎探<br>5. 运输 | 1. 排地表水<br>2. 凿石<br>3. 运输 |

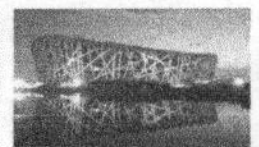

续表

| 挖一般土（石）方 | 计量单位 | 计算规则 | 工作内容 | |
|---|---|---|---|---|
| | | | 土　方 | 石　方 |
| 定额规则 | m³ | 按设计图示尺寸和有关规定以体积计算 | 1. 土方开挖、基底钎探 | 2. 凿石 |
| | | | 2. 土方运输 | 3. 运输 |
| | m² | 见本节计算规则补充 | 3. 挡土板支拆 | |
| | 项 | 按实计算 | | 1. 排地表水 |

注：应考虑土壤类别和挖土深度等项目特征。

### 3. 挖沟槽、挖基坑土（石）方

挖沟槽土、挖基坑土（石）方工程量计算规则见表2.7。

**表2.7　挖沟槽、挖基坑土（石）方工程量计算规则**

| 挖沟槽、挖基坑土（石）方 | 计量单位 | 计 算 规 则 | 工 作 内 容 | |
|---|---|---|---|---|
| | | | 土　方 | 石　方 |
| 清单规则 | m³ | 建筑物按设计图示尺寸以基础垫层（沟槽或坑）底面积乘以挖土/石深度计算。<br>构筑物按最大水平投影面积乘以挖土深度（原地面平均标高至坑底高度）计算 | 1. 排地表水<br>2. 土方开挖<br>3. 围护（挡土板）支撑<br>4. 基底钎探<br>5. 运输 | 1. 排地表水<br>2. 凿石<br>3. 运输 |
| 定额规则 | m³ | 按设计图示尺寸和有关规定以体积计算，分基槽土方和基坑土方两种，具体见本节计算规则补充 | 1. 土方开挖 | 2. 凿石 |
| | | | 2. 土方运输 | 3. 运输 |
| | m² | 见本节计算规则补充 | 3. 挡土板支拆 | |
| | 项 | 按实计算 | 4. 基底钎探 | 1. 排地表水 |

注：挖沟槽、挖基坑土方应考虑土壤类别和挖土深度等项目特征，其清单编码分别为010101003和010101004；挖沟槽、挖基坑石方应考虑岩石类别、开凿深度和弃碴运距等项目特征，其清单编码分别为010102002和010102003。

### 4. 回填方（清单编码：010103001）

回填方工程量计算规则见表2.8。

**表2.8　回填方工程量计算规则**

| 回 填 方 | 计量单位 | 计 算 规 则 | 工 作 内 容 |
|---|---|---|---|
| 清单规则 | m³ | 按设计图示尺寸以体积计算<br>1. 场地回填：回填面积乘以平均回填厚度<br>2. 室内回填：主墙间面积乘以回填厚度<br>3. 基础回填：挖方体积减去设计室外地坪以下埋设的基础体积（包括基础垫层及其他构筑物） | 1. 运输<br>2. 回填<br>3. 压实 |
| 定额规则 | | | 1. 装卸、回填、分层碾压、夯<br>2. 场内土方运输 |
| | | 见余方弃置 | 3. 场外土方运输 |

注：应考虑密实度要求、填方材料品种、填方立径要求、填方来源、运距等项目特征。

#### 5. 余方弃置和缺方内运（清单编码：010103002/010103003）

余方弃置和缺方内运工程量计算规则见表 2.9。

表 2.9　余方弃置和缺方内运工程量计算规则

| 余方弃置和缺方内运 | 计量单位 | 计 算 规 则 | 工 作 内 容 |
|---|---|---|---|
| 清单规则 | $m^3$ | 按挖方清单项目工程量减利用回填方体积（正数）计算——余方弃置<br>按挖方清单项目工程量减利用回填方体积（负数）计算 ——缺方内运 | 余方点装料运输至弃置点（取料点装料运输至缺方点） |
| 定额规则 | | | |

注意：应考虑废弃料或填方料的品种和运距等项目特征。

### 2.2.3　定额计算规则补充和说明

#### 1. 定额计算规则补充

1）挖基槽（或地槽）土方

根据施工方案规定的放坡、操作工作面和机械挖土进出施工工作面的坡道等的增加的施工量，按图示尺寸以立方米计算。计算长度：外墙地槽（沟）按外墙槽（沟）底中心线长度计算，内墙地槽（沟）按内墙槽（沟）底净长度计算。其突出部分的体积，应并入槽（沟）工程量内计算，具体基槽土方计算见表 2.10（$L$ 表示基槽的长度）。

表 2.10　基槽土方计算

| | | |
|---|---|---|
| 无工作面<br>不放坡基槽 | $V=aHL$ | H<br>a |
| 有工作面<br>不放坡基槽 | $V=(a+2c)HL$ | H<br>c　a　c |

续表

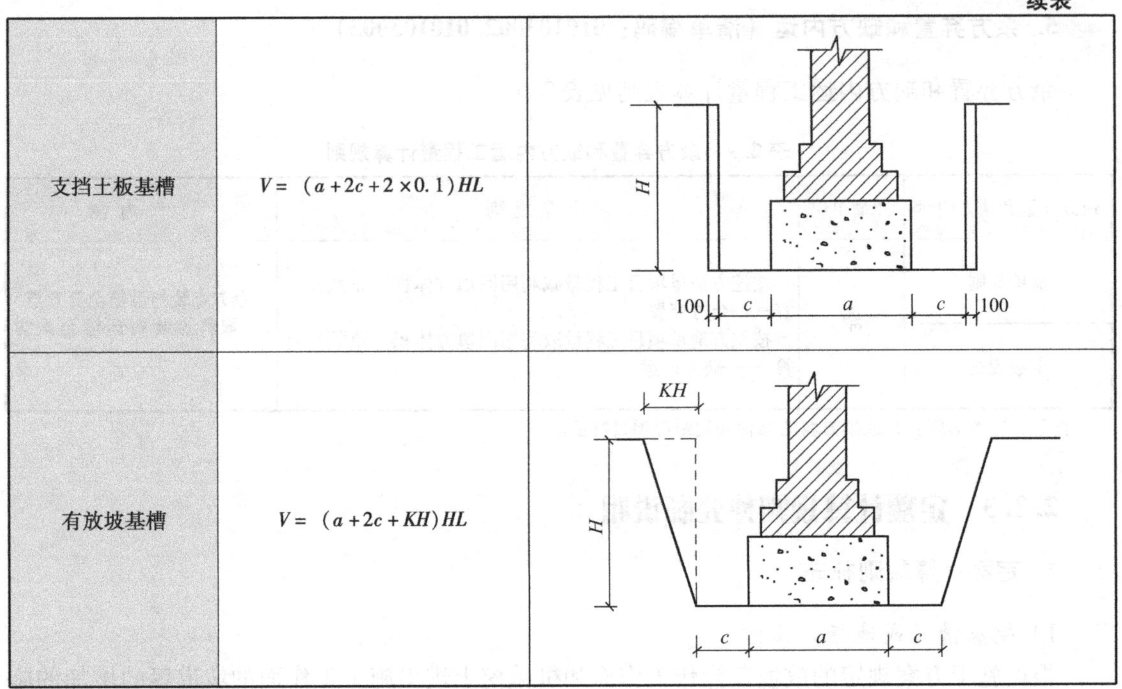

| 支挡土板基槽 | $V=(a+2c+2\times0.1)HL$ | |
|---|---|---|
| 有放坡基槽 | $V=(a+2c+KH)HL$ | |



2）挖基坑土方

根据施工方案规定的放坡、操作工作面和机械挖土进出施工工作面的坡道等的增加的施工量，按图示尺寸以立方米计算，具体基坑土方计算见表2.11，基坑土方计算示意图如图2.9所示。

**表2.11　基坑土方计算**

| 矩形不放坡地坑 | $V=abH$ |
|---|---|
| 矩形不放坡有工作面地坑 | $V=(a+2c)(b+2c)H$ |
| 矩形放坡地坑 | $V=(a+2c+KH)(b+2c+KH)H+\frac{1}{3}K^2H^3$ |
| 圆形不放坡地坑 | $V=\pi r^2H$ |
| 圆形放坡地坑 | $V=\frac{1}{3}\pi H(R_1^2+R_2^2+R_1R_2)$ |

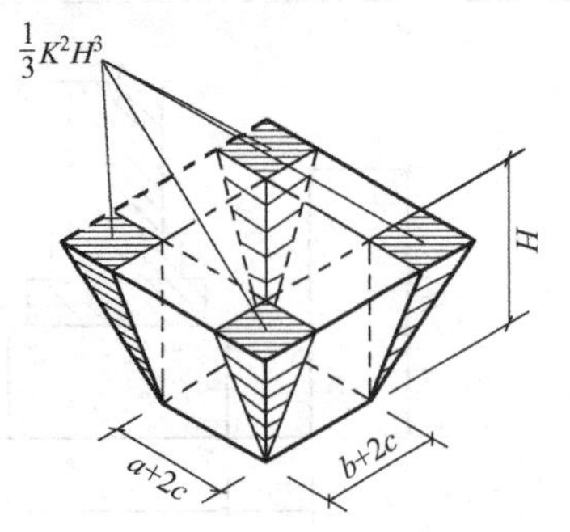



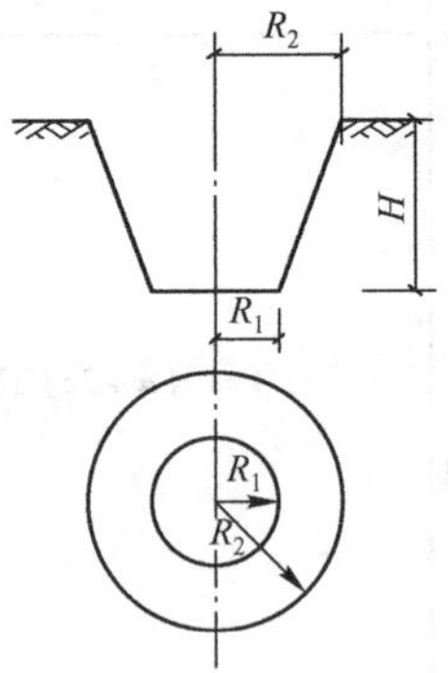



图2.9　基坑土方计算示意图

3）土（石）方运输

按实际体积和运距计算。

4）支挡土板

支挡土板以槽、坑垂直的支撑面积计算，不分连续和断续。计算了支挡土板，不再计算放坡。

**2. 定额计算规则说明**

(1) 人工挖土方定额是按干土编制的，如挖湿土，人工乘以系数 1.80。

干、湿土的划分，应根据地质勘探资料中的常年地下水位为划分标准，常年地下水位以上为干土，以下为湿土。如果采用人工（集水坑）降低地下水位时，干、湿土的划分，仍按常年地下水位为划分标准；当采用井点降水后，常年地下水位以下的土按干土计算。

(2) 人工挖桩土方时，按相应子目人工乘以系数 1.30。

(3) 沟槽、基坑深度超过 6 m 时，按深 6 m 定额乘以系数 1.2 计算；超过 8 m 以上者，按深 6 m 定额乘以系数 1.6 计算。

(4) 放坡及放坡系数、工作面和支挡土板，施工方案无规定时，可按以下规定执行。

① 放坡及放坡系数。

- 放坡起点：某类土壤边壁直立不加支撑开挖的最大深度。
- 放坡系数（$K$）：将土壁做成一定坡度的边坡，高度与边坡宽度之比，为放坡系数，$K=B/H$。

例如，放坡系数（$K$）=1∶0.33（含义是每挖深 1 m，放坡宽度 $B$ 就增加 0.33 m）。

放坡系数的大小由施工组织设计确定，如果施工组织设计无规定时，放坡起点放坡系数见表 2.12。人工挖基槽、基坑如图 2.10 所示。

**表 2.12 放坡起点及放坡系数**

| 土壤类别 | 放坡起点深度（m） | 人工挖土（1∶$K$） | 机械挖土（1∶$K$） | | |
|---|---|---|---|---|---|
| | | | 坑内作业 | 坑上作业 | 顺沟槽在坑内作业 |
| 一、二类土 | 1.20 | 1∶0.50 | 1∶0.33 | 1∶0.75 | 1∶05 |
| 三类土 | 1.50 | 1∶0.33 | 1∶0.25 | 1∶0.67 | 1∶0.33 |
| 四类土 | 2.00 | 1∶0.25 | 1∶0.10 | 1∶0.33 | 1∶0.25 |

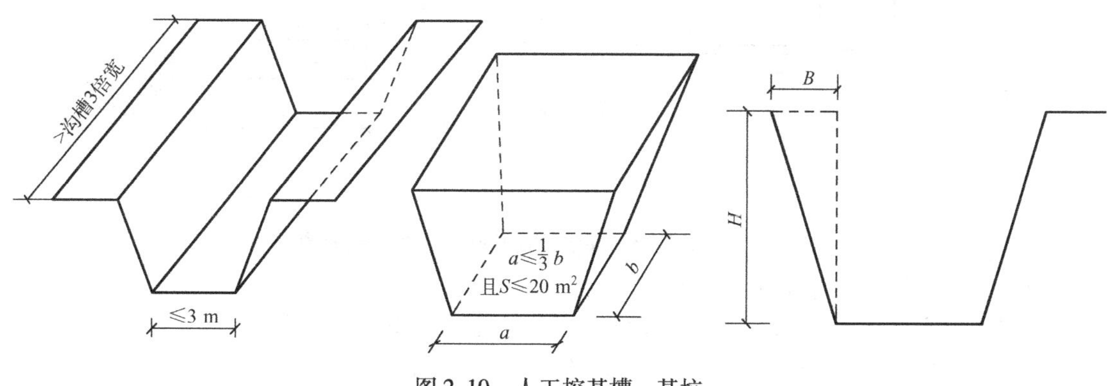


图 2.10 人工挖基槽、基坑

② 工作面。

根据基础施工的需要，挖土方时按基础垫层的双向尺寸向周边放出一定范围的操作面积，作为工人施工时的操作空间，每个单边放出的宽度，就为工作面宽度，如图2.11和表2.13所示。

**表2.13 基础施工所需工作面宽度**

| 基础材料 | 工作面宽度（mm） | 基础材料 | 工作面宽度（mm） |
|---|---|---|---|
| 砖基础 | 200 | 浆砌毛石、条石基础 | 150 |
| 混凝土基础、垫层支模<br>混凝土基础支模 | 300 | 基础垂直面做防水层 | 1000 |

③ 支挡土板分为密板和疏板。密板是指满支挡土板，板距不大于30 cm；疏板是指间隔支挡土板，板距不大于150 cm，实际间距不同时，不做调整。支挡土板示意图如图2.12所示。

挖基槽、基坑支挡土板时，其宽度单面按100 mm计算，双面按200 mm计算。

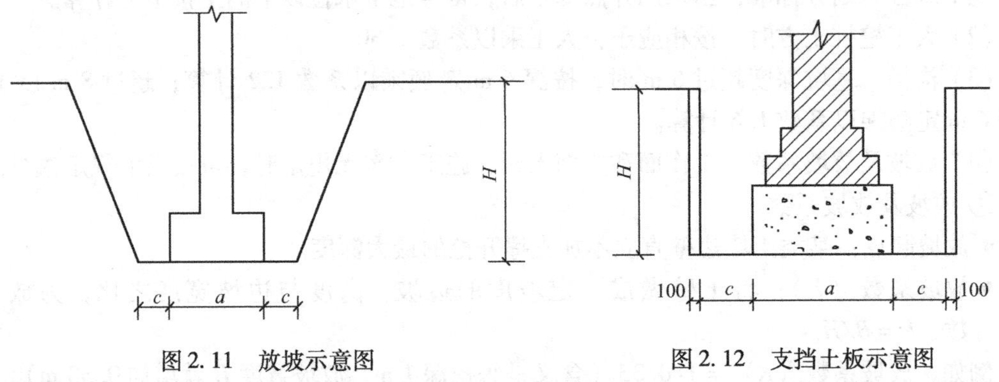


图2.11 放坡示意图　　图2.12 支挡土板示意图

**案例2-3** 计算条形基础挖基槽的清单工程量。

某建筑物基础平面图、剖面图如图2.13所示，轴线居中，计算该条形基础挖沟槽的清单工程量。若土质为三类土，弃土外运3 km，试编制该项目工程量清单。

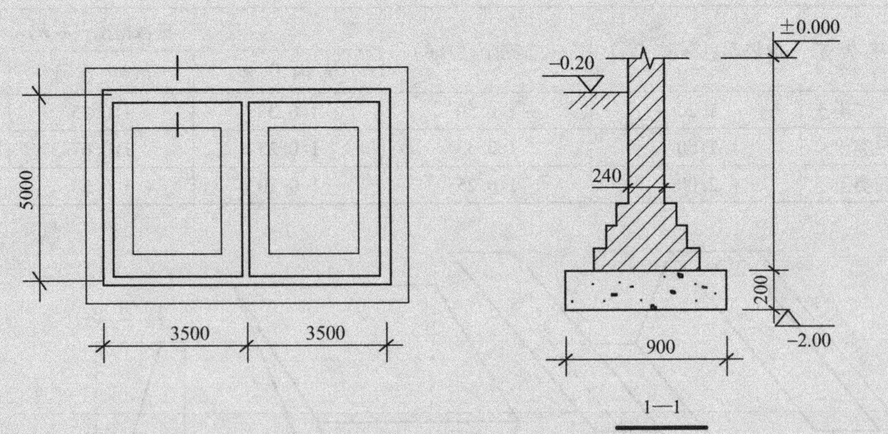


图2.13 某建筑物基础平面图、剖面图

**解：**（1）计算挖沟槽的清单工程量。

基础垫层长度＝外墙基础垫层中心线长度＋内墙基础垫层净长度

$$=(3.5\times2+5)\times2+(5-0.9)=28.1(\text{m})$$

基槽的清单工程量 $V$ = 基础垫层底面积 × 挖土深度

$$=28.1\times 0.9\times (2-0.2)=45.52(m^3)$$

（2）编制分部分项工程量清单（见表 2.14）。

**表 2.14　分部分项工程量计价表**

| 序号 | 项目编码 | 项 目 名 称 | 项 目 特 征 | 计量单位 | 工 程 量 | 金　额 | | |
|---|---|---|---|---|---|---|---|---|
| | | | | | | 综合单价 | 合价 | 暂估价 |
| 1 | 010101003001 | 挖沟槽土方 | 1. 土壤类别:三类土<br>2. 挖土深度:1800 mm<br>3. 弃土外运:3 km | $m^3$ | 45.52 | | | |

**案例 2-4**　计算条形基础挖沟槽的定额工程量。

根据上例提供的工程量清单，试计算该清单项目内挖土方的定额工程量。

**解：** 由于三类土的放坡起点为 1.50 m，应考虑放坡，取放坡系数 $K=1:0.33$，工作面 $c=300$ mm。

基槽长度 $L$ = 外墙基槽中心线长度 + 内墙基槽净长度

$$=(3.5\times 2+5)\times 2+(5-0.9-2\times 0.3)=27.5(m)$$

基槽定额工程量 $V=(a+2c+KH)HL$

$$=(0.9+2\times 0.3+0.33\times 1.8)\times 1.8\times 27.5=103.65(m^3)$$

## 实训 2　某基础工程土（石）方工程工程量计算

### 1. 实训目的

通过土（石）方工程量计算实例的练习，熟悉条形基础和独立基础施工图，掌握土（石）方各分项工程量计算规则。

### 2. 实训任务

根据指定的施工图纸，完成下列项目内容的计算。

（1）计算土（石）方工程清单工程量，并编制该项目的工程量清单。

（2）根据提供的工程量清单，计算清单项目内容中的定额工程量。

### 3. 背景资料

某基础工程施工图如图 2.14 所示，设计说明及施工方案如下。

（1）本工程建设方已完成三通一平，土壤为三类土。

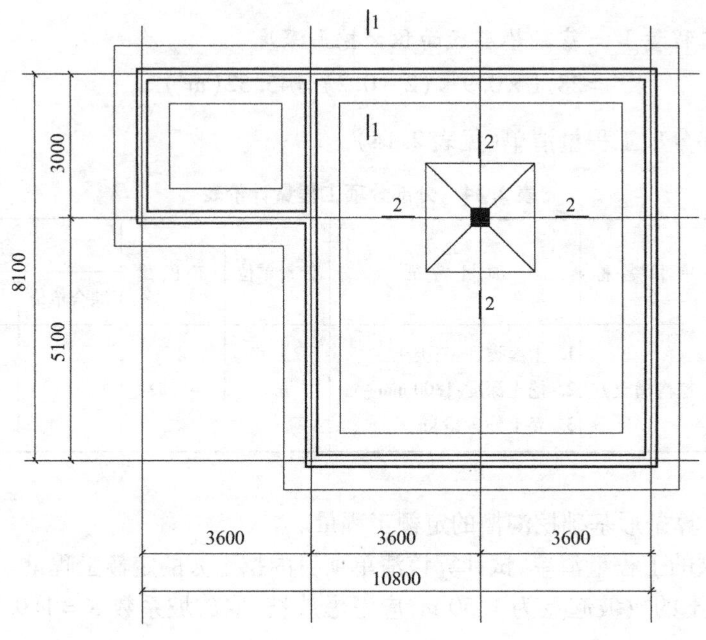

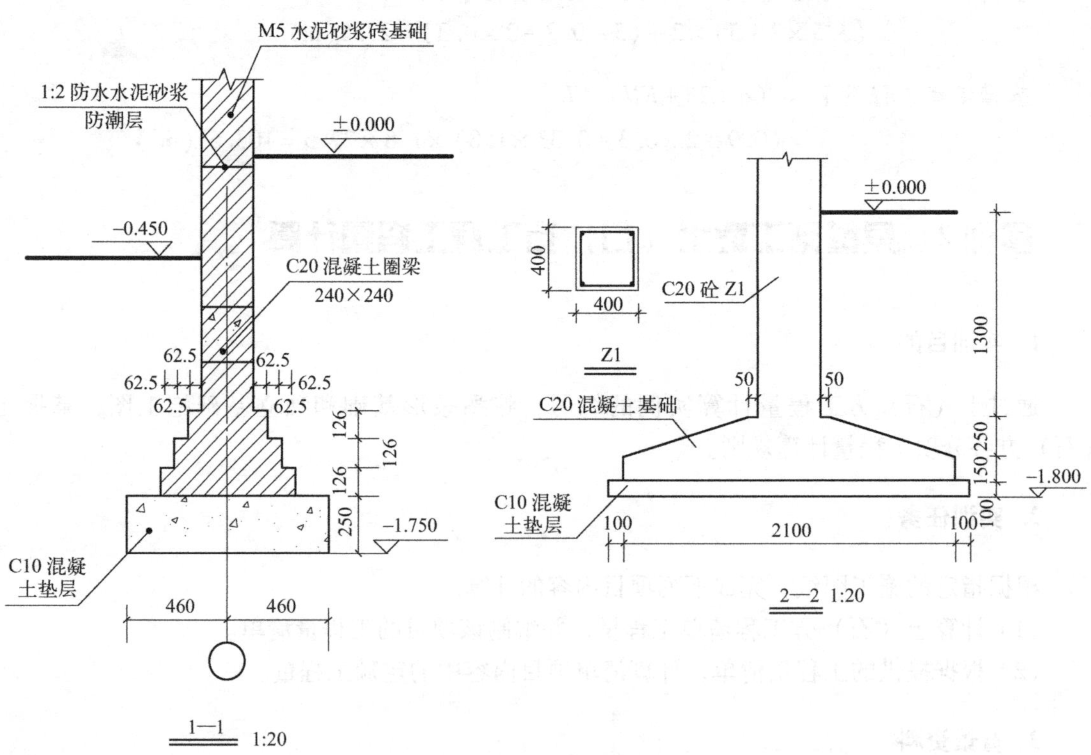


图 2.14 某基础工程施工图

(2) 基础垫层为非原槽浇筑，垫层支模，垫层混凝土强度等级为 C15，工程量为 9.17 $m^3$；地圈梁混凝土强度等级为 C20，工程量为 2.34 $m^3$。

(3) 砖基础为普通标准砖，M5 水泥砂浆砌筑，工程量为 16.10 $m^3$。

(4) 独立柱基及柱为 C20，独立柱基础垫层为 C10。工程量分别为柱垫层 0.53 $m^3$，柱基础 1.14 $m^3$。

(5) 地面垫层为 C10 砼，基础防潮层为 1:2 水泥砂浆加防水粉（一层做法）。

(6) 砼及砂浆材料均现场搅拌。

(7) 本基础工程土方为人工开挖，不考虑支挡土板。

(8) 土壤开挖基础考虑按挖方量的 70% 进行现场内运输、堆放，采用人力车运输，运距 40 m。

(9) 余土采用机械运输，场外运输距离 1 km。

(10) 平整场地现场内取土、弃土运输距离为 20 m。

#### 4. 实训要求

(1) 学生应在教师指导下，独立认真地完成各项项目内容。

(2) 工程量计算正确，项目内容完整，无丢项现象。

(3) 提交统一规定的工程量计算书。

## 2.3　地基处理、边坡支护与桩基工程工程量计算

### 2.3.1　桩基工程相关知识

(1) 本节内容包括地基处理、边坡支护和桩基工程三大部分。

地基处理项目具体子目主要涉及换填垫层、铺设土工合成材料、地基（预压、强夯、注浆）、桩（振冲、砂石、深层搅拌）等内容。

边坡支护项目具体子目主要涉及地下连续墙、咬合灌注桩、桩（圆木、预制钢筋混凝土板、型钢桩、钢板桩）、预应力锚杆/锚索、其他锚杆/土钉 、喷射混凝土/水泥砂浆、支撑（混凝土、钢）等内容。

桩基工程项目具体子目主要涉及打预制钢筋混桩（方桩 、管桩、钢管桩、截/凿桩头）、混凝土灌注桩（泥浆护壁成孔灌注桩 、沉管灌注桩、干作业成孔灌注桩、人工挖孔桩、钻孔压浆桩、桩底注浆）等内容。

(2) 预制桩施工程序一般可分为制作、运输、沉桩三个工序。

(3) 钢筋混凝土预制桩按其断面形式可分为方桩和空心预应力管桩两种。方桩可以在现场制作或在工厂按图纸制作。而预应力管桩已定型化，由专业化工厂生产。钢筋混凝土方桩一般可分为桩身和桩尖两部分，常用有 250 mm × 250 mm、300 mm × 300 mm、350 mm × 350 mm、400 mm × 400 mm 四种，长度每节 6 ~ 12 m。预应力管桩直径为 300 ~ 600 mm，长度每节 4 ~ 12 m，其桩尖一般另用钢板制作。

(4) 接桩和送桩是针对钢筋混凝土预制桩而言的。

① 接桩：预制钢筋砼桩因运输和吊装等原因，一般采用分段预制、分节吊打。施工中采用接头措施连接上、下段直至全桩，这种接头的过程，称为接桩，如图2.15所示。

② 送桩：当设计要求把钢筋混凝土桩打入地面以下时，打桩机必须借助工具桩才能完成，这个借助工具桩（2～3 m）完成打桩的过程，称为送桩，如图2.16所示。

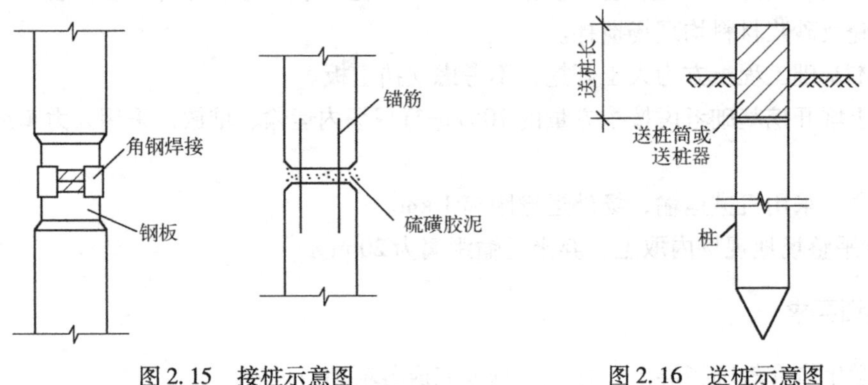


图2.15　接桩示意图　　图2.16　送桩示意图

（5）灌注桩常见的有锤击沉管灌注桩、钻（冲）孔灌注桩、扩大灌注桩等。

① 锤击沉管灌注桩。它是将带有桩尖的钢管锤击打入土中至设计要求深度，随即将混凝土灌到管内，钢管上拔。经过灌混凝土、钢管上拔、翻插等工序，使混凝土的密实度、扩散程度符合设计要求。桩尖一般使用预制的钢筋混凝土桩尖。

在现场灌注桩施工的过程中，当钢管上拔时，钢管外壁直接与土层摩擦，可能使土层产生部分脱落，使桩孔截面局部增大，须由砼去填充。这个填充量难以精确计算，一般采用系数值，即充盈系数。有些定额规定在设计桩长时另加0.25 m作为充盈系数；有些定额则将充盈系数直接考虑到定额材料消耗量内，计算设计长度时不再另加0.25 m。

② 钻（冲）孔灌注桩。它是利用钻（冲）孔机具在地下钻（冲）成孔，随后灌注混凝土或钢筋混凝土而成。钻（冲）孔灌注桩采用泥浆护壁，通常施工时钻孔机与冲孔机配合成孔。

③ 扩大灌注桩（复打桩）。复打桩发生在灌注砼桩（打孔），为增加灌注单桩的承载能力，采用扩大灌注单柱截面的方法，在第一次灌注砼桩的砼初凝前，再在同一桩点上打第二次灌注砼桩，第二次（或第三次等）灌注桩称“复打桩”。

（6）人工挖孔桩是采用人工开挖方法，在地下挖成圆柱形孔洞，边挖边分段浇捣混凝土护壁，达到设计要求后，安放钢筋笼，再用导管灌注混凝土桩芯成桩。

（7）土层锚杆（也称土锚）是一种新型的受拉杆件，它的一端与支护结构等连接，另一端锚固在土体中，由于支护结构的不同，常见的有土钉墙锚技术、预应力锚杆技术、灌注桩锚技术等。

## 2.3.2　工程量计算规则

### 1. 换填垫层（清单编码：010201001）

换填垫层工程量计算规则见表 2.15。

表 2.15　换填垫层工程量计算规则

| 换填垫层 | 计量单位 | 计算规则 | 工作内容 |
|---|---|---|---|
| 清单规则 | $m^3$ | 按设计图示尺寸以体积计算 | 1. 分层铺填<br>2. 碾压、振密或夯实<br>3. 材料运输 |
| 定额规则 | | | 1. 分层铺填<br>2. 碾压、振密或夯实<br>3. 场外材料运输 |

注：应考虑材料种类、配比、压实系数、掺加剂等项目特征。

### 2. 强夯地基（清单编码：010201004）

挖强夯地基工程量计算规则见表 2.16。

表 2.16　挖强夯地基工程量计算规则

| 强夯地基 | 计量单位 | 计算规则 | 工作内容 |
|---|---|---|---|
| 清单规则 | $m^2$ | 按设计图示尺寸以加固面积计算 | 1. 铺设夯填材料<br>2. 强夯<br>3. 夯填材料运输 |
| 定额规则 | $m^2$ | 按设计图示尺寸以加固面积计算 | 1. 铺设夯填材料<br>2. 强夯 |
| | $m^3$ | 按设计图示尺寸以体积计算 | 3. 夯填材料场外运输 |

注：应考虑夯击能量、夯击遍数、地耐力要求和夯填材料种类等项目特征。

### 3. 圆木桩/预制钢筋混凝土板桩（清单编码：010202003/010202004）

圆木桩/预制钢筋混凝土板桩工程量计算规则见表 2.17。

表 2.17　圆木桩/预制钢筋混凝土板桩工程量计算规则

| 圆木桩/预制钢筋混凝土板桩 | 计量单位 | 计算规则 | 工作内容 | |
|---|---|---|---|---|
| | | | 圆木桩 | 混凝土板桩 |
| 清单规则 | 1. m<br>2. 根 | 1. 以米计量，按设计图示尺寸以桩长（包括桩尖）计算<br>2. 以根计量，按设计图示数量计算 | 1. 工作平台搭拆<br>2. 桩机竖拆、移位<br>3. 桩靴安装<br>4. 沉桩 | 1. 工作平台搭拆<br>2. 桩机竖拆、移位<br>3. 沉桩<br>4. 接桩 |
| 定额规则 | 个 | 按设计图示规定以接头数量（板桩按接头长度）计算 | 1. 工作平台搭拆<br>2. 桩机竖拆、移位<br>3. 桩靴安装<br>4. 沉桩 | 1. 工作平台搭拆<br>2. 桩机竖拆、移位<br>3. 沉桩<br>4. 接桩 |

注：应考虑圆木桩的地层情况、桩长、材质、尾径、桩倾斜度等项目特征。预制钢筋混凝土板桩另需考虑送桩深度、桩截面、混凝土强度等级等项目特征。

### 4. 预应力锚杆、锚索/其他锚杆、土钉（清单编码：010202007/010202008）

预应力锚杆、锚索/其他锚杆、土钉工程量计算规则见表2.18。

**表2.18　预应力锚杆、锚索/其他锚杆、土钉工程量计算规则**

| 预应力锚杆、锚索/其他锚杆、土钉 | 计量单位 | 计算规则 | 工作内容 |
|---|---|---|---|
| 清单规则 | 1. m<br>2. 根 | 1. 以米计量，按设计图示尺寸以钻孔深度计算<br>2. 以根计量，按设计图示数量计算 | 1. 钻孔、浆液制作、运输、压浆<br>2. 锚杆、锚索索制作、安装<br>3. 锚杆、锚索施工平台搭设、拆除<br>4. 预应力锚杆另需考虑张拉锚固 |
| 定额规则 | m | 灌浆按入土深度以米计量 | 1. 砂浆制作、运输、喷射、养护 |
| | t | 制作安装按吨计量 | 2. 锚杆制作、安装 |

注：应考虑地层情况、锚杆（索）类型、部位、钻孔深度、钻孔直径、杆体材料品种、规格、数量、浆液种类、强度等项目特征。其他锚杆、土钉另需考虑置入方法的项目特征。

### 5. 喷射混凝土、水泥砂浆（清单编码：010202009）

喷射混凝土、水泥砂浆工程量计算规则见表2.19。

**表2.19　喷射混凝土、水泥砂浆工程量计算规则**

| 喷射混凝土、水泥砂浆 | 计量单位 | 计算规则 | 工作内容 |
|---|---|---|---|
| 清单规则 | $m^2$ | 按设计图示尺寸以面积计算 | 1. 修整边坡<br>2. 混凝土（砂浆）制作、运输、喷射、养护<br>3. 喷射施工平台搭设、拆除 |
| 定额规则 | | | |
| | | 发生时按实计算 | 4. 钻排水孔、安装排水管 |

注：应考虑部位、厚度、材料种类、混凝土（砂浆）类别、强度等级等项目特征。

### 6. 混凝土支撑（清单编码：010202010）

混凝土支撑工程量计算规则见表2.20。

**表2.20　混凝土支撑工程量计算规则**

| 混凝土支撑 | 计量单位 | 计算规则 | 工作内容 |
|---|---|---|---|
| 清单规则 | $m^3$ | 按设计图示尺寸以体积计算 | 1. 模板（支架或支撑）制作、安装、拆除、堆放、运输及清理模内杂物、刷隔离剂等<br>2. 混凝土制作、运输、浇筑、振捣、养护 |
| 定额规则 | $m^2$ | 按混凝土与模板接触面的面积，以面积计算。具体见混凝土分部计算规则 | 1. 模板（支架或支撑）制作、安装、拆除、堆放、运输及清理模内杂物、刷隔离剂等 |
| | $m^3$ | 见混凝土分部计算规则 | 2. 混凝土制作、运输、浇筑、振捣、养护 |

注：应考虑部位、混凝土强度等级等项目特征。

### 7. 钢支撑（清单编码：010202011）

钢支撑工程量计算规则见表 2. 21。

**表 2. 21　钢支撑工程量计算规则**

| 钢　支　撑 | 计量单位 | 计 算 规 则 | 工 作 内 容 |
| --- | --- | --- | --- |
| 清单规则 | t | 按设计图示尺寸以质量计算。不扣除孔眼质量，焊条、铆钉、螺栓等不另增加质量 | 1. 支撑、铁件制作（摊销、租赁）<br>2. 支撑、铁件安装<br>3. 探伤<br>4. 刷漆<br>5. 拆除<br>6. 运输 |
| 定额规则 | $m^2$ | 见钢结构分部计算规则 | 1. 支撑、铁件制作、探伤 |
|  | $m^3$ | 见油漆分部计算规则 | 2. 刷漆 |
|  | $m^3$ | 见钢结构分部计算规则 | 3. 拆除、运输 |

注：应考虑部位、钢材品种、规格、探伤要求等项目特征。

### 8. 预制钢筋混凝土方桩/管桩（清单编码：010301001/010301002）

预制钢筋混凝土方桩/管桩工程量计算规则见表 2. 22。

**表 2. 22　预制钢筋混凝土方桩/管桩工程量计算规则**

| 预制钢筋混凝土桩/管桩 | 计量单位 | 计 算 规 则 | 工 作 内 容 |
| --- | --- | --- | --- |
| 清单规则 | 1. m<br>2. 根 | 1. 以米计量，按设计图示尺寸以桩长（包括桩尖）计算<br>2. 以根计量，按设计图示数量计算 | 1. 工作平台搭拆<br>2. 桩机竖拆、移位<br>3. 沉桩　4. 接桩　5. 送桩<br>6. 管桩另包括填充材料、刷防护材料 |
| 定额规则 | $m^3$ |  | 1. 打桩 |
|  | $m^3$ |  | 2. 桩制作 |
|  | $m^3$ |  | 3. 运输 |
|  | m | 见定额计算规则补充 | 4. 送桩 |

注：应考虑预制钢筋混凝土方桩的地层情况、送桩深度、桩长、桩截面、桩倾斜度、混凝土强度等级等项目特征，管桩另需注意桩外径、壁厚、填充材料和防护材料种类的项目特征。

### 9. 截/凿桩头（清单编码：010301004）

截/凿桩头工程量计算规则见表 2. 23。

**表 2. 23　截/凿桩头工程量计算规则**

| 截/凿桩头 | 计量单位 | 计 算 规 则 | 工 作 内 容 |
| --- | --- | --- | --- |
| 清单规则 | 1. $m^3$<br>2. 根 | 1. 以立方米计量，按设计桩截面乘以桩头长度以体积计算<br>2. 以根计量，按设计图示数量计算 | 1. 截桩头<br>2. 凿平<br>3. 废料外运 |
| 定额规则 | 根 | 按设计图示规定以接头数量（板桩按接头长度）计算 | 1. 截桩头<br>2. 凿平 |
|  |  |  | 3. 废料外运 |

注：应考虑桩头截面、高度、混凝土强度等级、有无钢筋等项目特征。

**10. 泥浆护壁成孔灌注桩（清单编码：010302001）**

泥浆护壁成孔灌注桩工程量计算规则见表2.24。

**表2.24　泥浆护壁成孔灌注桩工程量计算规则**

| 泥浆护壁成孔灌注桩 | 计量单位 | 计算规则 | 工作内容 |
|---|---|---|---|
| 清单规则 | 1. m<br>2. $m^3$<br>3. 根 | 1. 以米计量，按设计图示尺寸以桩长（包括桩尖）计算<br>2. 以立方米计量，按不同截面在桩上范围内以体积计算<br>3. 以根计量，按设计图示数量计算 | 1. 护筒埋设<br>2. 成孔、固壁<br>3. 混凝土制作、运输、灌注、养护<br>4. 土方、废泥浆外运<br>5. 打桩场地硬化及泥浆池、泥浆沟 |
| 定额规则 | $m^3$ | 以立方米计量，按不同截面在桩上范围内以体积计算 | 1. 护筒埋设<br>2. 成孔、固壁；<br>3. 制作、运输、灌注、养护。 |
| | $m^2$ | 见楼地面分部计算规则 | 4. 场地硬化及泥浆池、泥浆沟 |

注：应考虑地层情况、空桩长度、桩长、桩径、扩孔直径、高度、成孔方法、混凝土类别、强度等级等项目内容。

**11. 挖孔桩土（石）方（清单编码：010302004）**

挖孔桩土（石）方工程量计算规则见表2.25。

**表2.25　挖孔桩土（石）方工程量计算规则**

| 挖孔桩土（石）方 | 计量单位 | 计算规则 | 工作内容 |
|---|---|---|---|
| 清单规则 | $m^3$ | 按设计图示尺寸截面积乘以挖孔深度以立方米计算 | 1. 排地表水<br>2. 挖土、凿石<br>3. 基底钎探<br>4. 运输 |
| 定额规则 | | | 2. 挖土、凿石、基底钎探 |
| | | 发生时按实计算 | 1. 排地表水 |
| | | 按挖土方工程量计算 | 4. 运输 |

注：应考虑土（石）类别、挖孔深度、弃土（石）运距 等项目内容。

**12. 人工挖孔灌注桩（清单编码：010302005）**

人工挖孔灌注桩工程量计算规则见表2.26。

**表2.26　人工挖孔灌注桩工程量计算规则**

| 人工挖孔灌注桩 | 计量单位 | 计算规则 | 工作内容 |
|---|---|---|---|
| 清单规则 | 1. $m^3$<br>2. 根 | 1. 以立方米米计量，按桩芯混凝土体积计算<br>2. 以根计量，按设计图示数量计算 | 1. 护壁制作<br>2. 混凝土制作、运输、灌注、振捣、养护 |
| 定额规则 | $m^3$ | 按设计图示尺寸以立方米计算，不扣除构件内钢筋、预埋铁件所占体积 | 1. 护壁制作<br>2. 混凝土制作、运输、灌注、振捣、养护 |

注：应考虑桩芯长度、桩芯直径、扩底直径、扩底高度、护壁厚度、高度、护壁混凝土类别、强度等级、桩芯混凝土类别、强度等级等项目内容。

### 2.3.3　定额计算规则补充和说明

**1. 定额计算规则的补充**

1）人工挖桩土（石）方

人工挖桩土（石）方工程量按挖孔截面面积（含护壁）乘以挖孔深度以“$m^3$”计算。人工挖孔桩示意图如图 2.17 所示。

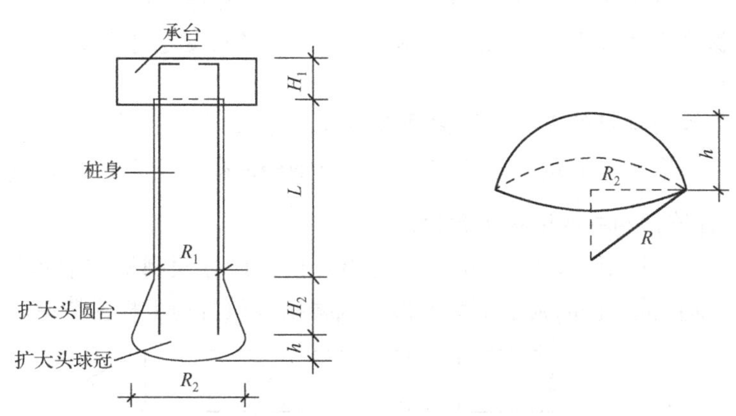


图 2.17　人工挖孔桩示意图

桩身体积　　$V=(\pi D^2/4)\times L$

圆台工程量　　$V=\frac{1}{3}\pi H_2(R_1^2+R_2^2+R_1R_2)$

球冠工程量　　$V=\pi h^2(R-\frac{h}{3})$

其中　　$R=\frac{R_2^2+h^2}{2h}$

2）送桩

送桩计算规则只在定额计算规则中才有，按设计桩顶至自然地坪另加 0.5 m 以“m”计算。

3）灌注桩

灌注桩的预制桩尖按实体积计算。

**2. 定额计算规则的说明**

（1）预制混凝土桩有的定额将桩的制作、运输和打桩列入同一项，有的定额将桩的制作、运输和打桩列为三个不同项目分别计算。

（2）单位工程打（灌注）桩工程量在下列规定数量以内时，其人工、机械按相应项目乘以系数 1.25，具体见表 2.27。

表2.27　小量打（灌注）桩工程量规定

| 项　　目 | 单位工程的工程量（$m^3$） |
|---|---|
| 钢筋混凝土方桩、混凝土管桩 | 150 |
| 回旋钻孔灌注混凝土桩 | 100 |
| 冲击成孔法灌注的混凝土桩、砂石桩、CFG桩 | 100 |
| 沉管法灌注的混凝土桩、砂石桩、CFG桩 | 60 |
| 取土成孔法灌注的砂石桩、CFG桩 | 60 |

（3）本分部（除锚杆钻孔、灌浆外）系按打垂直桩考虑，如打斜桩，其斜度小于1∶6时，则人工、机械乘以系数1.43（俯打、仰打均同）；当斜度超过1∶6时，打桩所采用的措施费用，按实计算。

（4）打试桩按相应项目的人工、机械乘以系数2计算。

（5）现场灌注混凝土桩的钢筋笼按"混凝土及钢筋混凝土工程"相应项目计算。

**案例2-5**　计算预制桩的清单工程量。

预制单根方桩尺寸如图2.18所示，共有108根，计算预制桩的清单工程量。若土壤级别为三类，打垂直桩，桩的强度等级C30，试编制该项目的工程量清单。

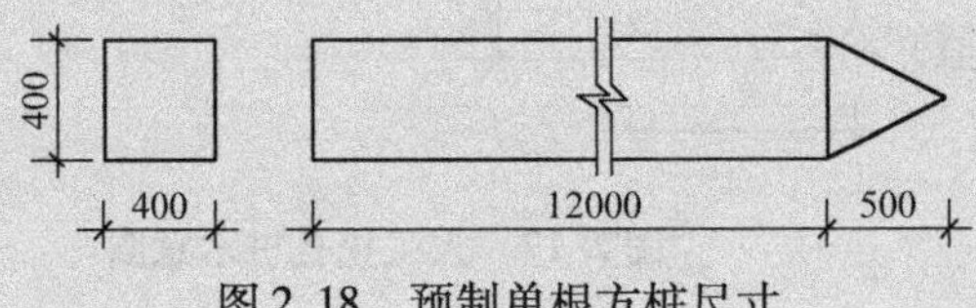

图2.18　预制单根方桩尺寸

**解**：（1）计算预制桩的清单工程量。

单根方桩的工程量 =(12 +0.50) =12.50(m)

所有预制桩的工程量 =108 ×12.50 =1350.00（m）

（2）编制该项目的工程量清单（见表2.28）。

表2.28　项目清单与计价

| 序号 | 项目编码 | 项目名称 | 项目特征描述 | 计量单位 | 工程量 | 金额 | | |
|---|---|---|---|---|---|---|---|---|
| | | | | | | 综合单价 | 合价 | 转估价 |
| 1 | 010301001001 | 预制钢筋混凝方桩 | 1. 地层情况：三类土<br>2. 桩截面：400 mm×400 mm<br>3. 桩倾斜度：垂直桩<br>4. 混凝土强度等级：C30 | m | 1350.00 | | | |

**案例2-6**　计算送桩的定额工作量。

设有16根250 mm×250 mm预制钢筋混凝土方桩，需要送入土中1.2 m，如图2.19所示，试计算送桩的定额工程量。

**[分析]** 送桩只针对预制桩而言，其计算规则按设计桩顶至自然地坪另加0.5 m以"m"计算。

**解**：送桩工程量 =16 ×(1.20 +0.50)

=27.20（m）

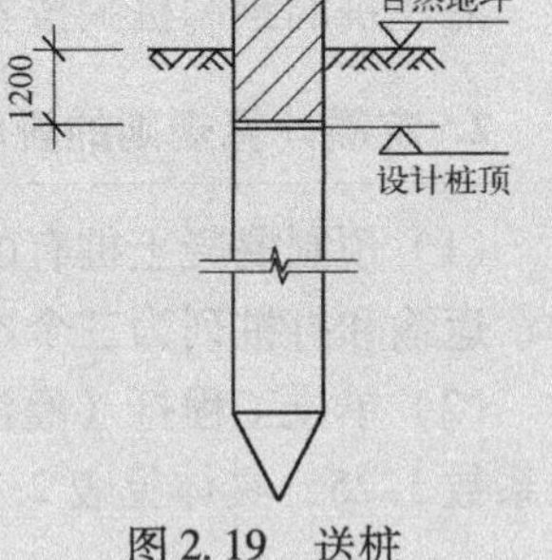

图2.19　送桩

**案例 2-7**　计算图 2.20 人工挖孔桩土方的定额工程量。

人工挖孔桩如图 2.20 所示，护壁厚为 60 mm，试计算人工挖孔桩 WKZ2 土方的定额工程量。

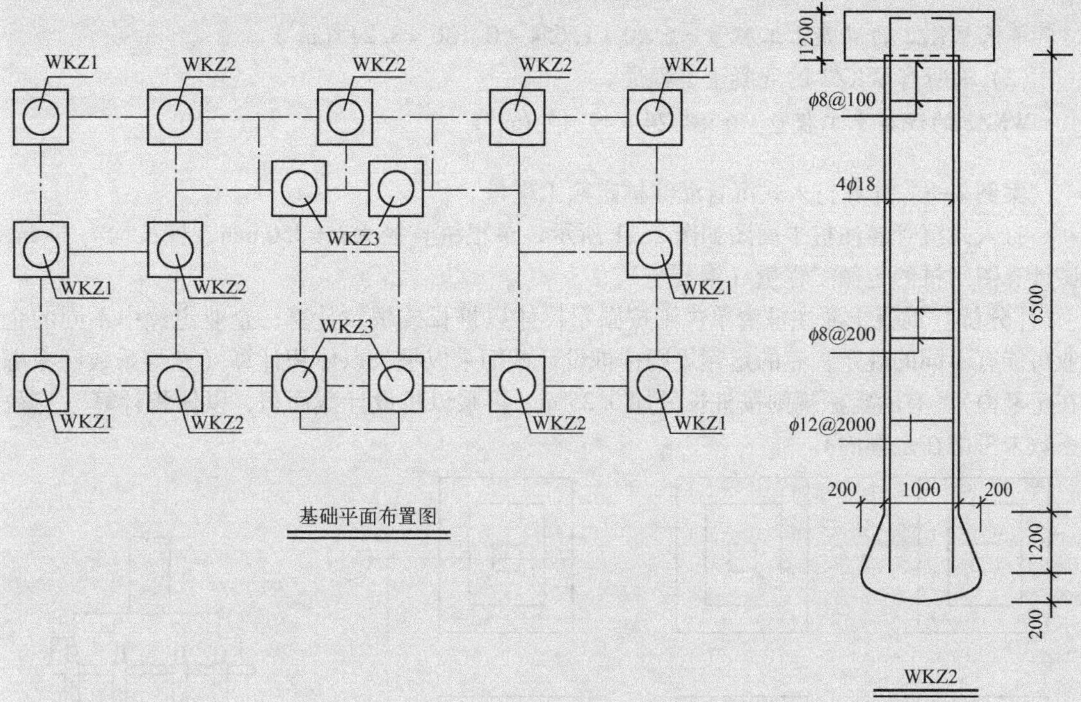


图 2.20　人工挖孔桩

**解：**（1）求单根 WKZ2 的土方工程量。

从图上可看出，单根 WKZ2 的直径 $D=1+2\times0.06=1.12$（m），$L=6.5$（m）

$$R_1=\frac{1.12}{2}=0.56\ (\text{m}) \qquad R_2=\frac{1+2\times0.2+2\times0.06}{2}=0.76\ (\text{m})$$

$$H_2=1.2\ (\text{m}) \qquad h=0.2\ (\text{m})$$

① 桩身工程量 $V=(\pi D^2/4)\times L$

$$=\pi\times\frac{(1+2\times0.06)^2}{4}\times6.5=6.40\ (\text{m}^3)$$

② 圆台工程量 $V=\frac{1}{3}\pi H_2\ (R_1^2+R_2^2+R_1R_2)$

$$=\frac{1}{3}\times3.14\times1.2\times[0.56^2+0.76^2+0.56\times0.76]=1.654\ (\text{m}^3)$$

③ 球冠工程量 $V=\pi h^2\ (R-\frac{h}{3})$

其中，$R=\frac{R_2^2+h^2}{2h}=\frac{0.76^2+0.2^2}{2+0.2}=1.544$（m）

$$V = \pi h^2\left(R - \frac{h}{3}\right)$$

$$= 3.14 \times 0.2^2\left(1.544 - \frac{0.2}{3}\right) = 0.186(\text{m}^3)$$

单根 WKZ2 的混凝土工程量 = 6.40 + 1.654 + 0.186 = 8.24（$\text{m}^3$）

（2）求所有 WKZ2 的混凝土工程量。

WKZ2 的混凝土工程量 = 6 × 8.24 = 49.44（$\text{m}^3$）

**案例 2–8**　计算打入式沉管灌注桩定额工程量。

打入式沉管灌注桩平面图如图 2.21 所示，单根桩直径为$\phi = 350$ mm，桩长均为 13 m，试计算图示桩的定额工程量（混凝土）。

［**分析**］混凝土灌注桩清单规则按图示尺寸以桩长或根数计算；企业定额中不同的企业可能有不同的规定，有的定额规则按桩设计截面乘以桩长以体积计算（充盈系数已考虑在定额内），有的定额规则按桩长另加 0.25 m，再乘以桩设计截面积，以体积计算（充盈系数未考虑在定额内）。

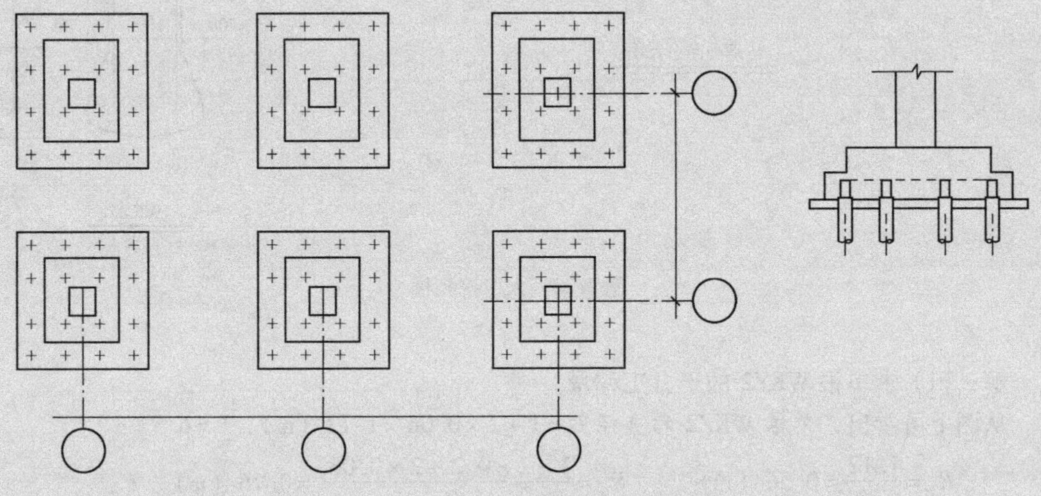

图 2.21　打入式沉管灌注桩平面图

**解**：不考虑充盈系数时，单根桩的工程量 $= \pi\left(\frac{350}{2}\right)^2 \times 10^{-6} \times 13$

$= 1.25(\text{m}^3)$

图 2.21 所示桩的工程量 = 6 × 16 × 1.25

= 120（$\text{m}^3$）

考虑充盈系数时，单根桩的工程量 $= \pi\left(\frac{350}{2}\right)^2 \times 10^{-6} \times (13 + 0.25)$

= 1.274（$\text{m}^3$）

图示桩的工程量 = 6 × 16 × 1.274

= 122.30（$\text{m}^3$）

# 实训 3　某预应力管桩混凝土工程量的计算

## 1. 实训目的

通过预制桩工程量计算实例的练习，熟悉桩基施工图，掌握桩基各分项工程量计算规则。

## 2. 实训任务

根据指定的施工图纸，完成下列项目内容的计算：

(1) 计算预应力管桩的清单工程量。

(2) 编制该工程管桩的工程量清单。

## 3. 背景资料

(1) 本工程设计标高 ±0.00 相当于绝对标高值 294.65 m。

(2) 根据提供的地质资料，本工程采用预应力管桩基础。

(3) 采用预应力管桩型号为 PHC—AB300 (70) —La，设计单桩竖向承载力特征值为 750 kN；桩的设计、制作、施工及验收等要求应符合国家标准《预应力混凝土管桩》"03SG409" 的规定。

(4) 桩端持力层为全风化或强风化花岗岩层，桩端进入持力层这全风化岩层时深度不小于 2.0 m，进入强风化岩层时深度不小于 0.5 m；桩长均为 25 m；采用捶击成桩时，宜选用 32# ~36#柴油捶机，捶冲程 1.8 ~2.0 m，要求最后 30 锤平均每 10 锤贯入控制在 20 ~40 m (有效桩长短不等时取短值)；若采用静压沉桩，宜采用 160# ~180#液压式桩机，桩机终值不小于 1800 kN。

(5) 桩基础施工及验收应严格按国家标准、行业标准和地方标准执行。

(6) 承台及基础梁的混凝土等级均为 C30，钢筋保护层厚度均为 40 mm，承台顶及基础梁面的标高为 -1.00 m。承台高度及标高详见表 2.29。

**表 2.29　承台高度及标高**

| 桩直径 (mm) | 承台编号 | 承台高度 (mm) | 承台标高 (m) |
|---|---|---|---|
| $\phi$300 | CT-1、CT-1a | 800 | -1.00 m |
| | CT-2 | 1200 | -1.00 m |

(7) 图 2.22 中桩中心位置未注明者，均按轴线对中布置。

(8) 桩承台下土层如为填土等松散及软弱土层时，应分层夯实或采用级配砂石换填并夯实，夯实密度不小于 0.94。

## 4. 实训要求

(1) 学生应在教师指导下，独立认真地完成各项项目内容的计算。

(2) 工程量计算正确，项目内容完整，无丢项现象。

(3) 提交统一规定的工程量计算书。

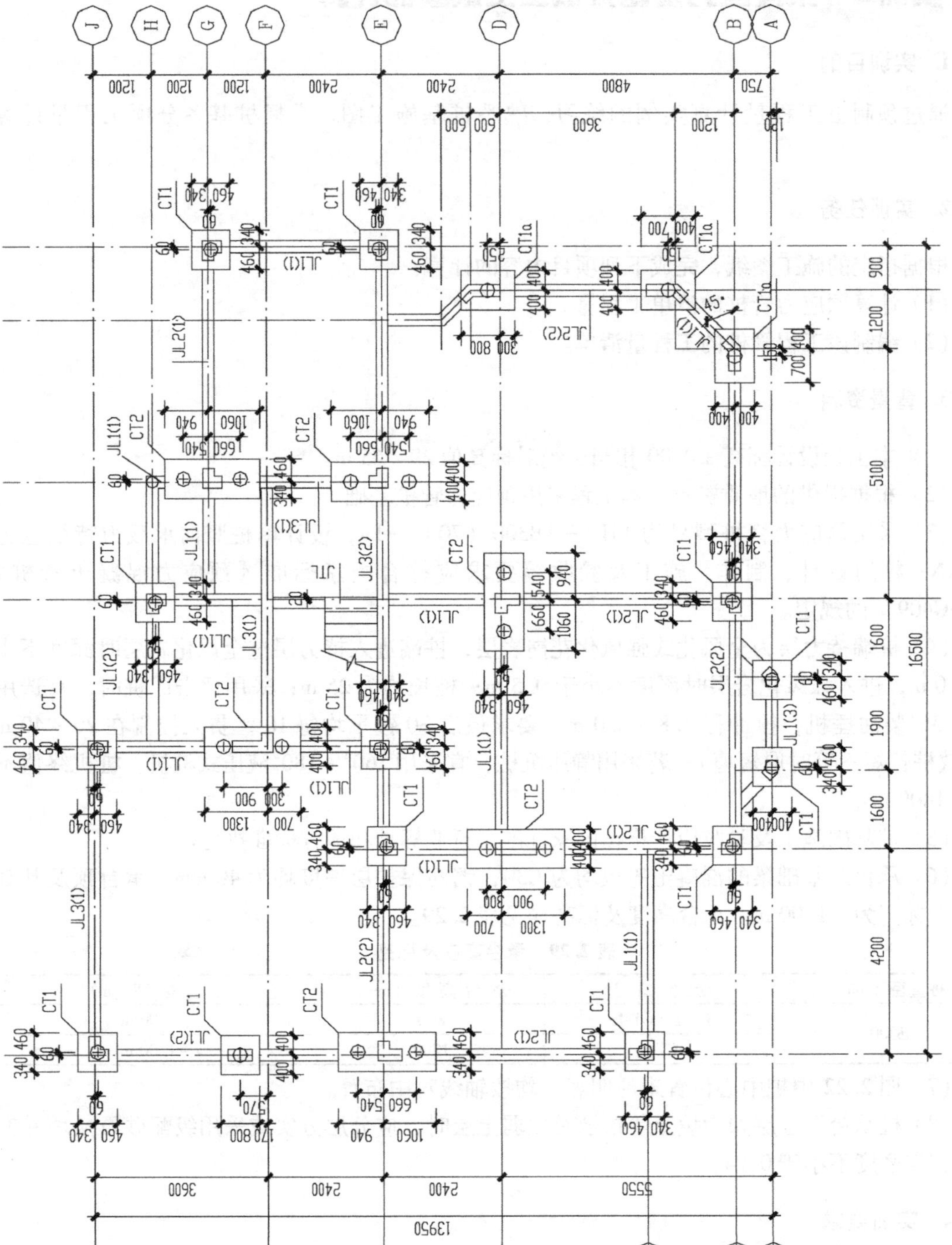

图 2.22 某预应力管桩图示

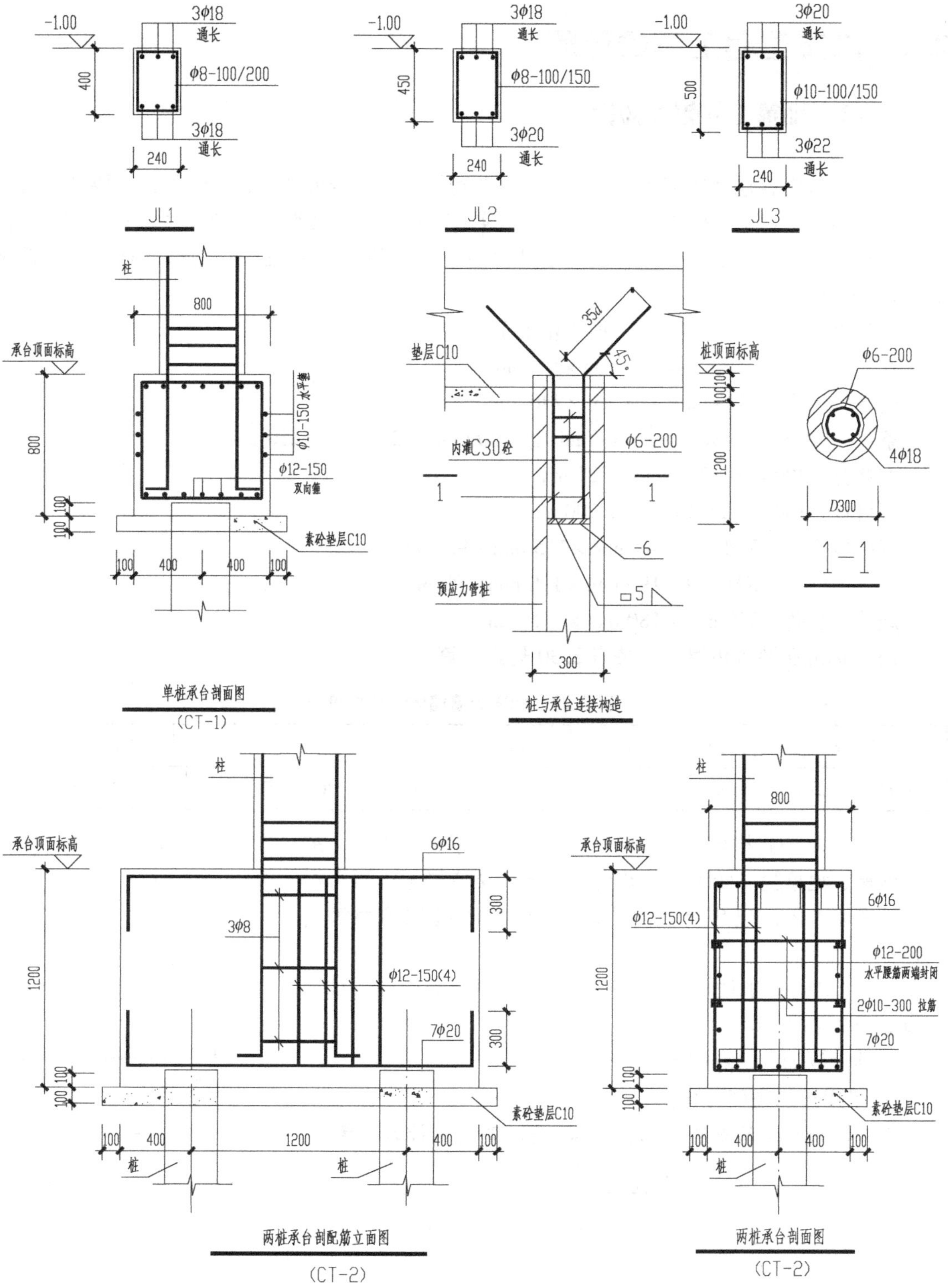

图 2.22　某预应力管桩图示（续）

# 2.4 砌筑工程工程量计算

## 2.4.1 砌筑工程相关知识

（1）本节内容包括砖砌体、砌块砌体、石砌体和垫层四大部分，具体子目主要涉及砖砌体（砖基础、砖砌挖孔桩护壁、实心砖墙、实心砖柱、空心砖墙、砖检查井、零星砌砖、砖地沟、明沟等）、砌块砌体（砌块墙、砌块柱）、石砌体（石基础、石勒脚、石墙、石挡土墙、石柱等）。

（2）红（青）砖、砌块、石的规格如下。

红（青）砖：240 mm×115 mm×53 mm

硅酸盐砌块：880 mm×430 mm×240 mm

条石：1000 mm×300 mm×300 mm 或 1000 mm×250 mm×250 mm

方整石：400 mm×220 mm×220 mm

五料石：1000 mm×400 mm×200 mm

烧结多孔砖：KP1 型，240 mm×115 mm×90 mm

KM1 型，190 mm×190 mm×90 mm

烧结空心砖：240 mm×180 mm×115 mm

（3）标准砖墙墙体厚度，按表2.30规定计算。

表2.30 标准砖墙墙体计算厚度

| 墙 厚 | 1/4 | 1/2 | 3/4 | 1 | 3/2 | 2 | 5/2 | 3 |
|---|---|---|---|---|---|---|---|---|
| 计算厚度（mm） | 53 | 115 | 180 | 240 | 365 | 490 | 615 | 740 |

（4）零星砌砖指台阶、台阶挡墙、梯带、锅台、炉灶、蹲台、池槽、池槽腿、砖胎模、花台、花池、楼梯栏板、阳台栏板、地垄墙、屋面隔热板下的砖墩、≤0.3 $m^2$ 孔洞填塞等实砌体。

（5）基础大放脚的形式有：等高式和不等高式。砖基础大放脚如图2.23所示。

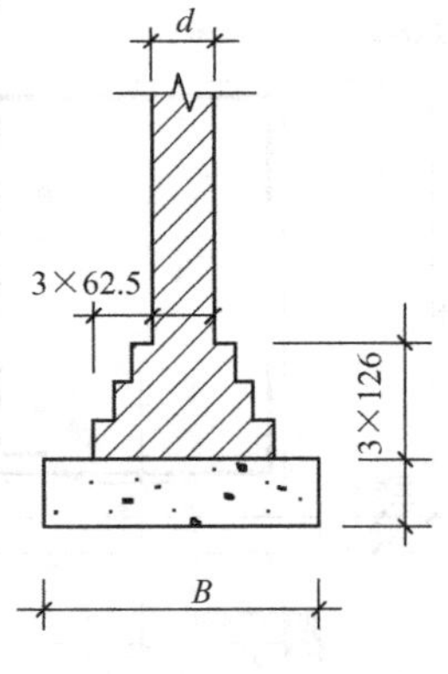

图2.23 砖基础大放脚

基础大放脚的计算如下。

① 采用折加高度计算：

基础断面积＝基础墙(柱)宽度×(基础高度＋折加高度)

$$折加高度 = \frac{\Delta S}{d}$$

式中 $\Delta S$——基础大放脚增加的面积（$\Delta S=(n+1)\times0.0625\times n\times0.126$）；

$d$——基础墙（柱）的宽度。

② 采用增加断面积计算：基础断面积＝基础墙（柱）宽度×基础高度＋增加断面积。

③ 采用查表法计算：为了方便，将砖基础大放脚的折加高度和大放脚增加断面积编成表格，计算工程量时可直接查用，见表2.31和表2.32。

**表 2.31　砖墙基础大放脚折加高度和大放脚增加断面积**

<table>
<tr><th rowspan="3">放脚层高</th><th colspan="10">折加高度（m）</th><th colspan="2" rowspan="2">增加断面积（m²）</th></tr>
<tr><th colspan="2">$\frac{1}{2}$砖<br>(0.115)</th><th colspan="2">1 砖<br>(0.240)</th><th colspan="2">$1\frac{1}{2}$砖<br>(0.365)</th><th colspan="2">2 砖<br>(0.490)</th><th colspan="2">$2\frac{1}{2}$砖<br>(0.615)</th></tr>
<tr><th>等高</th><th>不等高</th><th>等高</th><th>不等高</th><th>等高</th><th>不等高</th><th>等高</th><th>不等高</th><th>等高</th><th>不等高</th><th>等高</th><th>不等高</th></tr>
<tr><td>一</td><td>0.137</td><td>0.137</td><td>0.066</td><td>0.066</td><td>0.043</td><td>0.043</td><td>0.032</td><td>0.032</td><td>0.026</td><td>0.026</td><td>0.01575</td><td>0.01575</td></tr>
<tr><td>二</td><td>0.411</td><td>0.342</td><td>0.197</td><td>0.164</td><td>0.129</td><td>0.108</td><td>0.096</td><td>0.08</td><td>0.077</td><td>0.064</td><td>0.04725</td><td>0.03938</td></tr>
<tr><td>三</td><td></td><td></td><td>0.394</td><td>0.328</td><td>0.259</td><td>0.216</td><td>0.193</td><td>0.161</td><td>0.154</td><td>0.128</td><td>0.0945</td><td>0.07875</td></tr>
<tr><td>四</td><td></td><td></td><td>0.656</td><td>0.525</td><td>0.432</td><td>0.345</td><td>0.321</td><td>0.253</td><td>0.256</td><td>0.205</td><td>0.1575</td><td>0.126</td></tr>
</table>

**表 2.32　砖柱基础大放脚折加高度**

<table>
<tr><th colspan="2">砖柱几何特征</th><th colspan="7">大放脚层数</th></tr>
<tr><th rowspan="2">长×宽（mm）</th><th rowspan="2">断面积（m²）</th><th>一层</th><th colspan="2">二层</th><th colspan="2">三层</th><th colspan="2">四层</th></tr>
<tr><th>等高</th><th>等高</th><th>不等高</th><th>等高</th><th>不等高</th><th>等高</th><th>不等高</th></tr>
<tr><td>240×240</td><td>0.0576</td><td>0.168</td><td>0.565</td><td>0.366</td><td>1.271</td><td>1.068</td><td>2.344</td><td>1.602</td></tr>
<tr><td>365×240</td><td>0.0876</td><td>0.126</td><td>0.439</td><td>0.285</td><td>0.967</td><td>0.814</td><td>1.762</td><td>1.211</td></tr>
<tr><td>365×365</td><td>0.1332</td><td>0.099</td><td>0.332</td><td>0.217</td><td>0.725</td><td>0.609</td><td>1.306</td><td>0.900</td></tr>
<tr><td>490×365</td><td>0.1789</td><td>0.086</td><td>0.281</td><td>0.184</td><td>0.606</td><td>0.509</td><td>1.083</td><td>0.747</td></tr>
<tr><td>490×490</td><td>0.2401</td><td>0.073</td><td>0.234</td><td>0.154</td><td>0.501</td><td>0.420</td><td>0.889</td><td>0.614</td></tr>
</table>

## 2.4.2　砌筑工程量计算规则

### 1. 砖基础（清单编码：010401001）

砖基础工程量计算规则见表 2.33。

**表 2.33　砖基础工程量计算规则**

<table>
<tr><th>砖 基 础</th><th>计 量 单 位</th><th>计 算 规 则</th><th>工 作 内 容</th></tr>
<tr><td>清单规则</td><td rowspan="2">m³</td><td rowspan="2">按设计图示尺寸以体积计算。包括附墙垛基础宽出部分体积，扣除地梁（圈梁）、构造柱所占体积，不扣除基础大放脚 T 形接头处的重叠部分及嵌入基础内的钢筋、铁件、管道、基础砂浆防潮层和单个面积0.3 m² 以内的孔洞所占体积，靠墙暖气沟的挑檐不增加。基础长度：外墙按中心线，内墙按净长线计算</td><td>1. 砂浆制作、运输<br>2. 砌砖<br>3. 防潮层铺设<br>4. 材料运输</td></tr>
<tr><td rowspan="2">定额规则</td><td>1. 砌砖（包括砂浆制作、运输及材料运输）</td></tr>
<tr><td>m²</td><td>墙身防潮层外墙按外墙中心线长度，内墙按内墙净长度乘以宽度以面积计算</td><td>2. 防潮层铺设</td></tr>
</table>

注：① 应考虑砖品种、规格、强度等级，基础类型，砂浆强度等级，防潮层材料种类等项目特征内容。

② 基础与墙、柱的划分。

砖基础与砖墙（身）的划分：应以设计室内地坪为界（有地下室的按地下室室内设计地坪为界），以下为基础，以上为墙（柱）身。基础与墙身使用不同材料，位于设计室内地坪 ±300 mm 以内时以不同材料为界，超过 ±300 mm，应以设计室内地坪为界。砖围墙应以设计室外地坪为界，以下为基础，以上为墙身。

毛石基础与墙身的划分：内墙以设计室内地坪为界；外墙以设计室外地坪为界。

条石基础、勒脚、墙身的划分：条石基础与勒脚以设计室外地坪为界；勒脚与墙身以设计室内地坪为界。

砖围墙以设计室外地坪为分界线，以上为墙身，以下为基础。

**2. 实心砖墙/多孔砖墙/砌块墙/石墙（清单编码：010401003/010401004/1010402001/010403003）**

实心砖墙/多孔砖墙/砌块墙/石墙工程量计算规则见表2.34。

**表2.34 实心砖墙/多孔砖墙/砌块墙/石墙工程量计算规则**

| 实心砖墙/砌块墙 | 计量单位 | 计算规则 | 工作内容 |
|---|---|---|---|
| 清单规则 | $m^3$ | 按设计图示尺寸以体积计算。扣除门窗洞口、过人洞、空圈、嵌入墙内的钢筋混凝土柱、梁、圈梁、挑梁、过梁及凹进墙内的壁龛、管槽、暖气槽、消火栓箱所占体积，不扣除梁头、板头、檩头、垫木、木楞头、沿缘木、木砖、门窗走头、砖墙内加固钢筋、木筋、铁件、钢管及单个面积0.3 $m^2$以内的孔洞所占体积。突出墙面的腰线、挑檐、压顶、窗台线、虎头砖、门窗套的体积亦不增加。凸出墙面的砖垛并入墙体体积内计算 | 1. 砂浆制作、运输<br>2. 砌砖<br>3. 刮缝<br>4. 砖压顶砌筑<br>5. 材料运输 |
| 定额规则 | | | 砌砖（包括砂浆制作、运输）和材料运输等 |
| 砖墙的计算公式 | | | |
| $V_{外}=(L_{中}\times H_{外}-外门窗洞口面积)\times墙厚\pm有关体积$<br>$V_{内}=(L_{内}\times H_{内}-内门窗洞口面积)\times墙厚\pm有关体积$<br>$V_{外}$——外墙体积　$L_{中}$——外墙中心线　$L_{内}$——内墙净长线　$V_{内}$——内墙体积<br>$H_{外}$——外墙计算高度　$H_{内}$——内墙计算高度 | | | |

注：① 应考虑砖（砌块、石）品种、规格、强度等级，砂浆强度等级等项目内容，石墙另需考虑石表面加工要求。

② 砖墙的计算长度：外墙按外墙中心线计算，内墙按内墙净长线计算。

③ 砖墙高度。

（1）外墙高度：斜（坡）屋面无檐口天棚者算至屋面板底；有屋架且室内外均有天棚者算至屋架下弦底另加200 mm；无天棚者算至屋架下弦底另加300 mm，出檐宽度超过600 mm时按实砌高度计算；平屋面算至钢筋混凝土板底。

（2）内墙高度：位于屋架下弦者，算至屋架下弦底；无屋架者算至天棚底另加100 mm；有钢筋混凝土楼板隔层者算至楼板顶；有框架梁时算至梁底。

（3）女儿墙高度：从屋面板上表面算至女儿墙顶面（如有混凝土压顶时算至压顶下表面）。

（4）内、外山墙高度：按其平均高度计算。

（5）围墙高度：算至压顶上表面（如有混凝土压顶时算至压顶下表面），围墙柱并入围墙体积内。

**3. 填充墙（清单编码：010404008）**

填充墙工程量计算规则见表表2.35。

表 2.35　填充墙工程量计算规则

| 零星砌砖 | 计量单位 | 计算规则 | 工作内容 |
| --- | --- | --- | --- |
| 清单规则 | $m^3$ | 按设计图示尺寸以填充墙外形体积计算 | 1. 砂浆制作、运输<br>2. 砌砖<br>3. 装填充料<br>4. 刮缝<br>5. 材料运输 |
| 定额规则 | | 按设计图示尺寸外形体积计算，扣除门窗洞口和梁（包括过梁、圈梁、挑梁）所占的体积，其实砌部分已包括在项目内，不另计算 | 1. 砂浆制作、运输<br>2. 砌砖<br>3. 装填充料 |

注：应考虑砖品种、规格、强度等级，墙体类型，砂浆强度等级、配合比等项目内容。

### 4. 实心砖柱/多孔砌砖（清单编码：010404009/010404010）

实心砖柱/多孔砌砖工程量计算规则见表 2.36。

表 2.36　实心砖柱/多孔砌砖工程量计算规则

| 实心砖柱/零星砌砖 | 计量单位 | 计算规则 | 工作内容 |
| --- | --- | --- | --- |
| 清单规则 | $m^3$ | 按设计图示尺寸以体积计算。扣除混凝土及钢筋混凝土梁垫、梁头、板头所占体积 | 1. 砂浆制作、运输<br>2. 砌砖<br>3. 刮缝<br>4. 材料运输 |
| 定额规则 | | | 砌砖（包括砂浆制作、运输） |

### 5. 零星砌砖

零星砌砖工程量计算规则见表 2.37。

表 2.37　零星砌砖工程量计算规则

| 零星砌砖 | 计量单位 | 计算规则 | 工作内容 |
| --- | --- | --- | --- |
| 清单规则 | 1. $m^3$<br>2. $m^2$<br>3. m<br>4. 个 | 1. 以立方米计量，按设计图示尺寸截面积乘以长度计算<br>2. 以平方米计量，按设计图示尺寸水平投影面积计算<br>3. 以米计量，按设计图示尺寸长度计算<br>4. 以个计量，按设计图示数量计算 | 1. 砂浆制作、运输<br>2. 砌砖<br>3. 刮缝<br>4. 材料运输 |
| 定额规则 | $m^3$ | 按设计图示尺寸外形体积计算，扣除门窗洞口面积和梁（包括过梁、圈梁、挑梁）所占的体积，其实砌部分已包括在项目内，不另计算 | 1. 砂浆制作、运输<br>2. 砌砖 |

注：应考虑零星砌砖名称、部位，砂浆强度等级、配合比等级等项目内容。

**6. 砖砌明沟**

砖砌明沟工程量计算规则见表2.38。

**表2.38　砖砌明沟工程量计算规则**

| 砖检查井 | 计量单位 | 计算规则 | 工作内容 |
|---|---|---|---|
| 清单规则 | m | 以米计量，按设计图示以中心线长度计算 | 1. 土方挖、运<br>2. 铺设垫层<br>3. 底板混凝土制作、运输、浇筑、振捣、养护<br>4. 砌砖<br>5. 刮缝、抹灰<br>6. 材料运输 |
| 定额规则 | $m^3$ | 见土（石）方分部计算规则 | 1. 土方挖、运 |
|  |  | 见混凝土分部计算规则 | 2. 铺设垫层 |
|  |  |  | 3. 底板混凝土制作、运输、浇筑、振捣、养护 |
|  |  | 见本节定额计算规则补充 | 4. 砌砖<br>5. 刮缝、抹灰、材料运输 |

注：应考虑砖品种、规格、强度等级，沟截面尺寸，垫层材料种类、厚度，混凝土、砂浆强度等级等项目内容。

## 2.4.3　定额计算规则补充和说明

**1. 定额计算规则的补充**

(1) 砖地沟、地沟盖板按图示尺寸以“$m^3$”计算。

(2) 毛石阶沿、清条石阶沿按设计图示尺寸，以“$m^3$”计算。

(3) 石梯带、石踏步、石梯膀以“$m^3$”计算；隐蔽部分按相应的基础项目计算。

(4) 墙面勾缝按墙面垂直投影面积以“$m^2$”计算，应扣除墙裙墙面的抹灰面积，不扣除门窗洞口面积、抹灰腰线、门窗套所占面积，但附墙垛和门窗洞口侧壁的勾缝面积也不增加。

**2. 定额计算规则的说明**

(1) 砖（石）墙身、基础如为弧形时，按相应项目人工乘以系数1.1，砖用量乘以系数1.025。

(2) 框架结构间、预制柱间砌砖墙，混凝土空心砌块墙按相应项目人工乘以系数1.20。

(3) 加气混凝土砌块墙子目中未包括标准砖的消耗量，其镶嵌砖砌体按实砌体积计算，套用零星砌砖相应项目。

(4) 砌体内钢筋加固，按“混凝土及钢筋混凝土工程”相关项目计算。

(5) 砖砌体勾缝按“墙柱面装饰与隔断、幕墙工程”相关项目计算。

**案例2-9**　计算砖基础的清单工程量。

如图2.24所示，计算砖基础的清单工程量。如砖基础材料采用MU10页岩砖，M5水泥砂浆，30厚1:2防水砂浆，试编制该项目的工程量清单。

**解：**(1) 砖基础清单工程量。

砖基础计算高度 $H=(1.5-0.3-0.24)=0.96(\text{m})$

查表得等高或放脚三皮砖基础折加高度 $h=0.394(\text{m})$

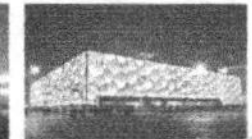



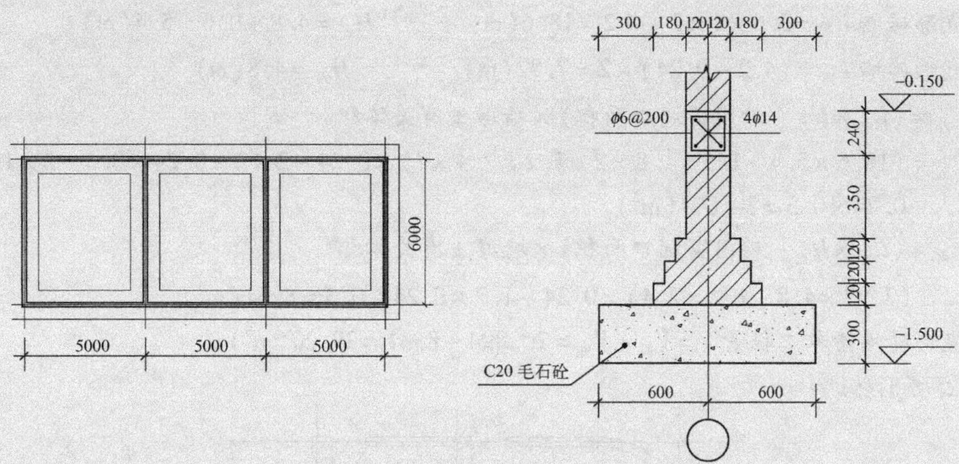


图 2.24　基础平面图、剖面图

砖基础计算长度 $L$ = 外墙基础按外墙中心线长度 + 内墙基础按内墙净长度

$$=(3\times5.0+6.0)\times2+(6.0-0.24)\times2=53.52(\text{m})$$

砖基础清单工程量 $V=(0.96+0.394)\times53.52\times0.24=17.39(\text{m}^3)$

（2）提供该砖基础工程量清单（见表 2.39）。

**表 2.39　该项目工程量清单**

| 序号 | 项目编码 | 项目名称 | 项目特征描述 | 计量单位 | 工程量 | 金额 | | |
|---|---|---|---|---|---|---|---|---|
| | | | | | | 综合单价 | 合价 | 暂估价 |
| 1 | 010401001001 | 砖基础 | 1. 砖品种、规格、强度等级：MU10 砖，240 mm × 115 mm × 53 mm<br>2. 基础类型：大放脚条形砖基础<br>3. 砂浆强度等级：M5 水泥砂浆<br>4. 防潮层材料种类：墙身防潮层 30 mm 厚 1∶2 防水砂浆 | $\text{m}^3$ | 17.39 | | | |

**案例 2-10**　根据案例 2-9 提供的工程量清单，计算该项目内容中的定额工程量。

**解**：根据案例 2-9 提供的工程量清单，将该项目拆分为砌砖基础和防潮层两个定额项目。

砖基础定额工程量 $V=17.39(\text{m}^3)$

防潮层定额工程量 $S=53.52\times0.24=12.85(\text{m}^2)$

**案例 2-11**　计算砖墙清单工程量。

如图 2.25 所示，计算砖墙工程量。若该项砖采用 MU7.5 页岩砖，M5 混合砂浆砌筑，试编制该砖墙的工程量清单（其中，C-1 尺寸为 1500 mm × 1800 mm，窗过梁尺寸为 2000 mm × 240 mm × 300 mm，门尺寸为 1200 mm × 2400 mm，门过梁尺寸为 1700 mm × 240 mm × 300 mm）。

**解**：（1）计算砖墙的清单工程量。

砖墙工程量包括直形砖墙和弧形砖墙两个部分。

① 直形砖墙清单工程量：

$V_{外}=(L_{中}\times H_{外}-$外门窗洞口面积$)\times$墙厚 ± 有关体积

$V_{内}=(L_{内}\times H_{内}-$内门窗洞口面积$)\times$墙厚 ± 有关体积

直形砖墙 $L_{中}=3.6\times2\times2+4.2=18.6(\text{m})$ $H_{外}=4.8+0.6=5.4(\text{m})$

直形砖墙 $L_{内}=(4.2-0.24)\times2=7.92(\text{m})$ $H_{内}=4.8(\text{m})$

$V_{外}=(L_{中}\times H_{外}-$外门窗洞口面积$)\times$墙厚$\pm$有关体积

$=(18.6\times5.4-1.5\times1.8\times2-1.2\times2.4\times2)\times0.24-2\times2\times0.24\times0.3-2\times1.7\times0.24\times0.3=20.894(\text{m}^3)$

$V_{内}=(L_{内}\times H_{内}-$内门窗洞口面积$)\times$墙厚$\pm$有关体积

$(7.92\times4.8-1.2\times2.4)\times0.24-1.7\times0.24\times0.3=8.31(\text{m}^3)$

直形砖墙清单工程量 $V=V_{外}+V_{内}=20.894+8.31=29.20(\text{m}^3)$

② 弧形砖墙：

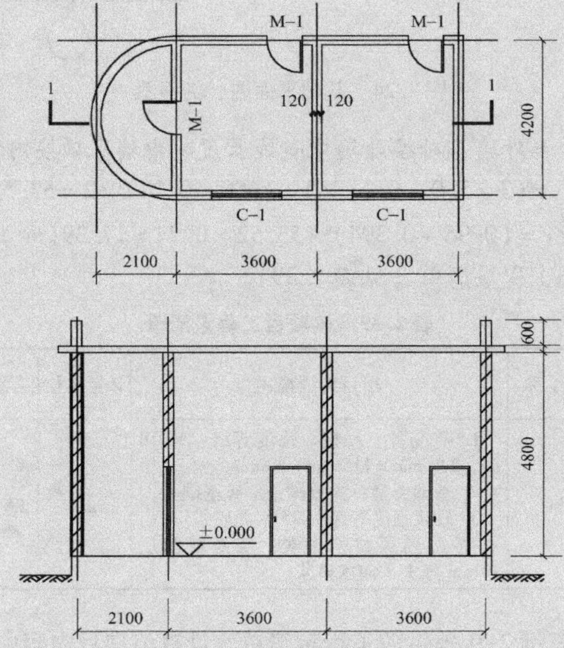


图2.25　某砖砌体房屋平面图、剖面图

$$V_2=\pi\times2.1\times(4.8+0.6)\times0.24=8.55(\text{m}^3)$$

（2）编制该砖墙项目的工程量清单（见表2.40）。

**表2.40　该项目工程量清单**

| 序号 | 项目编码 | 项目名称 | 项目特征、工作内容 | 计量单位 | 工程量 | 金额 | | |
|---|---|---|---|---|---|---|---|---|
| | | | | | | 综合单价 | 合价 | 暂估价 |
| 1 | 010401003001 | 实心砖墙 | 1. 砖品种、规格、强度等级：MU7.5页岩砖，240 mm×115 mm×53 mm<br>2. 墙体类型：直形混水砖墙<br>3. 砂浆强度等级配合比：M5 混合砂浆 | $\text{m}^3$ | 29.20 | | | |
| 2 | 010401003002 | 实心砖墙 | 1. 砖品种、规格、强度等级：MU7.5页岩砖，240 mm×115 mm×53 mm<br>2. 墙体类型：弧形混水砖墙<br>3. 墙体厚度：240 mm（或一砖）<br>4. 砂浆强度等级配合比：M5 混合砂浆 | $\text{m}^3$ | 8.55 | | | |

# 实训 4　某二层砖混结构砌体工程量的计算

## 1. 实训目的

通过砖砌体工程量计算实例的练习，熟悉砖砌体施工图，掌握砖砌体各分项工程量计算规则。

## 2. 实训任务

根据给定的部分施工图，如图 2.26 所示，计算下列砖砌体项目工程量：

(1) 计算砖基础清单工程量并提供工程量清单。

(2) 计算砖墙的清单工程量并提供工程量清单。

(3) 计算零星砌砖定额工程量。

## 3. 背景资料

(1) 本工程结构安全等级为二级，抗震设防烈度为七度，抗震设防类别为丙类多层砖房。

(2) 墙体及基础均采用 MU10 标砖，基础采用 M5 水泥砂浆砌筑，墙体及其他采用 M5 混合砂浆砌筑。

(3) 本工程应严格按照国家现行施工验收规范和设计图纸进行施工。

(4) 门窗统计表见表 2.41。

**表 2.41　门窗统计表**

| 门窗名称 | 门窗尺寸（mm×mm） | 门窗数量 | 备　注 |
|---|---|---|---|
| C1215 | 1200×1500 | 1 | 窗 |
| C1218 | 1200×1800 | 1 | |
| C0631 | 600×3100 | | |
| C0625 | 600×2500 | | |
| C0815 | 800×1500 | 2 | |
| C2105 | 2100×500 | | |
| C1818 | 1800×1800 | 2 | |
| C2424 | 2400×2400 | 5 | |
| C2718 | 2700×1800 | 2 | |
| M0921 | 900×2100 | 8 | 门 |
| M0821 | 800×2100 | 3 | |
| M1221 | 1200×2100 | 1 | |
| MC2427 | 2400×2700 | 1 | 门带窗 |
| MC2127 | 2100×2700 | 1 | |

## 4. 实训要求

(1) 学生应在教师指导下，独立认真地完成各项项目内容。

(2) 工程量计算正确，项目内容完整，无丢项现象。

(3) 提交统一规定的工程量计算书。

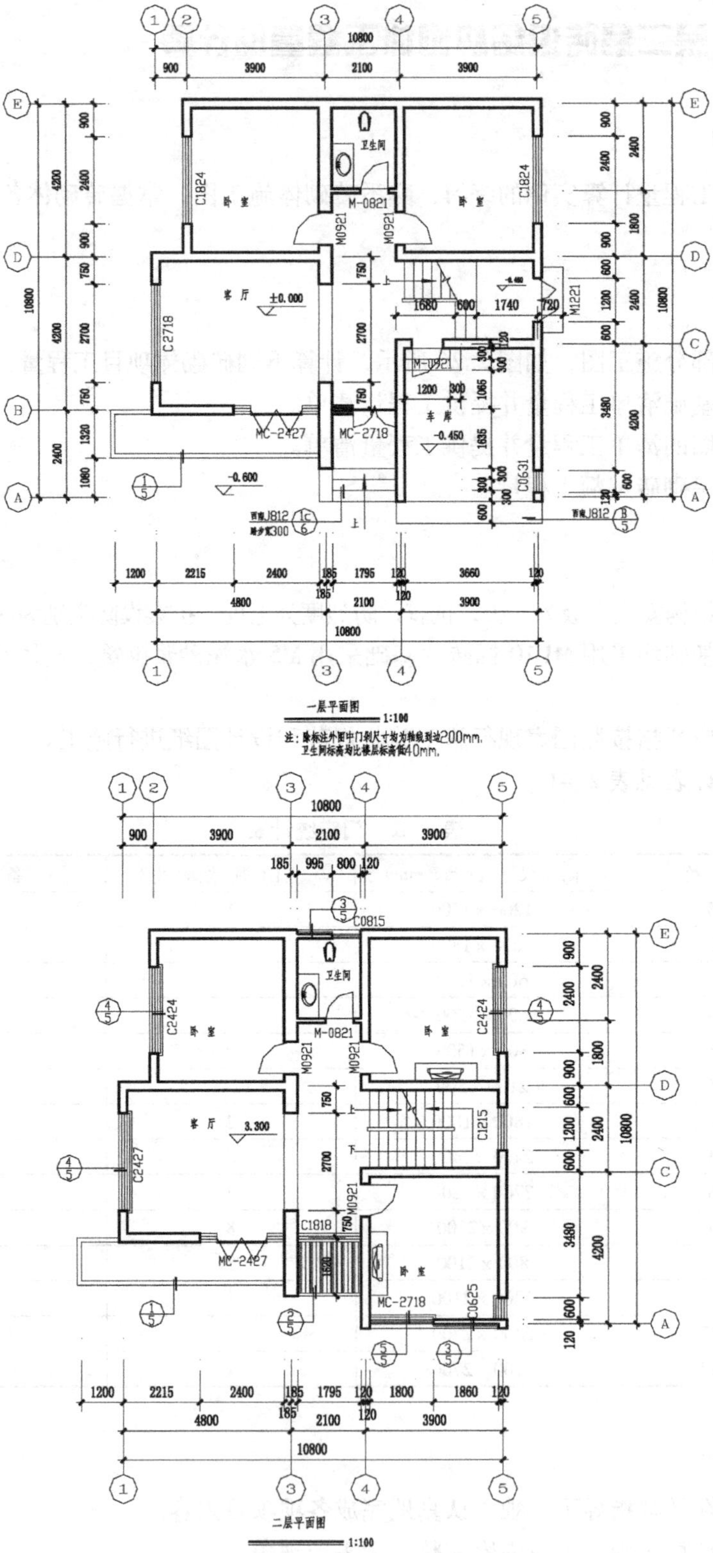

一层平面图 1:100

注：除标注外图中门洞尺寸均为轴线到边200mm，卫生间标高均比楼层标高低40mm。

二层平面图 1:100

图 2.26 某二层砖混结构砌体施工图

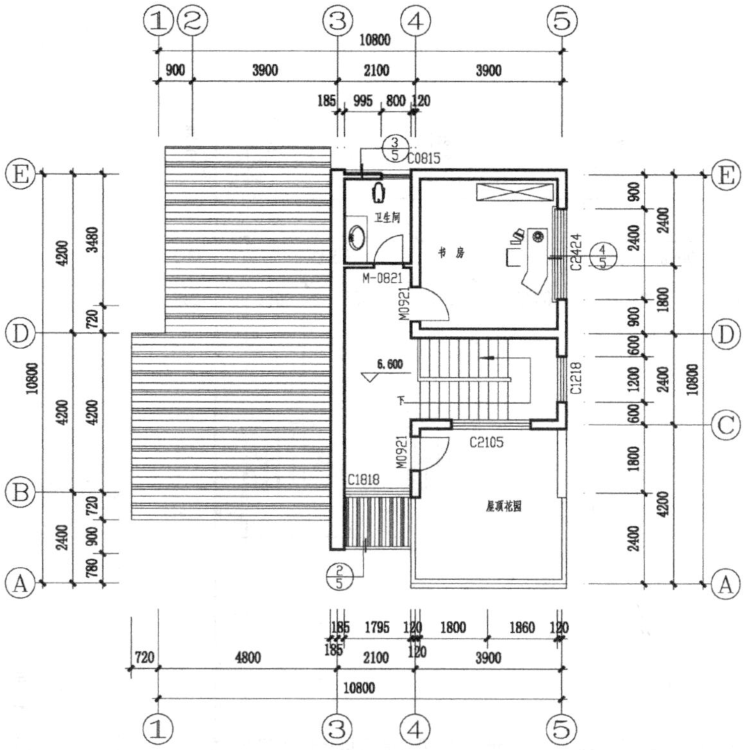

三层平面图 1:100

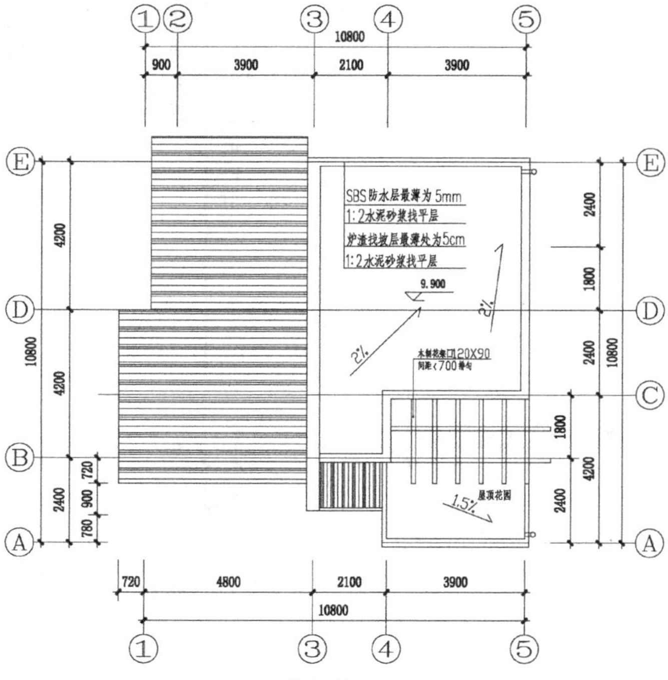

屋顶平面图 1:100

图 2.26　某二层砖混结构砌体施工图（续）

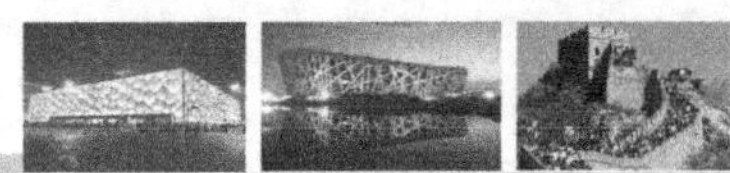

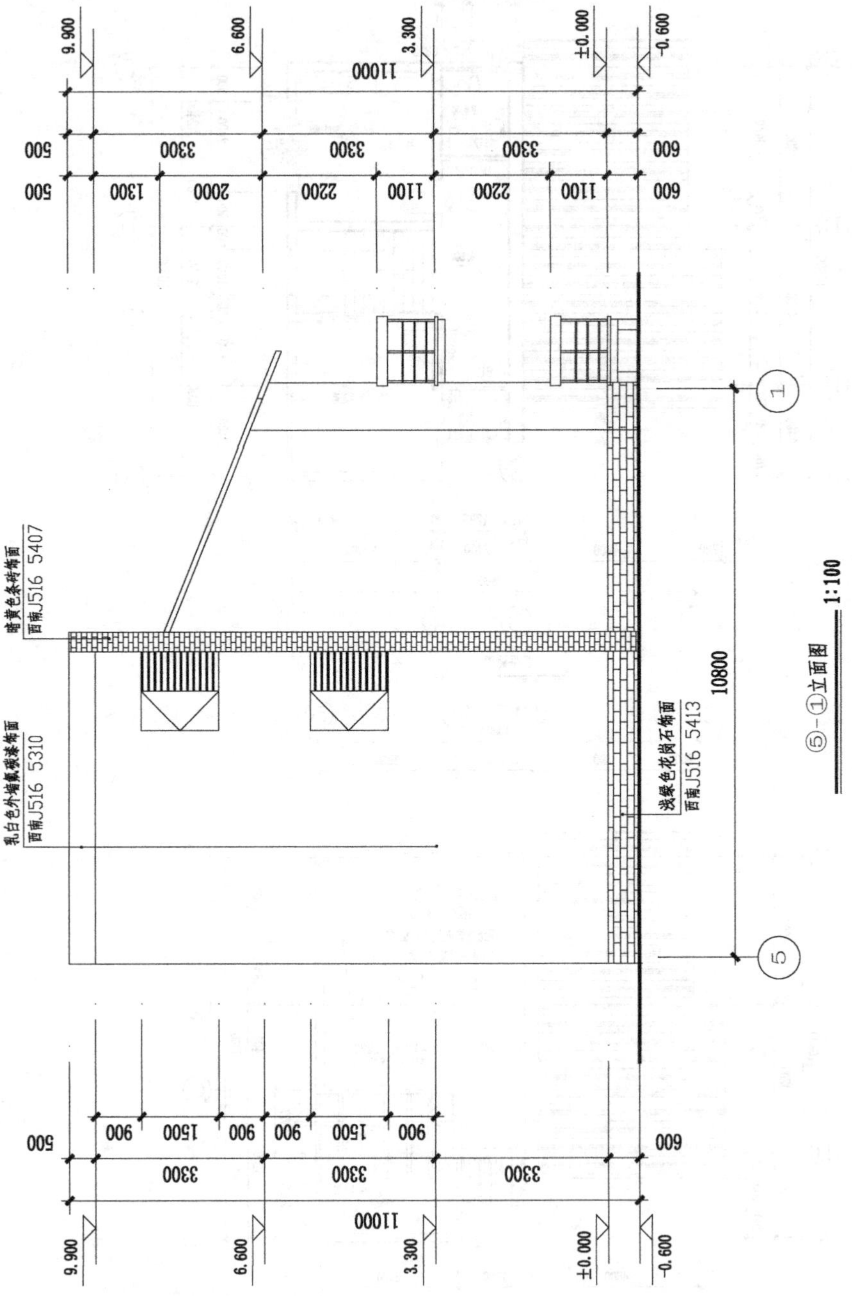

乳白色外墙氟碳漆饰面
西南J516 5310
暗黄色条砖饰面
西南J516 5407
浅绿色花岗石饰面
西南J516 5413
10800
9.900
6.600
3.300
±0.000
-0.600
11000
500 3300 3300 3300 600
500 1300 2000 2200 1100 2200 1100 600
500 900 1500 900 900 1500 900 600

⑤-①立面图 1:100

图 2.26 某二层砖混结构砌体施工图（续）

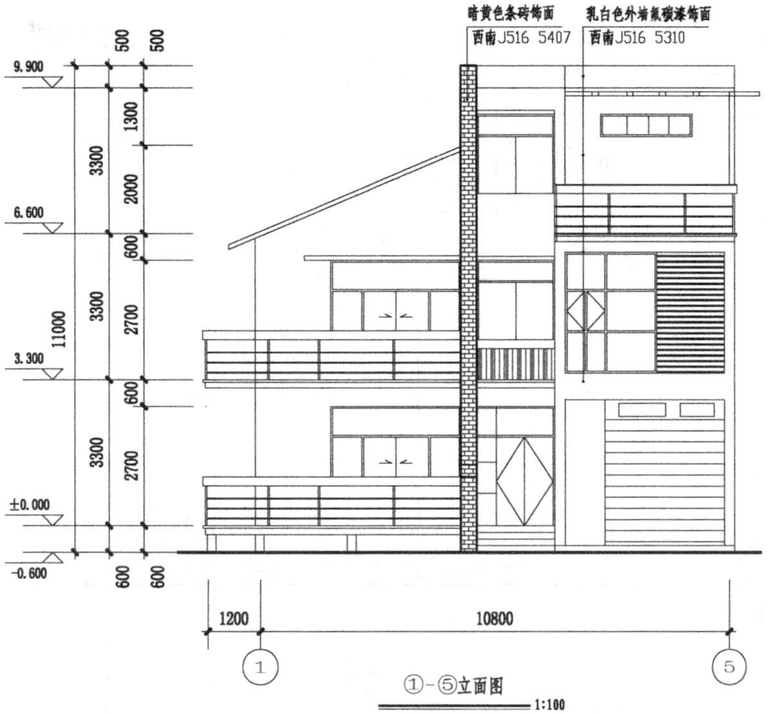

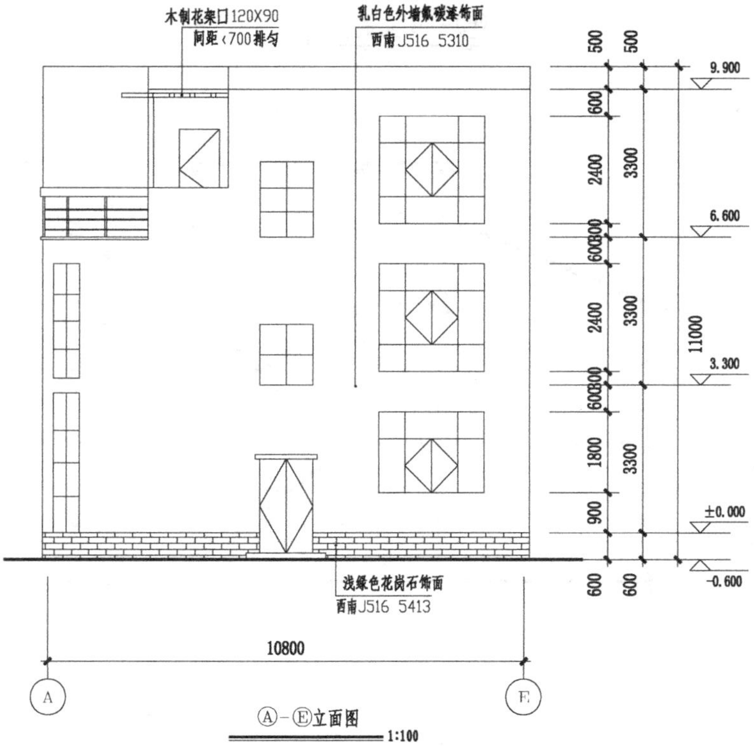

暗黄色条砖饰面
西南J516 5407
乳白色外墙氟碳漆饰面
西南J516 5310

9.900
6.600
3.300
±0.000
-0.600

500 500 1300 3300 2000 600 11000 3300 2700 600 3300 2700 600 600

1200 10800

1 5

①-⑤立面图
1:100

木制花架口 120X90
间距‹700排匀
乳白色外墙氟碳漆饰面
西南J516 5310

500 500 600 2400 3300 300 600 2400 3300 11000 300 600 1800 3300 900 600 600

9.900
6.600
3.300
±0.000
-0.600

浅绿色花岗石饰面
西南J516 5413

10800

A E

Ⓐ-Ⓔ立面图
1:100

图 2.26　某二层砖混结构砌体施工图（续）

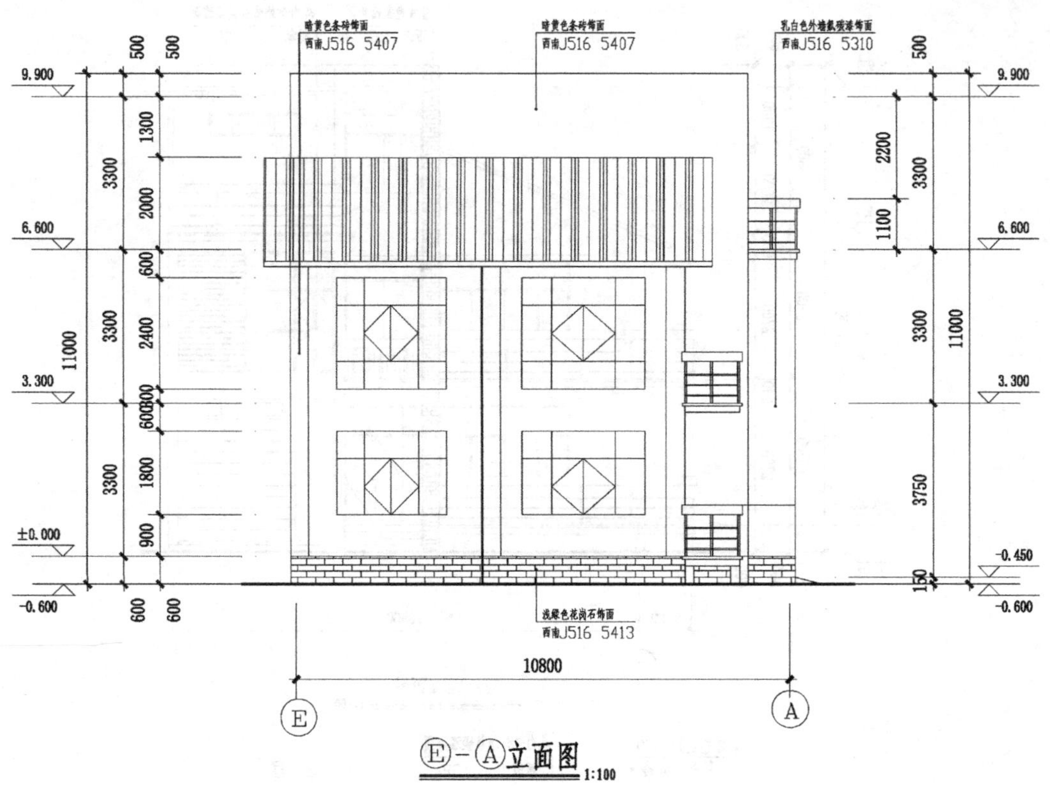


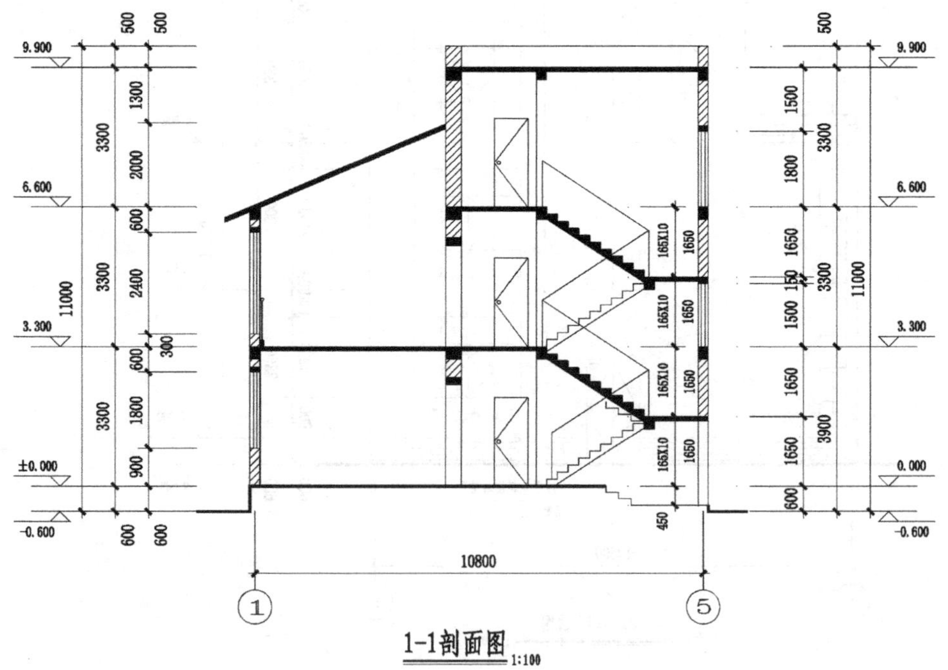


图 2.26　某二层砖混结构砌体施工图（续）

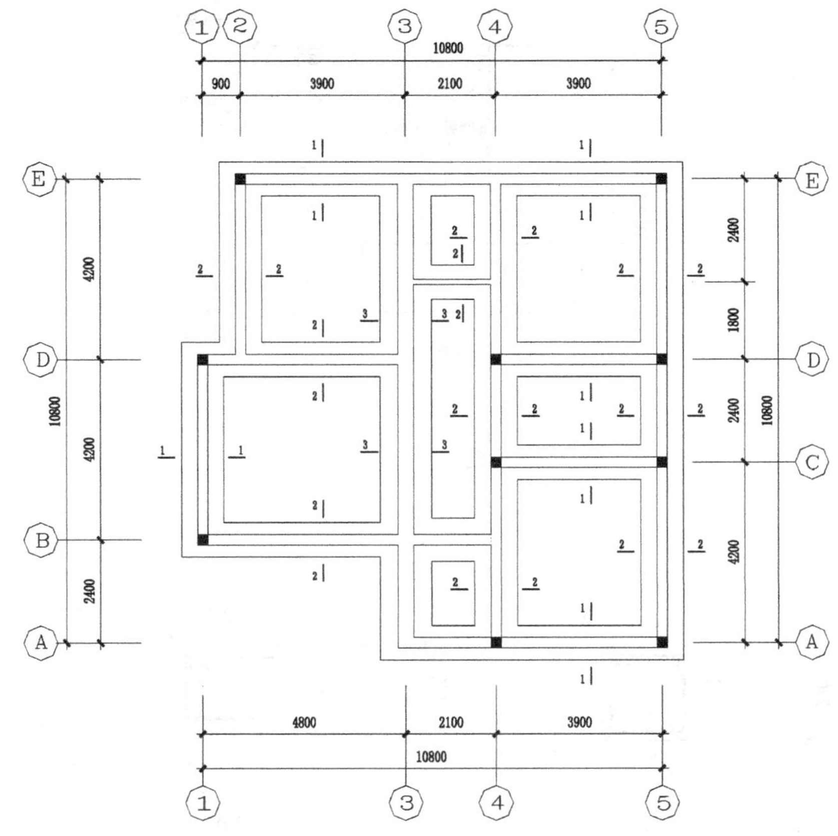


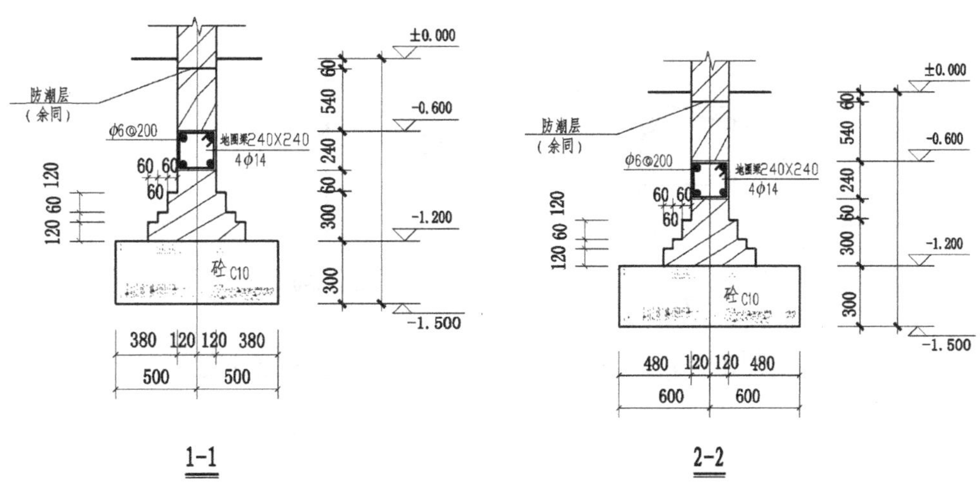


图 2.26　某二层砖混结构砌体施工图（续）

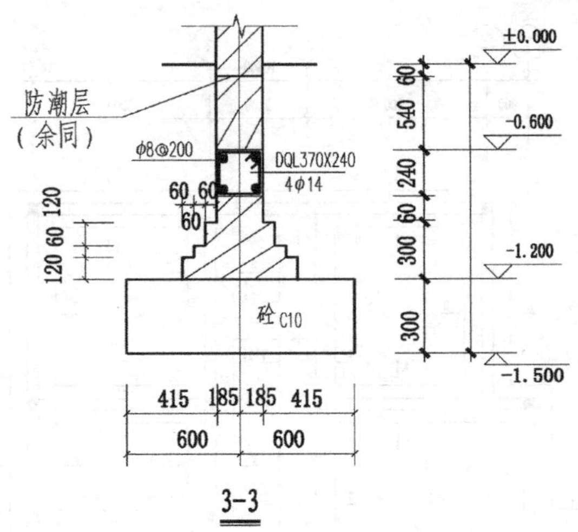


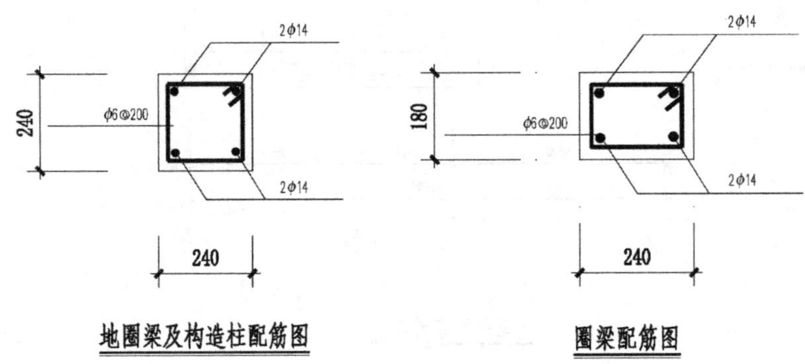


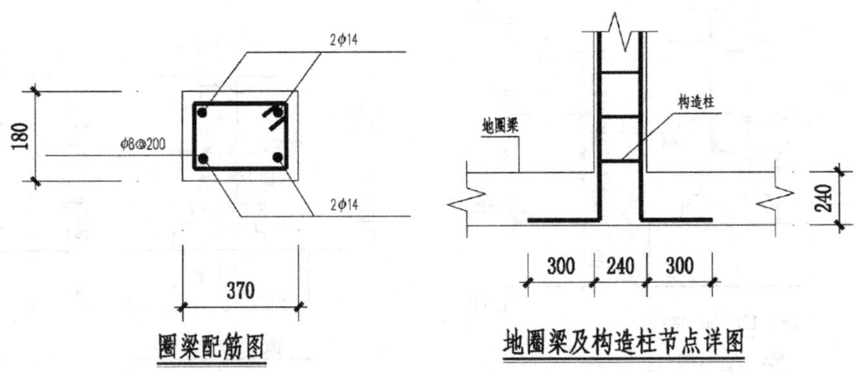


图2.26　某二层砖混结构砌体施工图（续）

# 2.5　预制混凝土工程工程量计算

## 2.5.1　预制混凝土工程相关知识

（1）本分部的主要内容有：预制柱、梁、板、屋架、楼梯及其他预制构件等项目。

（2）预制构件的施工工艺：构件制作—构件运输—构件安装—接头灌浆等过程。

（3）注意标准预制构件和非标准预制构件的计算。应明白标准预制构件的图集代码和含义，如西南地区过梁和板的图集代码如图 2.27、图 2.28 所示。

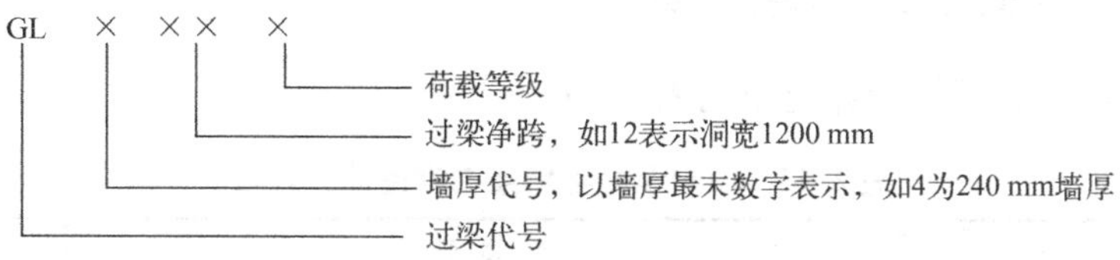


图 2.27　过梁图集代码

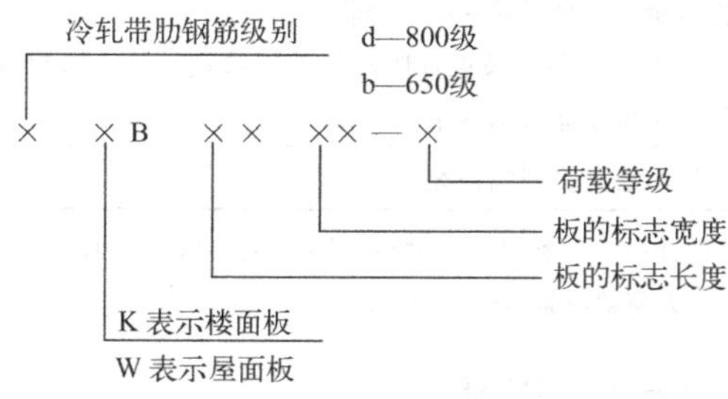


图 2.28　冷轧带肋板图集代码

## 2.5.2　工程量计算规则

### 1. 预制混凝土柱（清单编码：010509）

预制混凝土柱工程量计算规则见表 2.42。

**表 2.42　预制混凝土柱工程量计算规则**

| 预制混凝土柱 | 计量单位 | 计算规则 | 工作内容 |
|---|---|---|---|
| 清单规则 | 1. $m^3$<br>2. 根 | 1. 以立方米计量，按设计图示尺寸以体积计算。不扣除构件内钢筋、预埋铁件所占体积<br>2. 以根计量，按设计图示尺寸以数量计算。如四川省定额计量单位以立方米为单位 | 1. 模板制作、安拆<br>2. 混凝土制作、运输、成筑<br>3. 构件安装<br>4. 砂浆制作、运输<br>5. 接头灌缝、养护 |
| 定额规则 | $m^3$ | 见本章计算规则补充 | 构件运输 |

注：预制混凝土柱（010509）分矩形柱（010509001）、异形柱（010509002）两项内容。

### 2. 预制混凝土梁（清单编码：010510）

预制混凝土梁工程量计算规则见表 2.43。

表2.43　预制混凝土梁工程量计算规则

| 预制混凝土梁 | 计量单位 | 计算规则 | 工作内容 |
|---|---|---|---|
| 清单规则 | 1. $m^3$<br>2. 根 | 1. 以立方米计量，按设计图示尺寸以体积计算。不扣除构件内钢筋、预埋铁件所占体积<br>2. 以根计量，按设计图示尺寸以数量计算。如四川省定额计量单位以立方米为单位 | 1. 构件安装<br>2. 砂浆制作、运输<br>3. 接头灌缝、养护 |
| 定额规则 | $m^3$ | 见本章计算规则补充 | 构件运输 |

注：预制混凝土梁（010510）分矩形梁（010510001）、异形梁（010510002）、过梁（010510003）、拱形梁（010510004）、鱼腹式吊车梁（010510005）、风道梁（010510006）。

### 3. 预制混凝土屋架（清单编码：010511）

预制混凝土屋架工程量计算规则见表2.44。

表2.44　预制混凝土屋架工程量计算规则

| 预制混凝土屋架 | 计量单位 | 计算规则 | 工作内容 |
|---|---|---|---|
| 清单规则 | 1. $m^3$<br>2. 榀 | 1. 以立方米计量，按设计图示尺寸以体积计算。不扣除构件内钢筋、预埋铁件所占体积<br>2. 以榀计量，按设计图示尺寸以数量计算。如四川省定额计量单位以立方米为单位 | 1. 构件安装<br>2. 砂浆制作、运输<br>3. 接头灌缝、养护 |
| 定额规则 | $m^3$ | 见本章计算规则补充 | 构件运输 |

注：预制混凝土屋架（010511）分折线型屋架（010511001）、组合屋架（010511002）、薄腹屋架（010511003）、门式钢架屋架（010511004）、天窗架屋架（010511005）。

### 4. 预制混凝土板（清单编码：010512）

预制混凝土板工程量计算规则见表2.45。

表2.45　预制混凝土板工程量计算规则

| 预制混凝土板 | 计量单位 | 计算规则 | 工作内容 |
|---|---|---|---|
| 清单规则 | 1. $m^3$<br>2. 块 | 1. 以立方米计量，按设计图示尺寸以体积计算。不扣除构件内钢筋、预埋铁件及单个面积不大于300 mm×300 mm的孔洞所占体积，扣除空心板空洞体积<br>2. 以块计量，按设计图示尺寸以“数量”计算。如四川省定额规则以立方米计量 | 1. 构件安装<br>2. 砂浆制作、运输<br>3. 接头灌缝、养护 |
| 定额规则 | $m^3$ | 见本章计算规则补充 | 构件运输 |

注：预制混凝土板（010512）平板（010512001）、空心板（010512002）、槽形板（010512003）、网架板（010512004）、折线板（010512005）、带肋板（010512006）、大型板（010512007）等、其中沟盖板（010512008）计算规则单列。

### 5. 预制混凝土楼梯（010513）

预制混凝土楼梯工程量计算规则见表2.46。

### 6. 其他预制构件（010514）

其他预制构件工程量计算规则见表2.47。

表 2.46　预制混凝土楼梯工程量计算规则

| 预制混凝土楼梯 | 计量单位 | 计算规则 | 工作内容 |
|---|---|---|---|
| 清单规则 | 1. $m^3$<br>2. 块(套) | 1. 以立方米计量，按设计图示尺寸以体积计算。不扣除构件内钢筋、预埋铁件所占体积<br>2. 以块计量，按设计图示尺寸以数量计算。如四川省定额规则以立方米计量 | 1. 构件安装<br>2. 砂浆制作、运输<br>3. 接头灌缝、养护 |
| 定额规则 | $m^3$ | 见本章计算规则补充 | 构件运输 |

注：预制混凝土楼梯（010513001）。

表 2.47　其他预制构件工程量计算规则

| 其他预制构件 | 计量单位 | 计算规则 | 工作内容 |
|---|---|---|---|
| 清单规则 | 1. $m^3$<br>2. $m^2$<br>3. 根(块) | 1. 以立方米计量，按设计图示尺寸以体积计算。不扣除构件内钢筋、预埋铁件及单个面积不大于 300 mm×300 mm 的孔洞所占体积，扣除烟道、垃圾道、通风道的孔洞所占体积<br>2. 以平方米计量，按设计图示尺寸以面积计算。不扣除构件内钢筋、预埋铁件及单个面积不大于 300 mm×300 mm 的孔洞所占面积<br>3. 以根计量，按设计图示尺寸以数量计算。如四川省定额规则以立方米计量 | 1. 构件安装<br>2. 砂浆制作、运输<br>3. 接头灌缝、养护<br>—<br>1. 构件制作（包括混凝土制作、运输、浇筑、振捣、养护）<br>2. 构件安装及接头灌缝、养护 |
| 定额规则 | $m^3$ | 见本章计算规则补充 | 构件运输 |

注：其他预制构件（010514）分烟道/垃圾道/通风道（010514001）、其他构件（010514002）、水磨石构件（010514003）。

## 2.5.3　定额计算规则补充和说明

### 1. 定额计算规则的补充

（1）花格、花窗均按外围尺寸以“$m^2$”计算。

（2）构件运输工程量按图算量计算，每 10 $m^2$ 花格按 0.5 $m^3$ 混凝土计算运输工程量。

（3）构件安装及接头灌浆按构件制作工程量计算规则计算。

### 2. 定额计算规则的说明

（1）组合屋架运输只计算构件中混凝土部分的工程量。

（2）构件运输按表 2.48 进行分类计算。

表 2.48　构件运输分类

| 类　别 | 构件名称 |
|---|---|
| Ⅰ | 各类屋架、各类柱、山墙防风桁架、吊车梁、长度大于 9 m 的梁、大型屋面板、槽形板、龙背、大刀木、戗翼板、椽望板、檩、枋 |
| Ⅱ | 长度≤9 m 的梁、大型屋面板、槽形板、平板、楼梯段、龙背、大刀木、戗翼板、椽望板、檩、枋等 |
| Ⅲ | 墙架、天窗架、天窗挡风架（包括柱侧挡风板、遮阳板、挡雨板支架）、墙板、侧板、端壁板、天沟板、上下档、各种支撑、预制门窗框、花格、预制水磨石窗台板、隔断板、池槽、楼梯踏步、断面周长≤550 mm 小枋、檩条、连机、椽、斗拱、挂落、花窗、栏板、桩尖等零星构件 |

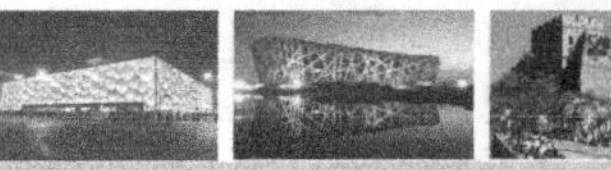

**案例2-12**　计算预制柱混凝土清单工程量。

某单层厂房工字形柱共10根，单根预制工字形柱如图2.29所示，试计算该厂房工字形柱的清单工程量。

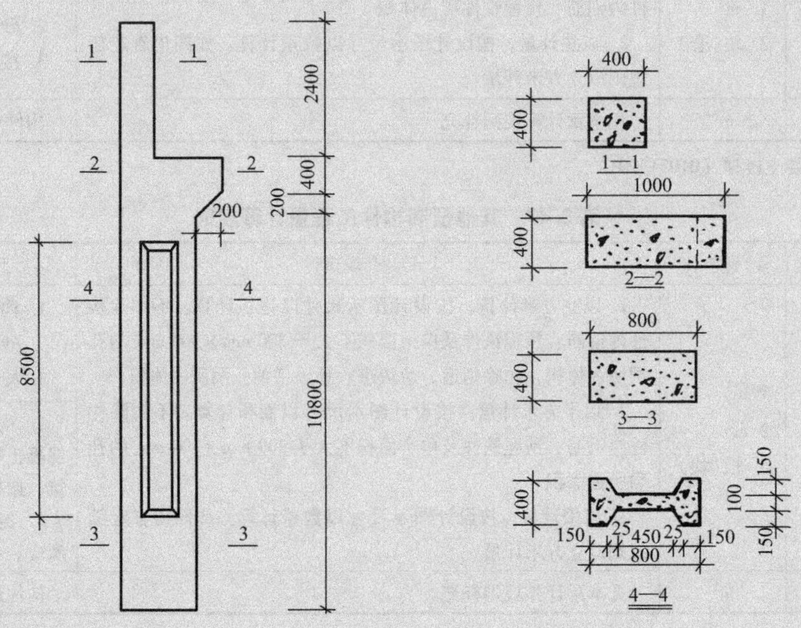


图2.29　工字形柱

**解**：预制柱的清单工程量 $V$

=（柱上部体积+柱下部外围体积-工字形凹入虚体积+柱牛腿体积）×根数

=[2.4×0.4×0.4+10.8×0.8×0.4-1/2×(8.5×0.5+8.45×0.45)×0.15×2+(0.4×1.0-0.2×0.2×1/2)×0.4]×10(根)

=2.864×10=28.64($m^3$)

**案例2-13**　计算空心板混凝土工程量。

某房间预应力钢筋混凝土空心板布置图如图2.30所示，求该房间空心板的清单工程量。若空心板混凝土标号为C30，尺寸如图2.30所示，采用M5水泥砂浆座浆、灌浆，试提供该空心板的工程量清单。根据提供的工程量清单，计算其项目内容中的定额工程量。

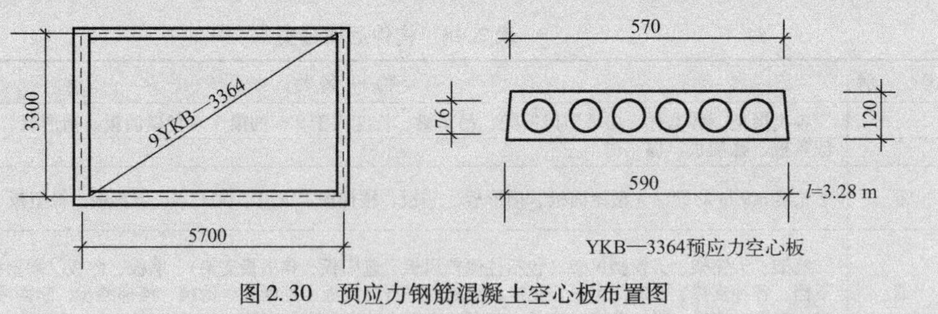


图2.30　预应力钢筋混凝土空心板布置图

**解**：(1) 预应力混凝土空心板的清单工程量。

$$V = 3.28 \times [(0.57 + 0.59) \times 0.12 \div 2 - \pi/4 \times 0.076^2 \times 6] \times 9$$
$$= 0.201 \times 9 = 1.81(m^3)$$

(2) 编制该预应力混凝土空心板工程量清单（见表 2.49）。

**表 2.49　工程量清单与计价**

| 序号 | 项目编码 | 项目名称 | 项目特征描述 | 计量单位 | 工程量 | 金额 | | |
|---|---|---|---|---|---|---|---|---|
| | | | | | | 综合单价 | 合价 | 暂估价 |
| 1 | 010512002001 | 空心板 | 1. 图代号：9YKB－3364<br>2. 单件体积：0.201m³<br>3. 安装高度：见设计<br>4. 混凝土强度等级：C20 | m³ | 1.81 | | | |

(3) 计算该清单项目内容中的定额工程量。

该清单项目内容拆分为空心板的制作、运输和安装及接头灌浆三个定额项目内容。

① 预应力钢筋混凝土空心板的制作工程量 $V = 1.81(m^3)$

② 预应力钢筋混凝土空心板的运输工程量 $V = 1.81(m^3)$

③ 预应力钢筋混凝土空心板的安装及接头灌浆工程量 $V = 1.81(m^3)$

## 实训 5　某砖混结构预制构件工程工程量的计算

### 1. 实训目的

通过预制构件工程工程量计算实例的练习，熟悉砖混结构施工图，掌握预制混凝土各分项工程量计算规则，同时学会利用当地图集计算预制构件混凝土工程量。

### 2. 实训任务

根据给定某房屋二层建筑平面图和结构布置图，如图 2.31 所示，计算该层预制构件的工程量如下。

(1) 计算预制过梁混凝土的清单工程量。

(2) 计算预制板混凝土的清单工程量。

(3) 编制预制板的工程量清单。

### 3. 背景资料

(1) 本工程建筑安全等级为二级，抗震设防烈度按七度进行设计，抗震设防类别为丙类，多层砖房抗震构造按照 97G329（三）图集有关（七）度区的规定施工。

(2) 预应力空心板按照各地图集规定制作、安装，运距为 5 km。

(3) 预制过梁选择用《钢筋混凝土过梁图集》，预制过梁之间、预制过梁与构造柱相碰时，预制过梁改为现浇。过梁改为现浇时，架立筋按底筋施工。

(4) 预制过梁生产长度：洞口实际宽度加 2×250 mm。

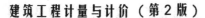

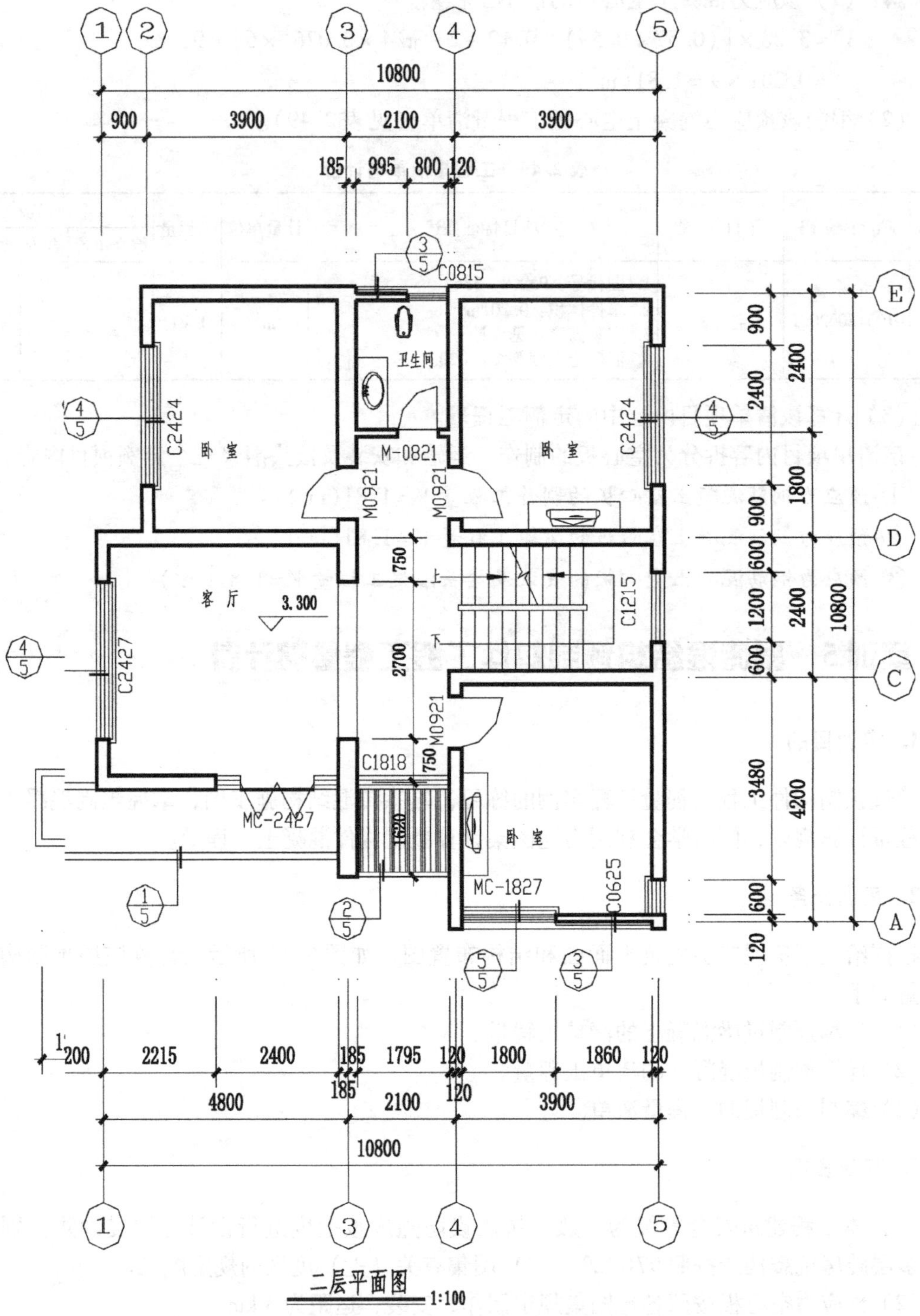

二层平面图 1:100

图 2.31　某房屋二层建筑平面图和结构布置图

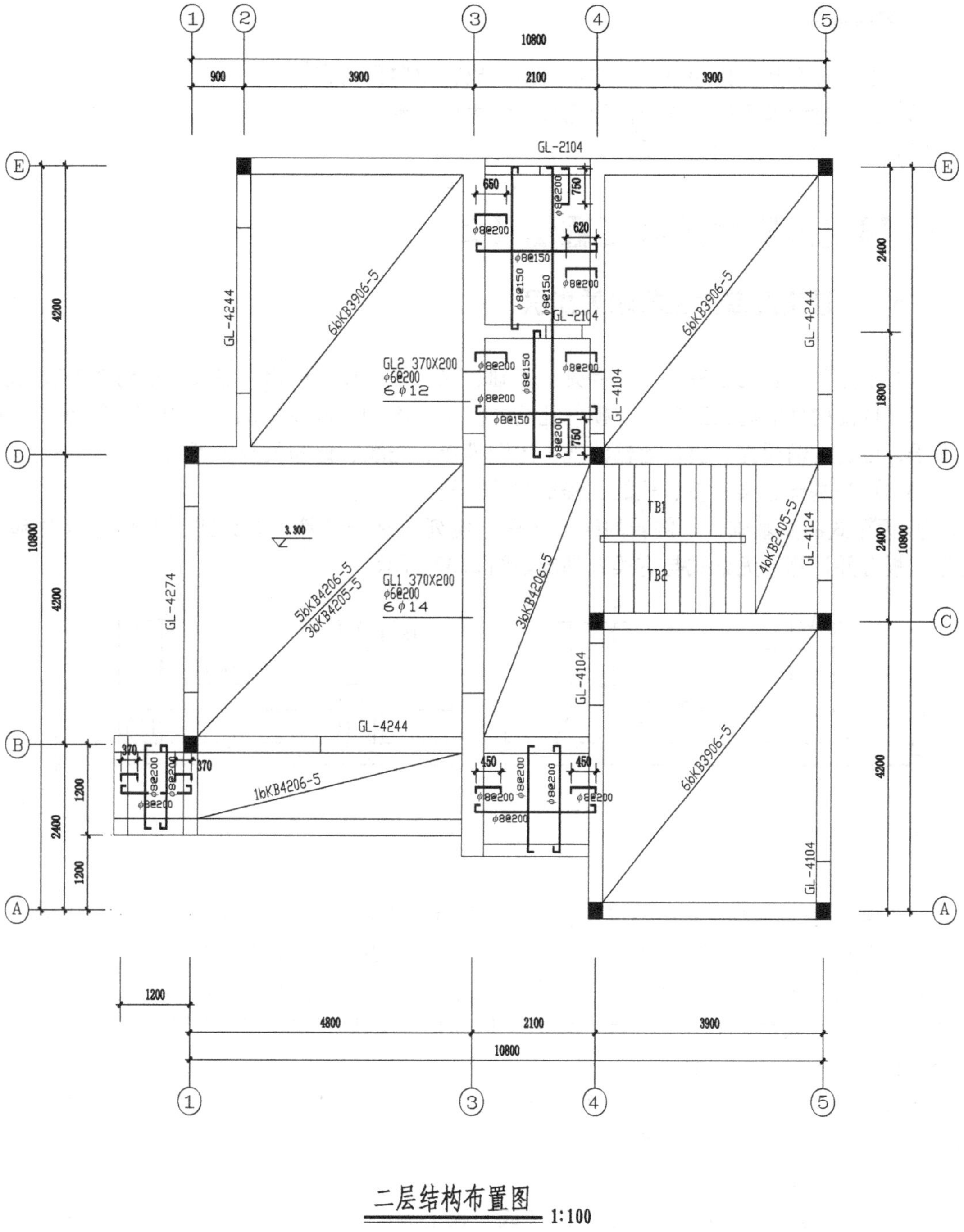

二层结构布置图 1:100

图 2.31　某房屋二层建筑平面图和结构布置图（续）

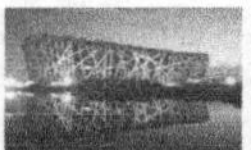

（5）选用标准图集：冷轧带肋钢筋预应力混凝土空心板图集；钢筋混凝土过梁图集；钢筋混凝土板式楼梯图集。

**4. 实训要求**

（1）学生应在教师指导下，独立认真地完成各项项目内容。

（2）工程量计算正确，项目内容完整，无丢项现象。

（3）提交统一规定的工程量计算书。

## 2.6 现浇混凝土工程工程量计算

### 2.6.1 现浇混凝土工程相关知识

（1）本分部主要内容有：现浇混凝土基础、柱、梁、板、楼梯、墙及其他构件等项目。

（2）现浇构件的施工工艺：支模—扎筋—浇筑—养护。混凝土的工作内容：筛砂子、筛洗石子、后台运输搅拌、前台运输清洗、湿润模板、浇灌、捣固及养护等过程。

（3）现浇基础、梁、板、柱的工程量的计算规则如下。

① 无梁式满堂基础，其倒转的柱头（帽）应列入基础计算；有梁式（肋形）满堂基础的梁、板合并计算。无梁式与有梁式基础如图2.32所示。

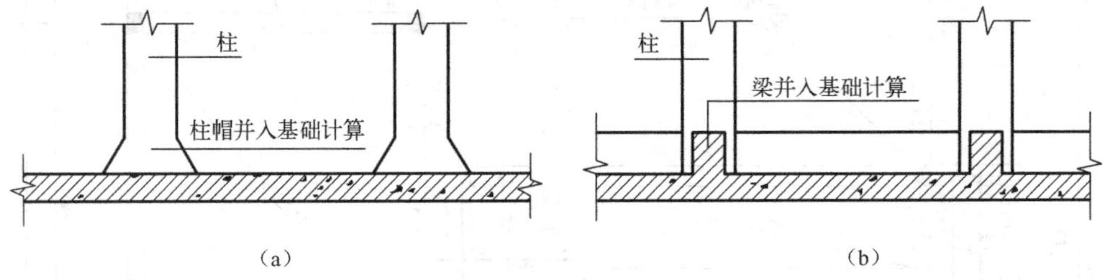


图2.32　无梁式与有梁式基础

② 框架式设备基础分别按基础、柱、梁、板计算工程量，执行相应项目；楼层上的块体设备基础按有梁板计算。箱式基础分别按底板、墙、顶板计算工程量，执行相应项目。

③ 混凝土高杯柱基（长颈柱基）高杯（长颈）部分的高度小于其横截面长边的3倍时，则该部分高杯（长颈）按柱基计算；高杯（长颈）高度大于其横截面长边的3倍时，则该部分高杯（长颈）按柱计算。

④ 混凝土墙基的颈部高度小于该部分厚度的5倍时，则颈部按基础计算；颈部高度大于该部分厚度的5倍时，则颈部按墙计算。

杯形基础如图2.33所示。

⑤ 有梁板的柱高，应自柱基上表面（或楼板上表面）至上一层楼板上表面之间的高度计算。

⑥ 无梁板的柱高，应自柱基上表面（或楼板上表面）至柱帽下表面之间的高度计算。框架柱的柱高，应自柱基上表面至柱顶高度计算。

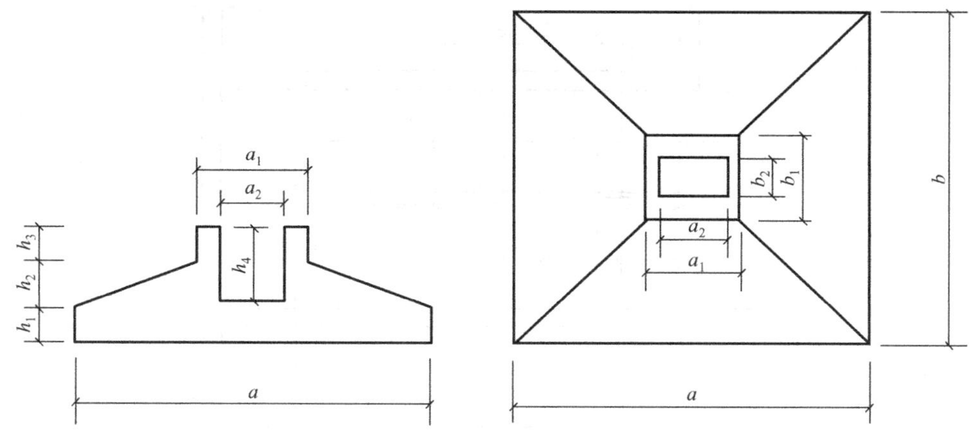


图 2.33　杯形基础

有梁式与无梁式板如图 2.34 所示。

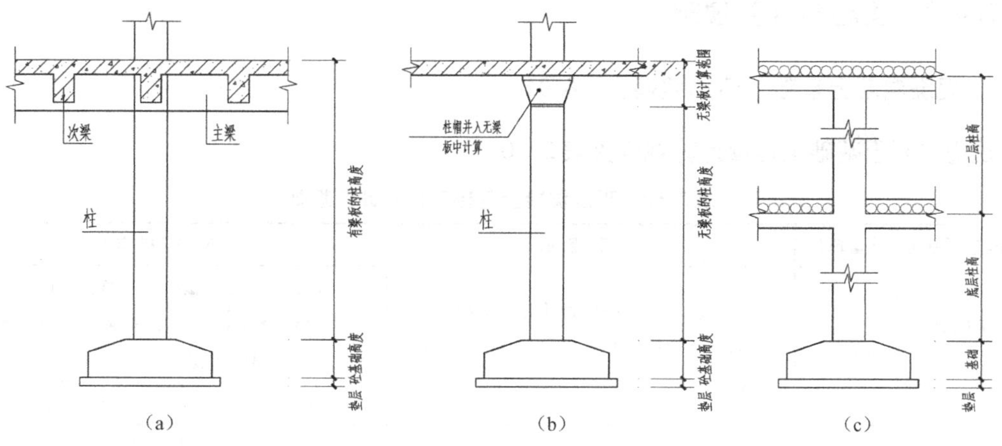


图 2.34　有梁式与无梁式板

⑦ 构造柱（抗震柱）按全高（从地圈梁顶面算起）计算，嵌接墙体部分马牙槎并入柱身体积。

⑧ 依附柱上的牛腿和升板的柱帽并入柱身体积计算。

⑨ 梁与柱连接时，梁长算到柱侧面；梁与次梁连接时，长度算到主梁的侧面；伸入墙内的梁头、梁垫体积并入梁体积计算。

⑩ 墙与现浇板连接时其高度算到板顶面。

⑪ 整体楼梯与现浇楼层板无楼梯梁连接时，以楼层的最后一个踏步外边缘加 300 mm 为界。

楼梯平面示意图如图 2.35 所示。

⑫ 挑檐、天沟（檐沟）与板（包括屋面板、楼板）连接时，以外墙外边线为分界线，雨篷、阳台板按设计图示尺寸以墙外部分体积计算，包括伸出墙外的牛腿和雨篷反挑檐的体积。

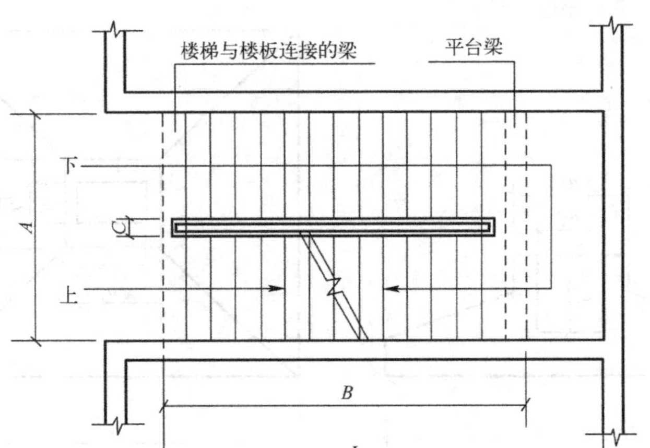

图2.35　楼梯平面示意图

## 2.6.2　工程量计算规则

### 1. 现浇混凝土基础（清单编码：010501）

现浇混凝土基础工程量计算规则见表2.50。

表2.50　现浇混凝土基础工程量计算规则

| 现浇混凝土基础 | 计量单位 | 计算规则 | 工作内容 |
|---|---|---|---|
| 清单规则 | $m^3$ | 按设计图示尺寸以体积计算。不扣除构件内钢筋、预埋铁件和伸入承台基础的桩头所占体积 | 1. 混凝土制作、运输、浇筑、振捣、养护<br>2. 模板及支撑制作、安装、拆除、堆放、运输及清理模内杂物、刷隔离剂等 |
| 定额规则 | | | 1. 混凝土制作、运输、浇筑、振捣、养护 |
| | $m^2$ | 见措施项目计算规则 | 2. 模板及支撑制作、安装、拆除、堆放、运输及清理模内杂物、刷隔离剂等 |

注：现浇混凝土基础（010501）分垫层（010501001）、条形基础（010501002）、独立基础（010501003）、满堂基础（010501004）、桩承台基础（010501005）、设备基础（010501006）。

### 2. 现浇混凝土柱（清单编码：010502）

现浇混凝土柱工程量计算规则见表2.51。

表2.51　现浇混凝土柱工程量计算规则

| 现浇混凝土柱 | 计量单位 | 计算规则 | 工作内容 |
|---|---|---|---|
| 清单规则 | $m^3$ | 按设计图示尺寸以体积计算，不扣除构件内钢筋，预埋铁件所占体积。型钢混凝土柱扣除构件内型钢所占体积 | 1. 模板及支撑制作、安装、拆除、堆放、运输及清理模内杂物、刷隔离剂等<br>2. 混凝土制作、运输、浇筑、振捣、养护 |
| 定额规则 | | | 1. 混凝土制作、运输、浇筑、振捣、养护 |
| | $m^2$ | 见措施项目计算规则 | 2. 模板及支撑制作、安装、拆除、堆放、运输及清理模内杂物、刷隔离剂等 |

注：现浇混凝土柱（010502）分矩形柱（010502001）、构造柱（010502002）、异形柱（010502003）。

### 3. 现浇混凝土梁（010503）

现浇混凝土梁工程量计算规则见表 2.52。

**表 2.52　现浇混凝土梁工程量计算规则**

<table>
<tr><th>现浇混凝土梁</th><th>计量单位</th><th>计 算 规 则</th><th>工 作 内 容</th></tr>
<tr><td>清单规则</td><td rowspan="2">m³</td><td rowspan="2">按设计图示尺寸以体积计算。不扣除构件内钢筋、预埋铁件所占体积，伸入墙内的梁头、梁垫并入梁体积内。型钢混凝土梁扣除构件内型钢所占体积</td><td>1. 模板及支撑制作、安装、拆除、堆放、运输及清理模内杂物、刷隔离剂等<br>2. 混凝土制作、运输、浇筑、振捣、养护</td></tr>
<tr><td rowspan="2">定额规则</td><td>1. 混凝土制作、运输、浇筑、振捣、养护</td></tr>
<tr><td>m²</td><td>见措施项目计算规则</td><td>2. 模板及支撑制作、安装、拆除、堆放、运输及清理模内杂物、刷隔离剂等</td></tr>
</table>

注：现浇混凝土梁（010503）分基础梁（010503001）、矩形梁（010503002）、异形梁（010503003）、圈梁（010503004）、过梁（010503005）、弧形/拱形梁（010503006）。

### 4. 现浇混凝土墙（清单编码：010504）

现浇混凝土墙工程量计算规则见表 2.53。

**表 2.53　现浇混凝土墙工程量计算规则**

<table>
<tr><th>现浇混凝土墙</th><th>计量单位</th><th>计 算 规 则</th><th>工 作 内 容</th></tr>
<tr><td>清单规则</td><td rowspan="2">m³</td><td rowspan="2">按设计图示尺寸以体积计算。不扣除构件内钢筋、预埋铁件所占体积，扣除门窗洞口及单个面积0.3 m²以外的孔洞所占体积，墙垛及突出墙面部分并入墙体体积内计算</td><td>1. 模板及支撑制作、安装、拆除、堆放、运输及清理模内杂物、刷隔离剂等<br>2. 混凝土制作、运输、浇筑、振捣、养护</td></tr>
<tr><td rowspan="2">定额规则</td><td>1. 混凝土制作、运输、浇筑、振捣、养护</td></tr>
<tr><td>m²</td><td>见措施项目计算规则</td><td>2. 模板及支撑制作、安装、拆除、堆放、运输及清理模内杂物、刷隔离剂等</td></tr>
</table>

注：现浇混凝土墙(010504)分直形墙(010504001)、弧形墙(010504002)、短肢剪力墙(010504003)、挡土墙(010504004)。

### 5. 现浇混凝土板（清单编码：010505）

现浇混凝土板工程量计算规则见表 2.54。

**表 2.54　现浇混凝土板工程量计算规则**

<table>
<tr><th>现浇混凝土板</th><th>计量单位</th><th>计 算 规 则</th><th>工 作 内 容</th></tr>
<tr><td>清单规则</td><td rowspan="2">m³</td><td rowspan="2">按设计图示尺寸以体积计算。不扣除构件内钢筋、预埋铁件及单个面积0.3 m²以内的孔洞所占体积。型钢混凝土梁扣除构件内型钢所占体积<br>有梁板按梁、板体积之和计算，按板和柱帽体积之和计算，各类板伸入墙内的板头并入板体积内计算，薄壳板的肋、基梁并入薄壳体积计算</td><td>1. 模板及支撑制作、安装、拆除、堆放、运输及清理模内杂物、刷隔离剂等<br>2. 混凝土制作、运输、浇筑、振捣、养护</td></tr>
<tr><td rowspan="2">定额规则</td><td>1. 混凝土制作、运输、浇筑、振捣、养护</td></tr>
<tr><td>m²</td><td>见措施项目计算规则</td><td>2. 模板及支撑制作、安装、拆除、堆放、运输及清理模内杂物、刷隔离剂等</td></tr>
</table>

注：现浇混凝土板（010505）分有梁板（010505001）、无梁板（010505002）、平板（010505003）、拱板（010505004）、薄壳板（010505005）、栏板（010505006）、天沟/挑檐板（010505007）、雨篷/阳台板（010505008）和其他板（010505009）。

**6. 现浇混凝土楼梯（清单编码：010506）**

现浇混凝土楼梯工程量计算规则见表2.55。

**表2.55 现浇混凝土楼梯工程量计算规则**

| 现浇混凝土楼梯 | 计量单位 | 计算规则 | 工作内容 |
| --- | --- | --- | --- |
| 清单规则 | 1. $m^2$<br>2. $m^3$ | 1. 按设计图示尺寸以水平投影面积计算。不扣除宽度小于500 mm的楼梯井，伸入墙内部分不计算<br>2. 以立方米计量，按设计图示尺寸以体积计算 | 1. 模板及支撑制作、安装、拆除、堆放、运输及清理模内杂物、刷隔离剂等<br>2. 混凝土制作、运输、浇筑、振捣、养护 |
| 定额规则 | $m^2$ | 按设计图示尺寸以水平投影面积计算。不扣除宽度小于500 mm的楼梯井，伸入墙内部分不计算 | 1. 混凝土制作、运输、浇筑、振捣、养护 |
| | | 见措施项目计算规则 | 2. 模板及支撑制作、安装、拆除、堆放、运输及清理模内杂物、刷隔离剂等 |

注：现浇混凝土楼梯（010506）分直形楼梯（010506001）、弧形楼梯（010506002）。

**7. 现浇混凝土其他构件（清单编码：010507）/散水坡道（清单编码：010507001）**

现浇混凝土其他构件/散水坡道工程量计算规则见表2.56。

**表2.56 现浇混凝土其他构件/散水坡道工程量计算规则**

| 散水坡道 | 计量单位 | 计算规则 | 工作内容 |
| --- | --- | --- | --- |
| 清单规则 | $m^2$ | 按设计图示尺寸以面积计算。不扣除单个0.3 $m^2$以内的孔洞所占面积 | 1. 地基夯实<br>2. 铺设垫层<br>3. 模板及支撑制作、安装、拆除、堆放、运输及清理模内杂物、刷隔离剂等<br>4. 混凝土制作、运输、浇筑、振捣、养护<br>5. 变形缝填塞 |
| 定额规则 | $m^3$ | 以立方米计量，按设计图示尺寸以体积计算。 | 1. 混凝土制作、运输、浇筑、振捣、养护 |
| | | 见本节现浇基础计算规则 | 2. 铺设垫层 |
| | $m^2$ | 见措施项目计算规则 | 3. 模板及支撑制作、安装、拆除、堆放、运输及清理模内杂物、刷隔离剂等 |
| | m | 按不同用料分别以延长米计算 | 4. 变形缝填塞 |

**8. 现浇混凝土其他构件（清单编码：010507）/台阶（清单编码：010507003）**

现浇混凝土其他构件/台阶工程量计算规则见表2.57。

**9. 后浇带（清单编码：010508001）**

后浇带工程量计算规则见表2.58。

表 2.57　现浇混凝土其他构件/台阶工程量计算规则

| 散水坡道 | 计量单位 | 计算规则 | 工作内容 |
| --- | --- | --- | --- |
| 清单规则 | 1. $m^2$<br>2. $m^3$ | 1. 以平方米计量，按设计图示尺寸水平投影面积计算。<br>2. 以立方米计量，按设计图示尺寸以体积计算。 | 1. 模板及支撑制作、安装、拆除、堆放、运输及清理模内杂物、刷隔离剂等<br>2. 混凝土制作、运输、浇筑、振捣、养护 |
| 定额规则 | $m^3$ | 以立方米计量，按设计图示尺寸以体积计算。 | 1. 混凝土制作、运输、浇筑、振捣、养护 |
| | $m^2$ | 见措施项目计算规则 | 2. 模板及支撑制作、安装、拆除、堆放、运输及清理模内杂物、刷隔离剂等 |

表 2.58　后浇带工程量计算规则

| 后　浇　带 | 计量单位 | 计算规则 | 工作内容 |
| --- | --- | --- | --- |
| 清单规则 | $m^3$ | 按设计图示尺寸以体积计算 | 1. 模板及支架（撑）制作、安装、拆除、堆放、运输及清理模内杂物、刷隔离剂等<br>2. 混凝土制作、运输、浇筑、振捣、养护及混凝土交接面、钢筋等的清理 |
| 定额规则 | | | 1. 混凝土制作、运输、浇筑、振捣、养护 |
| | $m^2$ | 见措施项目计算规则 | 2. 模板及支撑制作、安装、拆除、堆放、运输及清理模内杂物、刷隔离剂等 |

### 2.6.3　现浇混凝土定额计算规则补充和说明

（1）现浇整体弧形楼梯的折算厚度为 160 mm，一般楼梯的折算厚度为 200 mm。

（2）现浇弧形梁、弧形墙，人工乘以系数 1.1。

（3）现浇混凝土阶梯形（锯齿形）楼板每一梯步宽度大于 300 mm 时，按板的项目执行，人工乘以系数 1.45。坡屋面混凝土按相应定额项目执行，混凝土用量乘以系数 1.05。

（4）现浇混凝土实心栏板厚度≤12 cm 者，执行现浇零星构件项目；厚度 >12 cm 者，执行现浇墙项目。

（5）散水、防滑坡道的垫层，按垫层项目计算，人工乘以系数 1.2。

（6）混凝土垫层用于槽坑且厚度≤300 mm 者为基础垫层，否则算作基础。

**案例 2-14**　计算杯形基础混凝土工程量。

如图 2.36 所示，计算杯形基础混凝土工程量。

**解**：高杯部分的高度小于其横截面长边长度的 3 倍，该部分高杯部分混凝土属杯形基础。

则：杯形基础体积 = 下部立方体积 + 中部四棱台体积 + 上部立方体积 - 上部杯槽体积

下部立方体积：$V_1 = 4.2 \times 3 \times 0.4 = 5.04(m^3)$

上部立方体积：$V_2 = (0.3 \times 2 + 0.95) \times (0.3 \times 2 + 0.55) \times 0.3 = 0.53(m^3)$

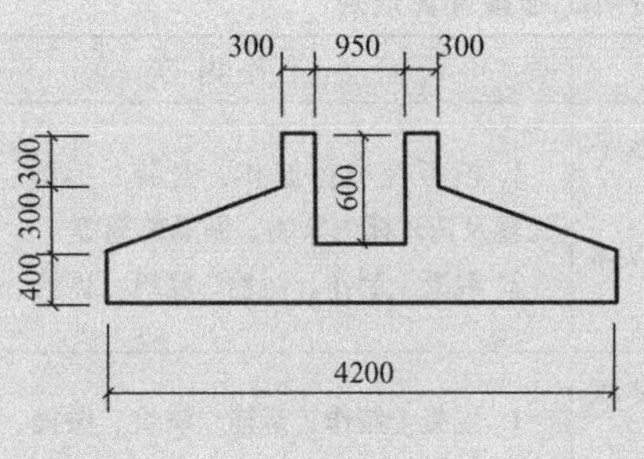


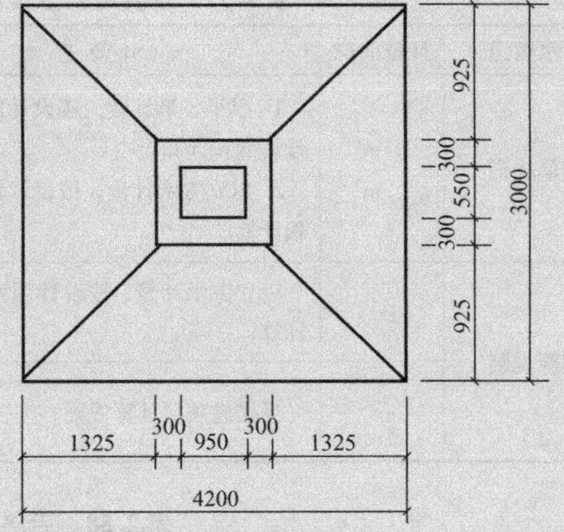


图 2.36　杯形基础

四棱台体积：$V_3=\dfrac{0.3\times(4.2\times3.0+1.55\times1.15+\sqrt{4.2\times3.0\times1.55\times1.15})}{3}$

$=1.91(\text{m}^3)$

上部杯槽体积：$V_4=0.95\times0.55\times0.6=0.31(\text{m}^3)$

杯形基础体积：$V=V_1+V_2+V_3-V_4$

$=5.04+0.53+1.91-0.31=7.17(\text{m}^3)$

**案例 2–15**　计算圈梁混凝土工程量并编制该项目的工程量清单。

某房屋 $L_{中}=24$ m，$L_{内}=4.56$ m，共设4个洞口宽度为1.5 m的窗户及两个洞口宽度为1.0 m的门。已知圈梁与过梁连接在一起，断面尺寸为240 mm(宽)×300 mm(高)。试计算圈梁、过梁的混凝土工程量。若圈梁底标高为2.3 m，混凝土标号为C20，试提供该项目的工程量清单。

**解**：(1) 计算圈梁的工程量。

圈梁与过梁连接在一起以圈梁代过梁时，过梁工程量属圈梁内。则：

$$V=0.24\times0.3\times(L_{中}+L_{内})$$

$$=0.24\times0.3\times(24+4.56)=2.06(\text{m}^3)$$

(2) 编制该项目的工程量清单（见表2.59）。

**表 2.59　工程量清单与计价**

| 序号 | 项目编码 | 项目名称 | 项目特征描述 | 计量单位 | 工程数量 | 金额 | | |
|---|---|---|---|---|---|---|---|---|
| | | | | | | 综合单价 | 合价 | 暂估价 |
| 1 | 010503004001 | 圈梁 | 1. 混凝土种类：现浇混凝土<br>2. 混凝土强度等级：C20 | $\text{m}^3$ | 2.06 | | | |

**案例 2-16**　计算有梁板和柱的混凝土工程量并编制该项目的工程量清单。

图 2.37 为现浇钢筋混凝土房屋三层结构平面图，试计算该层有梁板和柱的混凝土工程量。若采用 C20 现浇混凝土，房屋层高 3.3 m，共三层，板厚为 100 mm，试编制第三层结构的混凝土工程量清单。

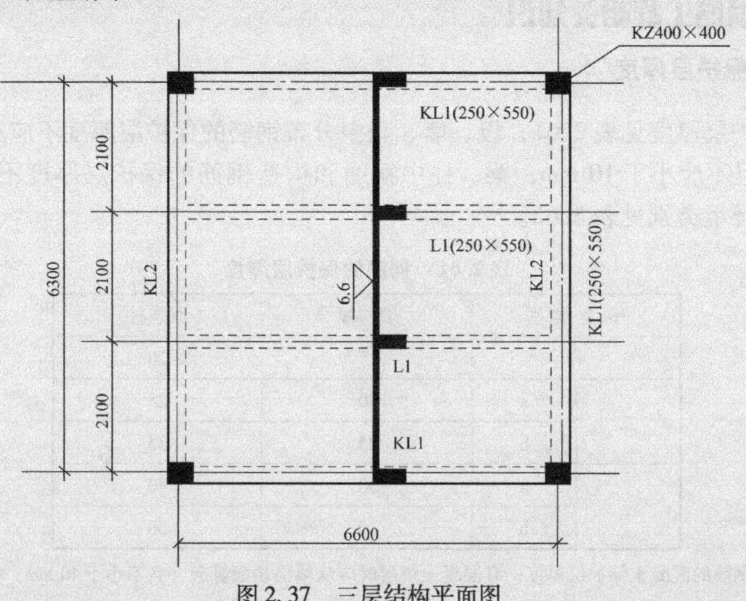


图 2.37　三层结构平面图

［分析］单根桩截面面积 $=0.4\times0.4=0.16(m^2)<0.3\ m^2$；不扣除柱在板内所占体积。

解：(1) 计算混凝土清单工程量。

① 矩形柱清单工程量：

$$V=柱断面面积\times柱高度\times柱根数=0.4\times0.4\times3.3\times4=2.11(m^3)$$

② 有梁板清单工程量：

$$V=V_{KL1}+V_{KL2}+V_{L1}+V_{板}$$
$$=0.25\times(0.55-0.1)\times(6.6-0.4)\times2+0.25\times(0.55-0.1)\times(6.3-0.4)\times2+0.25\times(0.55-0.1)\times(6.6+0.4-0.25\times2)\times2+[(6.6+0.4)\times(6.3+0.4)\times0.1]=8.88(m^3)$$

(2) 编制该项目的工程量清单（见表 2.60）。

**表 2.60　工程量清单与计价**

| 序号 | 项目编码 | 项目名称 | 项目特征描述 | 计量单位 | 工程数量 | 金额 | | |
|---|---|---|---|---|---|---|---|---|
| | | | | | | 综合单价 | 合价 | 暂估价 |
| 1 | 010502001001 | 矩形柱 | 1. 混凝土种类：现浇混凝土<br>2. 混凝土强度等级：C20 | $m^3$ | 2.11 | | | |
| 2 | 010505001001 | 有梁板 | 1. 混凝土种类：现浇混凝土<br>2. 混凝土强度等级：C20 | $m^3$ | 8.88 | | | |

# 2.7 钢筋工程工程量计算

## 2.7.1 钢筋工程相关知识

### 1. 钢筋的保护层厚度

钢筋的保护层厚度见表2.61，板、墙、壳中分布钢筋的保护层厚度不应小于表中相应数值减10 mm，且不应小于10 mm；梁、柱中箍筋和构造钢筋的保护层厚度不应小于15 mm。混凝土结构的环境类别见表2.62。

**表2.61 钢筋的保护层厚度**

| 环境类别 | | 墙、板 | 梁、柱 |
|---|---|---|---|
| 一 | | 15 | 20 |
| 二 | a | 20 | 25 |
| | b | 25 | 35 |
| 三 | a | 30 | 40 |
| | b | 40 | 50 |

注：基础底面钢筋的混凝土保护层厚度，有混凝土垫层时应从垫层顶面算起，且不小于40 mm。

**表2.62 混凝土结构的环境类别**

| 环境类别 | | 条件 |
|---|---|---|
| 一 | | 室内干燥环境；无侵蚀性静水侵没环境 |
| 二 | a | 室内潮湿环境；非严寒和非寒冷地区的露天环境；非严寒和非寒冷地区与无侵蚀性的水或土壤直接接触的环境；严寒和寒冷地区冰冻线下与无侵蚀性的水或土壤直接接触的环境 |
| | b | 干湿交替环境；水位频繁变动环境；严寒和寒冷地区的露天环境，严寒和寒冷地区冰冻线上与无侵蚀性的水或土壤直接接触的环境 |
| 三 | a | 严寒和寒冷地区冬季水位变动的环境；受除冰盐影响的环境；海风环境 |
| | b | 盐渍土环境；受除冰盐作用的环境；海岸环境 |
| 四 | | 海水环境 |
| 五 | | 受人为或自然的侵蚀性物资影响的环境 |

### 2. 钢筋的弯钩增加长度

一般螺纹钢筋、焊接网片及焊接骨架可不必弯钩。对于光圆钢筋，为了提高钢筋与混凝土的黏结力，两端要弯钩，其弯钩的形式有三种，如图2.38所示。

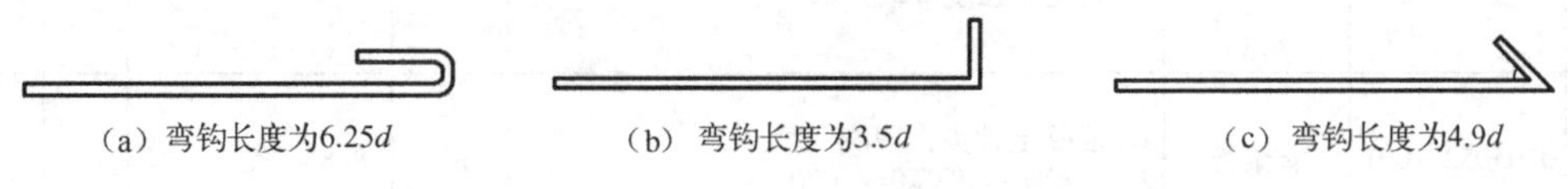

(a) 弯钩长度为6.25$d$　(b) 弯钩长度为3.5$d$　(c) 弯钩长度为4.9$d$

图2.38 钢筋弯钩的形式

### 3. 封闭箍筋及拉筋弯钩构造

通常情况下，箍筋应做成封闭式，拉筋要求应紧靠纵向钢筋并同时钩住外封闭钢筋。梁、柱、剪力墙等封闭箍筋及拉筋弯钩构造如图 2.39 所示。

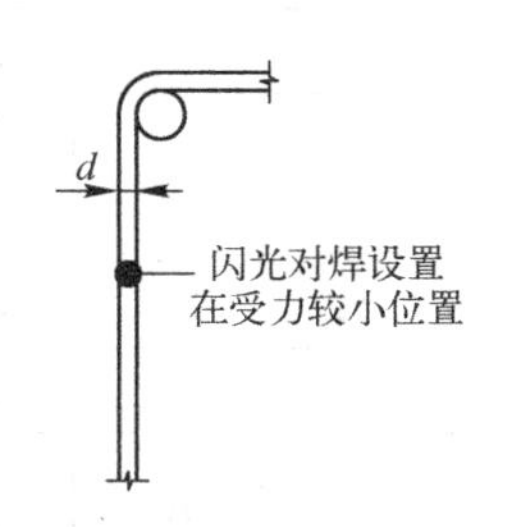

(a) 焊接封闭箍筋（工厂加工）

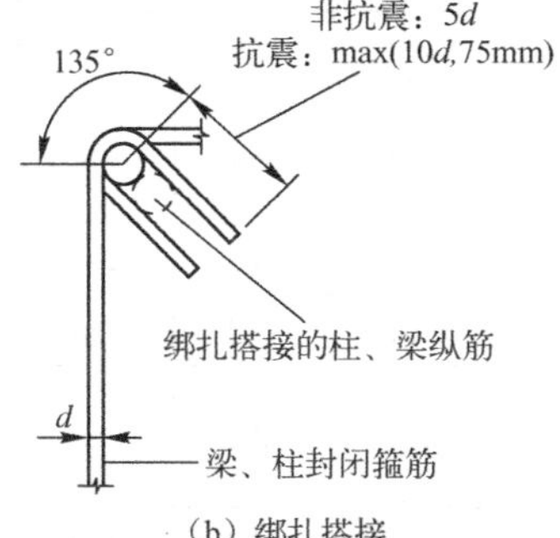

(b) 绑扎搭接

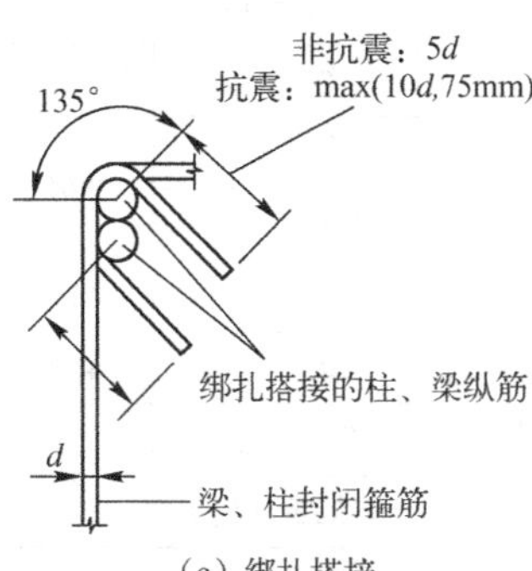

(c) 绑扎搭接

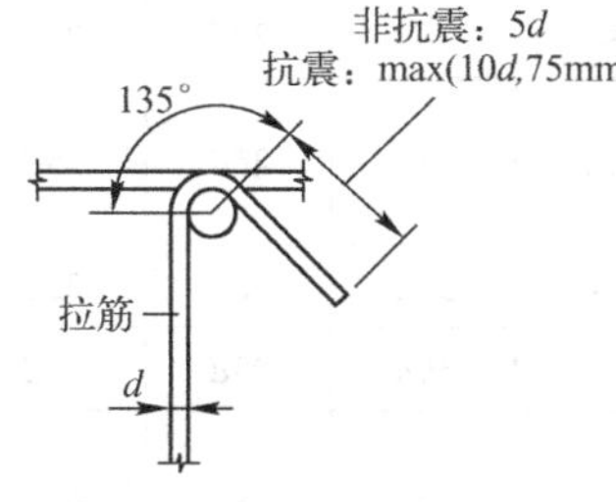

(d) 拉筋紧靠箍筋并钩住纵筋

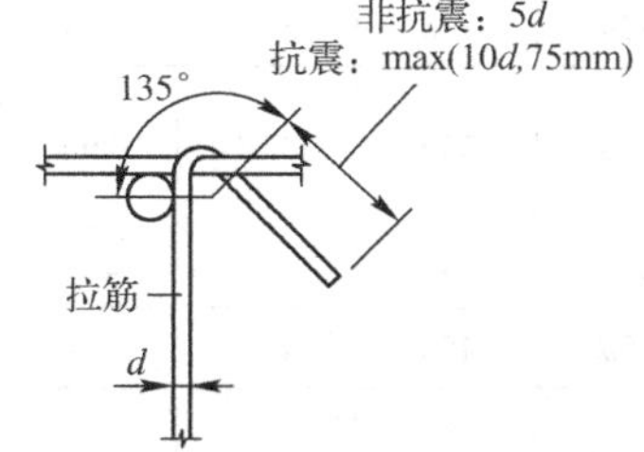

(e) 拉筋紧靠纵向钢筋并钩住箍筋

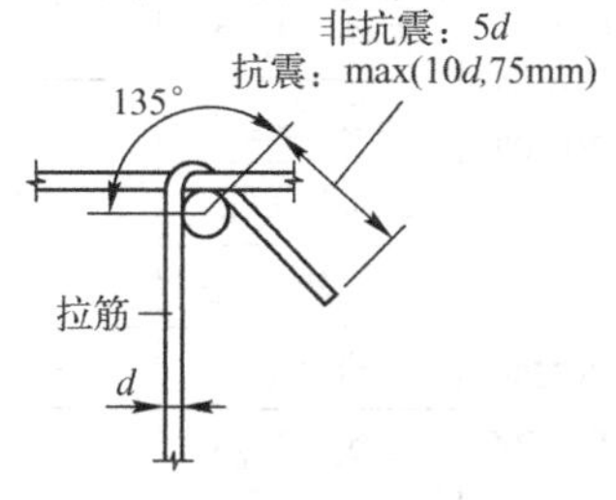

(f) 拉筋同时钩住纵筋和箍筋

图 2.39　封闭箍筋及拉筋弯钩构造

**注意：** 非抗震设计时，当构件受扭或柱中全部纵向受力钢筋的配筋率大于 3% 时，箍筋及拉筋弯钩平直段长度应为 $10d$。

### 4. 弯起钢筋增加长度

在钢筋混凝土梁中，因受力需要，常采用弯起钢筋，其弯起形式有 30°、45°、60° 三种。钢筋弯起的增加长度（$S-L$）是指斜长（$S$）与水平长度（$L$）之差，如图 2.40 所示。

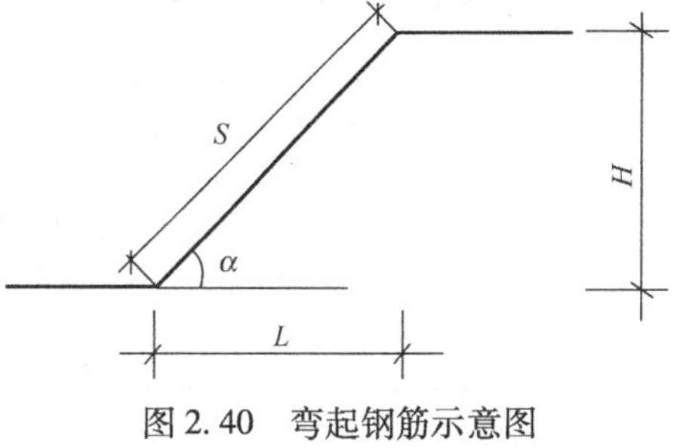

图 2.40　弯起钢筋示意图

30°时，$(S-L)=0.27H$

45°时，$(S-L)=0.41H$

60°时，$(S-L)=0.57H$

式中　$H$——梁高减上下保护层厚度。

### 5. 钢筋锚固值

为了使钢筋和混凝土共同受力，除了要在钢筋的末端加工弯钩外，还需要把钢筋伸入支座处，其伸入支座的长度除满足设计要求外，还要求不小于钢筋的基本锚固长度。受拉钢筋基本锚固长度见表 2.63。受拉钢筋锚固长度、抗震锚固长度与受拉钢筋锚固长度修正系数的关系见表 2.64。

**表 2.63　受拉钢筋基本锚固长度**

<table>
<tr><th colspan="11">受拉钢筋基本锚固长度 $l_{ab}$、$l_{abE}$ 值</th></tr>
<tr><th rowspan="2">钢筋种类</th><th rowspan="2">抗震等级</th><th colspan="9">混凝土强度等级</th></tr>
<tr><th>C20</th><th>C25</th><th>C30</th><th>C35</th><th>C40</th><th>C45</th><th>C50</th><th>C55</th><th>≥C60</th></tr>
<tr><td rowspan="4">HPB300</td><td>一、二级（$l_{abE}$）</td><td>45d</td><td>39d</td><td>35d</td><td>32d</td><td>29d</td><td>28d</td><td>26d</td><td>25d</td><td>24d</td></tr>
<tr><td>三级（$l_{abE}$）</td><td>41d</td><td>36d</td><td>32d</td><td>29d</td><td>26d</td><td>25d</td><td>24d</td><td>23d</td><td>22d</td></tr>
<tr><td>四级（$l_{abE}$）</td><td rowspan="2">39d</td><td rowspan="2">34d</td><td rowspan="2">30d</td><td rowspan="2">28d</td><td rowspan="2">25d</td><td rowspan="2">24d</td><td rowspan="2">23d</td><td rowspan="2">22d</td><td rowspan="2">21d</td></tr>
<tr><td>非抗震（$l_{ab}$）</td></tr>
<tr><td rowspan="4">HRB335<br>HRBF335</td><td>一、二级（$l_{abE}$）</td><td>44d</td><td>38d</td><td>33d</td><td>31d</td><td>29d</td><td>26d</td><td>25d</td><td>24d</td><td>24d</td></tr>
<tr><td>三级（$l_{abE}$）</td><td>40d</td><td>35d</td><td>31d</td><td>28d</td><td>26d</td><td>24d</td><td>23d</td><td>22d</td><td>22d</td></tr>
<tr><td>四级（$l_{abE}$）</td><td rowspan="2">38d</td><td rowspan="2">33d</td><td rowspan="2">29d</td><td rowspan="2">27d</td><td rowspan="2">25d</td><td rowspan="2">23d</td><td rowspan="2">22d</td><td rowspan="2">21d</td><td rowspan="2">21d</td></tr>
<tr><td>非抗震（$l_{ab}$）</td></tr>
<tr><td rowspan="4">HRB400<br>HRBF400<br>RRB400</td><td>一、二级（$l_{abE}$）</td><td>—</td><td>46d</td><td>40d</td><td>37d</td><td>33d</td><td>32d</td><td>31d</td><td>30d</td><td>29d</td></tr>
<tr><td>三级（$l_{abE}$）</td><td>—</td><td>42d</td><td>37d</td><td>34d</td><td>30d</td><td>29d</td><td>28d</td><td>27d</td><td>26d</td></tr>
<tr><td>四级（$l_{abE}$）</td><td rowspan="2">—</td><td rowspan="2">40d</td><td rowspan="2">35d</td><td rowspan="2">32d</td><td rowspan="2">29d</td><td rowspan="2">28d</td><td rowspan="2">27d</td><td rowspan="2">26d</td><td rowspan="2">25d</td></tr>
<tr><td>非抗震（$l_{ab}$）</td></tr>
<tr><td rowspan="4">HRB500<br>HRBF500</td><td>一、二级（$l_{abE}$）</td><td>—</td><td>55d</td><td>49d</td><td>45d</td><td>41d</td><td>39d</td><td>37d</td><td>36d</td><td>35d</td></tr>
<tr><td>三级（$l_{abE}$）</td><td>—</td><td>50d</td><td>45d</td><td>41d</td><td>38d</td><td>36d</td><td>34d</td><td>33d</td><td>32d</td></tr>
<tr><td>四级（$l_{abE}$）</td><td rowspan="2">—</td><td rowspan="2">48d</td><td rowspan="2">43d</td><td rowspan="2">39d</td><td rowspan="2">36d</td><td rowspan="2">34d</td><td rowspan="2">32d</td><td rowspan="2">31d</td><td rowspan="2">30d</td></tr>
<tr><td>非抗震（$l_{ab}$）</td></tr>
</table>

**表 2.64　受拉钢筋锚固长度、抗震锚固长度与受拉钢筋锚固长度修正系数的关系**

<table>
<tr><th colspan="3">受拉钢筋锚固长度 $l_a$、抗震锚固长度 $l_{aE}$</th><th colspan="3">受拉钢筋锚固长度修正系数 $\zeta_a$</th></tr>
<tr><td>非抗震</td><td>抗震</td><td rowspan="7">1. $l_a$ 不应该小于 200 mm<br>2. 锚固长度修正系数 $\zeta_a$ 按本表取用，当多于一项时，可按连乘计算，但不应该小于 0.6<br>3. $\zeta_{aE}$ 为抗震锚固长度修正系数，对一、二级抗震等级取 1.15，对三级抗震等级取 1.05，对四级抗震等级取 1.00</td><td colspan="2">锚固条件</td><td>$\zeta_a$</td></tr>
<tr><td rowspan="6">$l_a=\zeta_a l_{ab}$</td><td rowspan="6">$l_{aE}=\zeta_{aE}\times l_a$</td><td colspan="2">带肋钢筋的公称直径大于 25 mm</td><td>1.10</td></tr>
<tr><td colspan="2">环氧树脂涂层带肋钢筋</td><td>1.25</td></tr>
<tr><td colspan="2">施工过程中易受扰动的钢筋</td><td>1.10</td></tr>
<tr><td rowspan="2">锚固区保护层厚度</td><td>3d</td><td>0.80</td></tr>
<tr><td>5d</td><td>0.70</td></tr>
</table>

注：11G101 图集规定 $l_a$ 在任何情况下均不应小于 200 mm。正常情况下 $\zeta_a=1$。

### 6. 钢筋的计算长度

采用标准图集的，可按标准图集所列的钢筋用量表计算，分别汇总钢筋用量；采用非标准图集的，按设计图纸标注的尺寸以钢筋的级别和规格分别计算并汇总其工程量，其钢筋的计算长度表示如下：

直钢筋计算长度（1）= 构件长度 − 2 × 保护层厚度 + 弯起增加长度

直钢筋计算长度（2）= 构件净长 + 锚固长度

弯起钢筋长度 = 直段钢筋长度 + 斜段钢筋长度 + 弯钩增加长度

箍筋计算长度 = [（构件宽 + 构件高）− 4 × 保护层厚度] × 2 + 弯钩增加长度

### 7. 钢筋的理论质量（见表 2.65）

钢筋的理论质量 = ∑(单根钢筋长 × 根数 × 钢筋每米质量)

钢筋每米质量(kg/m) = $0.006165d^2$($d$ 以 mm 为单位)

表 2.65　钢筋的理论质量

| 直径 | $\phi$4 | $\phi$6 | $\phi$8 | $\phi$10 | $\phi$12 | $\phi$14 | $\phi$16 | $\phi$18 | $\phi$20 | $\phi$22 | $\phi$25 |
|---|---|---|---|---|---|---|---|---|---|---|---|
| 每米质量（kg/m） | 0.098 | 0.222 | 0.395 | 0.617 | 0.888 | 1.21 | 1.58 | 2.00 | 2.47 | 2.98 | 3.85 |

## 2.7.2　钢筋工程工程量计算规则

### 1. 钢筋工程（清单编码：010515）

钢筋工程工程量计算规则见表 2.66。

表 2.66　钢筋工程工程量计算规则

| 钢筋工程 | 计量单位 | 计算规则 | 工作内容 |
|---|---|---|---|
| 清单规则 | t | 按设计图示尺寸钢筋（网）长度（面积）乘以单位理论质量计算 | 1. 钢筋（网、笼）制作、运输<br>2. 钢筋（网、笼）安装<br>3.（先张法预应力钢筋）钢筋张拉<br>4.（后张法预应力钢筋）锚具安装、砂浆制作、孔道压浆、养护 |
| 定额规则 | | | |

注：钢筋工程分现浇混凝土钢筋（010515001）、钢筋网片（010515002）、钢筋笼（010515003）、先张法预应力钢筋（010515004）、后张法预应力钢筋（010515005）、预应力钢丝（010515006）预应力钢胶结（010515007）、支撑钢筋（铁马）（010515008）等项目。

### 2. 螺栓、铁件（清单编码：010516）

螺栓、铁件工程量计算规则见表 2.67。

表 2.67　螺栓、铁件工程量计算规则

| 螺栓、铁件 | 计量单位 | 计算规则 | 工作内容 |
|---|---|---|---|
| 清单规则 | t | 按设计图示尺寸以质量计算 | 1. 螺栓（铁件）制作、运输<br>2. 螺栓（铁件）安装 |
| 定额规则 | | | |

注：螺栓、铁件分螺栓（010516001）和预埋铁件项目（010516002）、机械连接（010516003）。

## 2.7.3　定额计算规则补充和说明

(1) 钢筋工程分不同品种、不同规格，按普通钢筋、预应力钢筋等子目列项。

(2) 绑扎铁丝、成型点焊和接头用的电焊条已综合在定额项目内。

(3) 设计图纸未注明的钢筋接头和施工损耗，已综合在定额项目内。

(4) 非预应力钢筋不包括冷加工，如设计要求加工时，另行计算。

(5) 砌体钢筋加固执行现浇构件钢筋项目，钢筋用量乘以系数 0.97。

(6) 弧形钢筋制作安装按相应项目执行，人工乘以系数 1.2。

(7) 预应力钢筋如设计要求人工时效处理时，应另行计算。

**案例2-17** 计算框架梁的钢筋工程量。

框架梁平面示意图如图2.41所示，计算KL2的钢筋工程量。

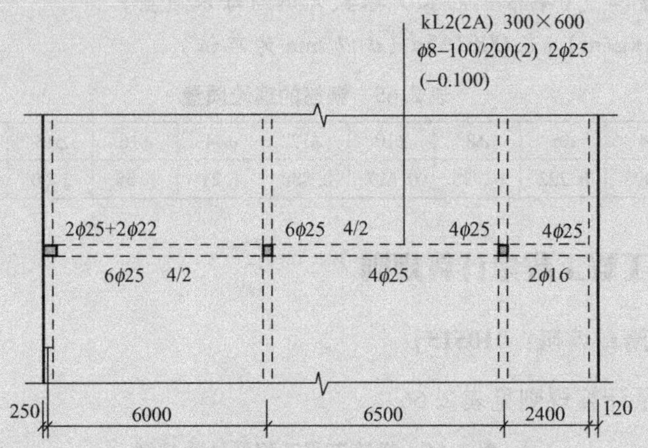


图2.41 框架梁平面示意图

图纸说明：

（1）作为支座的框架柱KZ截面尺寸为500 mm×500 mm，轴线居中。

（2）混凝土强度等级：C30，抗震等级：一级。

**解**：（1）确定计算参数：

① 查钢筋图集，一级抗震C30混凝土，锚固长度 $l_{aE}=\zeta_{aE}\times\zeta_{a}\times l_{ab}=1.15\times1\times33d=38d$。

则对于φ25钢筋，锚固长度=38×25=950mm，大于支座宽度500mm，应弯锚。

② 确定保护层厚度。查钢筋图集，C30混凝土保护层厚20mm。

（2）钢筋计算：

① 计算单根梁的下部受力钢筋。

φ25:(6.0+6.5−0.25×2+38×0.025×2)×4+(6.0−0.25×2+38×0.025×2)×2=70.4(m)

φ16:(2.4+0.12−0.25−0.02+38×0.016)×2=5.72(m)

② 计算单根梁的上部钢筋。

φ25:(6.0+6.5+2.4+0.12−0.25−0.02+38×0.025+0.6−0.02×2)×2+[(6.5−0.25×2)/3+(6.5−0.25×2)/3+0.5)]×2+[(6.5−0.25×2)/4+(6.5−0.25×2)/4+0.5)]×2+(2.4+0.12−0.02+0.25+(6.5−0.25×2)/3+0.6−0.02×2)×2=59.14(m)

φ22:[(6.5−0.25×2)/3+38×0.022]×2=5.34(m)

③ 计算单根梁的箍筋。

φ8 单根筋长度=[(0.3−0.02×2)+(0.6−0.02×2)]×2+11.9×0.008×2=1.83(m)

$$\text{箍筋根数}=\left(\frac{900-50}{100}\times2+1+\frac{3700}{200}\right)+\left(\frac{900-50}{100}\times2+1+\frac{4200}{200}\right)+\frac{2400+120-250-25-50}{100}+1=97(\text{根})$$

箍筋总长度=1.83×97=177.50(m)

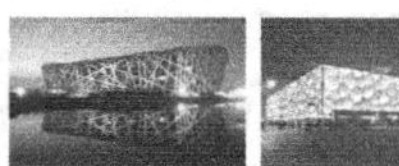

④ 计算该现浇 KL2 的汇总钢筋工程量。

$\phi$8：177.50 × 0.395 = 70.11(kg)

$\phi$16：5.72 × 1.58 = 9.04(kg)

$\phi$22：5.34 × 2.98 = 15.91(kg)

$\phi$25：(70.4 + 59.14) × 3.85 = 498.73(kg)

**案例 2-18**　计算现浇板的钢筋工程量并编制该项目的工程量清单。

如图 2.42 所示，计算单跨板 LB1 内钢筋的图示长度。已知四级抗震区单跨板的混凝土标号为 C30，端部支座为梁截面尺寸为 300 mm × 700 mm，板面支座负筋分布筋均按 $\phi$8@250考虑。

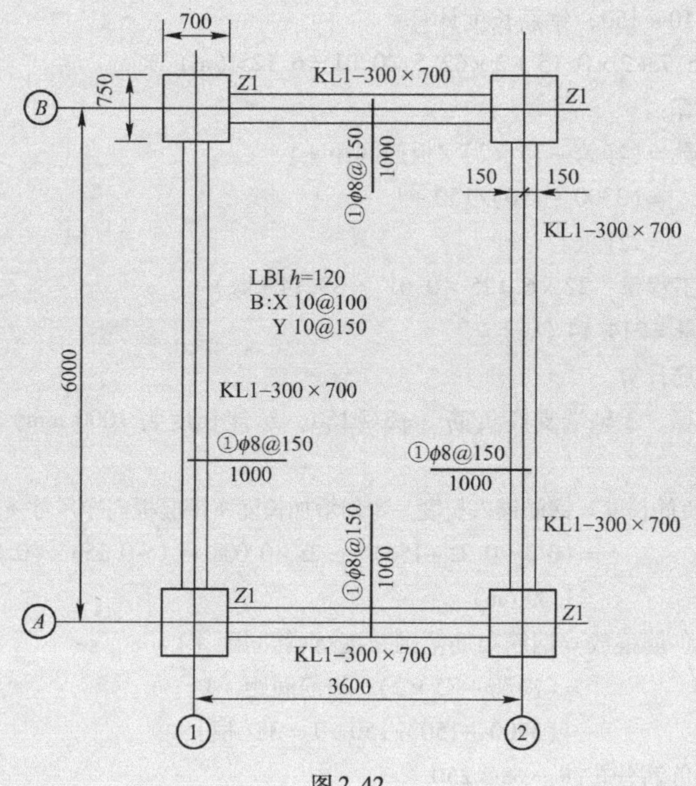


图 2.42

**解**：(1) 确定相关参数。

① 锚固长度：

Ⅰ级钢筋，四级抗震，C25 混凝土，$l_{ab} = 34\text{d}$，$l_a = \zeta_a \times l_{ab} = 1 \times 34d = 1 \times 34d = 34d$。

② 保护层厚度：板保护层厚 $C = 15$ mm

③ 板底钢筋伸进长度 = max(支座宽/2，$5d$)

④ 半圆弯勾增加长度 = 6.25$d$

⑤ 负筋锚入支座长度 = 支座宽 − 保护层厚度 + 15$d$

(2) 板底钢筋计算。

① $X$ 方向 $\phi$10@100，钢筋长度计算：

底筋单根长度 = 板的净跨长度 + 左端、右端板底钢筋伸进长度 + 2 × 弯钩增加长度

= 3.3 + 2 × 0.15 + 2 × 6.25 × 0.01

= 3.725 (m)

钢筋根数计算：

板底钢筋根数 = 钢筋布筋范围长度/钢筋间距 + 1

= (净跨 − 50 × 2) /板筋间距 + 1

= (5700 − 2 × 50)/100 + 1

= 57(根)

ϕ10@100　X方向钢筋工程量为：57 × 3.725 × 0.617 = 131.00 (kg)

② Y方向ϕ10@150，钢筋长度计算：

底筋长度 = 5.7 + 2 × 0.15 + 2 × 62.5 × 0.01 = 6.125 (m)

钢筋根数计算：

板底钢筋根数 = (净跨 − 75 × 2) /板筋间距 + 1

= (3300 − 150)/150 + 1

= 22(根)

Y方向钢筋工程量：22 × 6.125 × 0.617 = 83.14 (kg)

ϕ10钢筋总量 = 214.14 (kg)

(3) 板面钢筋计算。

①轴支座计算。①轴端支座负筋（ϕ8@150，延伸长度为1000 mm），负筋分布筋为ϕ8@250。

①轴端支座负筋长度 = 钢筋锚入长度 + 弯勾增加长度 + 钢筋板内净尺寸 + 弯折增加长度

= (0.3 − 0.02 + 15d) + 6.25 × 0.008 + (1 − 0.15) + (0.12 − 2 × 0.015)

= 1.39 (m)

①轴端支座负筋根数 = 钢筋布筋范围长度/钢筋间距 + 1

= (净跨 − 75 × 2) /板筋间距 + 1

= (5700 − 150)/150 + 1 = 38(根)

①轴端支座负筋分布筋：ϕ8@250

长度 = 轴线长度 − 2 × 负筋标注长度 + 2 × 搭接长度

= 6000 − 2 × 1000 + 2 × 0.15 = 4.3 (m)

①轴端支座负筋分布筋根数 = (负筋板内净长 − 起步距离)/分布筋间距 + 1

= (850 − 125 × 2)/250 + 1 = 4(根)

①轴支座钢筋工程量：(1.39 × 38 + 4.3 × 4) × 0.395 = 27.66 (kg)

②轴支座钢筋工程量(同①轴) = 27.66 (kg)

Ⓐ、Ⓑ轴支座负筋工程量 = {1.39 × [(3300 − 2 × 75)/150 + 1] + [3.6 − 2 × 1 + 2 × 0.15] × [(850 − 125 × 2)/250 + 1]} × 2 × 0.395

= 30.16 (kg)

$\phi8$ 钢筋总量 = 85.48 (kg)

该项目清单与计价见表 2.68。

表 2.68　项目清单与计价

| 序号 | 项目编码 | 项目名称 | 项目特征描述 | 计量单位 | 工程量 | 金额 | | |
|---|---|---|---|---|---|---|---|---|
| | | | | | | 综合单价 | 合价 | 其中 |
| | | | | | | | | 暂估价 |
| 1 | 010515001001 | 现浇构件钢筋 | 钢筋种类、规格：$\phi10$ 以上的圆钢 | t | 0.214 | | | |
| 2 | 010515001002 | 现浇构件钢筋 | 钢筋种类、规格：$\phi10$ 以内的圆钢 | t | 0.085 | | | |

## 实训 6　某框架结构混凝土及钢筋工程量的计算

### 1. 实训目的

通过框架结构混凝土及钢筋工程量计算实例的练习，熟悉框架结构施工图，掌握现浇混凝土各分项工程量计算规则。

### 2. 实训任务

根据给定某房屋框架结构平面图和结构布置图，计算以下工程量。

(1) ①～③轴线混凝土基础的清单工程量并编制其工程量清单。

(2) ①～③轴线混凝土柱的清单工程量并编制其工程量清单。

(3) ①～③轴线梁和板的清单工程量。

(4) ①～③轴线基础、柱、梁、板的钢筋清单工程量。

(5) 根据（1）和（2）提供的工程量清单，计算该清单项目内容中的定额工程量。

### 3. 背景资料

(1) 图 2.43 为某临街建筑底层框架结构的施工图。

(2) 基础垫层采用 C10 混凝土；圈梁、构造柱、混凝土基础采用 C25 混凝土；底层框架梁、柱及现浇板采用 C35 混凝土。

(3) 图 2.46 中未标注的钢筋均为 $\phi8$@150。

(4) 基础保护层为 40 mm，柱子保护层为 30 mm，梁保护层为 25 mm，板保护层为 15 mm。

### 4. 实训要求

(1) 学生应在教师指导下，独立认真地完成各项项目内容。

（2）工程量计算正确，项目内容完整，无丢项现象。

（3）提交统一规定的工程量计算书。

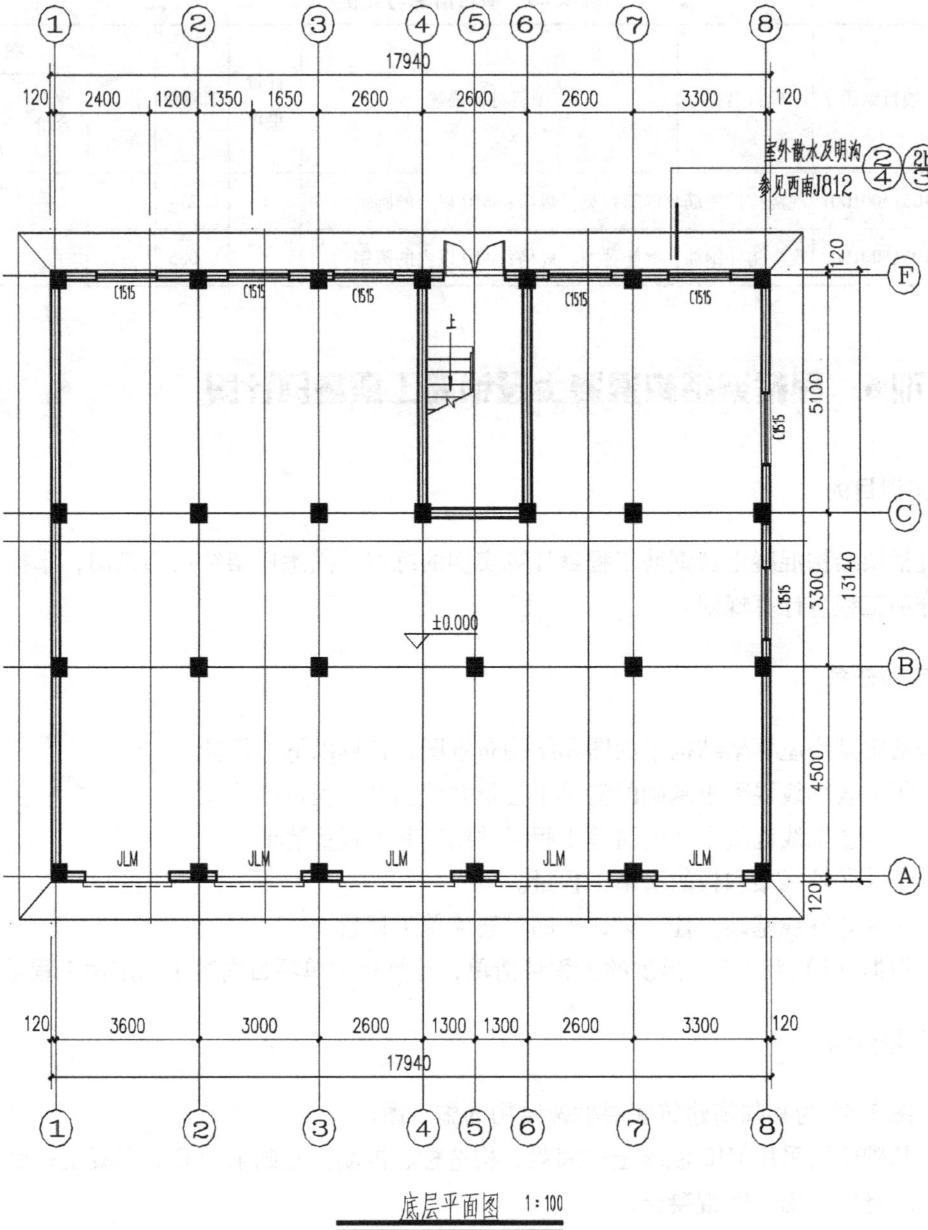

图2.43 某临街建筑底层框架结构的施工图

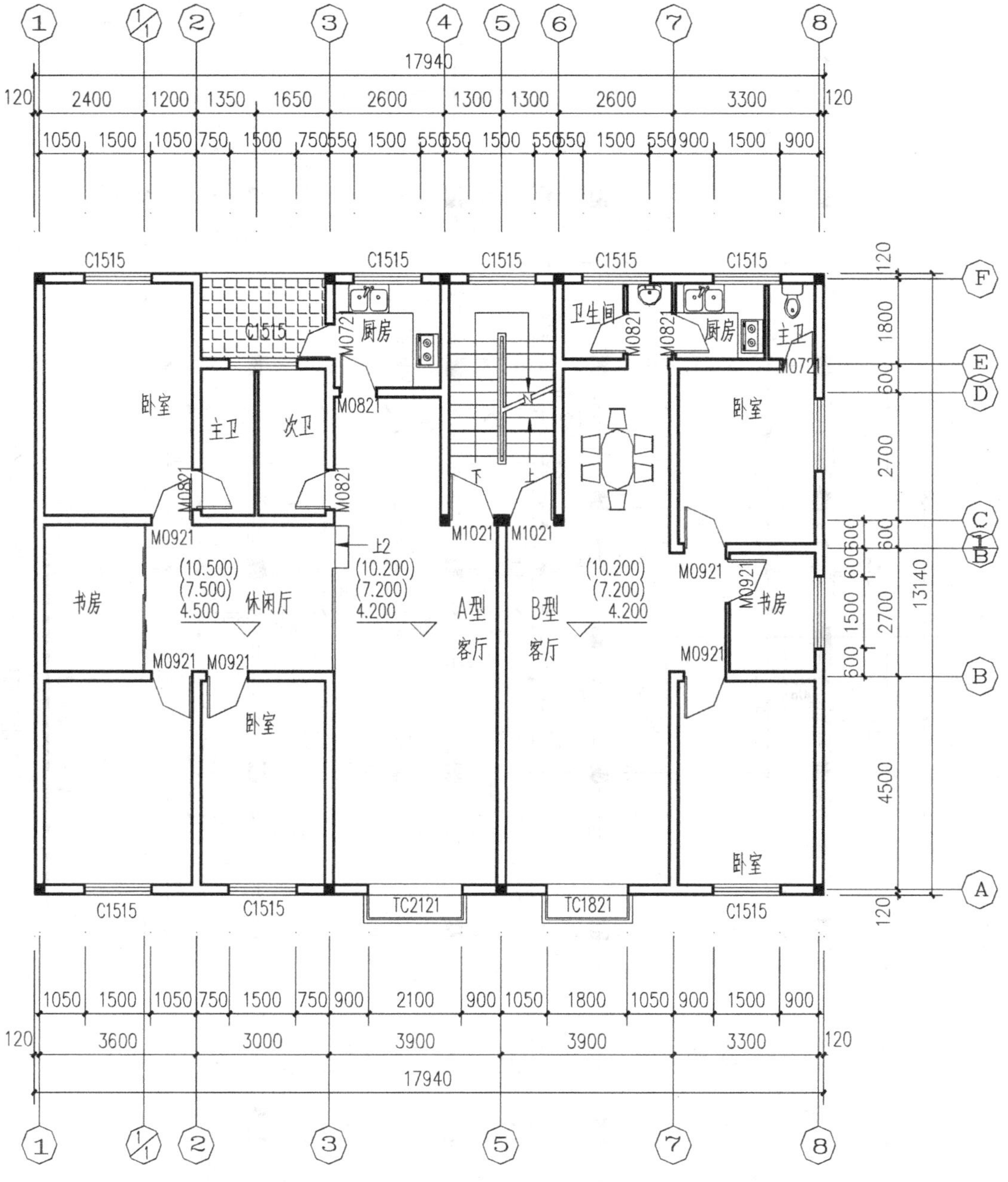

二—四层平面图　1:100

注：防水材料采用SBS改性沥青防水卷材。

图 2.43　某临街建筑底层框架结构的施工图（续）

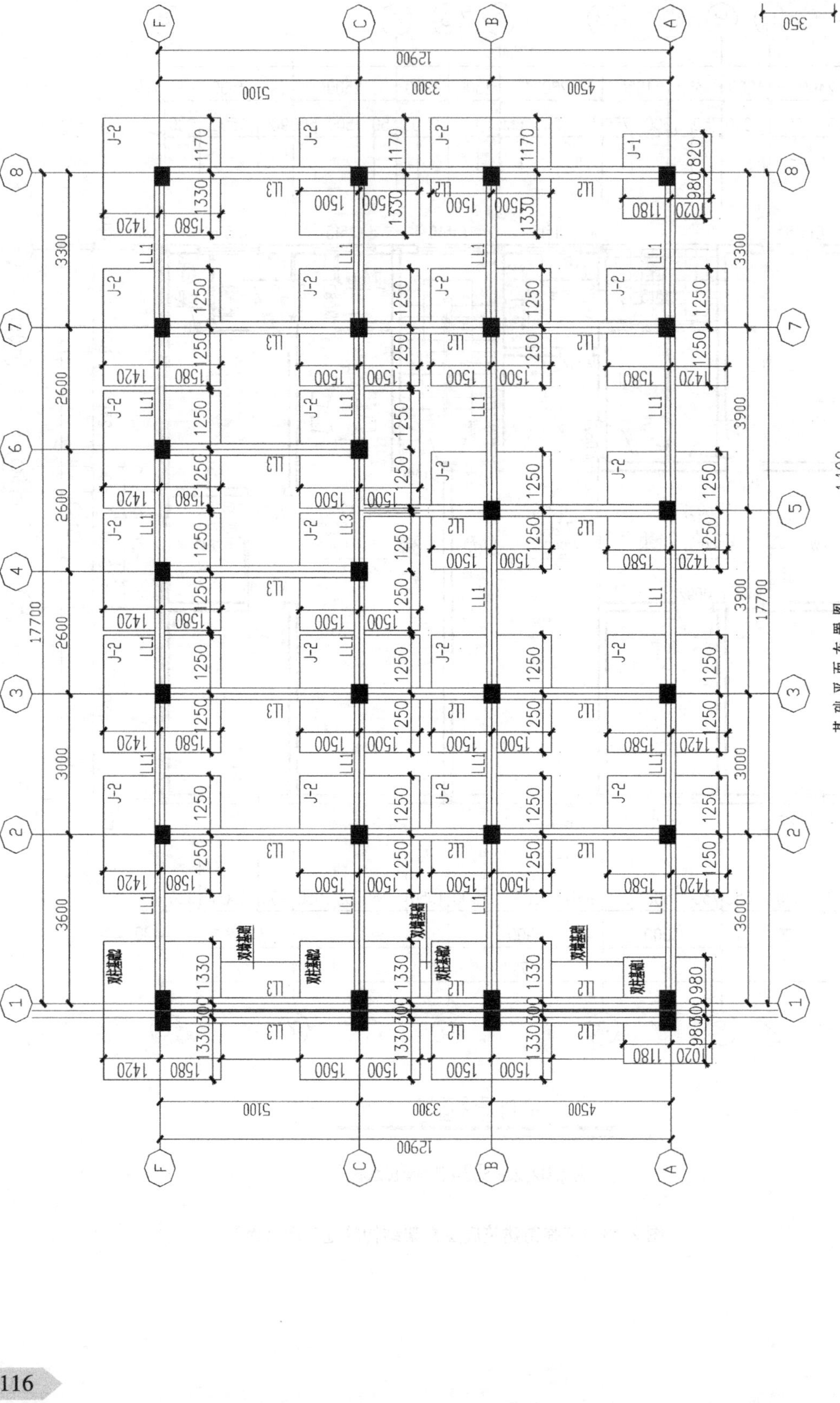

基础平面布置图　1:100

图2.43　某临街建筑底层框架结构的施工图(续)

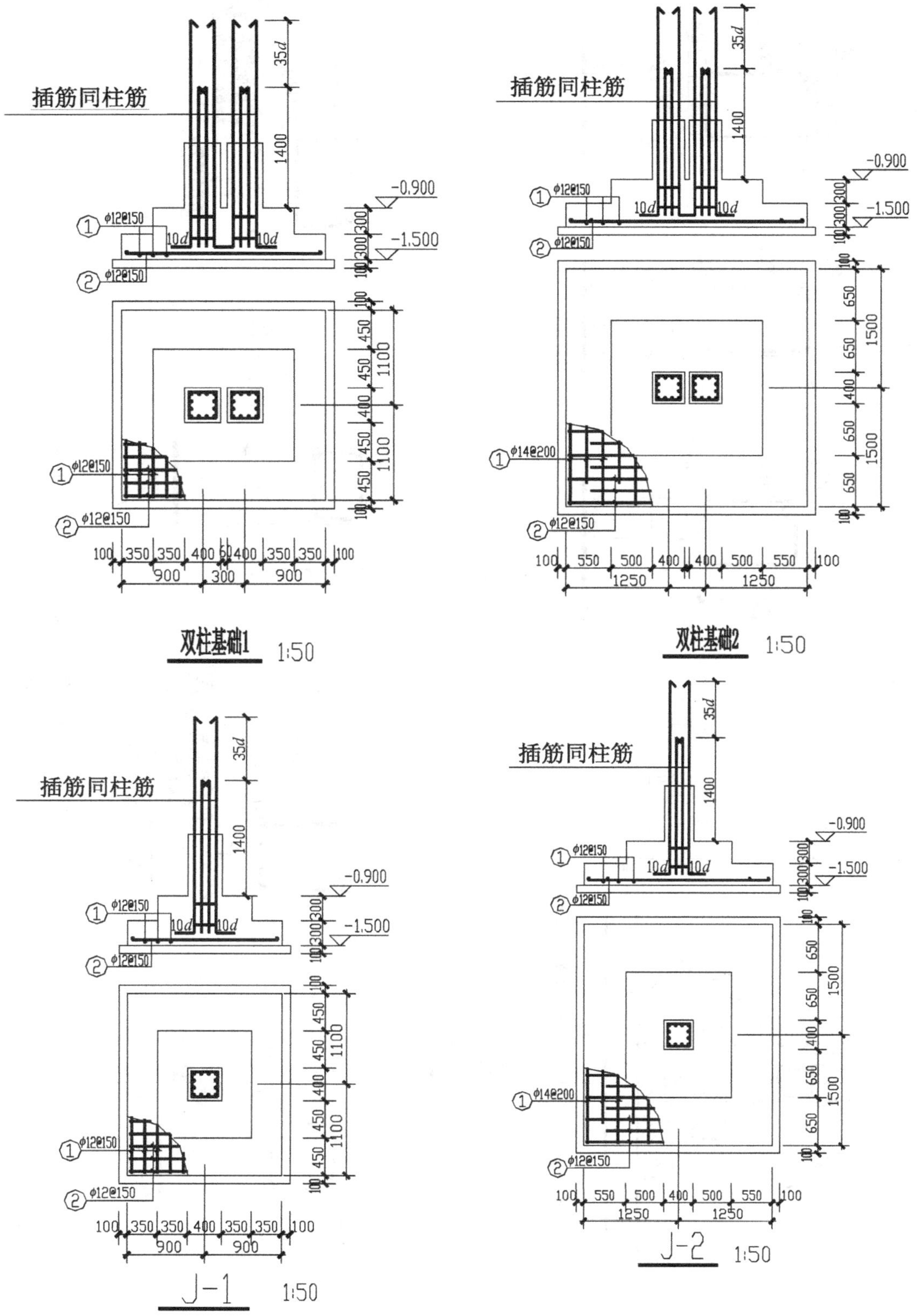

插筋同柱筋

双柱基础1　1:50

插筋同柱筋

双柱基础2　1:50

插筋同柱筋

J-1　1:50

插筋同柱筋

J-2　1:50

图 2.43　某临街建筑底层框架结构的施工图（续）

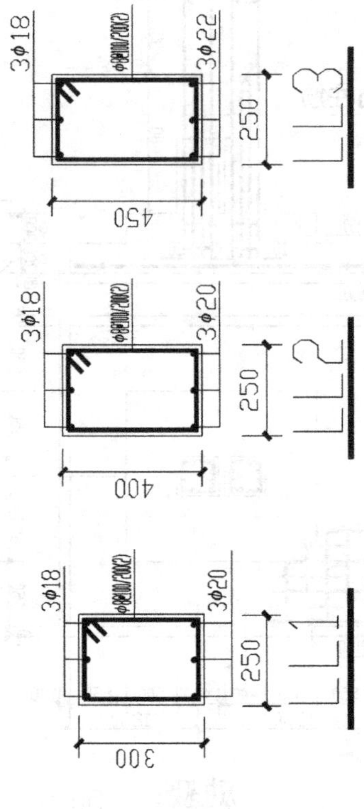


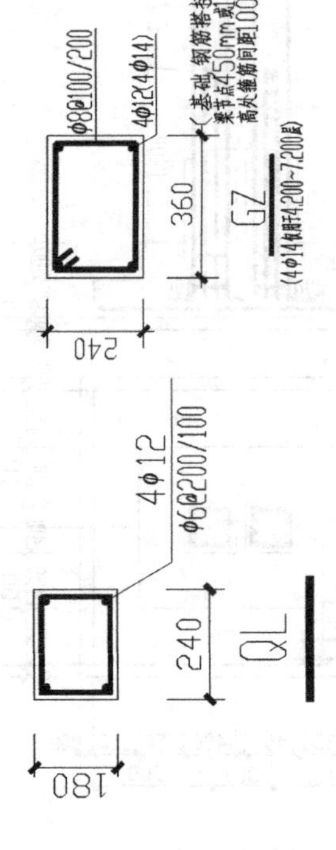


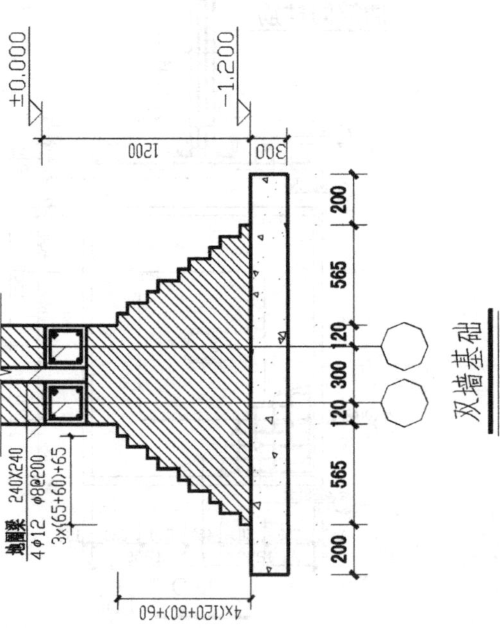


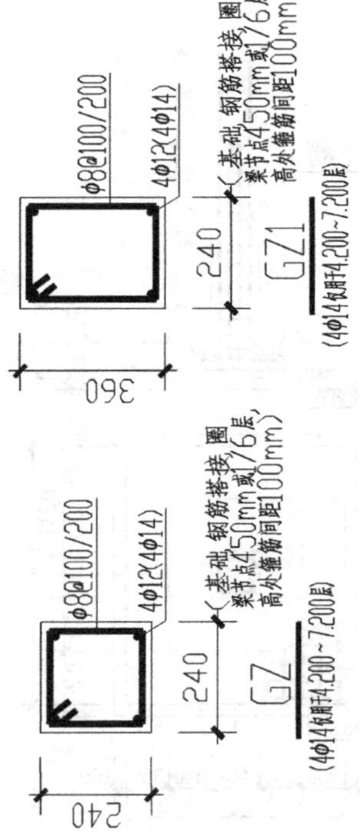


图2.43 某临街建筑底层框架结构的施工图(续)

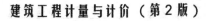

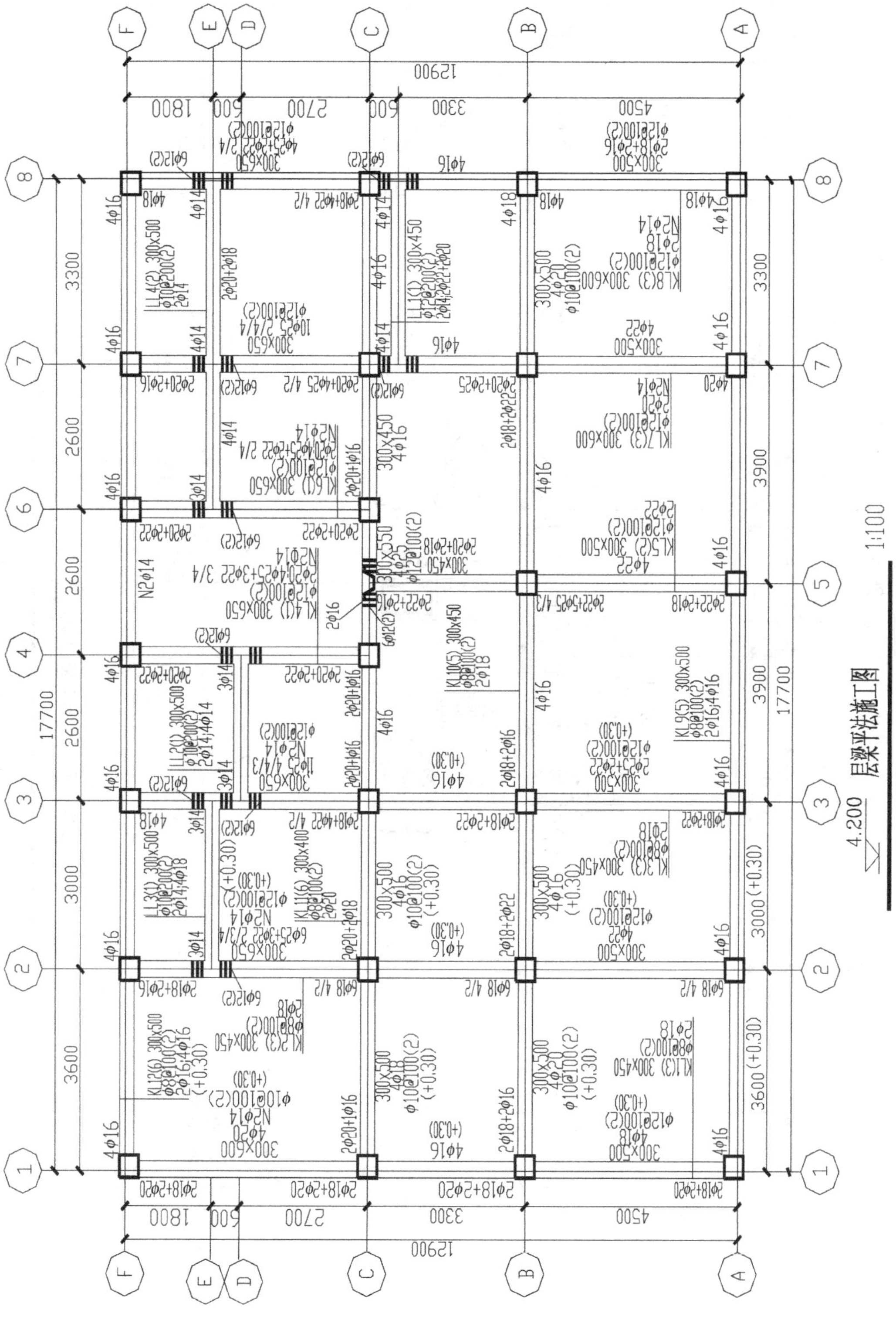

4.200 层梁平法施工图 1:100

图2.43　某临街建筑底层框架结构的施工图(续)

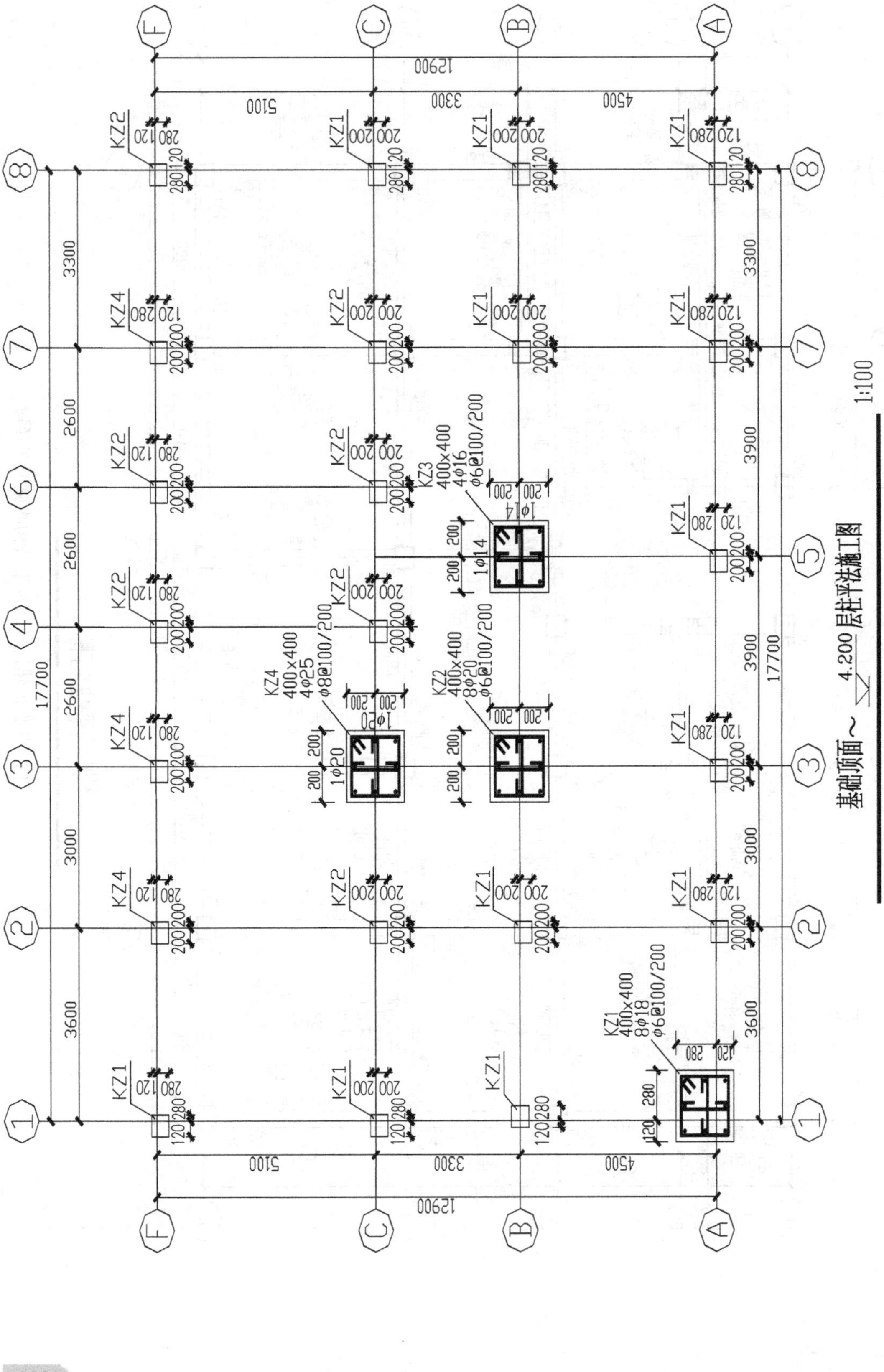

基础顶面～4.200层柱平法施工图　1:100

图2.43　某临街建筑底层框架结构的施工图(续)

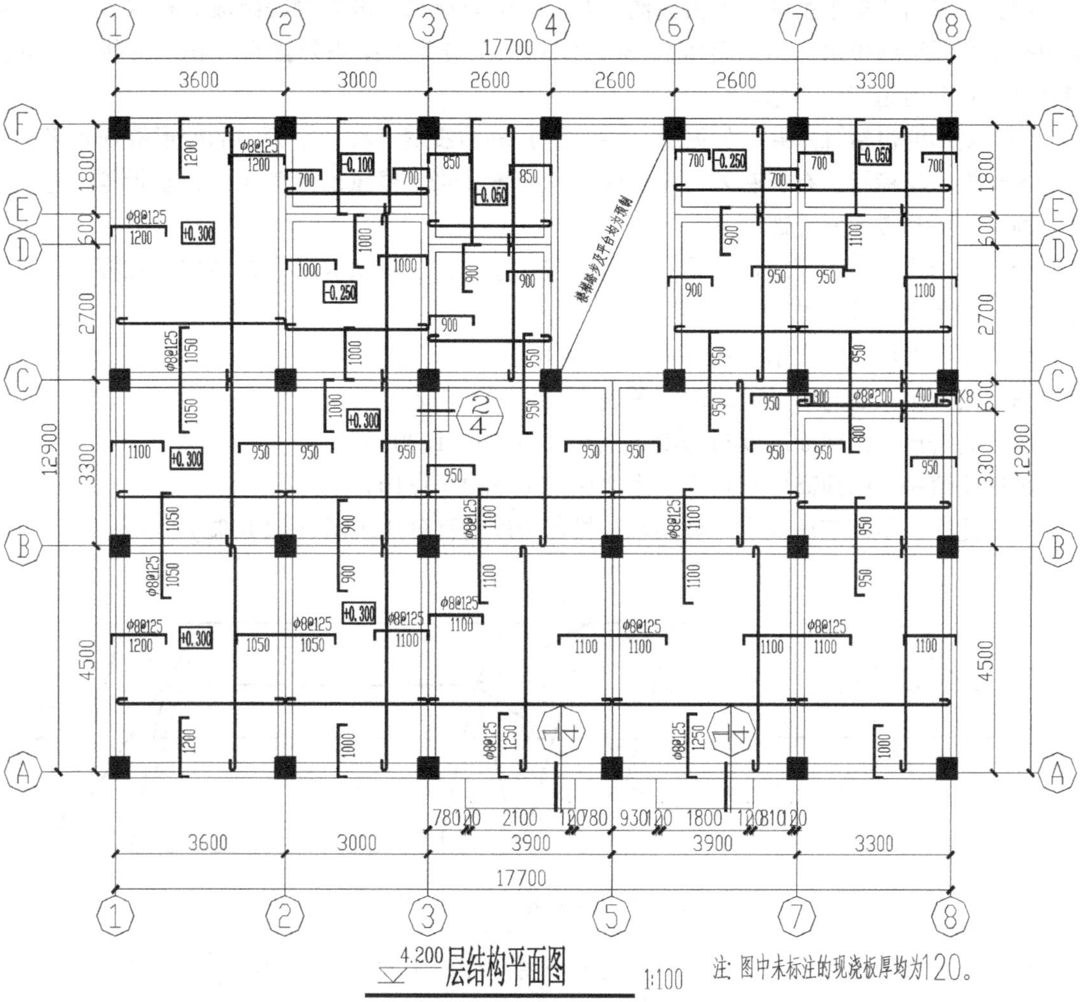

图 2.43　某临街建筑底层框架结构的施工图（续）

## 2.8　屋面及防水工程工程量计算

### 2.8.1　屋面及防水工程相关知识

（1）本分部屋面及防水工程项目主要包括瓦（型材）屋面、屋面防水、墙（地面）防水（防潮）等内容。

（2）屋面根据其坡度的不同可分为平屋面和坡屋面，平屋面是指坡度在 10% 以内的屋面；坡屋面是指坡度在 10% 以上的屋面。

（3）屋面根据所用材料的不同，可分为刚性防水和柔性防水屋面两种。刚性防水常用的材料有细石和防水砂浆等；柔性防水常用的材料有石油沥青玻璃玛蹄脂卷材、三元乙丙橡胶卷材、聚氯乙烯防水卷材、石油沥青改性卷材、塑料油膏、玻璃纤维布等材料。

(4) 平屋面的排水系统一般由檐沟、开沟、山墙泛水、水落管等组成。排水方式分为有组织排水和无组织排水（自由落水），有组织排水又分为有组织外排水（檐沟外排水、女儿墙外排水）和有组织内排水。

(5) 变形缝包括沉降缝、伸缩缝（温度缝）和防震缝三种，定额中的变形缝项目设有含油浸木丝板、玛蹄脂、石灰麻刀、建筑油膏、沥青砂浆、聚氯乙烯胶泥、止水带等，它适用于屋面、墙面和楼地面等部位。

(6) 膜结构也称索膜结构，是一种以膜布支撑（柱、网架等）和拉结构（拉杆、钢丝绳等）组成的屋盖、篷顶结构。

(7) 坡屋面坡度的表示方法（如图2.44所示）。

角度法：用屋面与水平面间的夹角表示（如 $\theta=5°12'$）。

屋面高跨比法：屋面高度与跨度之比（如 $B/2A=1/20$）。

坡度比值法：屋面高度与跨度一半之比（如 $B/A=1/10$）。

百分比法：屋面起坡高度与坡面水平投影长度的百分比表示（如10%）。

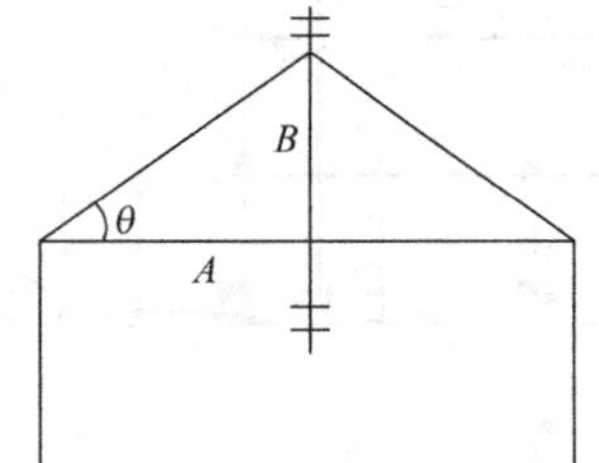


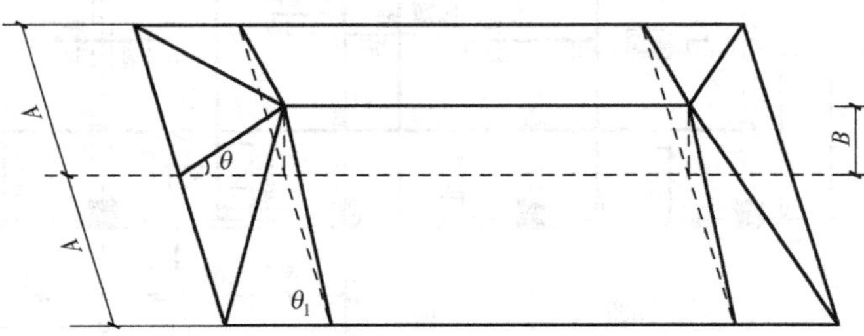


图2.44 屋面坡度的表示方法

(8) 屋面坡度系数。坡屋面具有一定的坡度，计算屋面的斜面积时，按设计图示屋面的水平投影面积乘以坡度系数的方法计算。

$$屋面实际面积=屋面的水平投影面积\times C$$

$$一个斜脊长度=A\times D$$

式中 $C$——屋面坡度延尺系数；

$D$——屋面坡度偶延尺系数；

$A$——屋面跨度的1/2。

屋面坡度系数见表2.69。

**表2.69 屋面坡度系数**

| 坡度 | | | 延尺系数 $C$ | 偶延尺系数 $D$ | 坡度 | | | 延尺系数 $C$ | 偶延尺系数 $D$ |
|---|---|---|---|---|---|---|---|---|---|
| 坡度 $B/A$ | 高跨比 $B/2A$ | 角度 $\theta$ | | | 坡度 $B/A$ | 高跨比 $B/2A$ | 角度 $\theta$ | | |
| 1.000 | 1/2 | 45° | 1.4142 | 1.7321 | 0.400 | 1/5 | 21°48′ | 1.0770 | 1.4697 |
| 0.750 | | 36°52′ | 1.2500 | 1.6008 | 0.350 | | 19°17′ | 1.0594 | 1.4569 |
| 0.700 | | 35° | 1.2207 | 1.5779 | 0.300 | | 16°42′ | 1.0440 | 1.4457 |

续表

| 坡度 | | | 延尺系数 $C$ | 偶延尺系数 $D$ | 坡度 | | | 延尺系数 $C$ | 偶延尺系数 $D$ |
|---|---|---|---|---|---|---|---|---|---|
| 坡度 $B/A$ | 高跨比 $B/2A$ | 角度 $\theta$ | | | 坡度 $B/A$ | 高跨比 $B/2A$ | 角度 $\theta$ | | |
| 0.667 | 1/3 | 33°41′ | 1.2015 | 1.5620 | 0.250 | 1/8 | 14°02′ | 1.0308 | 1.4362 |
| 0.650 | | 33°01′ | 1.1926 | 1.5564 | 0.200 | 1/10 | 11°19′ | 1.0198 | 1.4283 |
| 0.600 | | 30°58′ | 1.6620 | 1.5362 | 0.150 | | 8°31′ | 1.0112 | 1.4221 |
| 0.577 | | 30° | 1.1547 | 1.5270 | 0.125 | 1/16 | 7°08′ | 1.0078 | 1.4191 |
| 0.550 | | 28°49′ | 1.1431 | 1.5170 | 0.100 | 1/20 | 5°42′ | 1.0050 | 1.4177 |
| 0.500 | 1/4 | 26°34′ | 1.1180 | 1.500 | 0.083 | 1/24 | 4°45′ | 1.0035 | 1.4166 |
| 0.450 | | 24°14′ | 1.0966 | 1.4839 | 0.067 | 1/30 | 3°49′ | 1.0022 | 1.4157 |

## 2.8.2　工程量计算规则

### 1. 瓦、型材及其他屋面（编码：010901）

瓦、型材及其他屋面工程量计算规则见表 2.70。

**表 2.70　瓦、型材及其他屋面工程量计算规则**

| 瓦、型材屋面 | 计量单位 | 计算规则 | 工作内容 |
|---|---|---|---|
| 清单规则 | $m^2$ | 按设计图示尺寸以斜面积计算。不扣除房上烟囱、风帽底座、风道、小气窗、斜沟等所占面积，小气窗的出檐部分不增加面积 | 1. 砂浆制作、运输、摊铺、养护<br>2. 安瓦、做瓦脊 |
| 定额规则 | | | 1. 安瓦<br>2. 基层铺设<br>3. 铺防水层<br>4. 安顺水条和挂瓦条 |

注：瓦、型材及其他屋面（编码：010901）包括瓦屋面（010901001）、型材屋面（010901002）、阳光板屋面（010901003）、玻璃钢屋面（010901004）、膜结构屋面（010901005）。

### 2. 膜结构屋面（清单编码：010901005）

膜结构屋面工程量计算规则见表 2.71。

**表 2.71　膜结构屋面工程量计算规则**

| 膜结构屋面 | 计量单位 | 计算规则 | 工作内容 |
|---|---|---|---|
| 清单规则 | $m^2$ | 按设计图示尺寸以需要覆盖的水平面积计算<br>需要覆盖的面积<br>需要覆盖的水平投影面积 | 1. 膜布热压胶接<br>2. 支柱（网架）制作、安装<br>3. 膜布安装<br>4. 穿钢丝绳、锚头锚固<br>5. 刷油漆 |
| 定额规则 | | | 1. 膜布热压胶接<br>2. 支柱（网架）制作、安装<br>3. 膜布安装<br>4. 穿钢丝绳、锚头锚固 |
| | | 计算规则同油漆工程 | 5. 刷油漆 |

### 3. 屋面防水及其他（编码：010902）

屋面防水及其他工程量计算规则见表2.72。

**表2.72　屋面防水及其他工程量计算规则**

<table>
<tr><th>屋面卷材防水<br>屋面涂膜防水</th><th>计量单位</th><th>计算规则</th><th>工作内容</th></tr>
<tr><td>清单规则</td><td rowspan="2">$m^2$</td><td rowspan="2">按设计图示尺寸以面积计算<br>1. 斜屋顶（不包括平屋顶找坡）按斜面积计算，平屋顶按水平投影面积计算<br>2. 不扣除房上烟囱、风帽底座、风道、屋面小气窗和斜沟所占面积<br>3. 屋面的女儿墙、伸缩缝和天窗等处的弯起部分，并入屋面工程量内</td><td rowspan="2">1. 基层处理<br>2. 刷底油<br>3. 铺油毡卷材、接缝</td></tr>
<tr><td>定额规则</td></tr>
</table>

注：屋面防水及其他（编码：010902）包括屋面卷材防水（010902001）、屋面涂膜防水（010902002）、屋面刚性层（010902003）、屋面刚排水管（010902004）、屋面排（透）气管（010902005）、屋面/廊/阳台吐水管（010902006）、屋面天沟、檐沟（010902007）、屋面变形缝（010902008）等。

### 4. 屋面刚性层（清单编码：010902003）

屋面刚性层工程量计算规则见表2.73。

**表2.73　屋面刚性层工程量计算规则**

<table>
<tr><th>屋面刚性层</th><th>计量单位</th><th>计算规则</th><th>工作内容</th></tr>
<tr><td>清单规则</td><td rowspan="2">$m^2$</td><td rowspan="2">按设计图示尺寸以面积计算。不扣除房上烟囱、风帽底座、风道等所占面积</td><td>1. 基层处理<br>2. 混凝土制作、运输、铺筑、养护<br>3. 钢筋制作安装</td></tr>
<tr><td rowspan="2">定额规则</td><td>1. 基层处理<br>2. 混凝土制作、运输、铺筑、养护</td></tr>
<tr><td>t</td><td>同钢筋工程计算规则</td><td>3. 钢筋制安</td></tr>
</table>

### 5. 屋面排水管（清单编码：010902004）

屋面排水管工程量计算规则见表2.74。

**表2.74　屋面排水管工程量计算规则**

<table>
<tr><th>变形缝</th><th>计量单位</th><th>计算规则</th><th>工作内容</th></tr>
<tr><td>清单规则</td><td rowspan="3">m</td><td rowspan="2">按设计图示以长度计算。如设计未标注尺寸，以檐口至设计室外散水上表面垂直距离计算</td><td>1. 排水管及配件安装、固定<br>2. 雨水斗、山墙出水口、雨水篦子安装<br>3. 接缝、嵌缝<br>4. 刷漆</td></tr>
<tr><td rowspan="2">定额规则</td><td>1. 排水管及配件安装、固定<br>2. 雨水斗、山墙出水口、雨水篦子安装<br>3. 接缝、嵌缝</td></tr>
<tr><td>计算规则同油漆工程</td><td>4. 刷漆</td></tr>
</table>

### 6. 墙面防水、防潮（编码：010903）

墙面防水、防潮工程量计算规则见表2.75。

表 2.75　墙面防水、防潮工程量计算规则

| 墙面防水、防潮 | 计量单位 | 计算规则 | 工作内容 |
|---|---|---|---|
| 清单规则 | $m^2$ | 按设计图示尺寸以面积计算 | 1. 基层处理<br>2. 刷黏结剂<br>3. 铺防水层<br>4. 接缝、嵌缝 |
| 定额规则 | | | |

注：墙面防水及其他（编码：010903）包括墙面卷材防水（010903001）、墙面涂膜防水（010903002）、墙面防水/防潮砂浆（010903003）、墙面变形缝（010903004）等。

### 7. 楼（地）面防水及其他（编码：010904）

楼（地）面防水及其他防水工程量计算规则见表 2.76。

表 2.76　楼（地）面防水及其他防水工程量计算规则

| 楼（地）面防水/防潮 | 计量单位 | 计算规则 | 工作内容 |
|---|---|---|---|
| 清单规则 | $m^2$ | 按设计图示尺寸以面积计算 | 1. 基层处理<br>2. 刷黏结剂<br>3. 铺防水层<br>4. 接缝、嵌缝 |
| 定额规则 | | | |

注：楼（地）面防水及其他（编码：010904）分楼（地）面卷材防水（010904001）、楼（地）面涂膜防水（010904002）、楼（地）面防水/防潮砂浆（010904003）、楼（地）面变形缝（010904004）等内容。

### 8. 变形缝

变形缝工程量计算规则见表 2.77。

表 2.77　变形缝工程量计算规则

| 变　形　缝 | 计量单位 | 计算规则 | 工作内容 |
|---|---|---|---|
| 清单规则 | m | 按设计图示尺寸以长度计算 | 1. 清缝<br>2. 填塞防水材料<br>3. 止水带安装<br>4. 刷防护材料<br>5. 盖板制作 |
| 定额规则 | | | 同清单规则 1 ~4 |
| | | 按设计图示以长度计算 | 5. 盖板制作 |

注：变形缝分屋面变形缝（010902008）、墙面变形缝（010903004）、楼（地）面变形缝（010904004）。

## 2.8.3　定额计算规则补充和说明

### 1. 定额计算规则的补充

（1）屋面排水管按设计图示尺寸以长度计算。如设计未标注尺寸，以檐口至设计室外地面垂直距离计算。

（2）墙基防水，外墙按中心线，内墙按净长度乘以宽度计算。

（3）分格缝按延长米计算。

（4）屋面找坡层按屋面面层面积乘以找坡层平均厚度以立方米计算。

**2. 定额计算规则的说明**

（1）防水层、防潮层项目内包括搭接用量，未含附加层用量，发生时按实计算。

（2）防水层、屋面刚性层的找平层及嵌缝未包括在项目内，应另行计算。

（3）屋面找平层执行3.1节普通楼地面分部，砂浆厚度与定额不同时，按相应定额项目调整。

**案例2-19** 计算坡屋面的斜面积。

如图2.45所示，计算坡屋面的斜面积（坡度10%）。

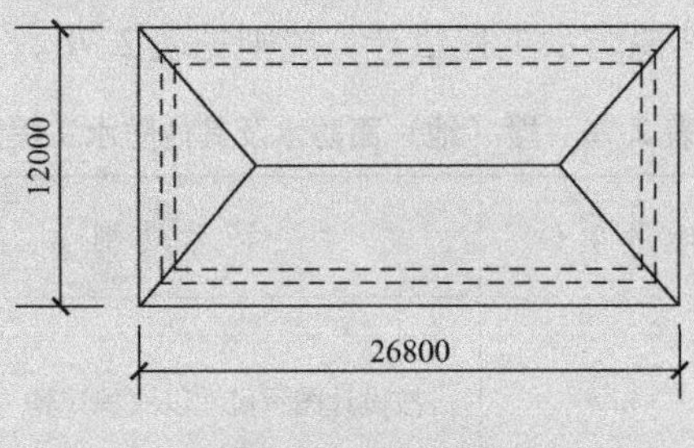


图2.45 坡屋面

**解**：查屋面坡度系数表，坡度10%，延尺系数 $C$ 为1.005。

该坡屋面的斜面积为：

$$26.8 \times 12 \times 1.005 = 323.21\ (m^2)$$

**案例2-20** 计算卷材防水屋面的清单工程量并编制卷材防水屋面的工程量清单。

某工程APP改性沥青卷材防水屋面，尺寸如图2.46所示，其层次做法见图中标示；其中APP改性沥青卷材防水层的防水反边300 mm高，且卷材底面找平层均反边300 mm高，不考虑嵌缝，砂浆和混凝土使用中砂、卵石为拌合料，试编制该卷材防水屋面的工程量清单。

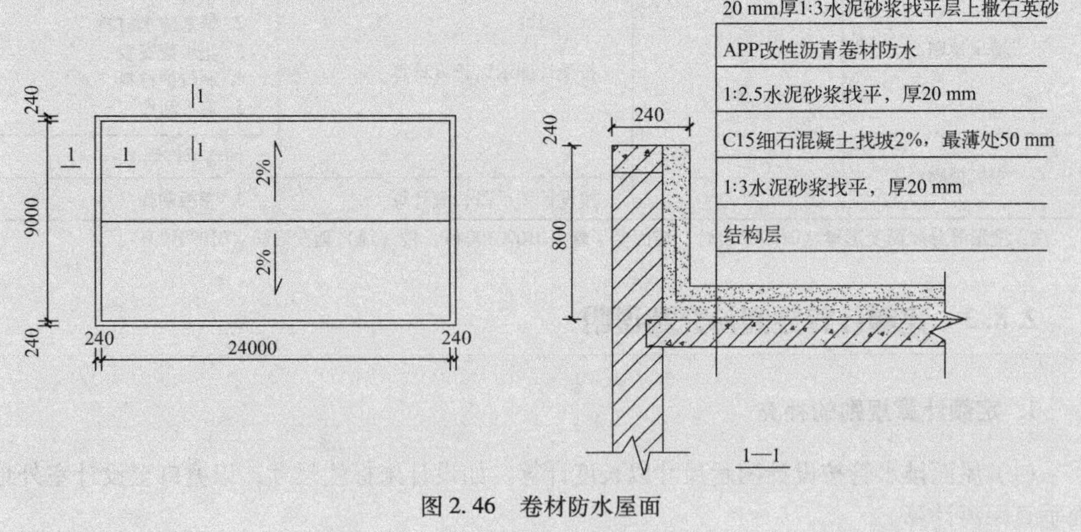


图2.46 卷材防水屋面

**解**：（1）根据以上材料，计算 APP 改性沥青卷材防水的清单工程量：

$$S_1 = 24.00 \times 9.00 = 216.00\ (m^2)$$

$$S_2 = 24.00 \times 9.00 + (24.00 + 9.00) \times 2 \times 0.30 = 235.80\ (m^2)$$

（2）编制该卷材防水屋面的工程量清单（见表 2.78）。

**表 2.78　该项目清单与计价表**

| 序号 | 项目编码 | 项目名称 | 项目特征描述 | 计量单位 | 工程量 | 金额 | | |
|---|---|---|---|---|---|---|---|---|
| | | | | | | 综合单价 | 合价 | 其中<br>暂估价 |
| 1 | 011101006001 | 平面砂浆找平层 | 1∶2 水泥砂浆 20 mm 厚找平层 | $m^2$ | 216.00 | | | |
| 2 | 011101006002 | 平面砂浆找平层 | C20 细石混凝土（中砂、卵石）找坡，坡度 2%，最薄处 50 mm | $m^2$ | 216.00 | | | |
| 3 | 011101006003 | 平面砂浆找平层 | 1∶2.5 水泥砂浆 20 mm 厚找平层 | $m^2$ | 235.80 | | | |
| 4 | 010902001001 | 屋面卷材防水 | APP 改性沥青卷材防水（3 mm 厚） | $m^2$ | 235.80 | | | |
| 5 | 011101006004 | 平面砂浆找平层 | 1∶3 水泥砂浆保护层 20 mm 厚 | $m^2$ | 235.80 | | | |

## 实训 7　部分坡屋面防水工程量的计算

### 1. 实训目的

通过屋面防水工程量计算实例的练习，熟悉屋顶平面图及防水细部构造，掌握屋面及防水工程的工程量计算规则。

### 2. 实训任务

根据给定图纸，计算平屋面防水工程量：

（1）计算该屋面防水清单工程量并编制该项目的工程量清单。

（2）计算该屋面雨水管定额工程量。

（3）计算平屋顶防水的定额工程量。

（4）计算坡屋面部分彩色水泥瓦的定额工程量。

### 3. 背景资料

（1）图 2.47 中屋面工程按国家现行规范和《屋面工程施工验收规范》要求施工。

（2）设防烈度为六度，屋面防水为三级。

（3）凡屋面留洞处及女儿墙转角处均增加卷材附加层一层。

（4）屋面找坡为材料找坡，坡度如图 2.43 所示，最薄处为 50 mm。

（5）图 2.47 中①～③轴为坡屋面，自由落水，其屋面构造如下。

① 20 mm 厚 1∶2 水泥砂浆找平。

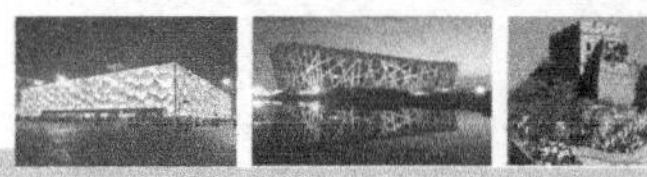

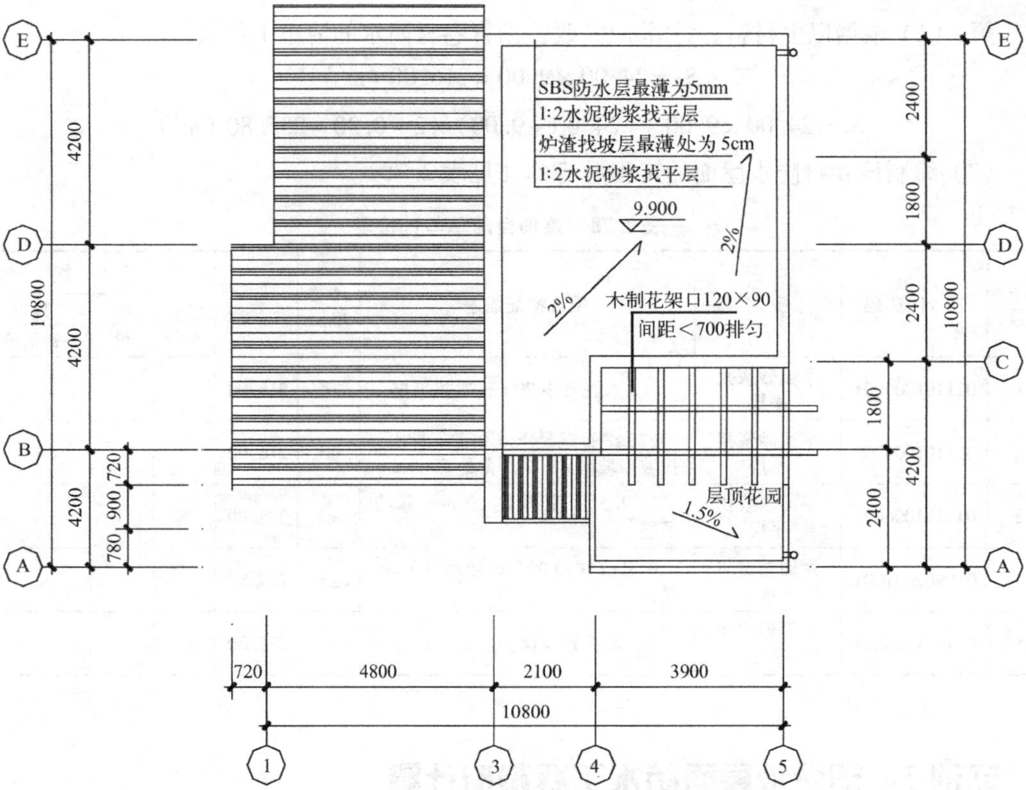

SBS防水层最薄为5mm
1:2水泥砂浆找平层
炉渣找坡层最薄处为5cm
1:2水泥砂浆找平层
9.900
2%
2%
木制花架口120×90
间距＜700排匀
层顶花园
1.5%

E D C B A
4200 4200 4200 10800 720 900 780
2400 1800 2400 1800 2400 4200 10800
720 4800 2100 3900
10800
1 3 4 5

屋顶平面图 1:100

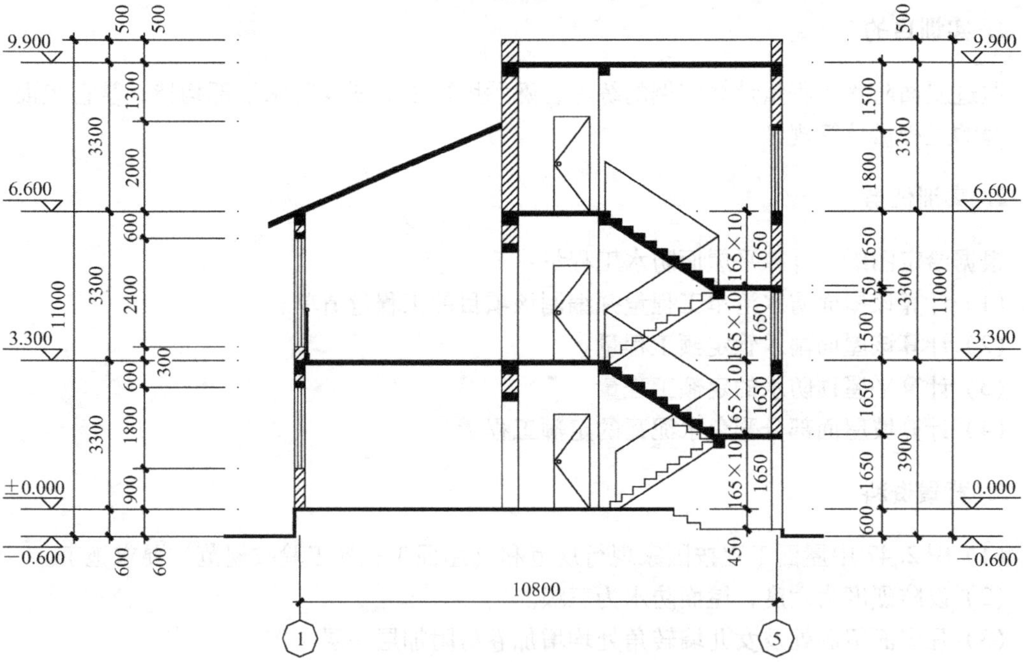

9.900 6.600 3.300 ±0.000 −0.600
500 500 3300 1300 2000 3300 600 2400 3300 600 300 1800 900 600 600 11000
500 1500 1800 1650 150 1500 1650 1650 600 3300 3300 3900 11000
165×10 1650
450
10800
1 5

剖面图 1:100

图 2.47　屋面工程施工图

② 5 mm 厚 SBS 改性沥青卷材防水。
③ 20 mm 厚 1∶2 水泥砂浆找平。
④ 彩色水泥瓦。
(6) 图中③~⑤轴为平屋面，其屋面构造如图 2. 46 所示。
(7) 雨水管及雨水口处弯管均采用 UPVC 塑料管 $\phi$110 mm。

**4. 实训要求**

(1) 学生应在教师指导下，独立认真地完成各项项目内容。
(2) 工程量计算正确，项目内容完整，无丢项现象。
(3) 提交统一规定的工程量计算书。

## 2.9　防腐、保温、隔热工程工程量计算

### 2.9.1　防腐、保温、隔热工程相关知识

(1) 本分部主要内容包括防腐、保温和隔热三大部分。具体包括整体面层（砂浆、混凝土、胶泥面层)、隔离层、块料面层、涂料及隔热等项目。

(2) 保温层的材料常采用轻质的多孔松散材料，一般分为散料现场拌合（为施工方便，在保温层上部掺入少量水泥、白灰等，做成 40 mm 左右的轻混凝土层）和块料材料。散料现场拌合的如矿渣、陶粒、蛭石、珍珠岩等；块料材料如泡沫混凝土块、沥青珍珠岩块、水泥蛭石块、软木板、聚氯乙烯塑料板、加气混凝土块等。

(3) 隔热降温的主要构造做法是采用屋顶间层通风、屋顶蓄水、屋顶植被反射阳光等方法。常见的通风隔热屋面主要有屋顶架空通风间层隔热和顶棚通风隔热。

### 2.9.2　防腐、保温、隔热工程量计算规则

**1. 保温、隔热屋面/天棚（清单编码：011001001/ 011001002)**

保温、隔热屋面（天棚）工程量计算规则见表 2. 79。

**表 2. 79　保温、隔热屋面（天棚）工程量计算规则**

| 保温隔热屋面/天棚 | 计量单位 | 计算规则 | 工作内容 |
|---|---|---|---|
| 清单规则 | $m^2$ | 按设计图示尺寸以面积计算。不扣除柱、垛所占面积 | 1. 基层清理<br>2. 刷黏结材料<br>3. 铺粘保温层<br>4. 铺、刷（喷）防护材料 |
| 定额规则 | | 按设计图示尺寸以面积计算。不扣除不大于 0. 3 $m^2$ 孔洞、柱、垛所占面积 | |

**2. 保温、隔热墙/柱（清单编码：011001003/ 011001004)**

保温、隔热墙/柱工程量计算规则见表 2. 80。

**表2.80　保温、隔热墙/柱工程量计算规则**

| 保温隔热墙/柱 | 计量单位 | 计算规则 | 工作内容 |
|---|---|---|---|
| 清单规则 | $m^2$ | 保温隔热墙按设计图示尺寸以面积计算。扣除门窗洞口所占面积；门窗洞口侧壁需做保温时，并入保温墙体工程量内<br>保温隔热柱按按设计图示以保温层中心线展开长度乘以保温层高度计算 | 1. 基层清理<br>2. 刷界面剂<br>3. 安装龙骨<br>4. 填贴保温材料<br>5. 保温板安装<br>6. 粘贴面层<br>7. 铺设增强格网、抹抗裂、防水砂浆面层<br>8. 嵌缝<br>9. 铺、刷（喷）防护材料 |
| 定额规则 | $m^2$ | 按设计图示尺寸以展开外围面积计算。扣除门窗洞口所占面积；门窗洞口侧壁及突出墙面的砖垛需做保温时，并入保温墙体工程量内 | |
| | $m^3$ | 柱子保温按设计图示尺寸以体积计算 | |

**3. 防腐混凝土面层/防腐砂浆面层（清单编码：011002001/011002002）**

防腐混凝土面层和防腐砂浆面层工程量计算规则见表2.81。

**表2.81　防腐混凝土面层和防腐砂浆面层工程量计算规则**

| 防腐混凝土面层/防腐砂浆面层 | 计量单位 | 计算规则 | 工作内容 |
|---|---|---|---|
| 清单规则 | $m^2$ | 按设计图示尺寸以面积计算<br>1. 平面防腐：扣除凸出地面的构筑物、设备基础等以及面积大于0.3 $m^2$孔洞、柱、垛所占面积<br>2. 立面防腐：扣除门、窗、洞口及面积大于0.3 $m^2$的孔洞、梁所占面积，门、窗、洞口侧壁、垛突出部分按展开面积并入墙面积内 | 1. 基层清理<br>2. 基层刷稀胶泥<br>3. 混凝土制作、运输、摊铺、养护 |
| 定额规则 | $m^2/m^3$ | 防腐工程量按设计图示尺寸以面积或体积计算。耐酸防腐地坪和墙面不扣除小于或等于0.3 $m^2$的孔洞、柱、垛所占面积。砖垛等突出部分按展开面积并入墙面积内 | |

**4. 隔离层（清单编码：011003001）**

隔离层工程量计算规则见表2.82。

**表2.82　隔离层工程量计算规则**

| 隔　离　层 | 计量单位 | 计算规则 | 工作内容 |
|---|---|---|---|
| 清单规则 | $m^2$ | 按设计图示尺寸以面积计算<br>1. 平面防腐：扣除凸出地面的构筑物、设备基础等及面积大于0.3 $m^2$的孔洞、柱、垛所占面积<br>2. 立面防腐：扣除门、窗、洞口及面积大于0.3 $m^2$的孔洞、梁所占面积，门、窗、洞口侧壁、垛突出部分按展开面积并入墙面积内 | 1. 基层清理、刷油<br>2. 煮沥青<br>3. 胶泥调制<br>4. 隔离层铺设 |
| 定额规则 | | 按图示尺寸长乘以宽（高）计算。扣除0.3 $m^2$以上的孔洞及突出地面的设备基础等所占的面积。砖垛等突出墙面部分按展开面积计算，并入墙体工程量内 | |

**5. 砌筑沥青浸渍砖（清单编码：011003002）**

砌筑沥青浸渍砖工程量计算规则见表 2.83。

**表 2.83　砌筑沥青浸渍砖工程量计算规则**

| 隔　离　层 | 计量单位 | 计 算 规 则 | 工 作 内 容 |
|---|---|---|---|
| 清单规则 | $m^3$ | 按设计图示尺寸以体积计算 | 1. 基层清理<br>2. 胶泥调制<br>3. 浸渍砖铺砌 |
| 定额规则 | | | |

## 2.9.3　定额计算规则补充和说明

(1) 踢脚板按长乘高以 $m^2$ 计算，并扣除门、洞口所占的长度，侧壁的长度相应地增加。

(2) 保温、隔热体的厚度，按保温、隔热材料净厚（不包括打底及胶结材料的厚度）计算。

(3) 保温层的各种配合比和强度可按设计规定换算。

(4) 保温隔热材料的铺贴，不包括隔气防潮、保护层或衬墙等。

(5) 零星隔热工程包括池壁、池底、门口周围、梁头、连系梁、柱帽贴软木、泡沫塑料板。

**案例 2-21**　计算某冷库工程的保温工程量并编制该项目的工程量清单。

如图 2.48 所示为某冷库平面图、剖面图，设计采用沥青贴软木保温层，厚 0.1 m；顶棚做带木龙骨（40 mm×40 mm，间距 40 mm×40 mm）保温层，墙面 1∶1∶6 水泥石灰砂浆 15 mm 打底附墙贴软木，地面直接铺保温层。门为保温门，不需要考虑门及框保温。计算保温层的清单工程量并编制该分项的工程量清单。

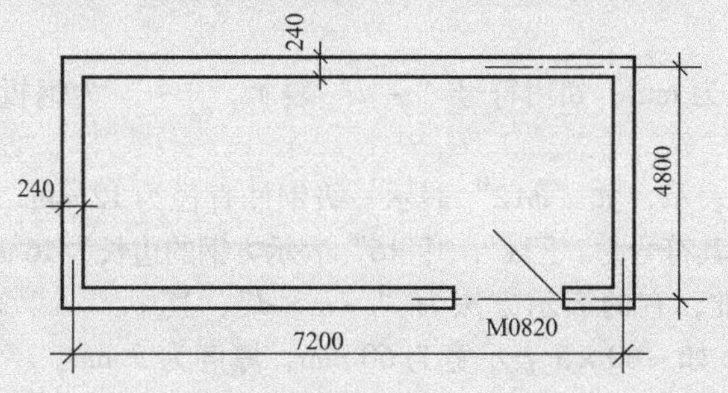


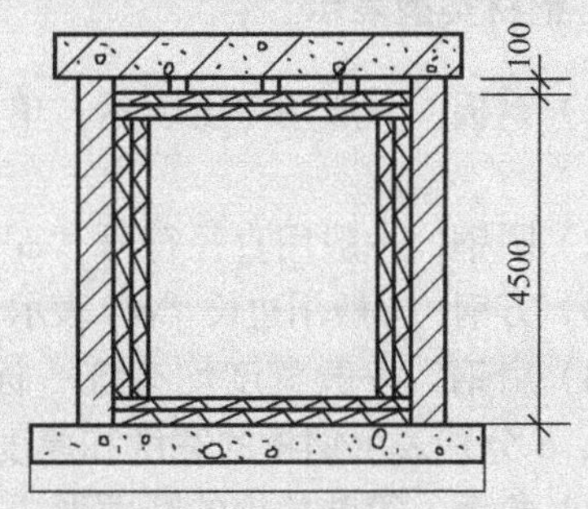


图 2.48　某冷库平面图、剖面图

**解**：(1) 计算保温层的清单工程量。

① 计算墙面保温层的清单工程量（门窗侧壁不做保温）：

$$S = (7.2-0.24-0.1+4.8-0.24-0.1)\times2\times(4.5-0.1-0.1)-0.8\times2$$
$$=95.75(m^2)$$

② 计算地面保温层的清单工程量（门窗侧壁不做保温）：

$$S=(7.2-0.24)\times(4.8-0.24)=31.74(\text{m}^2)$$

③ 计算天棚保温层的清单工程量：

$$S=(7.2-0.24)\times(4.8-0.24)=31.74(\text{m}^2)$$

（2）编制该项目的工程量清单（见表2.84）。

**表2.84　该项目的工程量清单**

| 序号 | 项目编码 | 项目名称 | 项目特征、工作内容 | 计量单位 | 工程量 | 金额 | | |
|---|---|---|---|---|---|---|---|---|
| | | | | | | 综合单价 | 合价 | 暂估价 |
| 1 | 011001002001 | 保温隔热天棚 | 带木龙骨贴软木100 mm<br>木龙骨40 mm×40 mm，间距40 mm×40 mm | $\text{m}^2$ | 31.74 | | | |
| 2 | 011001003001 | 保温隔热墙面 | 1∶1∶6水泥石灰砂浆15 mm，附墙贴软木100 mm，木龙骨40 mm×40 mm，间距40 mm×40 mm | $\text{m}^2$ | 95.75 | | | |
| 3 | 011001005001 | 保温隔热楼地面 | 地面沥青贴软木100 mm | $\text{m}^2$ | 31.74 | | | |

## 2.10　金属结构工程量计算

### 2.10.1　金属结构相关知识

**1. 本分部的主要内容**

定额项目中主要包括钢柱、钢梁、钢屋架、钢托架、压型钢板楼板、墙板、钢檩条、钢支撑、钢楼梯、钢栏杆等。

**2. 钢材类型表示**

（1）钢板，一般用厚度表示，单位为mm，如用符号“$-d$”表示，“－”为钢板，$d$为板厚。

（2）圆钢，一般用直径符号“$\phi$”表示，如“$\phi$12”表示一级钢筋直径为12 mm。

（3）方钢，一般用边长“$\alpha$”表示，其符号为“□α”，“□16”表示方钢的边长为16 mm。

（4）扁钢，一般宽度均有统一标准，它的表示方法为“$-\alpha\times d$”，其中“－”表示钢板，$\alpha$、$d$分别表示钢板的宽度和厚度，如－60×5表示宽为60 mm，厚度为5 mm。

（5）角钢，等肢角钢的断面形式呈“L”形，角钢的两肢相等，一般用“L$b\times d$”表示，如L50×4表示等肢角钢的肢宽为50 mm，肢板厚为4 mm；不等肢角钢的断面形式呈“L”形，但角钢的两肢宽度不相等，一般用“L$B\times b\times d$”表示，如L56×36×4表示不等肢角钢长肢为56 mm，短肢为36 mm，肢板厚为4 mm。

（6）工字钢，工字钢的断面形式呈工字形，一般用型号来表示。如I32a表示为32号工字钢，工字钢的号数常为高度的1/10，I32表示其高度为320 mm，由于工字钢的宽度和厚度均有差别，分别用a、b、c来表示。如I32a中a表示32号工字钢宽为130 mm，厚度为

9. 5 mm；b 表示 32 号工字钢宽为 132 mm，厚度为 11. 5 mm；c 表示 32 号工字钢宽为134 mm，厚度为 13. 5 mm。

（7）钢管，一般用“$\phi D\times t\times l$”来表示，如 $\phi$102 ×4 ×700 表示外径为 102 mm，厚度为 4 mm，长度为 700 mm。

**3. 钢材理论计算方法**

各种规格钢材每米质量均可从型钢表中查得，或由下列公式计算（宽、高、直径等单位用 mm）。

扁钢、钢板、钢带：　每米理论质量 =0. 00785 ×宽 ×高　(kg/m)

方钢：　每米理论质量 =0. 00785 ×边长平方　(kg/m)

圆钢、线材、钢丝：　每米理论质量 =0. 00617 ×直径平方　(kg/m)

钢管：　每米理论质量 =0. 02466 ×壁厚 ×（外径 – 壁厚）　(kg/m)

## 2. 10. 2　工程量计算规则

### 1. 钢网架（清单编码：010601）

钢网架工程量计算规则见表 2. 85。

**表 2. 85　钢网架工程量计算规则**

| 钢网架 | 计量单位 | 计算规则 | 工作内容 |
|---|---|---|---|
| 清单规则 | t | 按设计图示尺寸以质量计算。<br>不扣除孔眼的质量，焊条、铆钉、螺栓等不另增加质量 | 1. 拼装<br>2. 安装<br>3. 探伤<br>4. 补刷油漆 |
| 定额规则 | | | 1. 制作、安装 |
| | t | 见装饰工程计算规则 | 2. 补刷油漆 |
| | 项 | 按实计算 | 3. 探伤 |

注：钢网架（010601001）。

### 2. 钢屋架、钢托架、钢桁架、钢桥架（清单编码：010602）

钢屋架、钢托架、钢桁架、钢桥架工程量计算规则见表 2. 86。

**表 2. 86　钢屋架、钢托架、钢桁架、钢桥架工程量计算规则**

| 钢屋架 | 计量单位 | 计算规则 | 工作内容 |
|---|---|---|---|
| 清单规则 | 1. 榀<br>2. t | 1. 以榀计量，按设计图示数量计算<br>2. 以吨计量，按设计图示尺寸以质量计算。不扣除孔眼的质量，焊条、铆钉、螺栓等不另增加质量 | 1. 拼装<br>2. 安装<br>3. 探伤<br>4. 补刷油漆 |
| 定额规则 | t | | 1. 制作、安装 |
| | t | 见装饰工程计算规则 | 2. 补刷油漆 |
| | 项 | 按实计算 | 3. 探伤 |

注：钢屋架、钢桁架（010602）分为钢屋架（010602001）、钢托架（010602002）、钢桁架（010602003）钢桥架（010602004）。

**3. 钢柱（清单编码：010603）**

钢柱工程量计算规则见表2.87。

**表2.87 钢柱工程量计算规则**

| 钢　柱 | 计量单位 | 计算规则 | 工作内容 |
|---|---|---|---|
| 清单规则 | t | 按设计图示尺寸以质量计算。不扣除孔眼的质量，焊条、铆钉、螺栓等不另增加质量，依附在钢柱上的牛腿及悬臂梁等并入钢柱工程量内 | 1. 拼装<br>2. 安装<br>3. 探伤<br>4. 补刷油漆 |
| 定额规则 | | | 同钢屋架、钢桁架 |

注：钢柱（010603）分为实腹柱（010603001）、空腹柱（010603002）、钢管柱（010603003）。

**4. 钢梁（清单编码：010604）**

钢梁工程量计算规则见表2.88。

**表2.88 钢梁工程量计算规则**

| 钢　梁 | 计量单位 | 计算规则 | 工作内容 |
|---|---|---|---|
| 清单规则 | t | 不扣除孔眼的质量，焊条、铆钉、螺栓等不另增加质量，制动梁、制动板、制动桁架、车挡并入钢吊车梁工程量内 | 1. 拼装<br>2. 安装<br>3. 探伤<br>4. 补刷油漆 |
| 定额规则 | | | 同钢屋架、钢桁架 |

注：钢梁（010604）分为钢梁（010604001）和吊车钢梁（010604002）。

**5. 钢构件（清单编码：010606）**

钢构件工程量计算规则见表2.89。

**表2.89 钢构件工程量计算规则**

| 钢 构 架 | 计量单位 | 计算规则 | 工作内容 |
|---|---|---|---|
| 清单规则 | t | 按设计图示尺寸以质量计算。不扣除孔眼的质量，焊条、铆钉、螺栓等不另增加质量 | 1. 拼装<br>2. 安装<br>3. 探伤<br>4. 补刷油漆 |
| 定额规则 | | | 同钢屋架、钢桁架 |

注：钢构件（010606）分为钢支撑（010606001）、钢檩条（010606002）、钢天窗架（010606003）、钢挡风架（010606004）、钢墙架（010606005）、钢平台（010606006）、钢走道（010606007）、钢梯（010606008）、钢护栏（010606009）、钢漏斗（010606010）、钢板天沟（010606011）、钢支架（010606012）、零星钢构件（010606013）。

**6. 金属制品（编码：010607）**

金属制品工程量计算规则见表2.90。

表 2.90　金属制品工程量计算规则

| 金　属　网 | 计量单位 | 计 算 规 则 | 工 作 内 容 |
|---|---|---|---|
| 清单规则 | $m^2$ | 按设计图示尺寸以面积计算 | 1. 制作、安装<br>2. 运输<br>3. 刷油漆 |
| 定额规则 | | | |

注：钢构件（010607）分为砌块墙钢丝网（010607005）、后浇带金属网（010607006）。

## 2.10.3　定额计算规则补充和说明

### 1. 定额计算规则的补充

（1）钢材运输按制作工程量计算。

（2）压型钢板楼板按设计图示尺寸以铺设水平投影面积计算，不扣除单个≤0.3 $m^2$ 的孔洞所占面积。

（3）压型钢板墙板和压型钢板楼板按设计图示尺寸以铺挂面积计算，不扣除单个≤0.3 $m^2$的孔洞所占面积，包角、包边、窗台泛水等不另增加面积。

（4）砖砌体钢丝网加固按实际加固钢丝网面积计算。

### 2. 定额计算规则的说明

（1）金属结构工程包括一般工业与民用建筑常用金属结构制作、拼装、安装、运输项目。

（2）金属结构构件系按铆焊综合考虑。本定额均按二级焊缝考虑。

（3）烟囱紧固圈、垃圾道及垃圾门、垃圾箱、晒衣架、加工铁件等小型构件，按零星钢结构项目计算。

（4）弧形钢构件按相应定额项目的人工、机械费乘以系数 1.2。

（5）弧形钢架桥按相应定额项目的人工、机械费乘以系数 1.3。

（6）金属构件运输按下列分类，见表 2.91。

表 2.91　金属构件运输分类

| 构 件 类 别 | 构 件 名 称 |
|---|---|
| Ⅰ类 | 屋架、网架、托架、桁架、柱、山墙防风架 |
| Ⅱ类 | 支架、梁（含吊车梁、制动梁） |
| Ⅲ类 | 墙架、天窗架、天窗挡风架（包括柱侧挡风板、遮阳板、挡雨篷支架）拉杆、平台、檩条、其他零星构件 |

**案例 2-22**　计算 8 mm 厚钢板的制作工程量。

如图 2.52 所示，计算两块 -8 钢板的制作工程量。

**解：**钢板按几何图形的外接几何面积计算。

（1）图2.49（a）四边形的外接几何面积：

$S=0.41\times0.35=0.1435\ (m^2)$

则四边形钢板的质量：

$M_1=0.1435\times7.85\times8=9.01(kg)$

（2）图2.49（b）多边形的外接几何面积：

$S=0.33\times0.46=0.1518\ (m^2)$

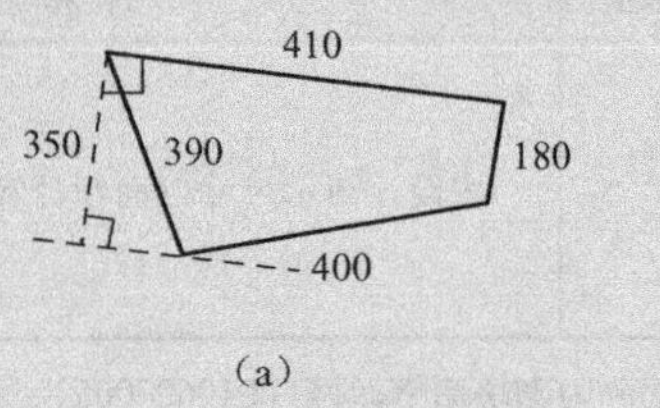

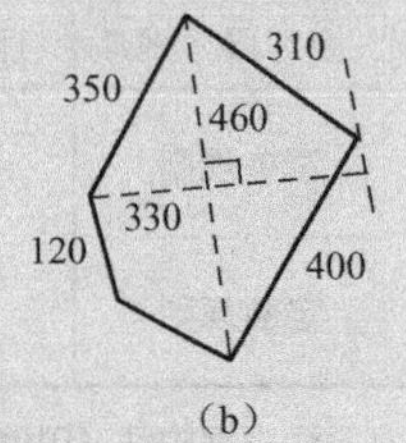


图2.49　两块钢板

则多边形钢板的质量：

$$M_2=0.1518\times7.85\times8=9.53\ (kg)$$

两块 -8 钢板的制作工程量 $M=M_1+M_2=9.01+9.53=18.54(kg)$

**案例2-23**　计算屋架支撑的清单工程量并编制该项目的工程量清单。

如图2.50所示，已知角钢每米质量为6.905 kg/m，钢板每米质量为0.00785×宽×高，计算屋架水平支撑的制作工程量。若该支撑外刷黑、铁红酚醛防锈漆两遍，刷防火漆A20-1两遍，汽车运输2 km，试编制该屋架支撑的工程量清单。

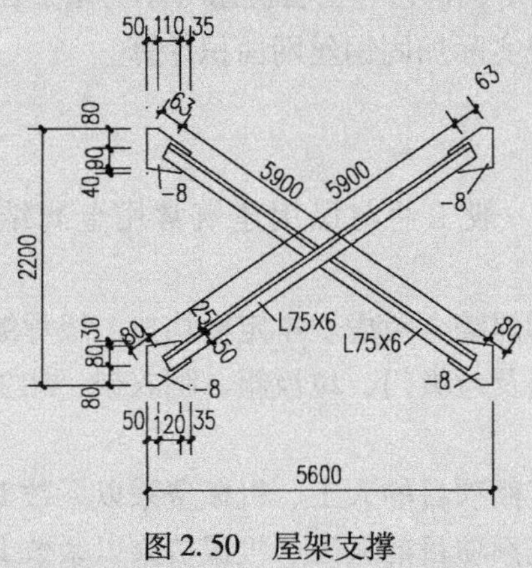


图2.50　屋架支撑

**解**：（1）计算屋架支撑的工程量。

① 计算角钢工程量：

$$5.9\times2\times6.905=81.48\ (kg)$$

② 计算钢板工程量：

$[(0.05+0.11+0.035)\times(0.04+0.09+0.08)+(0.05+0.12+0.035)\times(0.08+0.08+0.03)]\times2\times0.00785\times0.008\times10^6=10.04\ (kg)$

③ 计算该屋架水平支撑的工程量：

$$(1)+(2)$$
$$=81.48+10.04$$
$$=91.52\ (kg)$$

则每根支撑的质量 =45.76（kg）

（2）编制该项目的工程量清单（见表2.92）

表 2.92　该项目的工程量清单

| 序号 | 项目编码 | 项目名称 | 项目特征 | 计量单位 | 工程量 | 金额 | | |
|---|---|---|---|---|---|---|---|---|
| | | | | | | 综合单价 | 合价 | 暂估价 |
| 1 | 010606001001 | 钢支撑 | 1. 钢材品种规格：Q235<br>2. 构件种类：钢支撑<br>3. 安装高度：见设计<br>4. 螺栓类型：见设计<br>5. 探伤要求：见设计<br>6. 防水要求：A20－1 防火漆两遍 | t | 0.091 | | | |

## 知识梳理与总结

建筑面积计算规则包含了计算建筑面积的范围、不计建筑面积的范围和其他三个方面的内容和规定，应正确地掌握建筑面积的规定与计算方法。广义的建筑面积是指房屋建筑物各层水平平面面积的总和。也就是建筑物外墙勒脚以上各层水平投影面积的总和。建筑面积包括使用面积、辅助面积和结构面积。对于住宅而言，使用面积也称为居住面积。

**建筑面积＝使用面积＋辅助面积＋结构面积**

**有效面积＝使用面积＋辅助面积**

土（石）方工程主要包括人工挖沟槽、人工挖基坑、人工挖土方、平整场地等内容。

桩基工程主要包括预制桩、混凝土灌注桩、人工挖孔桩、土层锚杆等。接桩和送桩是针对预制钢筋混凝土桩而言的。

砌筑工程包括砖（石）基础、砌砖（块）墙、构筑物、砌石等项目内容；砖（石）基础与墙、柱的划分以设计室内地坪为界（有地下室的按地下室室内设计地坪为界）；砖墙的计算长度，外墙按外墙中心线计算，内墙按内墙净长线计算。砖墙与砖基础按设计图示尺寸以体积计算。

预制混凝土工程包括构件的制作（安装及灌浆）和运输等项目内容。注意标准构件和非标准构件计算规则的不同，一般非标准构件的混凝土工程量按设计图示尺寸以体积计算，标准构件的混凝土工程量可从标准图集查得。

现浇混凝土工程包括现浇基础、梁、板、柱、楼梯等项目内容，其计算规则除现浇楼梯按设计图示尺寸以水平投影面积计算外，其余均按设计图示尺寸以体积计算。

钢筋工程包括钢筋的制作和螺栓、铁件等项目内容，注意钢筋质量的计算：

**直钢筋计算长度＝构件长度－2×保护层厚度＋弯起增加长度**

**弯起钢筋长度＝直段钢筋长度＋斜段钢筋长度＋弯钩增加长度**

**箍筋计算长度＝[（构件宽＋构件高）－4×保护层厚度]×2＋弯钩增加长度**

**钢筋的每米理论质量(kg/m)＝$0.006165d^2$。**

屋面工程包括平屋面与坡屋面，主要包括瓦屋面、型材屋面、膜屋面、屋面防水及屋面排水等项目内容。斜屋面工程量按设计图示尺寸以斜面积计算，平屋面工程量按设计图示尺寸以水平投影面积计算。

防腐、保温、隔热工程中讲解了常用项目的工程量计算规则。

金属结构工程中包括金属结构的制作（安装、拼装）、探伤、补刷油漆等项目内容，注意定额计算规则与清单计算规则一致性。

在以上各分部计算规则中，注意清单工程量和定额工程量在计量单位和同一项目内容上的区别，如预制钢筋混凝土桩，清单项目包括了桩制作（包括钢筋）、运输、打桩、送桩等内容，而定额项目中，除了桩制作（不包括钢筋）、运输外，还应单列钢筋制作和送桩项目，遇到打斜桩，按定额计算规则补充和说明中的规定乘以相应系数计算；如预制混凝土梁，清单项目包括了预制构件的制作、安装、接头灌缝等项目内容，而定额项目中可能只包括构件的制作，其运输、安装和接头灌缝另列项目进行计算。

## 思考与练习题2

1. 写出土方工程量的常用计算式。
2. 什么是平整场地、挖基槽、挖基坑和挖土方？
3. 根据图2.51和已知条件，计算土方工程量（包括平整场地、挖土方、回填土）。

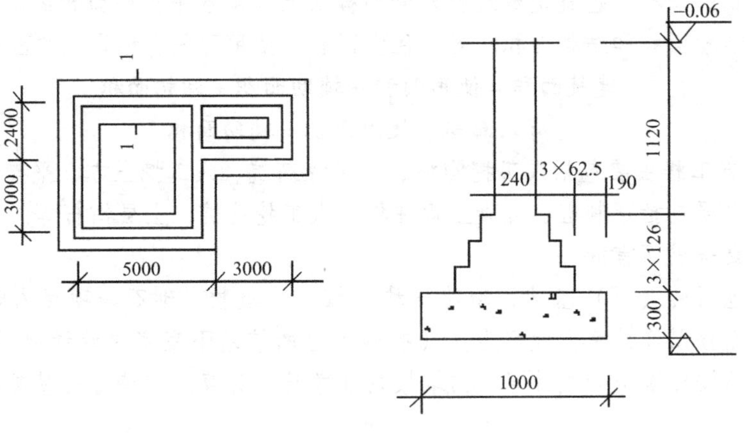


图2.51　习题3的图

4. 什么是接桩？什么是送桩？其工程量如何计算？
5. 写出砖墙体工程量的常用计算式。
6. 计算砖墙工程量时，其墙身长度及墙身高度是如何规定的？
7. 零星项目砌体适用于哪些内容？
8. 现浇混凝土梁、板、柱工程量如何计算？
9. 根据图2.52及下列数据分别计算不同形状接头构造柱的浇捣工程量（墙厚除注明外均为240 mm）。

（1）直角转角型，柱高3.0 m。

（2）T形接头，柱高3.9 m。

（3）十字形接头，墙厚365 mm，柱高4.2 m。

（4）一字形，柱高3.5 m。

10. 根据图2.53和已知条件，计算砖基础工程量。

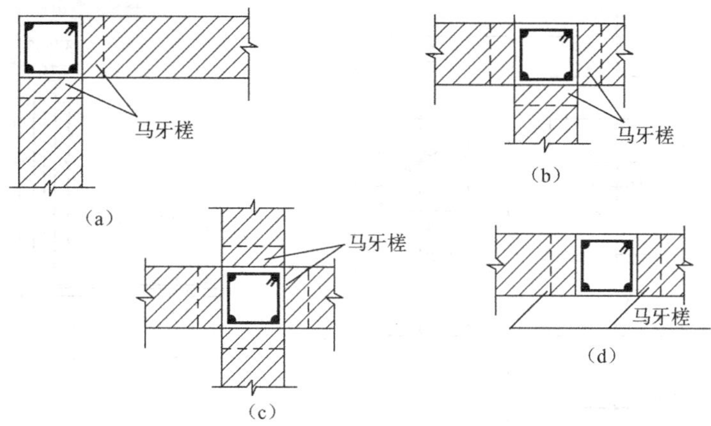

图2.52　习题9的图

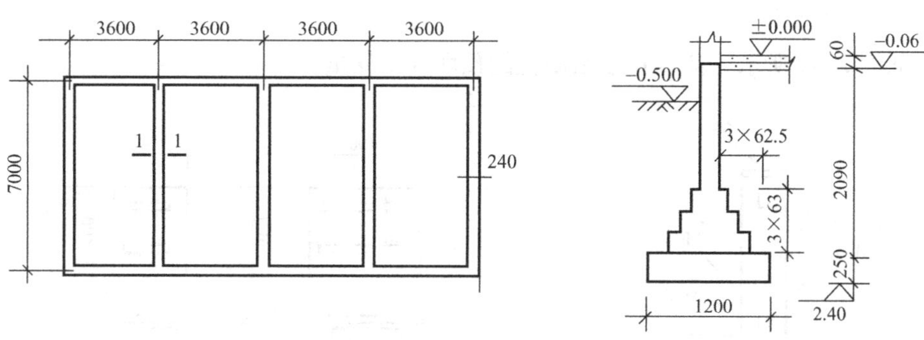


图2.53　习题10的图

11. 根据图2.54所示尺寸，计算预制钢筋混凝土柱子浇捣的混凝土工程量。

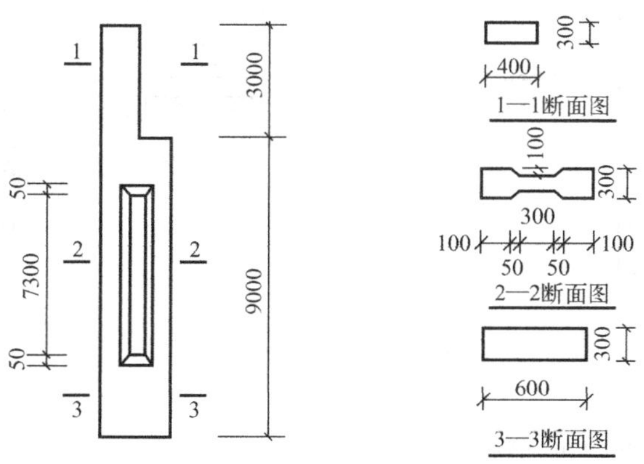


图2.54　习题11的图

12. 如图2.55所示，独立柱基础J-1的保护层厚度为40 mm，计算该基础的钢筋工程量。

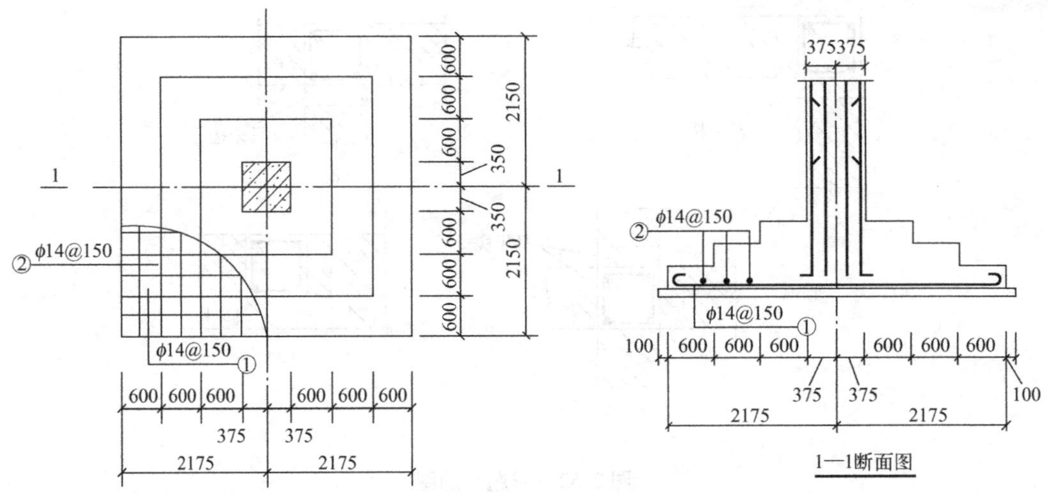

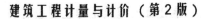

图 2.55　习题 12 的图

13. 如图 2.56 所示，计算 6 根预制柱的预埋件工程量。

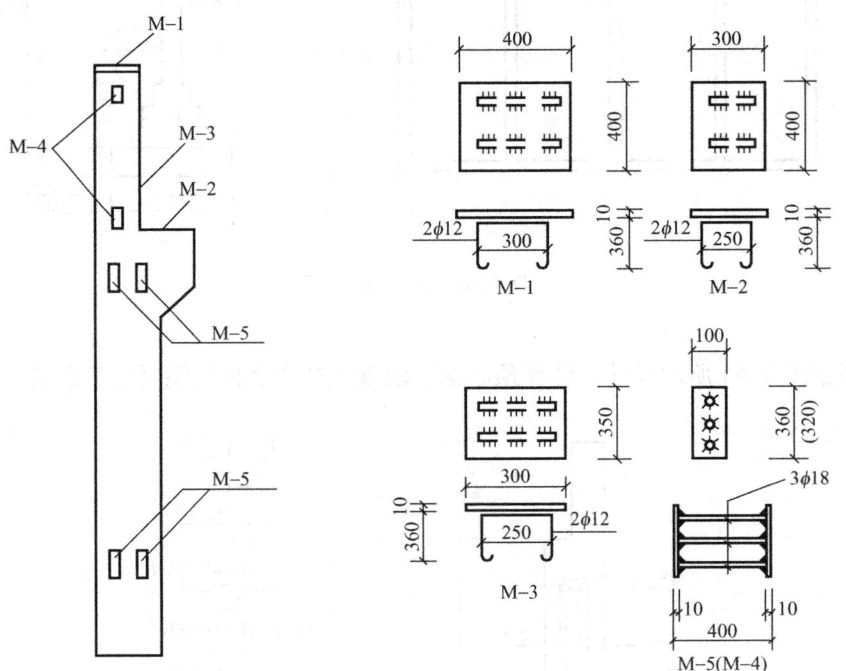


图 2.56　习题 13 的图

14. 计算图 2.57 中的 8 根钢柱的工程量。

15. 什么是坡屋顶？什么是平屋顶？

16. 延尺系数和偶延尺系数的作用是什么？

17. 外保温与内保温的差别是什么？

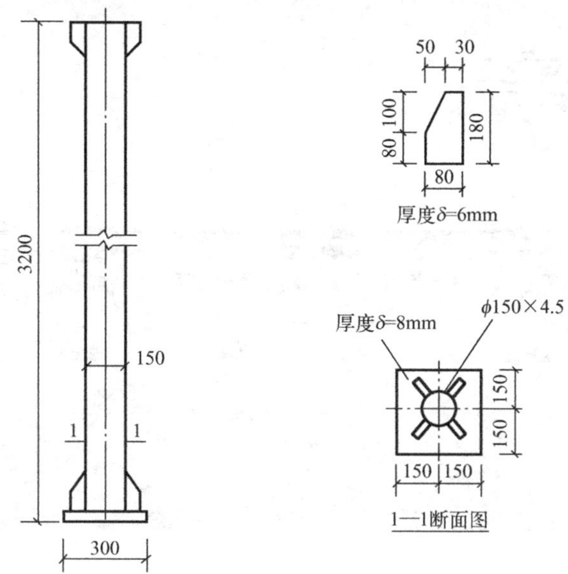
3200
150
1
1
300
50
30
100
80
180
80
厚度δ=6mm
厚度δ=8mm
ϕ150×4.5
150
150
150
150
1—1断面图

图 2.57　习题 14 的图

# 第3章 装饰工程工程量计算

## 教学导航

**学习目的** 1. 了解装饰工程各分部相关知识；

3. 掌握装饰工程各分部分项清单工程量和定额工程量计算规则；
4. 能进行装饰工程各分部分项定额工程量和清单工程量的计算；
5. 能进行装饰工程各分部分项招标工程量清单编制。

**学习方法推荐** 行动导向法、练习法、头脑风暴法、小组讨论法

**教学时间** 14～32 学时

**教学活动及技能训练时间** 6 学时

**延伸活动或技能训练时间** （12 学时）

**教学做过程/教学手段/教学场所安排**

| 教学做过程 | 具体内容 | 教学方法及时间安排 | | | 场所安排 |
|---|---|---|---|---|---|
| | | 授课时间（学时） | 活动时间（学时） | 延伸时间（学时） | |
| 装饰各分部工程工程量计算 | 装饰各分部工程相关知识 | 4 | | | 教室 |
| | 装饰各分部分项工程工程量计算规则 | 8 | | | 教室 |
| | 装饰各分部分项定额工程量计算规则补充 | | | | |
| 实训 8～实训 11 技能训练 | | 2 | 6 | （12） | 实训室 |
| 小　　计 | | 14 | 6 | （12） | |

# 3.1　楼地面工程工程量计算

## 3.1.1　楼地面工程相关知识

（1）本节只讲述整体面层、块料面层、踢脚线、楼梯装饰等普通楼地面项目内容。

（2）楼地面面层按使用材料和施工方法的不同分为整体面层和块料面层。整体面层有水泥砂浆、现浇水磨石、细石混凝土、菱苦土等内容；块料面层分石材楼地面和块料楼地面两项内容。本节主要讲述整体面层相关内容。

（3）楼地面是指楼面和地面，主要构造层次一般为基层、垫层和面层，必要时可增设填充层、隔离层、找平层、结合层等构造层次。

① 基层：指楼板、夯实土基。

② 垫层：指承受地面载荷并均匀传递给基层的构造层，按材料性能的不同分为刚性和非刚性两种。刚性一般为混凝土，非刚性垫层一般有素土、砂石、炉渣（矿渣）、毛石、碎（砾）石、碎砖、级配砂石等。

③ 填充层：指在建筑楼地面上起隔音、保温、找坡或敷设暗管、暗线等作用的构造层，常用轻质的松散材料（炉渣、膨胀蛭石、膨胀珍珠岩等）或块体材料（加气混凝土、泡沫混凝土、泡沫塑料、矿棉、膨胀珍珠岩、膨胀蛭石块和板材等）以及整体材料（沥青膨胀珍珠岩、沥青膨胀蛭石、水泥膨胀珍珠岩、膨胀蛭石等）。

④ 隔离层：指起防水、防潮作用的构造层，如卷材、防水砂浆、沥青砂浆或防水涂料等。

⑤ 找平层：指在垫层、楼板或填充层上起找平、找坡或加强作用的构造层，一般为水泥砂浆找平层，有比较特殊要求的可采用细石混凝土、沥青砂浆、沥青混凝土找平层等。

⑥ 结合层：指面层与下层相结合的中间层，如水泥浆结合层、冷底子油结合层等。

（4）酸洗、打蜡、磨光是指水磨石、菱苦土、陶质块料等用酸洗（草酸）清除油渍、污渍，然后打蜡（蜡脂、松香水、鱼油、煤油等按设计要求配合）和磨光。

## 3.1.2　工程量计算规则

### 1. 整体面层（清单编码：011101）

整体面层工程量计算规则见表 3.1。

**表 3.1　整体面层工程量计算规则**

| 整体面层 | 计量单位 | 计算规则 | 工作内容 |
|---|---|---|---|
| 清单规则 | $m^2$ | 整体面层按设计图示尺寸以面积计算。扣除凸出地面构筑物、设备基础、室内铁道、地沟等所占面积。不扣除间壁墙和 0.3 $m^2$ 以内的柱、垛、附墙烟囱及孔洞所占面积。但门洞、空圈、暖气包槽、壁龛的开口部分不增加面积 | 1. 基层清理<br>2. 抹找平层<br>3. 面层及面层处理<br>4. 材料运输 |

续表

| 整体面层 | 计量单位 | 计算规则 | 工作内容 |
|---|---|---|---|
| 定额规则 | $m^2$ | 楼地面面层、找平层按墙与墙间的净面积计算规则同上 | 1. 抹找平层<br>2. 面层及面层处理 |

注：整体面层（011101）包括水泥砂浆楼地面（011101001）、现浇水磨石楼地面（011101002）、细石混凝土楼地面（011101003）、菱苦土楼地面（011101004）四项。

### 2. 块料面层（清单编码：011102）

块料面层工程量计算规则见表3.2。

**表3.2　块料面层工程量计算规则**

| 块料面层 | 计量单位 | 计算规则 | 工作内容 |
|---|---|---|---|
| 清单规则 | $m^2$ | 整体面层按设计图示尺寸以面积计算。门洞、空圈、暖气包槽、壁龛的开口部分并入相应的工程量内 | 1. 基层清理<br>2. 抹找平层<br>3. 面层及面层处理<br>4. 材料运输 |
| 定额规则 | | 楼地面装饰面积按实铺面积计算，不扣除0.3 $m^2$以内的孔洞所占面积 | 1. 抹找平层<br>2. 面层及面层处理 |

注：块料面层（011102）包括石材楼地面（011102001）、碎石材楼地面（011102002）和块料楼地面（011102003）三项。

### 3. 踢脚线（清单编码：011105）

踢脚线工程量计算规则见表3.3。

**表3.3　踢脚线工程量计算规则**

| 踢脚线 | 计量单位 | 计算规则 | 工作内容 |
|---|---|---|---|
| 清单规则 | 1. $m^2$<br>2. m | 1. 以平方米计量，按设计图示长度乘以高度以面积计算<br>2. 以米计量，按延长米计算 | 1. 基层清理<br>2. 底层抹灰<br>3. 面层铺贴<br>4. 磨光、酸洗、打蜡<br>5. 刷防护材料<br>6. 材料运输 |
| 定额规则 | $m^2$ | 整体面层踢脚线不扣除门洞口及空圈处的长度，但侧面也不增加，跺柱踢脚线合并计算<br>其他地面层的踢脚线按实贴面积计算 | 1. 面层铺贴、勾缝<br>2. 磨光、酸洗、打蜡 |
| | | 见装饰工程量计算规则 | 3. 刷防护材料 |

注：踢脚线（011105）包括水泥砂浆踢脚线（011105001）、石材踢脚线（011105002）、块料踢脚线（011105003）、塑料板踢脚线（011105004）、木质踢脚线（011105005）、金属踢脚线（011105006）、防静电踢脚线（011105007）七项。

### 4. 楼梯面层（清单编码：011106）

楼梯面层工程量计算规则见表3.4。

**表 3.4　楼梯面层工程量计算规则**

| 楼梯面层 | 计量单位 | 计算规则 | 工作内容 |
|---|---|---|---|
| 清单规则 | $m^2$ | 按设计图示尺寸以楼梯（包括踏步、休息平台及 500 mm 以内的楼梯井）水平投影面积计算。楼梯与楼地面相连时，算至梯口梁内侧边沿；无梯口梁者，算至最上一层踏步边沿再加 300 mm | 1. 基层清理<br>2. 抹找平层<br>3. 抹面层<br>4. 抹防滑条<br>5. 材料运输 |
| 定额规则 | $m^2$ | 水泥砂浆及水磨石楼梯面层，以楼梯水平投影面积计算（包括踏步和中间休息平台，不包括伸入墙内部分。）楼梯与楼面分界以楼梯梁内边缘为界。不扣除小于 50 cm 宽的楼梯井面积，楼梯井宽度超过 50 cm 时应予扣除。定额内包括了楼梯踢脚线工料 | 1. 抹找平层<br>2. 抹面层 |
| | m | 楼梯防滑条按设计规定长度计算，没有规定的按踏步长度两边共减 15 cm 计算 | 3. 抹防滑条 |

注：楼梯面层（011106）包括石材楼梯面层（011106001）、块料楼梯面层（011106002）、拼碎块料面层（011106003）、水泥砂浆楼梯面（011106004）、现浇水磨石楼梯面（011106005）、地毯楼梯面（011106006）、木板楼梯面（011106007）、橡胶板楼梯面（011106008）、塑料板楼梯面（011106009）九项。

### 5. 台阶装饰（清单编码：011107）

台阶装饰工程量计算规则见表 3.5。

**表 3.5　台阶装饰工程量计算规则**

| 台阶装饰 | 计量单位 | 计算规则 | 工作内容 |
|---|---|---|---|
| 清单规则 | $m^2$ | 按设计图示尺寸以台阶（包括最上层踏步边沿再加 300 mm）水平投影面积计算 | 1. 基层清理<br>2. 抹找平层<br>3. 面层及面层处理<br>4. 防滑条<br>5. 材料运输 |
| 定额规则 | | 台阶、防滑坡道面层均按水平投影面积计算（不包括梯带、花池等） | 1. 面层及面层处理 |
| | | 梯带、花池等零星工程按实贴面积计算 | 2. 面层及面层处理 |
| | | 同上 | 3. 抹防滑条 |

注：台阶装饰（011107）包括石材台阶面（011107001）、块料台阶面（011107002）、拼碎块料台阶面（011107003）、水泥砂浆台阶面（011107004）、现浇水磨石台阶面（011107005）、剁假石台阶面（011107006）六项。

### 6. 零星装饰项目（清单编码：011108）

零星装饰项目工程量计算规则见表 3.6。

**表 3.6　零星装饰项目工程量计算规则**

| 零星项目 | 计量单位 | 计算规则 | 工作内容 |
|---|---|---|---|
| 清单规则 | $m^2$ | 按设计图示尺寸以面积计算 | 1. 基层清理<br>2. 抹找平层<br>3. 面层及处理<br>4. 材料运输 |
| 定额规则 | | | |

注：零星装饰项目（011108）包括石材零星项目（011108001）、拼碎石材零星项目（011108002）、块料零星项目（011108003）、水泥砂浆零星项目（011108004）四项。

### 3.1.3 定额计算规则补充和说明

（1）整体面层的结合层、找平层的砂浆厚度与定额不同时，允许按相应定额项目调整。

（2）整体面层定额中是否已包括踢脚线工料，按各地相应定额项目规定计算。

（3）块料面层项目内只包括结合层砂浆，结合层厚度为15 mm，如与设计不同时，按找平层相应项目调整。

**案例3-1** 计算花岗石和踢脚线的清单工程量。

某建筑平面图如图3.1所示，建筑物地面用1∶3水泥砂浆铺花岗石（600 mm×600 mm），踢脚线高200 mm，用同种花岗石铺贴；墙体厚度均为240 mm，计算花岗石和踢脚线的工程量清单，并编制该项目的工程量清单（M1，1000 mm×2100 mm；M2，1200 mm×2100 mm；M3，1900 mm×2100 mm）。根据提供的工程量清单，计算该项目内容中的定额工程量。

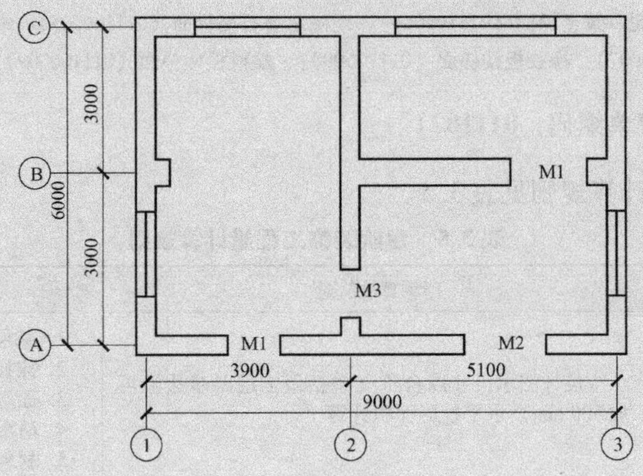


图3.1 某建筑平面图

**解：**（1）计算清单工程量。

石材楼地面清单工程量 $=(3.9-0.24)\times(6-0.24)+(5.10-0.24)\times(6.00-0.48)+1\times0.24+1.2\times0.24+1.9\times0.24+1\times0.24$

$=49.13\ (\mathrm{m}^2)$

石材踢脚线清单工程量 $=[9-0.48+(5.1-0.24)\times2+9-0.48+6-0.24+6-0.24+6-0.48+6-0.48]\times0.2-1\times0.2-1.2\times0.2-1.9\times0.2\times2-1\times0.2\times2+0.24\times0.2\times8$

$=8.65\ (\mathrm{m}^2)$

（2）编制该分项的工程量清单（见表3.7）。

（3）计算定额工程量。

将该清单项目拆分为地面找平层、花岗石面层、花岗石踢脚线三个定额项目：

地面找平层定额工程量 $=49.13(\mathrm{m}^2)$

花岗石面层定额工程量 $=49.13\ (\mathrm{m}^2)$

花岗石踢脚线定额工程量 $=8.65(\mathrm{m}^2)$

表 3.7　该项目工程量清单

| 序号 | 项目编码 | 项目名称 | 项目特征描述 | 计量单位 | 工程量 | 金额 | | |
|---|---|---|---|---|---|---|---|---|
| | | | | | | 综合单价 | 合价 | 暂估价 |
| 1 | 011102001001 | 石材楼地面 | 1. 找平层厚度、砂浆配合比：1:3 水泥砂浆 25 mm 厚<br>2. 结合层厚度、砂浆配合比：1:3 水泥砂浆 15 mm 厚<br>3. 面层材料品种：600 mm×600 mm 花岗石 | $m^2$ | 47.91 | | | |
| 2 | 011105002001 | 石材踢脚线 | 1. 踢脚线高度：200 mm<br>2. 粘结层厚度、材料种类：1:3 水泥砂浆<br>3. 面层材料品种：600 mm×600 mm 花岗石 | $m^2$ | 8.65 | | | |

**案例 3-2**　计算某库房地面的定额工程量。

某库房平面图如图 3.2 所示，垫层为 80 mm 厚 C15 素混凝土，墙体厚度为 240 mm，计算该层建筑物地面垫层的定额工程量。

**【分析】**在计算垫层工程量时，应清楚以下几点：清单规则中，整体面层和块料面层均包括了垫层项目内容，不另计算。企业定额规则中，垫层项目应另行计算。

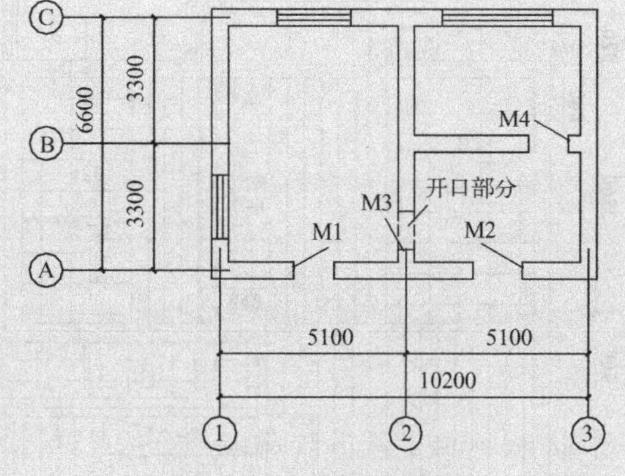

图 3.2　某库房平面图

**解**：室内垫层面积 = 建筑面积 − 墙结构面积

$= (10.2+0.24)\times(6.6+0.24)-[(10.2+6.6)\times2+6.6-0.24+5.1-0.24]\times0.24$

$=63.10\ (m^2)$

垫层的定额工程量 = 垫层面积 × 垫层厚度

$=63.10\times0.08=5.05\ (m^3)$

## 实训 8　某家装工程地面工程量计算

### 1. 实训目的

通过对某家装工程楼地面装饰设计图编制清单工程量的练习，初步熟悉家装施工图，掌握楼地面工程量计算规则。

### 2. 实训任务

根据多层住宅某家装施工图，编制已给定图纸的清单工程量。

(1) 计算客厅、餐厅、厨房、阳台、卫生间及主卫的地砖清单工程量；

(2) 编制客厅、餐厅、厨房、阳台、卫生间及主卫的地砖清单工程量。

### 3. 背景资料

(1) 某家装工程楼地面装饰设计图（如图 3.3 所示）。

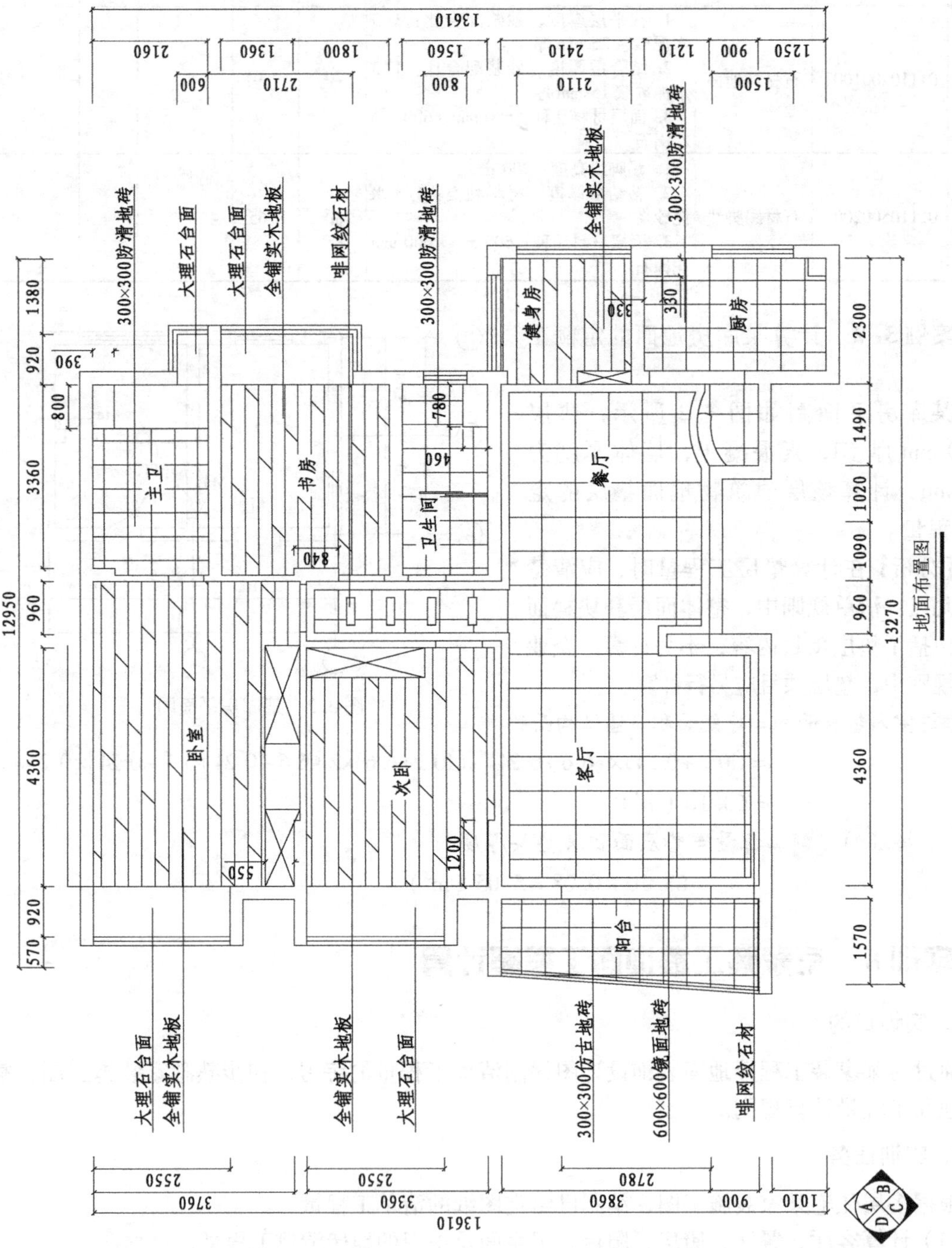

图 3.3　某家装工程楼地面装饰设计图

(2) 该施工图除标高以 m 计外，其余均以 mm 计。

(3) 客厅、餐厅均采用600 mm×600 mm 镜面地砖，厨房、卫生间及主卫均采用300 mm×300 mm 防滑地砖，阳台采用300 mm×300 mm 的仿古地砖。

(4) 卧室、次卧、书房、健身房均采用红色实木地板。

(5) 飘窗窗台均采用白色大理石台面。

**4. 实训要求**

(1) 学生应在教师指导下，独立认真地完成各项项目内容。

(2) 工程量计算正确，项目内容完整，无丢项现象。

(3) 提交统一规定的工程量计算书。

## 3.2　墙柱面工程工程量计算

### 3.2.1　墙柱面工程相关知识

本节中只讲述墙面、柱面、零星抹灰等普通墙柱面项目内容。

墙面装修按材料和施工方法不同分为抹灰、贴面、涂刷和裱糊四类。抹灰类分为一般抹灰和装饰抹灰。本节主要讲述抹灰类墙面装修。

一般抹灰包括石灰砂浆、水泥混合砂浆、水泥砂浆、聚合物水泥砂浆、膨胀珍珠岩水泥砂浆和麻刀灰、纸筋石灰、石膏灰等。

装饰抹灰包括水刷石、水磨石、斩假石（剁斧石、剁假石）、干粘石、假面砖、拉条灰、拉毛灰、甩毛灰、扒拉石、喷毛灰、喷涂、喷砂、滚涂、弹涂等。

为避免抹灰层出现裂缝，保证抹灰层牢固和表面平整，抹灰要分层进行。墙面水泥砂浆分为普通和高级两类。

(1) 普通抹灰：一遍底层、一遍中层、一遍面层，三遍成活。

(2) 高级抹灰：二遍底层、一遍中层、一遍面层，四遍成活。

### 3.2.2　工程量计算规则

**1. 墙面抹灰（清单编码：011201）**

墙面抹灰工程量计算规则见表3.8。

**表3.8　墙面抹灰工程量计算规则**

| 墙面抹灰 | 计量单位 | 计算规则 | 工作内容 |
|---|---|---|---|
| 清单规则 | $m^2$ | 按设计图示尺寸以面积计算。扣除墙裙、门窗洞口及单个 0.3 $m^2$ 以外的孔洞所占面积。不扣除踢脚线、挂镜线和墙与构件交接处的面积。门窗洞口和孔洞的侧壁及顶面不增加面积。附墙柱、梁、垛、烟囱侧壁并入相应的墙面面积内 | 1. 清理基层<br>2. 砂浆制作、运输<br>3. 底层抹灰<br>4. 抹面灰<br>5. 抹装饰面<br>6. 抹分格缝 |
| 定额规则 | | 1. 外墙抹灰面积按外墙垂直投影面积计算<br>2. 外墙裙抹灰面积按其长度乘以高度计算<br>3. 内墙抹灰面积按主墙间的净长乘以高度计算；无墙裙的，高度按室内楼地面至天棚底面计算；有墙裙的，高度按墙裙顶至天棚底面计算<br>4. 内墙裙抹灰面按内墙净长乘以高度计算 | |

注：墙面抹灰（011201）清单项目包括墙面一般抹灰（011201001）、墙面装饰抹灰（011201002）、墙面勾缝（011201003）、立面砂浆找平层（011201004）四项内容。

### 2. 柱（梁）面抹灰/零星项目抹类（清单编码：011202/011203）

墙面抹灰工程量计算规则见表3.9。

**表3.9 墙面抹灰工程量计算规则**

| 墙面抹灰 | 计量单位 | 计算规则 | 工作内容 |
|---|---|---|---|
| 清单规则 | $m^2$ | 1. 柱（梁）的抹灰按设计图示断面周长乘高度以面积计算<br>2. 零星抹灰按设计图示尺寸以面积计算 | 1. 清理基层<br>2. 砂浆制作、运输<br>3. 底层抹灰<br>4. 抹面灰<br>5. 抹装饰面<br>6. 抹分格缝 |
| 定额规则 | | | |

注：柱（梁）面抹灰（011202）清单项目包括柱（梁）面一般抹灰（011202001）、柱（梁）面装饰抹灰（011202002）、柱（梁）面砂浆找平层（011202003）、柱面勾缝（011202004）四项内容。

零星项目（011203）包括零星项目一般抹灰（011203001）、零星项目装饰抹灰（011203002）、零星项目砂浆找平（011203003）三项内容。

### 3. 墙、柱面及零星镶贴（清单编码：011204/011205/011206）

墙面抹灰工程量计算规则见表3.10。

**表3.10 墙面抹灰工程量计算规则**

| 墙、柱面及零星镶贴 | 计量单位 | 计算规则 | 工作内容 |
|---|---|---|---|
| 清单规则 | $m^2$ | 墙、柱面及零星镶贴块料按镶贴表面积计算 | 1. 清理基层<br>2. 砂浆制作、运输<br>3. 黏结层铺贴<br>4. 面层安装<br>5. 嵌缝<br>6. 刷防护材料<br>7. 磨光、酸洗、打蜡 |
| 定额规则 | | 1. 墙、柱面镶贴块料面层按实贴面积以平方米计算，不扣除0.1 $m^2$ 以内的孔洞所占面积<br>2. 柱头、柱帽按“个”计算<br>3. 零星镶贴块料按设计图示尺寸展开面积计算 | 1. 清理基层<br>2. 砂浆制作、运输<br>3. 贴面层及清洁表面<br>4. 嵌缝 |

注：墙面块料面层（011204）清单项目包括石材墙面（011204001）、拼碎石材墙面（011204002）、块料墙面（011204003）、干挂石材钢骨架（021204004）四项内容。

柱（梁）面镶贴块料（011205）清单项目包括石材柱面（011205001）、块料柱面（011205002）、拼碎块柱面（011205003）、石材梁面（011205004）、块料梁面（011205005）五项内容。

镶贴零星块料（011206）清单项目包括石材零星项目（011206001）、拼碎块零星项目（011206002）、块料零星项目（011206003）三项内容。

### 4. 墙、柱面饰面（清单编码：011207/011208）

墙面抹灰工程量计算规则见表3.11。

表 3.11　墙面抹灰工程量计算规则

| 类　别 | 计量单位 | 计 算 规 则 | 工 作 内 容 |
|---|---|---|---|
| 清单规则 | $m^2$ | 1. 墙饰面按设计图示墙净长乘以净高以面积计算，扣除门窗洞口及单个 0.3 $m^2$ 以内的孔洞所占面积<br>2. 柱饰面按设计图示饰面外围尺寸以面积计算。柱帽、柱墩并入相应柱饰面工程量内计算 | 1. 清理基层<br>2. 龙骨制作、运输、安装<br>3. 钉隔离层<br>4. 基层铺钉<br>5. 面层铺贴 |
| 定额规则 | $m^2$ | 1. 墙、柱、梁面木装饰龙骨、基层、面层工程量按实铺面层以平方米计算，附墙垛、门窗洞侧壁按展开面积并入墙面面积内<br>2. 柱、梁侧面的凹凸造型展开计算，合并在相应的墙柱梁面积内 | 1. 清理基层<br>2. 砂浆制作、运输<br>3. 底层抹灰<br>4. 龙骨或基层或面层内容 |

注：墙饰面（011207）清单项目包括墙面装饰板（011207001）、墙面装饰浮雕（011207002）两项内容。
柱（梁）饰面（011208）包括柱（梁）面装饰（011208001）、成品装饰柱（011208002）两项内容。

### 5. 隔断（清单编码：011210）

墙面抹灰工程量计算规则见表 3. 12。

表 3.12　墙面抹灰工程量计算规则

| 隔断 | 计量单位 | 计 算 规 则 | 工 作 内 容 |
|---|---|---|---|
| 清单规则 | $m^2$ | 1. 按设计图示框外围尺寸以面积计算。扣除单个 0.3 $m^2$ 以上的孔洞所占的面积<br>2. 浴厕门的材质与隔断相同时，门的面积并入隔断面积内 | 1. 隔断制作、运输、安装<br>2. 嵌缝、塞口<br>3. 装订压条 |
| 定额规则 | $m^2$ | 1. 半玻隔断按框外边线以平方米计算<br>2. 全玻隔断按框外围面积计算，扣除门窗洞口所占面积，全玻隔断的不锈钢边框按边框展开面积计算<br>3. 玻璃砖、花式隔断、木格式隔断以框外围面积计算<br>4. 浴厕木隔断，其高度自下横档底面算至上横档顶面以平方米计算，门扇面积并入隔断面积内 | 1. 隔断制作、安装<br>2. 嵌缝、塞口<br>3. 装订压条 |

注：隔断（020209）清单项目包括木隔断（011210001）、金属隔断（011210002）、玻璃隔断（011210003）、塑料隔断（011210004）、成品隔断（011210005）、其他隔断（011210006）六项内容。

### 6. 幕墙工程（清单编码：011209）

墙面抹灰工程量计算规则见表 3. 13。

表 3.13　墙面抹灰工程量计算规则

| 幕　墙 | 计量单位 | 计算规则 | 工作内容 |
|---|---|---|---|
| 清单规则 | $m^2$ | 1. 带骨架幕墙按设计图示框外围尺寸以面积计算，与幕墙同种材质的窗所占面积不扣除<br>2. 全玻幕墙按设计图示尺寸以面积计算，带肋全玻幕墙按展开面积计算 | 1. 骨架制作、运输、安装<br>2. 面层安装<br>3. 嵌缝、塞口<br>4. 清洗 |
| 定额规则 | $m^2$ | 1. 玻璃幕墙铵框外围面积计算，扣除门窗洞口所占面积<br>2. 幕墙与建筑顶端、两侧的封边按图示尺寸以面积计算 | 1. 骨架制作、安装<br>2. 面层安装<br>3. 嵌缝、塞口<br>4. 清扫 |

注：幕墙（011209）清单项目包括带骨架幕墙（011209001）、全玻幕墙（011209002）两项内容。

### 3.2.3 定额计算规则补充和说明

（1）一般抹灰：石灰砂浆 15 mm，混合砂浆 21 mm，水泥砂浆（普通）18 mm，水泥砂浆（高级）25 mm。混凝土基层在此基础上另增一遍 4 mm 水泥砂浆刮糙层。

（2）圆弧形、锯齿形、不规则形墙柱面抹灰，按相应项目人工乘系数 1.15。

（3）零星抹灰和零星镶贴块料适用于 0.5 $m^2$ 以内少量分散的装饰。

（4）独立梁面抹灰按设计图示尺寸以梁断面周长乘以长度以面积计算。

（5）附墙柱按展开面积以平方米计算。

**案例 3–3**　计算外墙面抹灰的工程量。

某建筑平面及立面示意图如图 3.4 所示，外墙面为 1∶2 水泥砂浆抹灰。门窗尺寸分别为：M－1，900 mm×2000 mm；M－2，1200 mm×2000 mm；M－3，1000 mm×2000 mm；C－1，1500 mm×1500 mm；C－2，1800 mm×1500 mm；C－3，3000 mm×1500 mm，计算外墙面抹灰的清单工程量。若抹灰工艺为基层上刷素水泥浆一遍，9 mm 厚 1∶1∶6 混合砂浆打底，5 mm 厚 1∶0.3∶2.5 混合砂浆罩面压光，试编制该项目的工程量清单。

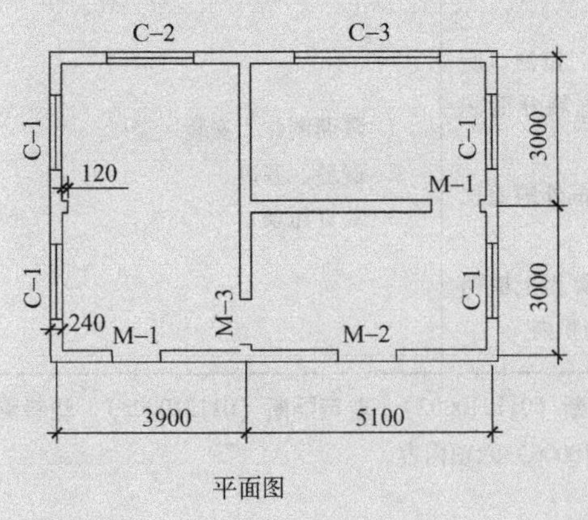

平面图

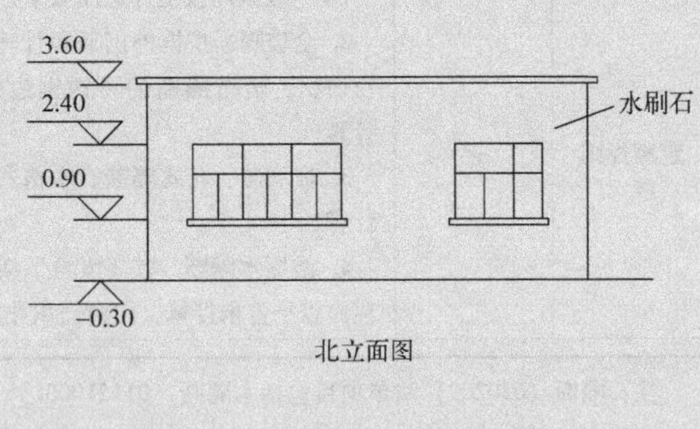

北立面图

图 3.4　某建筑平面及立面示意图

**解：**（1）计算外墙面抹灰的清单工程量。

外墙中心线长度 $L_{中}=(3.9+5.1+3\times2)\times2=30$（m）

外墙外边线长度 $L_{外}=L_{中}+4\times0.24=30+4\times0.24=30.96$（m）

外墙抹灰的高度 $H=3.6+0.3=3.9$（m）

外墙抹灰工程量 = 外墙面工程量 - 门洞口工程量

$=30.96\times3.9-4\times1.5\times1.5-1.8\times1.5-3.0\times1.5-0.9\times2.0-1.2\times2.0$

$=100.34$（$m^2$）

（2）编制该项目的工程量清单（见表3.14）。

**表3.14　工程量清单与计价**

| 序号 | 项目编码 | 项目名称 | 项目特征描述 | 计量单位 | 工程量 | 金额 | | |
|---|---|---|---|---|---|---|---|---|
| | | | | | | 综合单价 | 合价 | 暂估价 |
| 1 | 011201001001 | 墙面一般抹灰 | 1. 墙体类型：砖外墙<br>2. 底层厚度、砂浆配合比：基层上刷素水泥浆一遍、9 mm厚1:1:6混合砂浆打底<br>3. 面层厚度、砂浆配合比：5 mm厚1:0.3:2.5混合砂浆罩面压光 | $m^2$ | 100.34 | | | |

## 实训9　某营业厅墙面的装饰工程量计算

### 1. 实训目的

通过对某营业厅墙面工程量清单的编制练习，初步熟悉家装施工图，掌握墙面工程量计算规则。

### 2. 实训任务

根据某营业厅装饰施工图，编制已给定图纸的工程量。

（1）编制内墙面的清单工程量并编制该项目的工程量清单。

（2）编制外墙裙的清单工程量并编制该项目的工程量清单。

### 3. 背景资料

（1）某工程平面、立面及剖面图（如图3.5所示）。

（2）该施工图除标高以米计外，其余均以毫米计。

（3）内、外墙面均抹混合砂浆，做法：1:1:6混合砂浆抹灰15 mm厚，1:0.5:3混合砂浆抹灰5 mm厚。

（4）外墙裙采用1:2水泥砂浆抹25 mm厚。

### 4. 实训要求

（1）学生应在教师指导下，独立认真地完成各项项目内容。

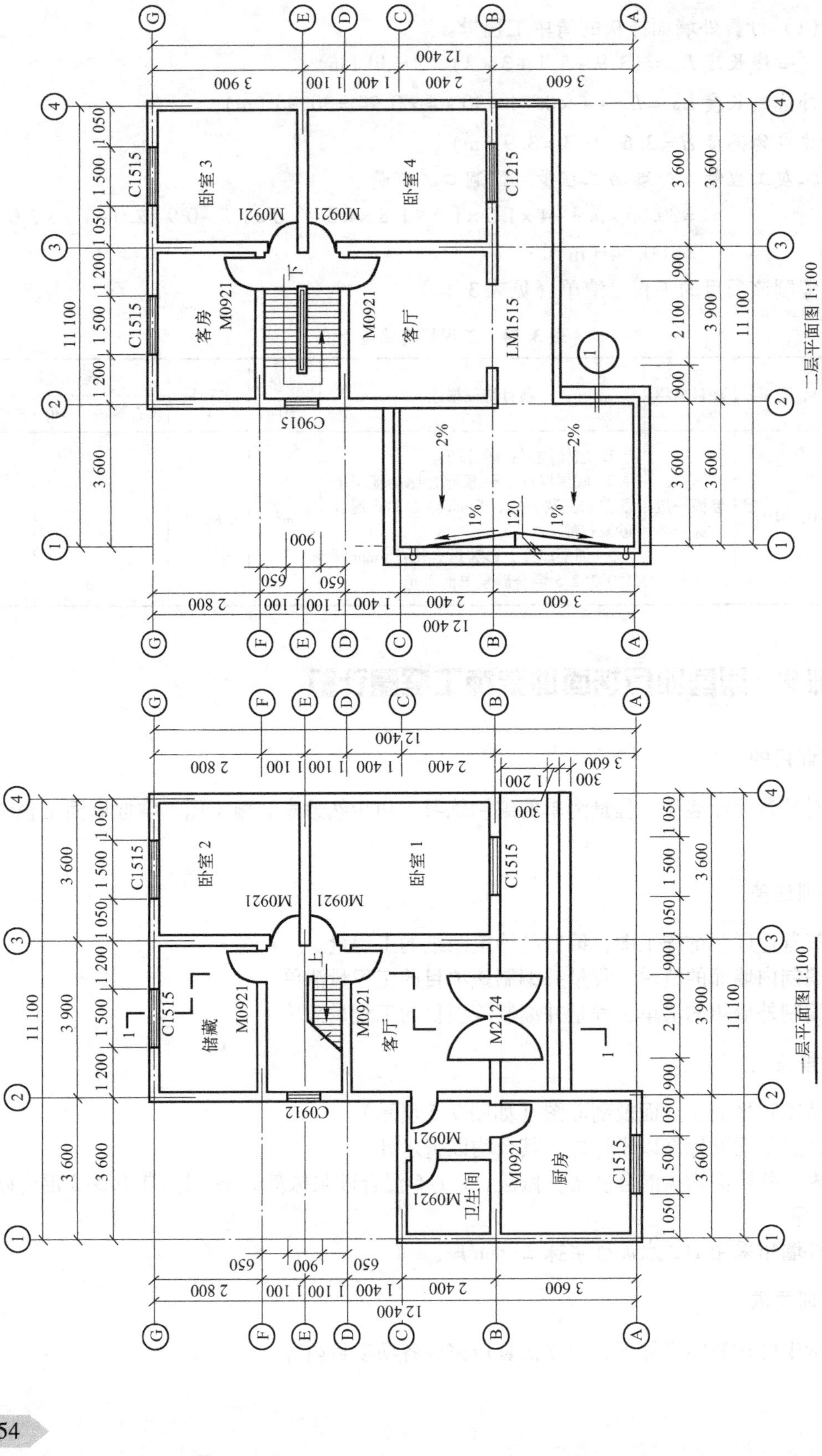

图3.5 某营业厅装饰施工图

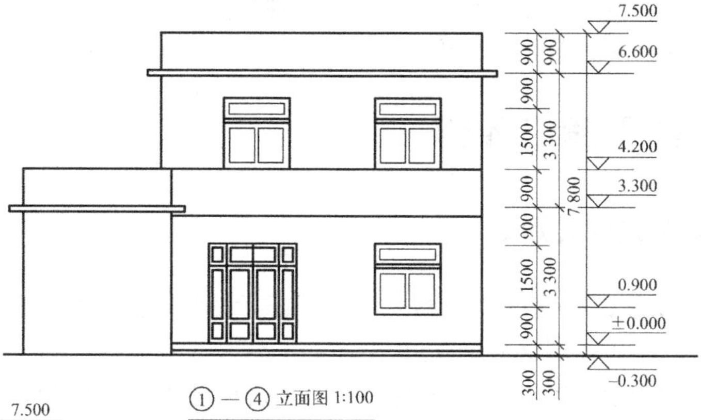

①—④立面图 1:100

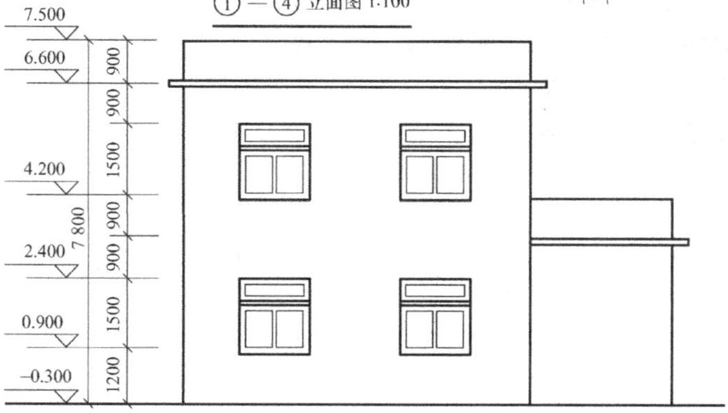

④—①立面图 1:100

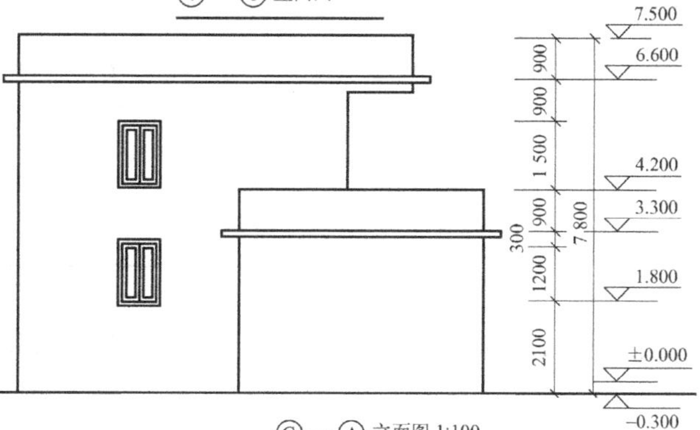

Ⓖ—Ⓐ立面图 1:100

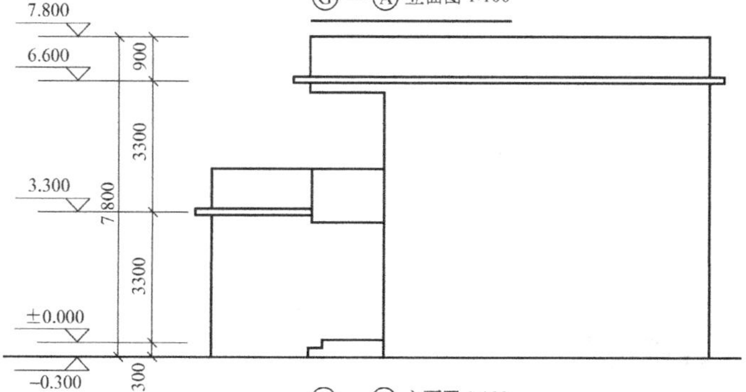

Ⓐ—Ⓖ立面图 1:100

图3.5 某营业厅装饰施工图（续）

（2）工程量计算正确，项目内容完整，无丢项现象。

（3）提交统一规定的工程量计算书。

## 3.3 天棚工程工程量计算

### 3.3.1 天棚工程相关知识

（1）天棚按构造形式不同分为直接式天棚和悬吊式天棚（吊顶）。吊顶主要由吊杆（筋）、龙骨、基层材料、面层材料组成。

（2）龙骨类型分为上人或不上人两类，根据其造型的不同可分为平面、跌级、锯齿形（如图3.6所示）、阶梯形（如图3.7所示）、吊挂式（如图3.8所示）、藻井式（如图3.9所示）及矩形、圆弧形、拱形等类型。

（3）井字梁天棚系指井内面积≤5 $m^2$ 的密肋小梁天棚。

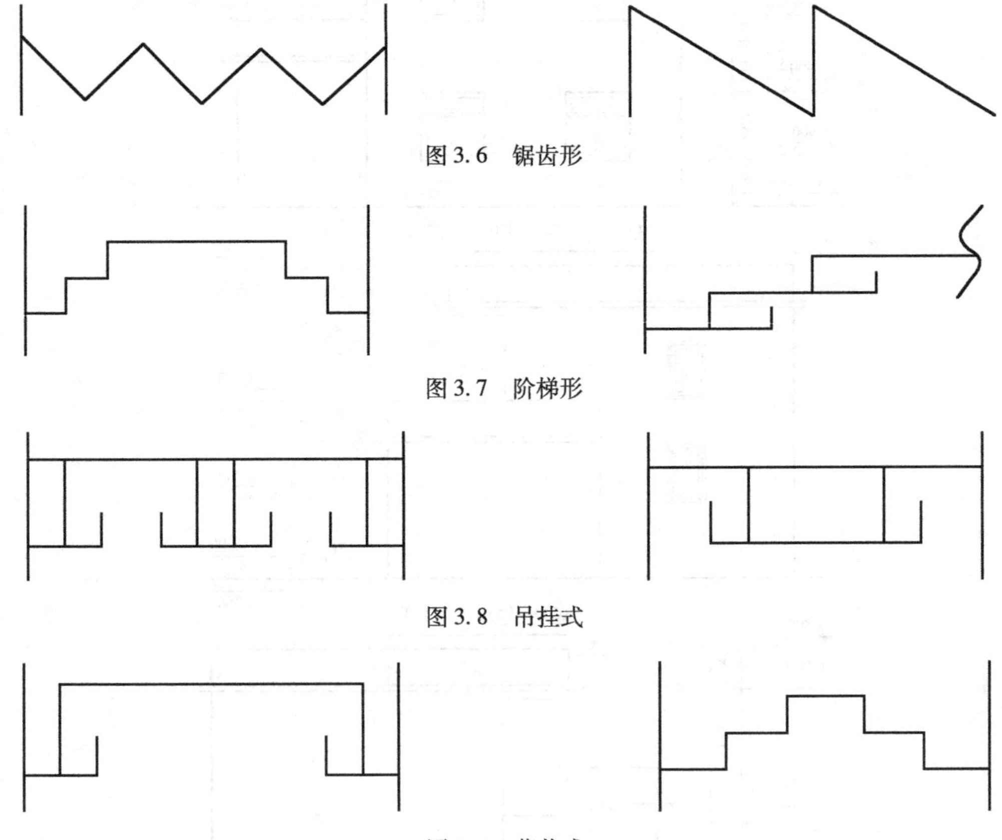

图3.6　锯齿形

图3.7　阶梯形

图3.8　吊挂式

图3.9　藻井式

### 3.3.2 工程量计算规则

**1. 天棚抹灰（清单编码；020301）**

天棚抹灰工程量计算规则见表3.15。

表 3.15　天棚抹灰工程量计算规则

| 天棚抹灰 | 计量单位 | 计算规则 | 工作内容 |
|---|---|---|---|
| 清单规则 | $m^2$ | 按设计图示尺寸以水平投影面积计算。不扣除间壁墙、垛、柱、附墙烟囱、检查口和管道所占的面积，带梁天棚、梁两侧抹灰面积并入天棚面积内，板式楼梯底面抹灰按斜面积计算，锯齿形楼梯底板抹灰按展开面积计算 | 1. 清理基层<br>2. 分层抹灰找平<br>3. 抹装饰线条 |
| 定额规则 | $m^2$ | 天棚抹灰面积按墙与墙间的净空面积计算，不扣除间壁墙(厚度≤120 mm 的墙体)、垛、附墙烟囱、检查洞、天棚装饰线脚、管道以及≤0.3 $m^2$ 的占位面积 | 1. 清理基层<br>2. 分层抹灰找平 |

**2. 天棚吊顶（清单编码：011302）**

天棚吊顶工程量计算规则见表 3.16。

表 3.16　天棚吊顶工程量计算规则

| 天棚吊顶 | 计量单位 | 计算规则 | 工作内容 |
|---|---|---|---|
| 清单规则 | $m^2$ | 按设计图示尺寸以水平投影面积计算。天棚面中的灯槽及跌级、锯齿形、吊挂式、藻井式天棚面积不展开计算，不扣除间壁墙、检查口、附墙烟囱、柱垛和管道所占面积，扣除单个 0.3 $m^2$ 以外的孔洞、独立柱及与天棚相连的窗帘盒所占的面积 | 1. 基层清理、吊杆安装<br>2. 龙骨安装<br>3. 基层板铺设<br>4. 面层铺贴<br>5. 嵌缝<br>6. 刷防护材料 |
| 定额规则 | $m^2$ | 1. 天棚龙骨按主墙间净空面积计算，不扣除间壁墙、检查口、附墙烟囱、柱、垛和管道所占的面积，但天棚中的折线、迭落等圆弧形、高低灯槽等面积不展开计算<br>2. 天棚面层按实铺面积计算，不扣除 0.1 $m^2$ 以内的占位面积，应扣除与天棚相连的窗帘盒所占的面积。天棚中的折线、迭落等圆弧形、拱形、高低灯槽及其他艺术形式天棚面层，按展开面积计算 | 1. 基层清理<br>2. 龙骨安装<br>3. 基层板铺设<br>4. 面层铺贴 |

注：天棚吊顶（011302）清单项目包括吊顶天棚（011302001）、格栅吊顶（011302002）、吊筒吊顶（011302003）、藤条造型悬挂吊顶（011302004）、织物软雕吊顶（011302005）、装饰网架吊顶（011302006）六项内容。

### 3.3.3　定额计算规则补充和说明

（1）槽形板底、混凝土折瓦板底、密肋板底、井字梁板底抹灰工程量按表 3.17 规定乘以系数计算。

表 3.17　槽形板底、混凝土折瓦板底、密肋板底、井字梁板底抹灰工程量系数

| 项　目 | 系　数 | 工程量计算方法 |
|---|---|---|
| 槽形底板、混凝土折瓦板底 | 1.35 | 梁肋不展开，以长乘以宽计算 |
| 密肋板底、井字梁板底 | 1.50 | |

（2）有梁板底抹灰按展开面积计算，梁两侧抹灰面积并入天棚面积内。

（3）天棚抹灰定额内已综合考虑了小圆角的工料，如带有装饰线角者，分别按小于或等于三道线或小于或等于五道线，以延长米计算。

（4）阳台底面抹灰按设计图示尺寸以水平投影面积计算，并入相应天棚抹灰面积内。阳台如带悬臂梁者，其工程量乘以系数1.30。

（5）雨篷底面抹灰按设计图示尺寸以水平投影面积计算，并入相应天棚抹灰面积内。雨篷如带悬臂梁者，其工程量乘以系数1.20。

（6）檐口天棚的抹灰，并入相应的天棚抹灰工程量内计算。

（7）楼梯底面抹灰工程量（包括楼梯休息平台）按水平投影面积计算，有斜顶的乘以系数1.30；无斜顶的（锯齿形）乘以系数1.50，按天棚抹灰定额计算。

**案例3-4** 计算天棚抹灰的工程量。

如图3.10所示，求现浇混凝土井字梁天棚的清单工程量。若天棚施工工艺为刷水泥浆一道、15 mm厚1∶2混合砂浆，试编制该项目的工程量清单。

**解：**（1）计算清单工程量。

主墙间的净空面积 $=(9-0.24)\times(6-0.24)=50.46(\text{m}^2)$

主梁L1侧面展开面积 $=[(9-0.24)\times(0.7-0.1)-0.2\times0.2\times2]\times2$ 面 $\times2$ 道 $=20.70\ (\text{m}^2)$

次梁L2侧面展开面积 $=[(6-0.24-0.3\times2)\times(0.3-0.1)]\times2$ 面 $\times2$ 道 $=4.13\ (\text{m}^2)$

天棚抹灰清单工程量 $=50.46+20.70+4.13=75.29(\text{m}^2)$

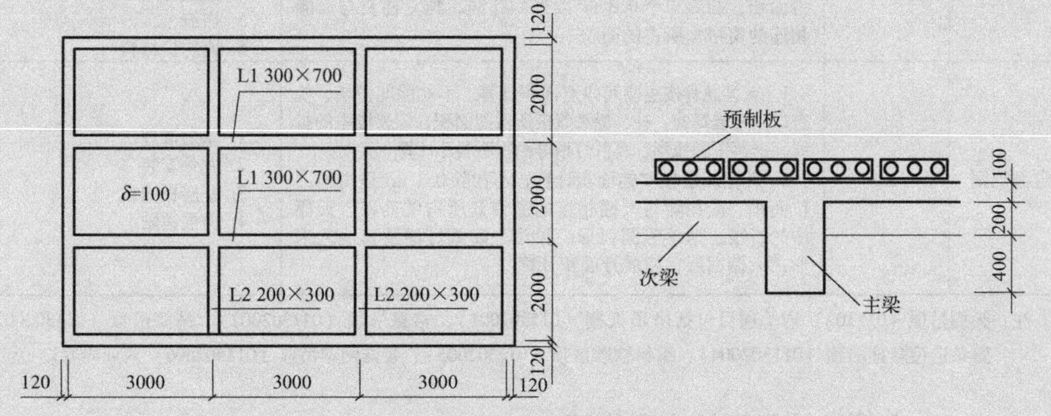


图3.10 井字梁天棚

（2）计价定额工程量 $=(9-0.24)\times(6-0.24)\times1.5=75.69\ (\text{m}^2)$

（3）编制该项目的工程量清单（见表3.18）。

**表3.18 工程量清单与计价**

| 序号 | 项目编码 | 项目名称 | 项目特征描述 | 计量单位 | 工程量 | 金额 | | |
|---|---|---|---|---|---|---|---|---|
| | | | | | | 综合单价 | 合价 | 暂估价 |
| 1 | 011301001001 | 天棚抹灰 | 1. 基层类型：预制混凝土板<br>2. 抹灰厚度、材料种类：刷水泥浆一道、15 mm厚混合砂浆 | m² | 75.29 | | | |

# 实训 10　某家装天棚工程量计算

**1. 实训目的**

通过对某家装工程天棚装饰设计图编制工程量清单的练习，初步熟悉家装施工图，掌握墙面工程量计算规则。

**2. 实训任务**

根据某家装天棚装饰施工图，编制已给定图纸的清单工程量。

（1）计算天棚抹灰的清单工程量。

（2）编制天棚抹灰的清单工程量。

**3. 背景资料**

（1）某住宅天棚家装施工图（如图 3.11 所示）。

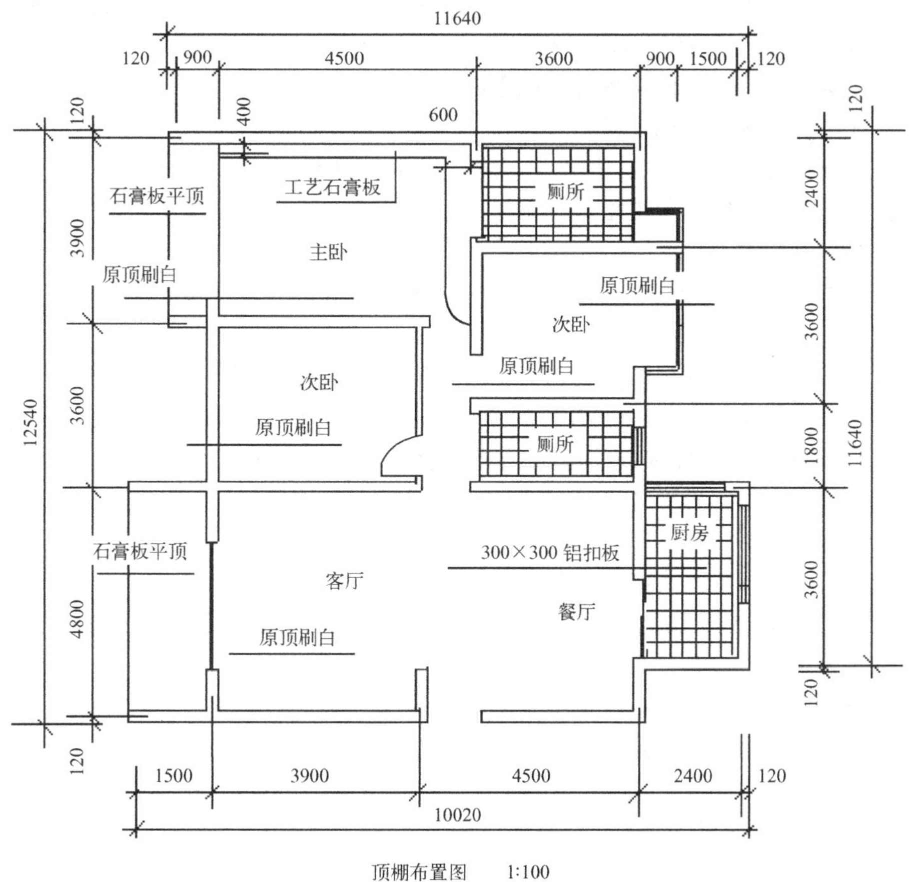


图 3.11　某住宅天棚家装施工图

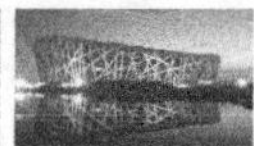

（2）该施工图除标高以米计外，其余均以毫米计。

（3）厨房采用300 mm×300 mm浅蓝色铝扣板，卫生间采用300 mm×300 mm浅灰色铝扣板。

（4）除厨房、卫生间、主卧石膏板以外，其余均采用1∶3混合砂浆抹灰。

**4. 实训要求**

（1）学生应在教师指导下，独立认真地完成各项项目内容。

（2）工程量计算正确，项目内容完整，无丢项现象。

（3）提交统一规定的工程量计算书。

## 3.4 门窗工程工程量计算

### 3.4.1 门窗工程相关知识

本分部包括的内容有：普通木门制作、安装；普通木窗制作、安装；金属门安装；铝合金门制作、安装；铝合金门（成品）安装；塑钢门安装；金属窗安装：铝合金窗制作、安装；铝合金窗（成品）安装；塑钢窗安装。

一般预算定额中，木材按树种分为以下四类。

一类：红松、水桐木、樟子松。

二类：白松（方杉、冷杉）、杉木、杨木、柳木、椴木。

三类：青松、黄花松、秋子松、马尾松、东北榆木、柏木、苦楝木、梓木、黄菠萝、椿木、楠木、柚木、樟木。

四类：栎木（柞木）、檀木、槐木、荔木、麻栗木（麻栎、青钢）、桦木、荷木、水曲柳、华北榆木。

平开木窗是由窗框和窗扇组成的，必要时可增设筒子板、贴脸、窗台板等。

木框断面毛料尺寸与净料尺寸的关系：定额中所注明的木材截面或厚度均以毛料为准，而设计注明的断面为净断面时，应增加刨光损耗，枋板材一面刨光加3 mm，两面刨光加5 mm；屋架、檩木一面刨光加2 mm，两面刨光加4 mm。

一般门的类型是由门扇区别的。

（1）镶板门：全部用冒头结构镶板者，称“镶板门”。

（2）半玻门：在同一门扇上装玻璃和镶板（钉板），且玻璃面积大于或等于镶板（钉板）面积的二分之一者，称“半玻门”。

（3）全玻门：在同一门扇上无镶板（钉板）全部装玻璃者，称“全玻门”。

（4）拼板门：用上下冒头或带一根中冒头钉企口板，板面起三角槽者，称“拼板门”。

### 3.4.2 工程量计算规则

**1. 普通木门、窗（清单编码：010801/010806）**

普通木门、窗工程量计算规则见表3.19。

表 3.19　普通木门、窗工程量计算规则

| 木门、窗 | 计量单位 | 计算规则 | 工作内容 |
|---|---|---|---|
| 清单规则 | 1. 樘<br>2. $m^2$ | 1. 以樘计量，按设计图示数量计算<br>2. 以平方米计量，按设计图示洞口尺寸计算面积 | 1. 门、窗安装<br>2. 五金、玻璃安装 |
| 定额规则 | $m^2$ | 普通木门、窗按设计图示洞口尺寸计算面积 | 1. 木门、窗框制作<br>2. 木门、窗、玻璃安装、一般五金安装 |
| | $m^2$ | 普通木门、窗运输按门窗制作工程量计，单运门框或窗扇时乘以 0.5 | 3. 木门、窗运输工程量 |
| | 个 | 按安装的实际个数计算 | 4. 安装贵重五金 |

注：木门（010801）清单项目包括木质门（010801001）、木质门带套（010801002）、木质连窗门（010801003）、木质防火门（010801004）、木门框（010801005）、门锁安装（010801006）六项工程。

木窗（010806）清单项目包括木质窗（010806001）、木飘（凸）窗（010806002）、木橱窗（010806003）、木纱窗（010806004）四项工程。

### 2. 金属门、窗（清单编码：010802/010807）

金属门、窗工程量计算规则见表 3.20。

表 3.20　金属门、窗工程量计算规则

| 金属门、窗 | 计量单位 | 计算规则 | 工作内容 |
|---|---|---|---|
| 清单规则 | 1. 樘<br>2. $m^2$ | 1. 以樘计量，按设计图示数量计算<br>2. 以平方米计量，按设计图示洞口尺寸计算面积 | 1. 门窗安装<br>2. 五金、玻璃安装 |
| 定额规则 | $m^2$ | 按设计图示洞口尺寸计算面积 | 1. 门、窗扇制作（纱扇制作）<br>2. 门、窗扇安装（纱扇安装）<br>3. 装配一般五金配件 |
| | 元 | 金属门、窗运输费按实计算 | 金属门、窗的场外运输 |

注：金属门（010802）清单项目包括金属（塑钢）门（010802001）、彩板门（010802002）、钢质防火门（010802003）、防盗门（010802004）四项工程。

金属窗（010807）清单项目包括金属（塑钢、断桥）窗（010807001）、金属防火窗（010807002）、金属窗百叶（010807003）、金属纱窗（010807004）、金属格栅窗（010807005）、金属（塑钢、断桥）橱窗（010807006）、金属（塑钢、断桥）飘（凸）窗（010807007）、彩板窗（010807008）、复合材料窗（010807009）九项工程。

## 3.4.3　定额计算规则补充和说明

### 1. 定额计算规则的补充

(1) 普通木门窗、工业木窗，如设计规定为部分框上安装玻璃者，扇的制作、安装与框

上安玻璃的工程量应分别列项计算，框上安玻璃的工程量应以安装玻璃部分的框外围面积计算。

（2）门连窗的窗扇和门扇制作、安装应分别列项计算，但门窗相连的框可并入木门框工程量内，按普通木门框制作、安装项目执行。

**2. 定额计算规则的说明**

（1）普通木门、窗框的制作项目，若设计框料断面与附注规定不同时，项目中烘干木材含量应按比例换算，其他不变。换算时以立边断面为准。

（2）普通木门、窗扇的制作项目，如设计扇料边梃断面与附注规定不同时，项目中烘干木材含量应按比例换算，其他不变。

（3）金属成品门窗安装项目中，门窗附件按包含在成品门窗单价内考虑；铝合金门窗制作、安装项目中未含五金配件，五金配件按“铝合金门、窗（制作）五金配件表”选用。

（4）金属成品门窗项目中，未包含金属门窗的场外运输费，这项费用应包含在成品门窗的购置价格中，若在门窗的材料价格中未予包含，可以按实际的发生额计算。

**案例3–5** 计算某门连窗的制作、安装工程量。

某门窗工程，门为带亮单扇杉木无纱镶板门（框断面50 $cm^2$，30樘），其洞口尺寸如图3.12所示，并安装球形执手锁；窗为铝合金三扇推拉窗（90系列），共20樘，其洞口尺寸如图3.12所示。计算该门窗工程的清单工程量。若门窗油漆为底漆一遍，调和漆两遍，运距4 km，试编制该项目的工程量清单。根据提供的工程量清单，计算该项目内容中的定额工程量。

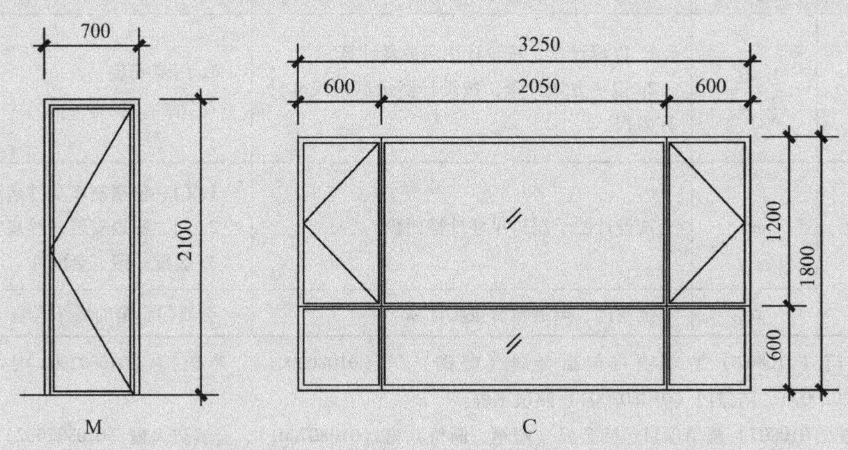


图3.12 某门窗示意图

**解：**（1）计算清单工程量。

① 木质门：30樘

② 金属推拉窗：20樘

（2）编制该项目的工程量清单（见表3.21）。

表 3.21　该项目的工程量清单

| 序号 | 项 目 编 码 | 项目名称 | 项目特征描述 | 计量单位 | 工程量 | 金　额 | | |
|---|---|---|---|---|---|---|---|---|
| | | | | | | 综合单价 | 合价 | 暂估价 |
| 1 | 010801001001 | 木质门 | 1. 门类型：木质门<br>2. 门代号及洞口尺寸：700 mm × 2100 mm | 30 | 樘 | | | |
| 2 | 010807001001 | 金属窗 | 1. 窗代号及洞口尺寸：1800 mm × 2100 mm<br>2. 门框、窗扇材质：铝合金（90 系列） | 20 | 樘 | | | |

(3) 计算该项目内容中的定额工程量。

将提供的工程量清单项目（020401001001）镶板门拆分为镶板门制作、安装、运输、刷漆和安装球形执手锁五个定额子目；（020406001001）金属推拉窗拆分为窗制作、安装、运输三个定额子目。

镶板门定额工程量分别为：

① 镶板门制作工程量 $=0.7\times2.1\times30=44.1$（$m^2$）

② 镶板门安装工程量 $=44.1$（$m^2$）

③ 镶板门运输工程量 $=44.1$（$m^2$）

④ 镶板门油漆工程量 $=44.1$（$m^2$）

⑤ 安装球形执手锁 =30 把

金属推拉窗定额工程量分别为：

① 金属推拉窗制作工程量 $=3.25\times1.8\times20=117$（$m^2$）

② 金属推拉窗安装工程量 $=117$（$m^2$）

③ 金属推拉窗运输工程量 $=117$（$m^2$）

## 实训 11　某住宅建筑顶层门窗工程量计算

### 1. 实训目的

通过住宅建筑施工图、门窗详图、门窗统计表的识读，熟悉门窗工程量计算方法，掌握门窗工程量计算规则。

### 2. 实训任务

根据住宅建筑施工图，完成已给定图纸的计算。

(1) 门窗清单工程量计算。

(2) 门窗定额工程量计算。

(3) 编制门窗工程量清单。

### 3. 背景资料

(1) 多层房屋部分建筑施工图（如图 3.13 所示）。

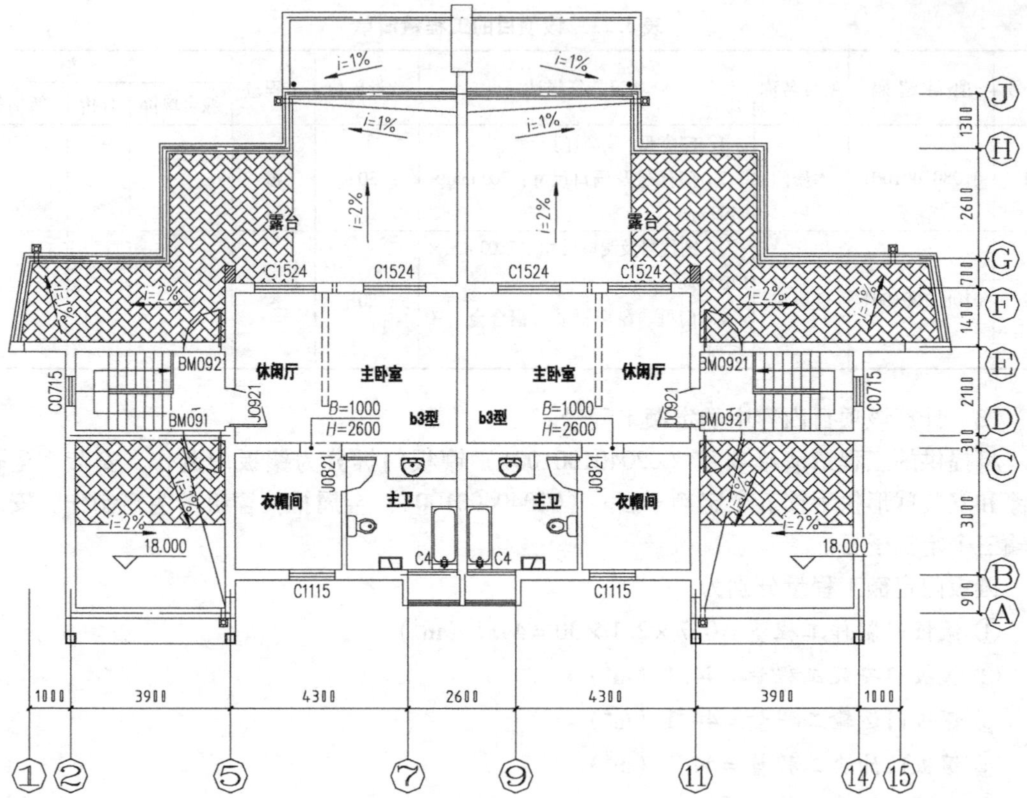

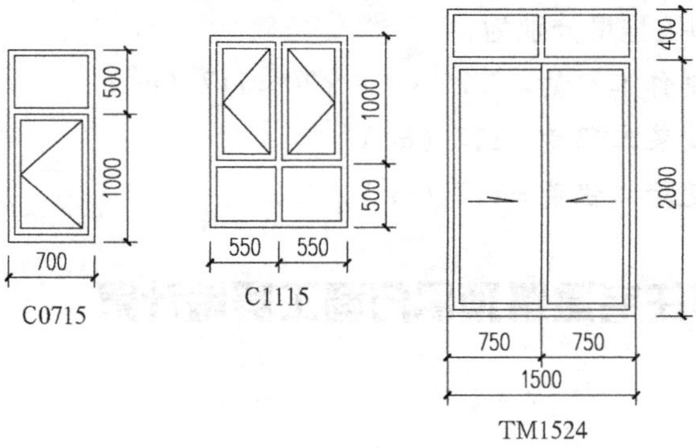

门窗统计表

| 类别 | 设计编号 | 洞口尺寸(mm) | | 距本层楼地面高度(mm) | 备注 |
|---|---|---|---|---|---|
| | | 宽 | 高 | | |
| 窗 | C1115 | 1100 | 1500 | 900 | 塑钢 平开窗 |
| | C1524 | 1500 | 2400 | | 塑钢 落地窗 |
| | C0715 | 700 | 1500 | 900 | 塑钢 平开窗 |
| 门 | BM0921 | 900 | 2100 | | 防盗门 |
| | J0821 | 800 | 2100 | | 木夹板门 |
| | J0921 | 900 | 2100 | | 木夹板门 |

图 3.13　多层房屋部分建筑施工图

（2）该施工图除标高以米计外，其余均以毫米计。

（3）塑钢门窗采用 80 型材，玻璃门大于 1.5 $m^2$ 且小于 3 $m^2$ 采用 5 mm 厚钢化玻璃；大于 3 $m^2$ 采用 8 mm 厚钢化玻璃；其余为 5 mm 厚平板玻璃。

（4）防盗门为厂家供货。

**4. 实训要求**

（1）学生应在教师指导下，独立认真地完成各项项目内容。

（2）工程量计算正确，项目内容完整，无丢项现象。

（3）提交统一规定的工程量计算书。

# 3.5　油漆、涂料、裱糊工程量计算

## 3.5.1　油漆、涂料、裱糊相关知识

（1）油漆根据基层不同可分为木材面油漆、金属面油漆、抹灰面油漆等种类。

（2）涂料按所涂刷部位不同可分为刷喷涂料，花饰、线条刷涂料。

（3）裱糊按材料不同可分为墙纸裱糊、织锦缎裱糊。

（4）木材面油漆、涂料的施工工艺流程：清理基层——找平磨边（泥子填补、打磨）漂白——着色——填孔（润粉）——底漆——面漆——打蜡。

（5）涂料施工方式有刷涂、喷涂、滚涂、弹涂、抹涂等形式。一般经过基层处理、打底子、刮泥子、磨光、涂刷等工序处理。

（6）裱糊施工工艺：基层处理——墙体抹底、中层灰——刮泥子——封闭底涂——润纸刷胶——裱糊。

（7）喷塑涂料施工工艺：基层处理——刷底油——喷点塑（骨架材料）——液压点料喷涂。

## 3.5.2　工程计算规则

**1. 门油漆（清单编码：011401）**

门油漆工程量计算规则见表 3.22。

**表 3.22　门油漆工程量计算规则**

| 类　别 | 计量单位 | 计算规则 | 工作内容 |
| --- | --- | --- | --- |
| 清单规则 | 1. 樘<br>2. $m^2$ | 1. 以樘计量，按设计图示数量计算<br>2. 以平方米计量，按设计图示洞口尺寸计算面积 | 1. 基层清理<br>2. 刮泥子<br>3. 刷防护材料、油漆 |
| 定额规则 | $m^2$ | 按门单面洞口面积以平方米计算，有门套者，按扇外围面积计算。油漆系数见表 3.30 | |

注：门油漆（011401）清单项目包括木门油漆（011401001）、金属门油漆（011401002）两工程。

### 2. 窗油漆（清单编码：011402）

窗油漆工程量计算规则见表3.23。

**表3.23　窗油漆工程量计算规则**

| 类　别 | 计量单位 | 计算规则 | 工作内容 |
|---|---|---|---|
| 清单规则 | 1. 樘<br>2. $m^2$ | 1. 以樘计量，按设计图示数量计算<br>2. 以平方米计量，按设计图示洞口尺寸计算面积 | 1. 基层清理<br>2. 刮泥子<br>3. 刷防护材料、油漆 |
| 定额规则 | $m^2$ | 按窗单面洞口面积以平方米计算，有窗套者，按扇外围面积计算。油漆系数见表3.31 | |

注：窗油漆（011402）清单项目包括木窗油漆（011402001）、金属窗油漆（011402002）等两个工程。

### 3. 木扶手及其他板条线条油漆（清单编码：011403）

木扶手及其他板条线条油漆工程量计算规则见表3.24。

**表3.24　木扶手及其他板条线条油漆工程量计算规则**

| 类　别 | 计量单位 | 计算规则 | 工作内容 |
|---|---|---|---|
| 清单规则 | m | 按设计图示尺寸计算长度 | 1. 基层清理<br>2. 刮泥子<br>3. 刷防护材料、油漆 |
| 定额规则 | m | 按设计图示尺寸计算长度。定额油漆系数见表3.32 | |

注：木扶手及其他板条线条油漆（011403）清单项目包括木扶手油漆（011403001）、窗帘盒油漆（011403002）、封檐板/顺水板油漆（011403003）、挂衣板/黑板框油漆（011403004）、挂镜线/窗帘棍/单独木线油漆（011403005）等五个工程。

### 4. 木材面油漆（清单编码：011404）

木材面油漆工程量计算规则见表3.25。

**表3.25　木材面油漆工程量计算规则**

| 类　别 | 计量单位 | 计算规则 | 工作内容 |
|---|---|---|---|
| 清单规则 | $m^2$ | 按设计图示尺寸以面积计算。另外：间壁墙、木栏杆油漆按单面外围面积计算<br>衣柜、梁柱饰面按油漆部分展开面积计算 | 1. 基层清理<br>2. 刮泥子<br>3. 刷防护材料、油漆 |
| 定额规则 | $m^2$ | 木板、纤维板、胶合板油漆按长×宽以面积计算。其他油漆木材面定额项目分别按表3.33计算 | |

注：木材面油漆（011404）清单项目包括木护墙/木墙裙油漆（011404001）、窗台板/筒子板/盖板/门窗套/踢脚线油漆（011404002）、清水板条天棚/檐口油漆（011404003）、木方格吊顶天棚油漆（011404004）、吸音板墙面/天棚面油漆（011404005）、暖气罩油漆（011404006）、其他木材面油漆（011404007）、木间壁/木隔断油漆（011404008）、玻璃间壁露明墙筋油漆（011404009）、木栅栏/木栏杆油漆（011404010）、衣柜/壁柜油漆（011404011）、梁柱饰面油漆（011404012）、零星木装修油漆（011404013）、木地板油漆（011404014）等工程。

### 5. 金属面油漆（清单编码：011405）

金属面油漆工程量计算规则见表3.26。

表 3.26　金属面油漆工程量计算规则

| 类　别 | 计量单位 | 计算规则 | 工作内容 |
|---|---|---|---|
| 清单规则 | 1. t<br>2. $m^2$ | 1. 以吨计量，按设计图示尺寸计算质量<br>2. 以平方米计量，按设计展开面积计算 | 1. 基层清理<br>2. 刮泥子<br>3. 刷、喷涂料 |
| 定额规则 | t | 按设计图示尺寸计算质量 | |

注：金属面油漆（011405）清单项目包括金属面油漆（011405001）等工程。

### 6. 抹灰面油漆（清单编码：011406）

抹灰油漆工程量计算规则见表 3.27。

表 3.27　抹灰油漆工程量计算规则

| 类　别 | 计量单位 | 计算规则 | 工作内容 |
|---|---|---|---|
| 清单规则 | $m^2$ | 按设计图示尺寸计算面积 | 1. 基层清理<br>2. 刮泥子<br>3. 刷、喷涂料 |
| 定额规则 | $m^2$ | 楼地面、天棚面、墙、柱、梁抹灰面油漆的工程量计算，按相应装饰部分工程量计算规则计算 | |

注：抹灰面油漆（011406）清单项目包括抹灰面油漆（011406001）、抹灰线条油漆（011406002）、满刮泥子（011406003）等工程。

### 7. 喷刷涂料（清单编码：011407）

喷刷涂料工程量计算规则见表 3.28。

表 3.28　喷刷涂料工程量计算规则

| 类　别 | 计量单位 | 计算规则 | 工作内容 |
|---|---|---|---|
| 清单规则 | $m^2$ | 按设计图示尺寸计算面积 | 1. 基层清理<br>2. 刮泥子<br>3. 刷、喷涂料 |
| 定额规则 | $m^2$ | 楼地面、天棚面、墙、柱、梁面裱糊的工程量计算，按相应装饰部分工程量计算规则计算 | |

注：喷刷涂料（011407）清单项目包括墙面喷刷涂料（011407001）、天棚喷刷涂料（011407002）、空花格/栏杆刷涂料（011407003）、线条刷涂料（011407004）、金属构件刷防火涂料（011407005）、木材构件喷刷涂料（011407006）等工程。

### 8. 裱糊（清单编码：011408）

裱糊工程量计算规则见表 3.29。

表 3.29　裱糊工程量计算规则

| 类　别 | 计量单位 | 计算规则 | 工作内容 |
|---|---|---|---|
| 清单规则 | $m^2$ | 按设计图示尺寸计算面积 | 1. 基层清理<br>2. 刮泥子<br>3. 面层铺贴<br>4. 刷防护涂料 |
| 定额规则 | $m^2$ | 楼地面、天棚面、墙、柱、梁面裱糊的工程量计算，按相应装饰分部工程量计算规则计算 | |

注：裱糊（011408）清单项目包括墙纸裱糊（011408001）、织锦缎裱糊（011408002）等工程。

### 3.5.3 定额计算规则补充和修正

（1）定额中的单层木门刷油是按双面刷油考虑的。例如，采用单面刷油，其定额含量要乘以0.49的系数。

（2）定额中的隔墙、护壁、柱、天棚木龙骨及木地板中木龙骨带毛地板，刷防火涂料工程量计算规则如下。

① 隔墙、护壁木龙骨按其面层正立面投影面积计算。

② 柱木龙骨按其面层外围面积计算。

③ 天棚木龙骨按其水平投影面积计算。

④ 木地板木龙骨按地板面积计算。

（3）木楼梯（不包括底面）油漆，按水平投影面积乘以2.3的系数，执行木地板油漆相应子目。

（4）定额油漆工程量分别按表3.30～表3.35相应的计算规则计算。

**表3.30　木门定额的油漆系数表**

| 项目名称 | 系　数 | 工程量计算方法 |
|---|---|---|
| 单层木门 | 1.00 | 按单面洞口面积计算 |
| 双层（一玻一纱）木门 | 1.36 | |
| 双层（单裁口）木门 | 2.00 | |
| 单层全玻门 | 0.83 | |
| 木百叶门 | 1.25 | |

**表3.31　木窗定额的油漆系数表**

| 项目名称 | 系　数 | 工程量计算方法 |
|---|---|---|
| 单层玻璃窗 | 1.00 | 按单面洞口面积计算 |
| 双层（一玻一纱）木窗 | 1.36 | |
| 双层（单裁口）木窗 | 2.00 | |
| 木百叶窗 | 1.50 | |

**表3.32　木扶手定额的油漆系数表**

| 项目名称 | 系　数 | 工程量计算方法 |
|---|---|---|
| 木扶手（不带托板） | 1.00 | 按延长米计算 |
| 木扶手（带托板） | 2.60 | |
| 窗帘盒 | 2.04 | |
| 挂衣板、黑板框、单独木线条100 mm以外 | 0.52 | |
| 挂镜线、窗帘棍、单独木线条100 mm以内 | 0.40 | |

表 3.33　其他木材面定额的油漆系数表

| 项目名称 | 系　数 | 工程量计算方法 |
|---|---|---|
| 木板、纤维板、胶合板天棚 | 1.00 | 按长×宽计算 |
| 木护墙、木墙裙 | 1.00 | |
| 窗台板、筒子板、盖板 | 0.82 | |
| 门窗套、踢脚线 | 1.00 | |
| 木方格吊顶天棚 | 1.20 | |
| 吸音板墙面、天棚面 | 0.87 | |
| 木间壁、木隔断 | 1.90 | 按单面外围面积计算 |
| 木栅栏、木栏杆（带扶手） | 1.82 | |
| 衣柜、壁柜 | 1.00 | 按实刷展开面积计算 |
| 零星木装修 | 0.87 | 按展开面积计算 |
| 梁柱饰面 | 1.00 | 按展开面积计算 |

表 3.34　抹灰面定额的油漆、涂料系数表

| 项目名称 | 系　数 | 工程量计算方法 |
|---|---|---|
| 混凝土楼梯底（斜平顶） | 1.30 | 按水平投影面积（包括休息平台）计算 |
| 混凝土楼梯底（锯齿形） | 1.50 | 按水平投影面积（包括休息平台）计算 |
| 混凝土花格窗、栏杆花饰 | 1.82 | 按单面外围面积计算 |
| 楼地面、天棚、墙、柱、梁面 | 1.00 | 按展开面积计算 |

表 3.35　单层钢门窗定额的油漆、涂料系数表

| 项目名称 | 系　数 | 工程量计算方法 |
|---|---|---|
| 单层钢门窗 | 1 | 按洞口面积计算 |
| 双层（一玻一纱）钢门窗 | 1.48 | |
| 钢百叶钢门 | 2.74 | |
| 半截百叶钢门 | 2.22 | |
| 钢门或包铁皮门 | 1.63 | |
| 钢折叠门 | 2.3 | |
| 射线防护门 | 2.96 | 按框（扇）外围面积计算 |
| 厂库平开、推拉门 | 1.7 | |
| 钢丝网大门 | 0.81 | |

**案例 3-6**　某建筑外墙面刷真石漆，居中立樘，框厚 80 mm，墙厚 240 mm，如图 3.14 所示。试计算外墙真石漆清单工程量和定额工程量。

**解：**（1）计算外墙面真石漆清单工程量。

清单工程量

$=(6+0.24+4.2+0.24)\times2\times(4.5+0.3)-(0.8\times2.2+1.2\times1.2+1.8\times1.5)$

$=96.63(\mathrm{m}^2)$

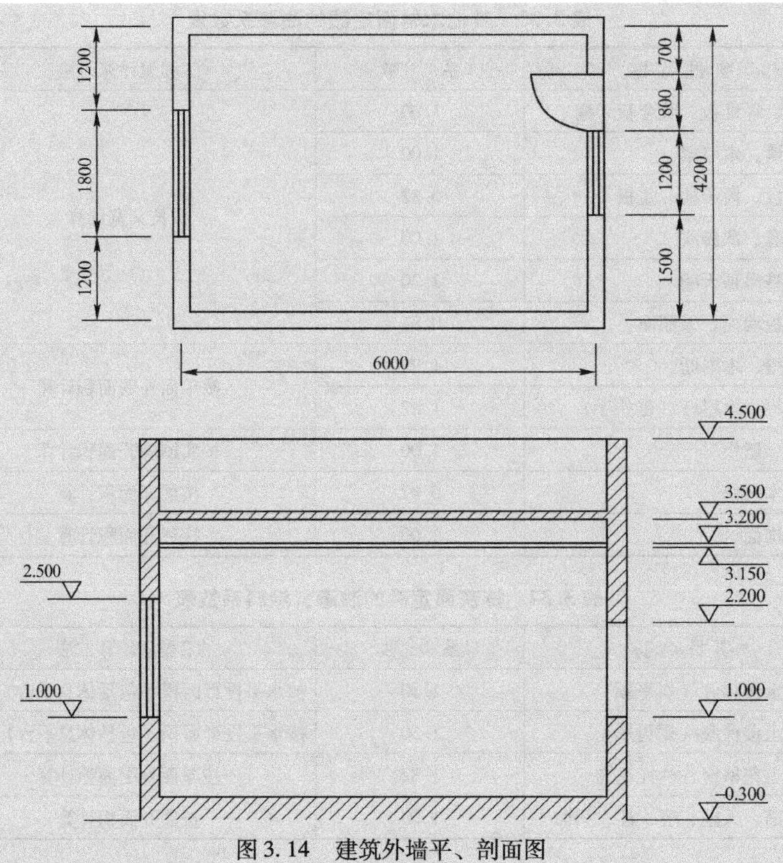

图 3.14　建筑外墙平、剖面图

（2）计算定额工程量。

定额工程量 = 墙面工程量 + 洞口侧面工程量

$= (6+0.24+4.2+0.24)\times2\times(4.5+0.3)-(0.8\times2.2+1.2\times1.2+1.8\times1.5)+$

$(2.2\times2+0.8+1.2\times2\times2+1.8\times2+1.5\times2)\times(0.24-0.08)/2=97.96(\text{m}^2)$

**案例 3-7**　某建筑需油漆内墙木门50 樘，外墙木门 50 樘，洞口尺寸为 900 mm×2000 mm，居中立樘，樘厚 80 mm，墙厚 240 mm，如图 3.15 所示，需做木门筒子板、成品贴脸。求木门油漆的清单工程量和定额工程量。

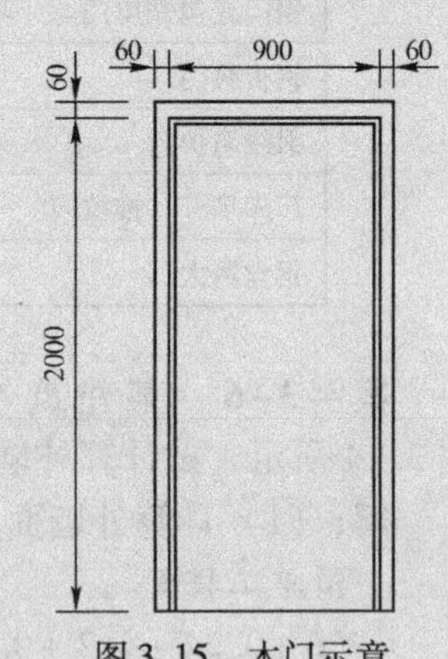

图 3.15　木门示意

**解**：（1）清单工程量 = 100（樘）

（2）定额工程量：

查定额油漆系数表：门窗套油漆系数为 1.0

筒子板油漆系数为 0.82

门扇油漆工程量：$0.9\times2\times100\times1=180\ (\text{m}^2)$

成品贴脸油漆工程量：$(2\times2+0.9)\times(2\times50+1\times50)\times0.06\times1=735\ (\text{m})$

筒子板油漆工程量：$(0.9+2\times2)\times(0.24-0.08)\times100\times0.82=$

$78.4\times0.82=64.29\ (\text{m}^2)$

## 知识梳理与总结

装饰工程包括楼地面工程、墙柱面工程、天棚工程、门窗工程、油漆、涂料、裱糊等项目内容，与装饰工程中的相应分部内容相比有些简略。其中，楼地面工程中包括整体面层、块料面层、踢脚线、楼梯装饰、台阶装饰、零星装饰等项目内容；墙柱面工程中包括墙面抹灰、柱（梁）面抹灰、墙/柱面及零星镶贴、幕墙工程等项目内容，天棚工程中只包括天棚抹灰和天棚吊顶两个项目内容，门窗工程中包括普通木门窗和金属木门窗两个项目内容。在学习中，应注意区分定额的计算规则与清单计算规则在同一项目所包含的内容差异。例如，整体面层中，清单项目包括材料运输、垫层、找平层、防水层及面层五项内容，而定额项目只包括找平层和面层两项内容；再如，普通木门窗中，清单项目包括了木门窗的制作、安装、运输和油漆四项内容，而定额中门窗的制作、安装、运输和油漆均是单列项目，在工程计价的过程中，应将清单工程量进行拆分，分别套用相应定额项目。

## 思考与练习题 3

1. 楼地面中的整体面层与块料面层的工程量如何计算？

2. 在编制清单工程量时，是否需要计算楼地面找平层工程量？如果要算，应该怎样计算？

3. 内墙、外墙抹灰的工程量分别应如何计算？

4. 天棚抹灰的工程量如何计算？

5. 腰线在清单工程量编制时应如何体现出来？

6. 某办公楼二层房间（不包括卫生间）及走廊地面主墙间的面积为 153 $m^2$，地面采用整体面层，其做法是：1∶2.5 水泥砂浆面层厚 25 mm，素水泥浆一道；C20 细石砼找平层厚 40 mm。分别计算清单工程量及定额工程量。

7. 某单层工具室主墙间的面积为 96 $m^2$，做毛石灌 M2.5 混合砂浆垫层，厚 100 mm，求毛石灌浆垫层工程量。

8. 某化验室主墙间的面积为 42 $m^2$，做水磨石地面面层，玻璃嵌条，水泥白石子浆 1∶2.5；素水泥浆一道，C10 砼垫层厚 60 mm，素土夯实。求地面的定额工程量及清单工程量。

9. 阳台栏板抹水泥砂浆，需按什么定额项目计算？

10. 计算雨棚抹灰工程量。雨棚顶面 1∶2.5 水泥砂浆，底面抹石灰砂浆，侧面做水刷白石子；雨棚顶面、底面面积为 1.6 $m^2$，侧面面积为 0.6 $m^2$。

# 第4章 措施项目工程量计算

## 教学导航

**学习目的** 1. 掌握措施项目的概念与分类；
2. 掌握通用措施项目工程量计算；
3. 掌握专用措施项目工程量计算规则；
4. 能进行专用措施项目定额工程量和清单工程量的计算；
5. 能进行措施项目招标工程量清单编制。

**学习方法推荐** 行动导向法、练习法、头脑风暴法、小组讨论法等

**教学时间** 5～12 学时

**教学活动及技能训练时间** 3 学时

**延伸活动或技能训练时间** （4 学时）

**教学做过程/教学手段/教学场所安排**

<table>
<tr><th rowspan="2">教学做过程</th><th rowspan="2">具体内容</th><th colspan="3">教学方法及时间安排</th><th rowspan="2">场所安排</th></tr>
<tr><th>授课时间（学时）</th><th>活动时间（学时）</th><th>延伸时间（学时）</th></tr>
<tr><td rowspan="2">通用措施项目</td><td>通用措施项目的概念及包括内容</td><td rowspan="2">2</td><td rowspan="2"></td><td rowspan="2">（1）</td><td rowspan="2">教室</td></tr>
<tr><td>通用措施项目的计算和规定</td></tr>
<tr><td rowspan="3">专用措施项目</td><td>脚手架工程量计算规则</td><td rowspan="3">3</td><td rowspan="3">1</td><td rowspan="3">（1）</td><td rowspan="3">教室</td></tr>
<tr><td>混凝土模板及支架（撑）工程量计算规则</td></tr>
<tr><td>垂直运输及建筑物超高施工增加费工程量计算规则</td></tr>
<tr><td colspan="2">实训 12　某框架结构混凝土模板支架的计算</td><td></td><td>2</td><td>（2）</td><td></td></tr>
<tr><td colspan="2">小　　计</td><td>5</td><td>3</td><td>（4）</td><td></td></tr>
</table>

措施项目是指为完成建设工程施工，对发生于该工程施工前和施工过程中的技术、生活、安全、环境保护等采取的方法，包括通用措施项目和专用措施项目两大部分。

# 4.1　通用措施项目

## 4.1.1　通用措施项目的概念及包含内容

通用项目包括安全文明施工、夜间施工、二次搬运、冬/雨季施工、大型机械设备进/出场及安拆、施工排水、降水等措施。

### 1. 安全文明施工措施

安全文明施工措施是指工程施工期间按照国家现行的环境保护、建筑施工安全、施工现场环境与卫生标准、有关规定而采取的各种措施，包含环境保护、文明施工、安全施工、临时设施。

1）环境保护措施

环境保护措施是指施工现场为达到环保部门要求所采取的措施。包含范围：现场施工机械设备降低噪声、防扰民措施；水泥和其他易飞扬细颗粒建筑材料密闭存放或采取覆盖措施等；工程防扬尘洒水费用；土（石）方、建渣外运车辆冲洗、防洒/漏等措施；现场污染源的控制、生活垃圾清理外运、场地排水排污措施；其他环境保护措施。

2）文明施工措施

文明施工措施是指施工现场文明施工所采取的各项措施。包含范围：“五牌一图”；现场围挡的墙面美化（包括内外粉刷、刷白、标语等）、压顶装饰；现场厕所便槽刷白、贴面砖，水泥砂浆地面或地砖，建筑物内临时便溺设施；其他施工现场临时设施的装饰装修、美化措施；现场生活卫生设施；符合卫生要求的饮水设备、淋浴、消毒等设施；生活用洁净燃料；防煤气中毒、防蚊虫叮咬等措施；施工现场操作场地的硬化；现场绿化、治安综合治理；现场配备医药保健器材、物品费用和急救人员培训；用于现场工人的防暑降温费用、电风扇、空调等设备及用电；其他文明施工措施。

3）安全施工措施

安全施工措施是指施工现场安全施工所采取的各项措施。包含范围：安全资料、特殊作业专项方案的编制，安全施工标志的购置及安全宣传；“三宝”（安全帽、安全带、安全网）、“四口”（楼梯口、电梯井口、通道口、预留洞口）、“五临边”（阳台围边、楼板围边、屋面围边、槽坑围边、卸料平台两侧）、水平防护架、垂直防护架、外架封闭等防护；施工安全用电，包括配电箱三级配电、两级保护装置、外电防护措施；起重机、塔吊等起重设备（含井架、门架）及外用电梯的安全防护措施（含警示标志）费用及卸料平台的临边防护、层间安全门、防护棚等设施；建筑工地起重机械的检验检测；施工机具防护棚及其围栏的安全保护设施；施工安全防护通道；工人的安全防护用品、用具购置；消防设施与消防器材的配置；电气保护、安全照明设施；其他安全防护措施。

4）临时设施措施

临时设施措施是指施工企业为进行建筑工程施工所必须搭设的生活和生产用的临时建筑

物、构筑物和其他临时设施等。包含范围：施工现场采用彩色、定型钢板，砖、砼砌块等围挡的安砌、维修、拆除费用或摊销；施工现场临时建筑物、构筑物的搭设、维修、拆除或摊销，如临时宿舍、办公室，食堂、厨房、厕所、诊疗所、临时文化福利用房、临时仓库、加工场、搅拌台、临时简易水塔、水池等；施工现场临时设施的搭设、维修、拆除或摊销，如临时供水管道、临时供电管线、小型临时设施等；施工现场规定范围内临时简易道路铺设，临时排水沟、排水设施安砌、维修、拆除的费用；其他临时设施的搭设、维修、拆除或摊销。

**2. 夜间施工措施**

夜间施工措施是指因夜间施工所发生的夜班补助、夜间施工降效、夜间施工照明设备摊销及照明用电等所采取的措施，内容包括如下。

（1）夜间固定照明灯具和临时可移动照明灯具的设置、拆除。

（2）夜间施工时，施工现场交通标志、安全标牌、警示灯等的设置、移动、拆除。

（3）夜间照明设备摊销及照明用电、施工人员夜班补助、夜间施工劳动效率降低等费用。

**3. 非夜间施工照明措施**

非夜间施工照明措施是指为保证工程施工正常进行，在如地下室等特殊施工部位施工时所采用的照明设备的安拆、维护、摊销及照明用电等采取的措施。

**4. 二次搬运措施**

二次搬运措施是指由于施工场地条件限制而发生的材料、成品、半成品等一次运输不能到达堆放地点，必须进行二次或多次搬运所采取的措施。

**5. 冬/雨季施工措施**

冬/雨季施工措施是指在冬季或雨季施工需增加的临时设施，以及防滑、排除雨雪、防止人工及施工机械效率降低等所采取的措施。具体内容包括如下。

（1）冬/雨季施工时，增加的临时设施（防寒保温、防雨、防风设施）的搭设、拆除。

（2）冬/雨季施工时，对砌体、混凝土等采用的特殊加温、保温和养护措施。

（3）冬/雨季施工时，施工现场的防滑处理、对影响施工的雨雪的清除。

（4）冬/雨季施工时，增加的临时设施的摊销、施工人员的劳动保护用品、防止劳动效率降低等措施。

**6. 大型机械设备进/出场措施**

大型机械设备进/出场措施是指施工机械进/出场运输及转移时所采取的措施。

**7. 大型机械设备安拆措施**

大型机械设备安拆措施是指施工机械在施工现场进行安装、拆卸时所采取的措施。

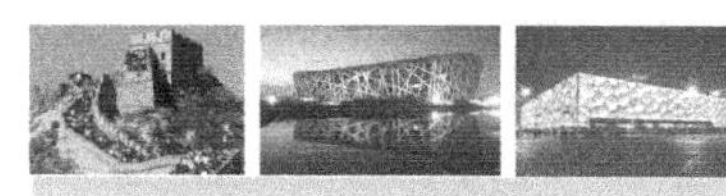



**8. 施工排水措施**

施工排水措施是指为保证工程在正常条件下施工，所采取的排水措施。包括排水沟槽开挖、砌筑、维修，排水管道的铺设、维修，排水的费用及专人值守等。

**9. 施工降水措施**

施工降水措施是指为保证工程在正常条件下施工，所采取的降低地下水位的措施。包括成井、井管安装、排水管道安拆及摊销，降水设备的安拆及维护，抽水及专人值守等内容。

**10. 地上/地下设施和建筑物的临时保护措施**

地上/地下设施、建筑物的临时保护措施是指在工程施工过程中，对已建成的地上/地下设施和建筑物所采取的遮盖、封闭、隔离等必要的保护措施。

**11. 已完工程及设备保护**

已完工程及设备保护是对已完工程及设备采取的覆盖、包裹、封闭、隔离等必要的保护措施。

### 4.1.2　通用措施项目的计算和规定

通用措施项目工程量计算分为按规定费用计算的措施项目、不宜计算工程量的措施项目和按实际发生费用计算的措施项目三大类。

**1. 按规定费用计算的措施项目**

按规定费用计算的措施项目，应按照国家或省级、行业建设主管部门的规定计价，包括安全文明施工、夜间施工、非夜间施工照明、二次搬运、冬/雨季施工、已完工程及设备保护等项目。其中，安全文明施工措施项目不得作为竞争性费用。按规定费用计算的措施项目见表 4.1。

**表 4.1　按规定费用计算的措施项目**

| 清单编码 | 项目名称 | | 规定费率（%） | 工作内容 |
|---|---|---|---|---|
| 011701001 | 安全文明施工 | 文明施工 | 详见第 5 章的建筑安装工程费用计算 | 见 4.1.1 节通用措施项目包含的内容 |
| | | 安全施工 | | |
| | | 临时设施 | | |
| 011701002 | 夜间施工 | | | |
| 011701003 | 非夜间施工照明 | | | |
| 011701004 | 二次搬运 | | | |
| 011701005 | 冬/雨季施工 | | | |
| 011701010 | 已完工程及设备保护费 | | | |

**2. 不宜计算工程量的措施项目**

不宜计算工程量的措施项目的费用发生和金额大小、使用时间、施工方法等，与实际完成的实体工程量的多少关系不大，如大型机械设备进/出场及安拆、施工排水、施工降水项目、地上/地下设施、建筑物的临时保护设施等项目。

1）大型机械设备进/出场及安拆（清单编码：011701006）

大型机械设备进/出场及安拆措施项目工程量计算规则见表4.2。

**表4.2 大型机械设备进/出场及安拆措施项目工程量计算规则**

| 大型机械设备进出场及安拆 | 计量单位 | 计算规则 | 工作内容 |
|---|---|---|---|
| 清单规则 | 台·次 | 按使用机械设备的数量计算 | 包括铺设、安拆、进场等全部内容，详见4.1.1节包含内容 |
| 定额规则 | m/座<br>台·次 | 1. 塔式起重机轨道式基础铺设按两轨中心线的实际铺设长度以“m”计算，固定式基础以“座”计算 | 基础铺设 |
| | | 2. 大型机械一次安拆费，以“台·次”计算 | 安拆费 |
| | | 3. 大型机械进场费均以“台·次”计算 | 进场费 |

**说明：**

① 大型机械进场费定额是按不大于25 km编制的，进场或返回全程不大于25 km者，按“大型机械进场费”的相应定额执行，全程超过25 km者，大型机械进/出场的台班数量按实计算，台班单价按施工机械台班费用定额计算。

② 大型机械在施工完毕后，无后续工程使用，必须返回施工单位机械停放场（库）者，经建设单位签字认可，可计算大型机械回程费；但在施工中途，施工机械需回库（场、站）修理者，不得计算大型机械进/出场费。

③ 进场费定额内未包括回程费用的，实际发生时按相应进场费项目执行。

④ 进场费未包括架线费、过路费、过桥费、过渡费等，发生时按实计算。

⑤ 松土机、除荆机、除根机、湿地推土机的场外运输费，按相应规格的履带式推土机计算。

⑥ 拖式铲运机的进场费按相应规格的履带式推土机乘以系数1.1。

2）施工排水、降水（清单编码：011701007）

施工排水、降水措施项目工程量计算规则见表4.3。

**说明：**

① 小孔径深井降水指孔径不大于300 mm、井管管径不大于150 mm的降水。

② 大孔径深井降水指孔径大于300 mm、井管（井笼）管径大于150 mm的降水。

③ 轻型井点降水系指在被降水建筑物基坑的四周设置许多较细井点管（支管），打入地下蓄水层内，井点管的上端与总管相连接，利用抽水设备将地下水位降低至地坑底以下。

④ 轻型井点每天降水费用是24h的降水费用。

表 4.3　施工排水、降水措施项目工程量计算规则

| 施工排水、降水 | 计量单位 | 计 算 规 则 | 工 作 内 容 |
|---|---|---|---|
| 清单规则 | 项 | 相应数量为"1" | 见 4.1.1 节包含内容 |
| 定额规则 | m | ① 深井降水钻孔分不同地层，按设计钻孔深度以"m"计算 | 深井降水钻孔 |
| | m | ② 井管安装分混凝土井管、混凝土滤管以"m"计算 | 井管安装 |
| | m | ③ 排水管道安装、拆除及摊销分不同管径，按布设延长米乘以使用天数计算 | 排水管道安装、拆除 |
| | 天数 | ④ 深井降水抽水分不同出口口径，按运转的降水井数乘以运转的天数计算 | 深井降水抽水 |
| | m | ⑤ 轻型井点安装拆除按井点深度以"m"计算 | 轻型井点安装拆除 |
| | 天数 | ⑥ 轻型井点降水按运转天数计算 | 轻型井点降水 |

⑤ 成井用泥浆沉淀池、泥浆沟的挖砌及泥浆运输费按建筑工程相应定额项目另行计算。

⑥ 排水用沉砂池、砖砌排水沟、混凝土排水管，按建筑工程、市政工程相应分部的定额项目计算。

⑦ 深井降水的潜水泵定额中仅包含机械费，不包含人工费和电费，每昼夜人工费按表 4.4 计算，其单价按定额技工单价计算每昼夜定额电费：潜水泵额定功率 ×24h × 定额电价。

表 4.4　降水井数昼夜用工工日表

| 单个工地降水井数 | 1～10 | 11～20 | 21～30 | 31～40 | 41～50 | 51～60 |
|---|---|---|---|---|---|---|
| 每昼夜用工工日 | 3 | 6 | 9 | 12 | 15 | 18 |

### 3. 按实际发生费用计算的措施项目

按实际发生费用计算的措施项目见表 4.5。

表 4.5　按实际发生费用计算的措施项目

| 清 单 编 码 | 项 目 名 称 | 计 算 规 则 | 工 作 内 容 |
|---|---|---|---|
| 011701009 | 地上/地下设施、建筑物临时保护设施 | 按实际发生计算 | 见 4.1.1 节通用措施项目包含内容 |

## 4.2　专用措施项目

专用措施项目主要讲解建筑工程专用项目和装饰工程专用项目，其费用计算一般按计算规则自行计算，包括脚手架、混凝土模板及支架、垂直运输、超高施工增加等项目内容。

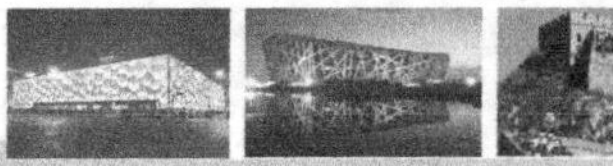



### 4.2.1 脚手架措施项目工程量计算

脚手架措施项目包括综合脚手架、单项脚手架和防护架三大类型。其中，单项脚手架又包括外脚手架、里脚手架、挑脚手架和满堂脚手架等项目内容。

**1. 综合脚手架（清单编码：011702001）**

综合脚手架措施项目计算规则见表4.6。

**表4.6 综合脚手架措施项目计算规则**

| 脚 手 架 | 计量单位 | 计 算 规 则 | 工 作 内 容 |
|---|---|---|---|
| 清单规则<br>（定额规则） | $m^2$ | 综合脚手架应分单层、多层和不同檐高，按建筑面积计算综合脚手架 | 1. 场内、场外材料搬运<br>2. 搭/拆脚手架、斜道、上料平台<br>3. 安全网的铺设<br>4. 选择附墙点与主体连接<br>5. 测试电动装置、安全锁等<br>6. 拆除脚手架后材料的堆放 |

注：应考虑建筑结构形式、檐口高度等项目特征内容。

**清单规则说明：**

① 使用综合脚手架时，不再使用外脚手架、里脚手架等单项脚手架；综合脚手架适用于能够按“建筑面积计算规则”计算建筑面积的建筑工程脚手架，不适用于房屋加层、构筑物及附属工程脚手架。

② 同一建筑物有不同檐高时，按建筑物竖向切面分别按不同檐高编列清单项目。

③ 建筑面积计算按《建筑面积计算规范》(GB/T 50353－2005)

④ 脚手架材质可以不描述，但应注明由投标人根据工程实际情况按照《建筑施工扣件式钢管脚手架安全技术规范》、《建筑施工附着升降脚手架管理规定》等规范自行确定。

**定额计算说明**

① 本定额综合脚手架和单项脚手架已综合考虑了斜道、上料平台、安全网，不再另行计算。同时也综合考虑了砌筑、浇筑、吊装、抹灰、油漆、涂料等脚手架费用。

② 凡能够按“建筑面积计算规则”计算建筑面积的建筑工程均按综合脚手架定额项目计算脚手架摊销费。

③ 综合脚手架已满堂基础（独立柱基或设备基础投影面积超过20 $m^2$）按满堂脚手架基本层费用乘以50%计取，当使用泵送混凝土时则按满堂脚手架基本层乘以40%计取。

④ 本定额的檐口高度是指檐口滴水高度，平屋顶是指屋面板底高度，凸出屋面的电梯间、水箱间不计算檐高。

**2. 单项脚手架**

单项脚手架措施项目计算规则见表4.7。

表 4.7　单项脚手架措施项目计算规则

| 清单编码 | 单项脚手架 | 计量单位 | 计算规则 | 工作内容 |
|---|---|---|---|---|
| 011702002 | 外脚手架 | $m^2$ | 按所服务对象的垂直投影面积计算 | 1. 场内、场外材料搬运<br>2. 搭/拆脚手架、斜道、上料平台<br>3. 安全网的铺设<br>4. 拆除脚手架后材料的堆放 |
| 011702003 | 里脚手架 | $m^2$ | | |
| 011702004 | 悬空脚手架 | $m^2$ | 按搭设的水平投影面积计算 | |
| 011702005 | 挑脚手架 | m | 按搭设长度乘以搭设层数以米计算 | |
| 011702006 | 满堂脚手架 | $m^2$ | 按搭设的水平投影面积计算 | |

注：应考虑搭设方式、高度和脚手架材质等项目特征内容。

清单计算规则说明：

① 同一建筑物有不同檐高时，按建筑物竖向切面分别按不同檐高编列清单项目。

② 脚手架材质可以不描述，但应注明由投标人根据工程实际情况按照《建筑施工扣件式钢管脚手架安全技术规范》、《建筑施工附着升降脚手架管理规定》等规范自行确定。

定额计算规则说明：

① 外脚手架和里脚手架的划分。

砌砖工程高度不大于 1.35～3.6 m 者，按里脚手架计算。高度大于 3.6 m 者，按外脚手架计算。独立砖柱高度不大于 3.6 m 者，按柱外围周长乘以实砌高度按里脚手架计算；高度大于 3.6 m 者，按柱外围周长加 3.6 m 乘以实砌高度按单排脚手架计算；独立混凝土柱按柱外围周长加 3.6 m 乘以浇筑高度按外脚手架计算。

砌石工程（包括砌块）高度超过 1 m 时，按外脚手架计算。独立石柱高度不大于 3.6 m 者，按柱外围周长乘以实砌高度计算工程量；高度大于 3.6 m 者，按柱外围周长加 3.6 m 乘以实砌高度计算工程量。

凡高度超过 1.2 m 的室内外混凝土贮水（油）池、贮仓、设备基础，以构筑物的外围周长乘以高度按外脚手架计算。池底按满堂基础脚手架计算。

围墙高度从自然地坪至围墙顶计算，长度按墙中心线计算，不扣除门所占的面积，但门柱和独立门柱的砌筑脚手架不增加。

② 满堂脚手架增加层的计算。

满堂脚手架高度从设计地坪至施工顶面计算，高度在 4.5～5.2 m 时，按满堂脚手架基本层计算；高度超过 5.2 m 时，每增加 0.6～1.2 m，按增加一层计算，增加层的高度若在 0.6 m 内时，舍去不计。

例如，设计地坪到施工顶面为 9.2 m，其增加层数为 $(9.2-5.2)/1.2=3$（层），余数 0.4 m 舍去不计。

### 4.2.2　混凝土模板措施项目工程量计算

混凝土模板措施项目包括现浇混凝土基础、柱、梁、板、楼梯、墙及其他构件模板等项目。

**1. 现浇混凝土基础、柱、梁、墙、板模板（清单编码：011703001～011703025）**

现浇混凝土基础、柱、梁、墙、板模板措施项目计算规则见表4.8。

**表4.8　现浇混凝土基础、柱、梁、墙、板模板计算规则**

<table>
<tr><th>现浇混凝土基础/柱/梁/墙/板模板</th><th>计量单位</th><th>计算规则</th><th>工作内容</th></tr>
<tr><td>清单规则</td><td rowspan="2">$m^2$</td><td rowspan="2">按模板与现浇混凝土构件的接触面积计算<br>1. 现浇钢筋砼墙、板单孔面积≤0.3 $m^2$的孔洞不予扣除，洞侧壁模板亦不增加；单孔面积＞0.3 $m^2$时，应予扣除，洞侧壁模板面积并入墙、板工程量内计算<br>2. 现浇框架分别按梁、板、柱有关规定计算；附墙柱、暗梁、暗柱并入墙内工程量内计算<br>3. 柱、梁、墙、板相互连接的重叠部分，均不计算模板面积<br>4. 构造柱按图示外露部分计算模板面积</td><td rowspan="2">1. 模板制作<br>2. 模板安装、拆除、整理堆放及场内/外运输<br>3. 清理模板黏结物及模内杂物、刷隔离剂等</td></tr>
<tr><td>定额规则</td></tr>
</table>

注：① 混凝土模板及支架（撑）基础包括垫层（清单编码：011703001）、带形基础（清单编码：011703002）、独立基础（清单编码：011703003）、满堂基础（清单编码：011703004）、设备基础（清单编码：011703005）和桩承台基础（清单编码：011703006）。

② 混凝土模板及支架（撑）柱包括矩形柱（清单编码：011703007）、构造柱（清单编码：011703008）和异形柱（清单编码：011703009）。

③ 混凝土模板及支架（撑）梁包括基础梁（清单编码：011703010）、矩形梁（清单编码：011703011）、异形梁（清单编码：011703012）、圈梁（清单编码：011703013）、过梁（清单编码：011703014）和弧形、拱形梁（清单编码：011703015）。

④ 混凝土模板及支架（撑）墙包括直形墙（清单编码：011703016）、弧形墙（清单编码：011703017）和短肢剪力墙、电梯井壁（清单编码：011703018）。

⑤ 混凝土模板及支架（撑）板包括有梁板（清单编码：011703019）、无梁板（清单编码：011703020）、平板（清单编码：011703021）、拱板（清单编码：011703022）、薄壳板（清单编码：011703023）、栏板（清单编码：011703024）、其他板（清单编码：011703025）。

**2. 现浇混凝土天沟、檐沟/雨棚、悬挑板、阳台板模板（清单编码：011703026、011703027）**

现浇混凝土天沟、檐沟/雨棚、悬挑板、阳台板模板措施项目计算规则见表4.9。

**表4.9　现浇混凝土天沟、檐沟/雨棚、悬挑板、阳台板模板计算规则**

<table>
<tr><th>现浇混凝土天沟、檐沟/雨棚、悬挑板、阳台板模板</th><th>计量单位</th><th>计算规则</th><th>工作内容</th></tr>
<tr><td>清单规则</td><td rowspan="2">$m^2$</td><td rowspan="2">模板与现浇混凝土构件的接触面积按图示外挑部分尺寸的水平投影面积计算，挑出墙外的悬臂梁及板边不另计算</td><td rowspan="2">1. 模板制作<br>2. 模板安装、拆除、整理堆放及场内外运输<br>3. 清理模板黏结物及模内杂物、刷隔离剂等</td></tr>
<tr><td>定额规则</td></tr>
</table>

**3. 现浇混凝土楼梯模板（清单编码：011703028、011703029）**

现浇混凝土楼梯模板措施项目计算规则见表4.10。

表 4.10　现浇混凝土楼梯模板计算规则

| 现浇混凝土楼梯模板 | 计量单位 | 计算规则 | 工作内容 |
|---|---|---|---|
| 清单规则 | $m^2$ | 按楼梯（包括休息平台、平台梁、斜梁和楼层板的连接梁）的水平投影面积计算，不扣除宽度≤500 mm 的楼梯井所占面积，楼梯踏步、踏步板、平台梁等侧面模板不另计算，伸入墙内部分也不增加 | 1. 模板制作<br>2. 模板安装、拆除、整理堆放及场内外运输<br>3. 清理模板黏结物及模内杂物、刷隔离剂等 |
| 定额规则 | | | |

注：混凝土模板及支架（撑）楼梯包括直形楼梯（清单编码：011703028）、弧形楼梯（清单编码：011703029）。

### 4. 现浇混凝土台阶模板（清单编码：011703032）

现浇混凝土台阶模板措施项目计算规则见表 4.11。

表 4.11　现浇混凝土台阶模板计算规则

| 现浇混凝土台阶模板 | 计量单位 | 计算规则 | 工作内容 |
|---|---|---|---|
| 清单规则 | $m^2$ | 按图示台阶水平投影面积计算，台阶端头两侧不另计算模板面积。架空式混凝土台阶，按现浇楼梯计算 | 1. 模板制作<br>2. 模板安装、拆除、整理堆放及场内外运输<br>3. 清理模板黏结物及模内杂物、刷隔离剂等 |
| 定额规则 | | | |

### 5. 现浇混凝土散水模板（清单编码：011703034）

现浇混凝土散水模板措施项目计算规则见表 4.12。

表 4.12　现浇混凝土散水模板计算规则

| 现浇混凝土散水模板 | 计量单位 | 计算规则 | 工作内容 |
|---|---|---|---|
| 清单规则 | $m^2$ | 按模板与散水的接触面积计算 | 1. 模板制作<br>2. 模板安装、拆除、整理堆放及场内外运输<br>3. 清理模板黏结物及模内杂物、刷隔离剂等 |
| 定额规则 | | | |

**定额规则计算说明：**

① 现浇混凝土模板是按组合钢模、木模、竹胶合板和目前施工技术、方法编制的，综合考虑不做调整。

② 现浇混凝土梁、板的支模高度是按层高≤3.9 m 编制的，层高超过 3.9 m 时，超过部分工程量另按梁板支撑超高费项目计算。

③ 坡屋面模板按相应定额项目执行，人工乘以系数 1.1。

④ 清水模板按相应定额项目执行，人工乘以系数 1.25，材料与定额不同时按批准的施工方案调整。

⑤ 别墅（独立别墅、连排别墅）各模板按相应定额项目执行，材料用量乘以系数1.2。

⑥ 异形柱模板适用于圆形柱、多边形柱模板；圈梁模板适用于叠合梁模板；异形梁模板适用于圆形梁模板；直形墙模板适用于电梯井壁模板。

⑦ 墙模板中的"对拉螺栓"用量以批准的施工方案计算重量，地下室墙按一次摊销计入材料费，地面以上墙按12次摊销计入材料费。

⑧ 预制构件的模板工程量计算是分别按组合钢模、木模、混凝土地模综合编制的。

⑨ 预制构件项目适用范围：

预制梁模板适用于基础梁、楼梯斜梁、挑梁等。

预制异形柱模板适用于工字形柱、双肢柱和圆柱。

预制槽形板模板适用于槽形楼板、墙板、天沟板。

预制平板模板适用于不带肋的预制遮阳板、挑檐板、栏板。

预制花格模板适用于花格和阳台花栏杆（空花、刀片形）。

预制零星构件模板适用于烟囱、支撑、天窗侧板、上/下挡、垫头、压顶、扶手、窗台板、阳台隔板、壁龛、粪槽、池槽、雨水管、厨房壁柜、搁板、架空隔热板。

### 4.2.3 垂直运输及建筑物超高施工增加费计算规则

**1. 垂直运输（清单编码：011704001）**

垂直运输计算规则见表4.13。

**表4.13 垂直运输计算规则**

| 垂直运输 | 计量单位 | 计算规则 | 工作内容 |
|---|---|---|---|
| 清单规则 | 1. $m^2$<br>2. 天 | 1. 按GB/T 50353—2013《建筑工程建筑面积计算规范》的规定计算建筑物的建筑面积<br>2. 按施工工期日历计算天数 | 1. 垂直运输机械的固定装置、基础制作、安装<br>2. 行走式垂直运输机械轨道的铺设、拆除、摊销 |
| 定额规则 | $m^2$ | 建筑物垂直运输的面积均按本定额"建筑面积计算规则"计算 | |
| | 座 | 构筑物垂直运输机械台班以"座"计算，超过规定高度时，再按每增加1 m项目计算，其增加不足1 m时，也按1 m计算 | |

注：应考虑建筑物建筑类型及结构形式、地下室建筑面积、建筑物檐口高度、层数等项目特征内容。

清单规则说明：

① 建筑物的檐口高度是指设计室外地坪至檐口滴水的高度（平屋顶是指屋面板底高度）、突出主体建筑物屋顶的电梯机房、楼梯出口间、水箱间、瞭望塔、排烟机房等不计入檐口高度。

② 垂直运输机械指施工工程在合理工期内所需的垂直运输机械。

③ 同一建筑物有不同檐高时，按建筑物的不同檐高做纵向分割，分别计算建筑面积，以不同檐高分别编码列项。

定额规则说明：

① 建筑物垂直运输。

定额已包括单位工程在合理工期内完成所承包的全部工程项目所需的垂直运输机械费。除对本定额有特殊规定外，其他垂直运输机械的场外往返运输、一次安拆费用已包括在台班单价中。

同一建筑物带有裙房者或檐高不同者，应分别计算建筑面积，分别套用不同檐高的定额项目；同一檐高建筑物多种结构类型，按不同结构类型分别计算，分别计算后的建筑物檐高均以该建筑物总檐高为准。

檐高不大于3.6m的单层建筑物，不计算垂直运输机械费；檐高不大于20m和6层（包括地面以上层高大于2.2m的技术层）的建筑，不分檐高和层数，超过6层的建筑物均以檐高为准。

② 构筑物垂直运输。

构筑物的高度以设计室外地坪至构筑物的顶面高度为准。

### 2. 建筑物超高施工增加费（清单编码：011704001）

建筑物超高施工增加费计算规则见表4.14。

**表4.14　建筑物超高施工增加费计算规则**

| 建筑物超高施工增加费 | 计量单位 | 计算规则 | 工作内容 |
| --- | --- | --- | --- |
| 清单规则 | $m^2$ | GB/T 50353—2013《建筑工程建筑面积计算规范》的规定计算建筑物超高部分的建筑面积 | 1. 建筑物超高引起的人工工效降低及由于人工工效降低引起的机械降效<br>2. 高层施工用水加压水泵的安装、拆除及工作台班<br>3. 通信联络设备的使用及摊销 |
| 定额规则 | | | |

注：应考虑建筑物建筑类型及结构形式，建筑物檐口高度、层数，单层建筑物檐口高度超过20m，多层建筑物超过6层部分的建筑面积等项目特征内容。

**计算规则说明：**

① 单层建筑物檐高>20m、多层建筑物大于6层，可按超高部分的建筑面积计算超高施工增加费。计算层数时，地下室不计入层数。

② 同一建筑物的不同檐高，可按不同高度的建筑面积分别计算超高施工增加费。

③ 超高施工增加费的垂直运输机械的机型已综合考虑，不论实际采用何种机械均不得换算。

**案例4-1**　计算大型机械设备进出场及安拆的工程量与费用。

某工程根据施工组织设计，在施工过程中选用了一台80kN·m的塔式起重机和两个台斗容量为1.6$m^3$的履带式挖掘机，计算其大型机械设备进/出场及安拆工程量。

**解：**(1) 清单工程量为1项。

(2) 定额工程量：

① 塔式起重机基础（固定基础）的工程量为1座。

② 大型机械进出场费塔式起重机（≤80kN·m）的工程量为1台·次。

③ 大型机械一次安拆费塔式起重机（≤80kN·m）的工程量为1台·次。

④ 大型机械进场费履带式挖掘机（斗容量）（>1$m^3$）的工程量为2台·次。

**案例4-2** 计算有梁板模板工程量。

如图4.1所示某现浇钢筋混凝土有梁板，施工组织设计采用组合钢模板、钢支撑。计算该有梁板模板工程量。

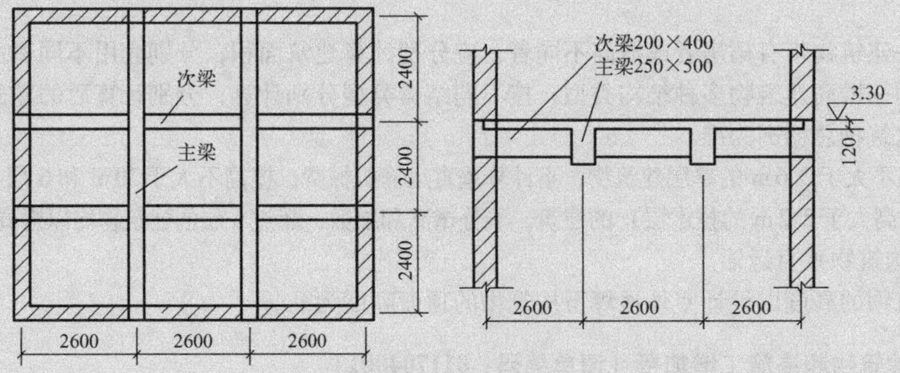


图4.1 现浇钢筋混凝土有梁板

**解**：(1) 该有梁板结构模板接触面积：

$(2.6\times3-0.24)\times(2.4\times3-0.24)+[(2.4\times3+0.24)\times(0.5-0.12)-0.2\times(0.4-0.12)\times2]\times4+(2.6\times3+0.24-0.25\times2)\times(0.4-0.12)\times4=71.92(m^2)$

**案例4-3** 计算满堂脚手架工程量，并编制其工程量清单。

如图4.2所示一砖墙房屋平、剖面图，10年后，需对该房屋天棚面进行二次装修，采用钢管脚手架，试计算该房屋装修用脚手架的工程量，并编制其工程量清单。

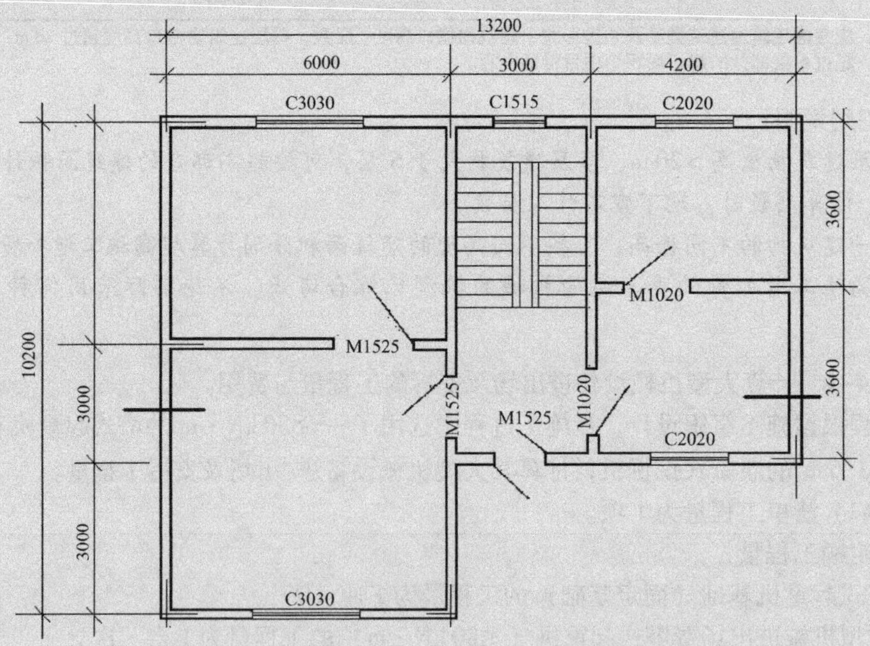


图4.2 某房屋平、剖面图

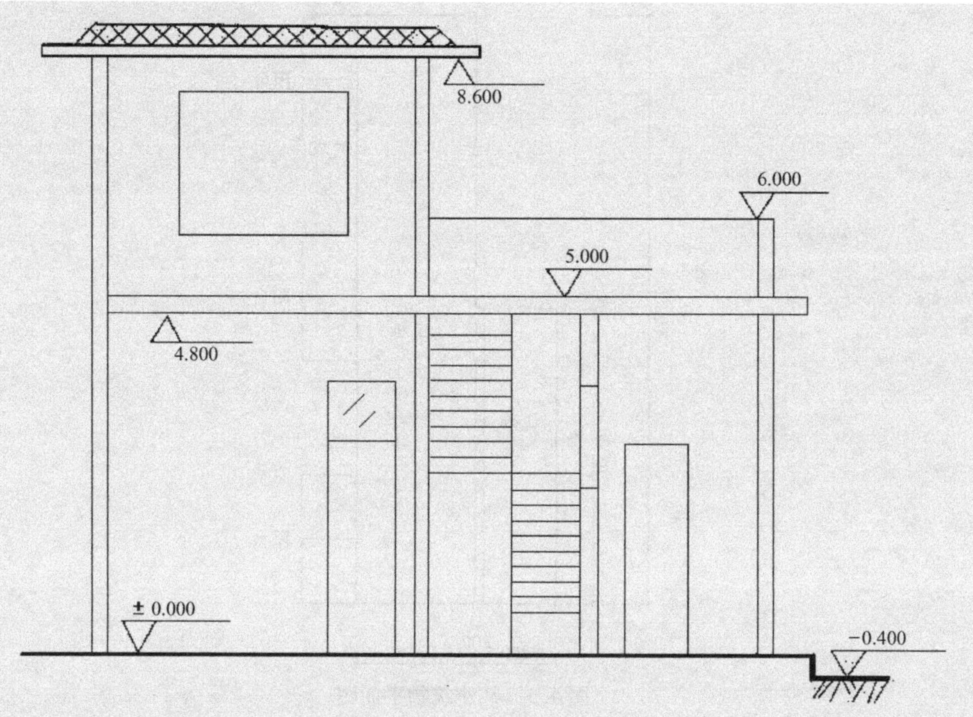


图4.2　某房屋平、剖面图（续）

**解：**（1）计算天棚面装饰用满堂脚手架。

该房屋第一层层高为4.8 m在4.5 ~5.2 m间，按装饰装修工程满堂脚手架基本层计算；第二层层高为8.6 − 5.2 = 3.6(m) < 4.5(m)，不再计算脚手架工程量。

则第一层满堂架手架 = (6.0 − 0.24) × (10.2 − 2 × 0.24) + (4.2 − 0.24) × (3.6 × 2 − 2 × 0.24) + (3.0 − 0.24) × (3.6 × 2 − 0.24) = 101.81($m^2$)

（2）编制措施项目清单（见表4.15）。

**表4.15　措施项目清单项目**

| 序号 | 项目编码 | 项目名称 | 项目特征描述 | 计量单位 | 工程数量 | 金额（元） | | |
|---|---|---|---|---|---|---|---|---|
| | | | | | | 综合单价 | 合价 | 其中：定额人工费 |
| 1 | 011702006001 | 满堂脚手架 | 1. 搭设高度：4.8 m<br>2. 脚手架材质：钢管 | $m^2$ | 101.81 | | | |

**案例4-4**　计算建筑物的综合脚手架清单工程量

某住宅由1栋、2栋组成，两栋之间的变形缝宽度为0.20 m，两栋同一楼层之间完全互通，如图4.3所示。1栋平屋面，屋顶标高为11.00 m，共3层；2栋阳台水平投影尺寸为1800 mm × 3600 mm（共18个），2栋檐口标高为21.6 m，共7层，室外地坪标高为 −0.45 m。试计算该建筑外墙综合脚手架清单工程量，并编制工程量清单。

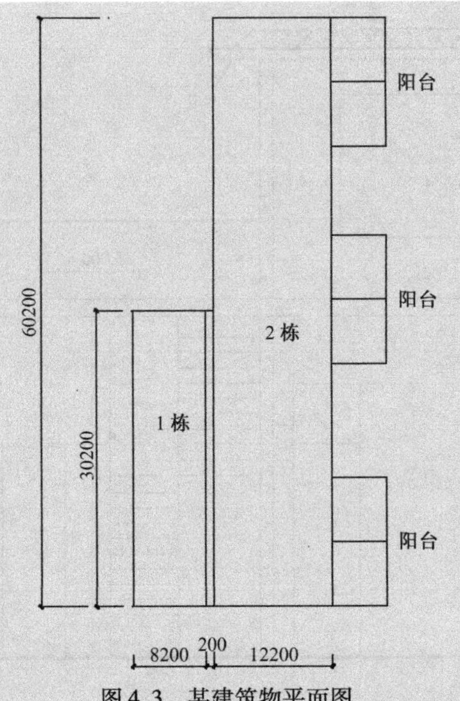


图4.3　某建筑物平面图

**解**：(1) 计算综合脚手架。

① 1栋综合脚手架高度：11 +0.45 =11.45 (m)

工程量 =30.2 × (8.2 +0.2) ×3 =761.04 ($m^2$)

② 2栋综合脚手架高度：21.6 +0.45 =22.05 (m)

工程量 =12.2 ×60.2 ×7 +1.8 ×3.6 ×18 ×0.5 =5199.4 ($m^2$)

(2) 编制措施项目清单（见表4.16）。

**表4.16　措施项目清单项目**

| 序号 | 项目编码 | 项目名称 | 项目特征描述 | 计量单位 | 工程数量 | 金额（元） | | |
|---|---|---|---|---|---|---|---|---|
| | | | | | | 综合单价 | 合价 | 其中：定额人工费 |
| 1 | 011702001001 | 综合脚手架 | 1. 建筑结构形式：框架<br>2. 檐口高度：11.45 m | $m^2$ | 761.04 | | | |
| 2 | 011702001002 | 综合脚手架 | 1. 建筑结构形式：框架<br>2. 檐口高度：22.05 m | $m^2$ | 5199.40 | | | |

## 实训12　某框架结构混凝土模板支架的计算

### 1. 实训目的

通过框架结构模板支架工程量计算实例的练习，熟悉结构施工图，掌握现浇混凝土模板支架工程量计算规则。

## 2. 实训任务

根据给定某房屋框架结构平面图和结构布置图，计算以下工程量。

(1) 计算①～④×Ⓓ～Ⓔ混凝土基础的模板清单工程量并编制其工程量清单。

(2) 计算①～④×Ⓓ～Ⓔ混凝土柱的模板清单工程量并编制其工程量清单。

(3) 计算①～④×Ⓓ～Ⓔ梁和板的模板清单工程量。

(4) 根据（1）和（2）提供的工程量清单，计算该清单项目内容中的定额工程量。

## 3. 背景资料

(1) 图 4.4 所示为某框架结构建筑的结构施工图。

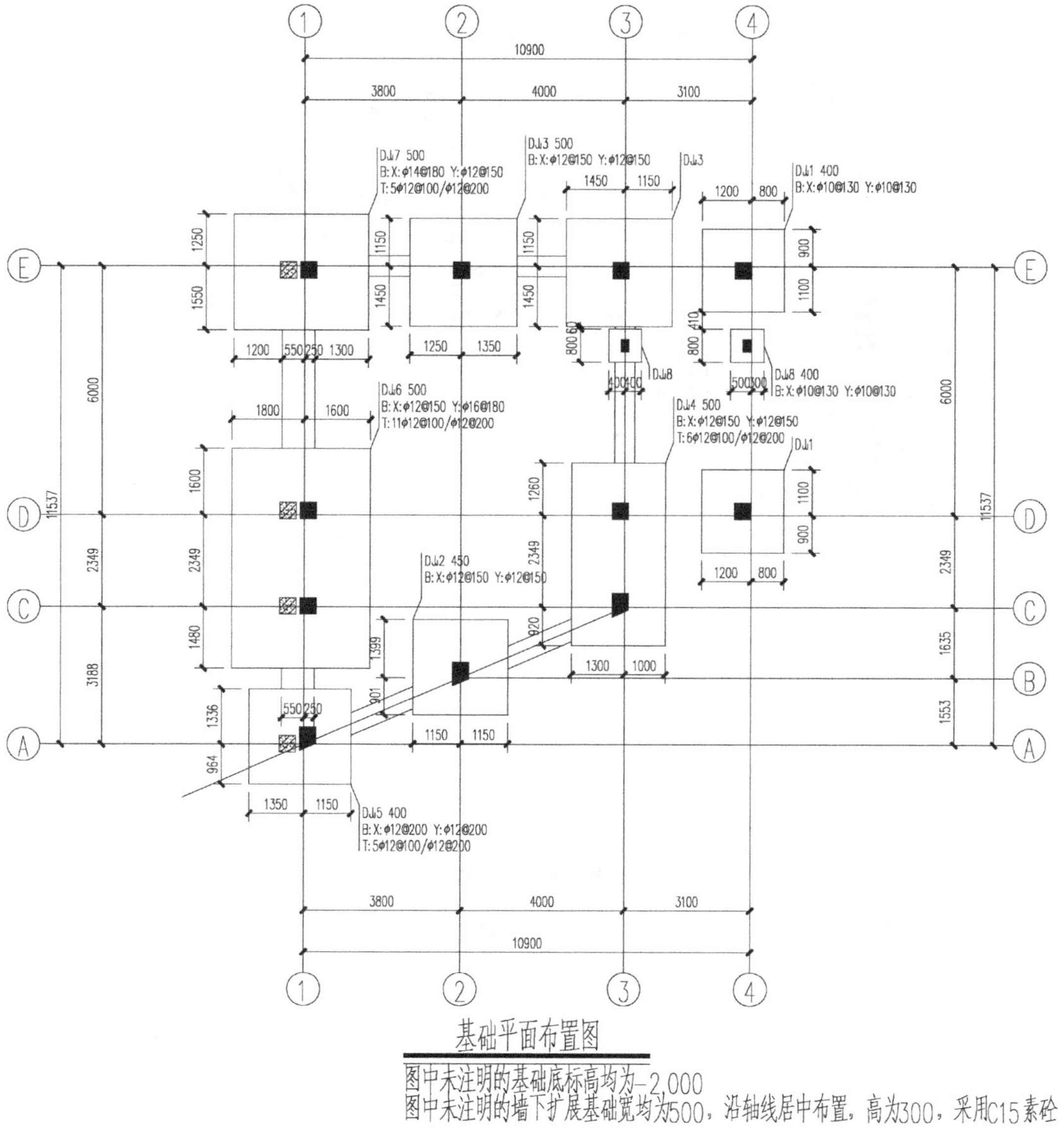

基础平面布置图

图中未注明的基础底标高均为-2.000

图中未注明的墙下扩展基础宽均为500，沿轴线居中布置，高为300，采用C15素砼

图 4.4　某框架结构施工图

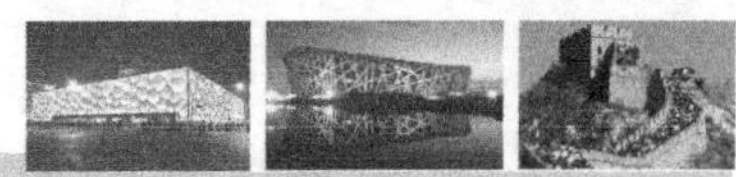

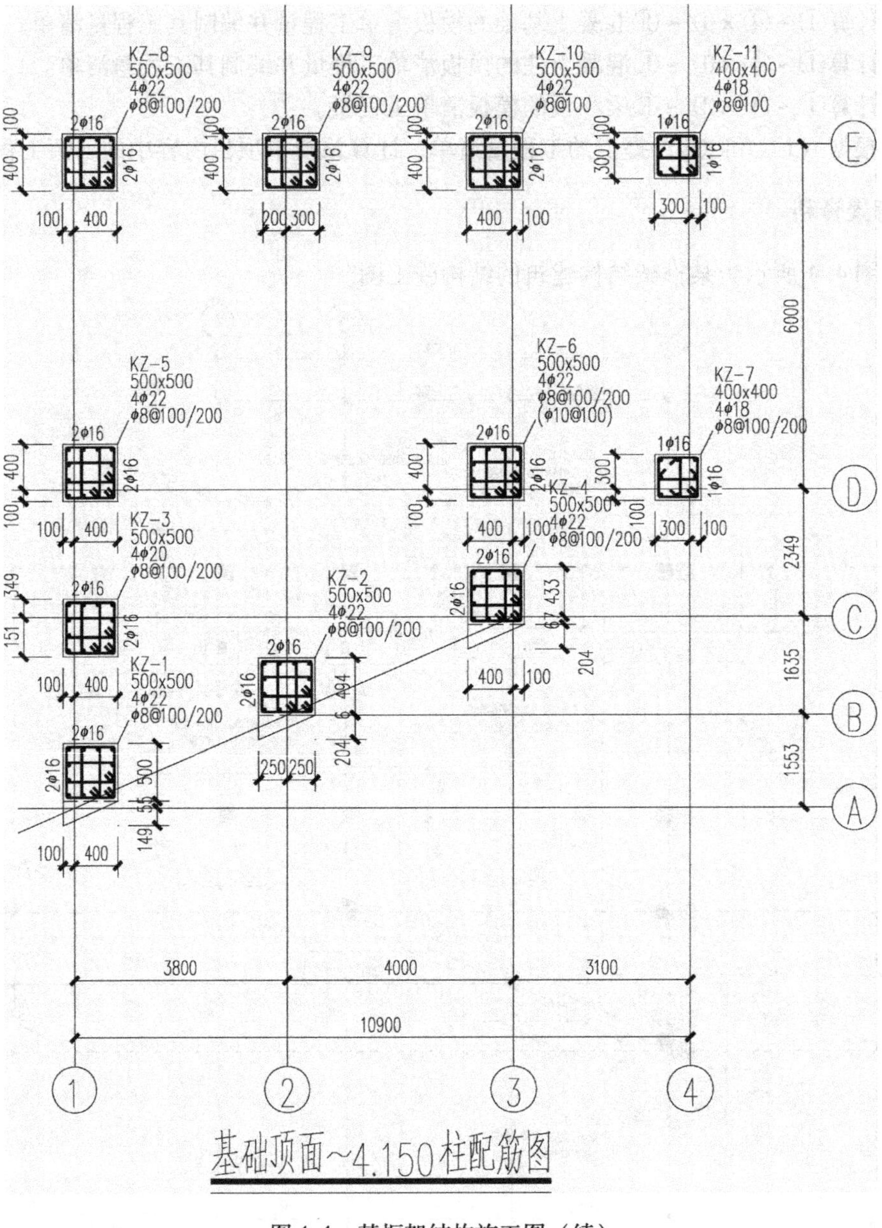

KZ-8
500x500
4φ22
φ8@100/200
KZ-9
500x500
4φ22
φ8@100/200
KZ-10
500x500
4φ22
φ8@100
KZ-11
400x400
4φ18
φ8@100
KZ-5
500x500
4φ22
φ8@100/200
KZ-6
500x500
4φ22
φ8@100/200
(φ10@100)
KZ-7
400x400
4φ18
φ8@100/200
KZ-4
500x500
4φ22
φ8@100/200
KZ-3
500x500
4φ20
φ8@100/200
KZ-2
500x500
4φ22
φ8@100/200
KZ-1
500x500
4φ22
φ8@100/200
2φ16
1φ16
3800
4000
3100
10900
6000
2349
1635
1553
基础顶面~4.150柱配筋图

图4.4　某框架结构施工图（续）

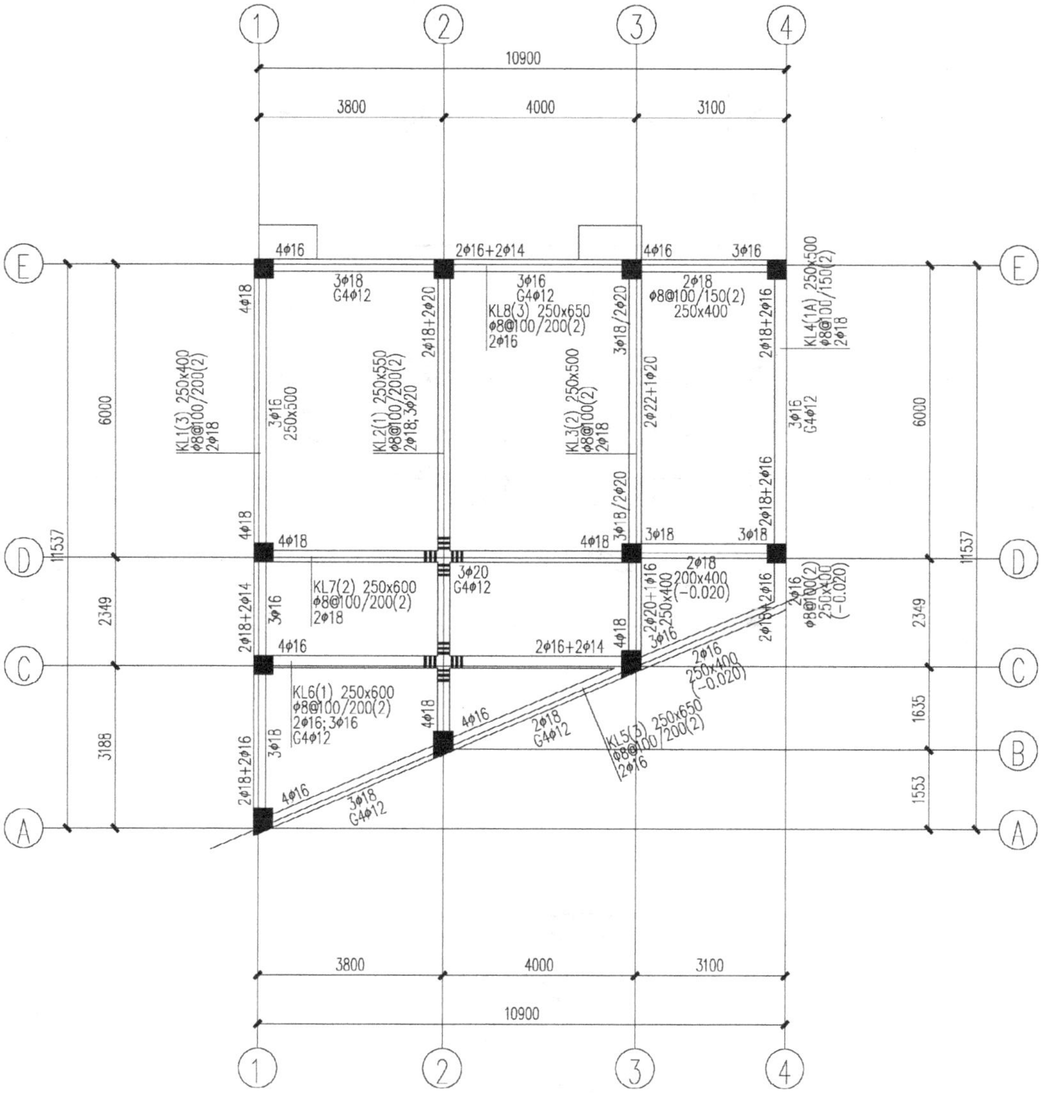

第二层梁配筋图

图中未注明的梁顶标高均为4.150

图 4.4　某框架结构施工图（续）

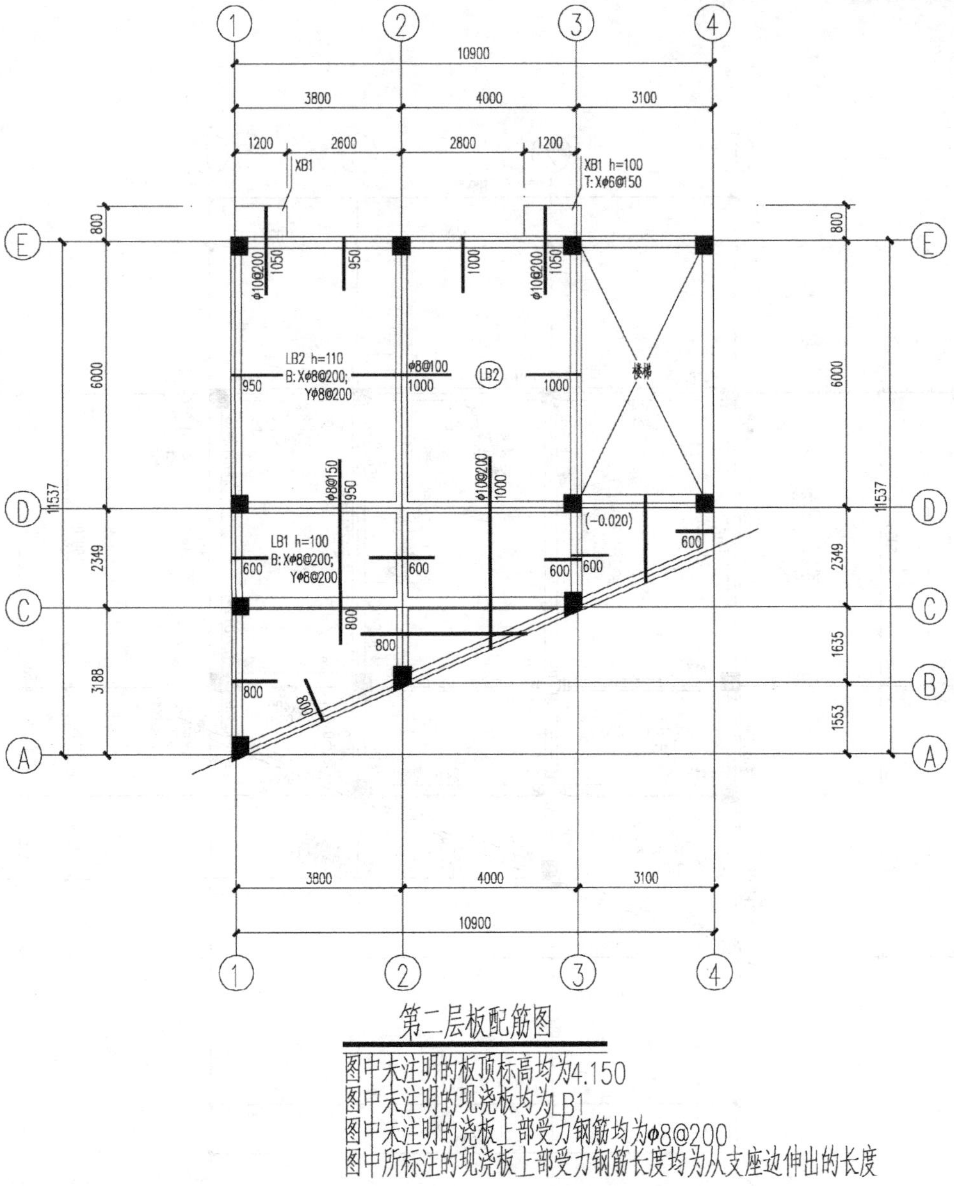

第二层板配筋图

图中未注明的板顶标高均为4.150
图中未注明的现浇板均为LB1
图中未注明的浇板上部受力钢筋均为φ8@200
图中所标注的现浇板上部受力钢筋长度均为从支座边伸出的长度

图4.4　某框架结构施工图（续）

（2）框架柱、框架梁、现浇板、楼梯采用C25砼，其余未注明部分均采用C20砼。

（3）图4.4中未标注的钢筋均为Φ8@150。

（4）基础保护层为40 mm，柱子保护层20 mm，梁保护层为20 mm，板保护层为15 mm。

**4. 实训要求**

（1）学生应在教师指导下，独立认真地完成各项项目内容。

（2）工程量计算正确，项目内容完整，无丢项现象。

（3）提交统一规定的工程量计算书。

## 知识梳理与总结

措施项目包括通用项目和专用项目两大部分，通用项目工程量计算分为按规定费用计算工程量的措施项目、不宜计算工程量的措施项目和按实际发生的费用计算工程量的措施项目三大类。

按规定费率计算措施项目包括安全文明施工（环境保护、文明施工、安全施工、临时设施）、夜间施工、非夜间施工照明、二次搬运、冬/雨季施工。

不宜计算工程量的措施项目包括大型机械设备进出场、大型机械设备安拆、施工排水、施工降水、地上/地下设施、建筑物的临时保护设施。

按实已完工程及设备保护等措施项目。

专用项目包括脚手架、混凝土模板及支架（撑）、垂直运输和建筑物超高施工增加费等措施项目，均属于按计算规则自行计算的项目。

本节主要根据四川省建设工程工程量清单计价定额规定进行讲解，各地区措施项目规定有所不同，请结合当地规定进行计算。

## 思考与练习题 4

1. 通用措施项目包括哪些内容？哪些是按计算规则自行计算的通用措施项目？
2. 现浇构造柱模板工程量应如何计算？
3. 现浇混凝土台阶模板工程量应如何计算？台阶端头两侧是否应计算模板面积？
4. 单项脚手架有哪些？外脚手架、里脚手架应如何计算脚手架工程量？
5. 满堂脚手架工程量应如何计算？其增加层工程量的计算是如何确定的？
6. 建筑物超高的高度是如何确定的？同一建筑物的不同檐高，应如何计算超高增加费？
7. 内/外墙砌筑脚手架工程量应如何计算？
8. 如图 4.5 所示，某建筑物和装饰装修工程一起承包，建筑物从室外地坪至女儿墙顶的高度分别是 15 m、51 m、24 m，外墙为防水涂料，试计算建筑物外墙脚手架的定额工程量，确定定额项目。

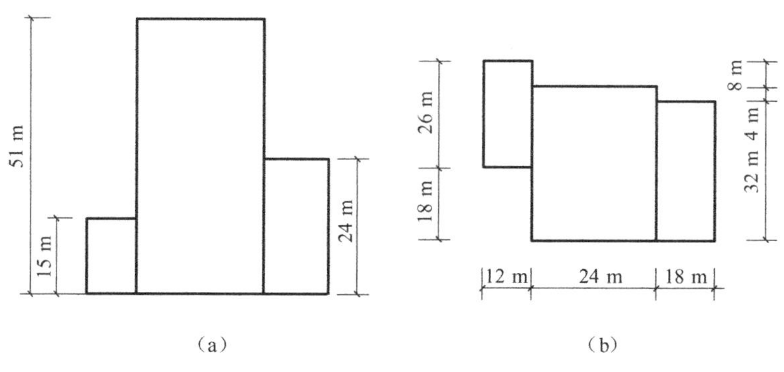


图 4.5　习题 8 的图

9. 某顶棚抹灰，尺寸如图4.6所示，搭设钢管满堂脚手架。计算满堂脚手架工程量，确定定额项目（层高6.8 m）。

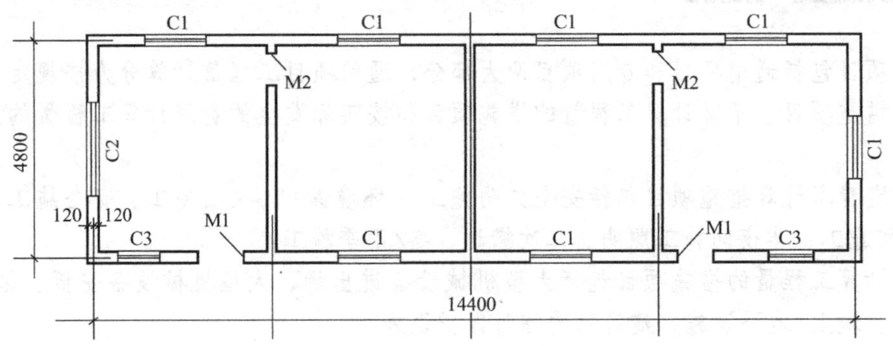


图4.6　习题9的图

10. 某现浇钢筋混凝土有梁板如图4.7所示，组合钢模板，对接螺栓钢支撑。计算有梁板模板工程量，确定定额项目。

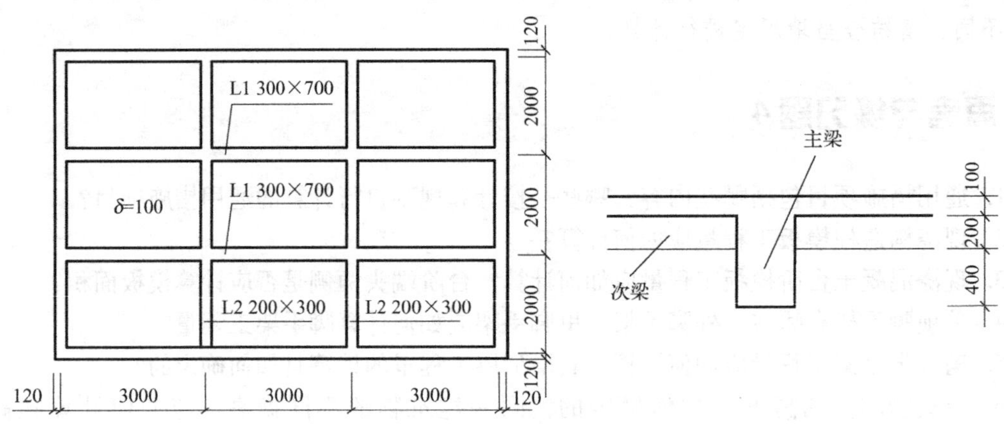


图4.7　习题10的图

# 第5章 工程造价形成和建筑安装工程费用项目组成

## 教学导航

**学习目的** 1. 了解工程造价的组成要素和形成过程；
2. 掌握按费用构成要素划分的建筑安装工程费用的组成、计算和程序；
3. 掌握按造价形成划分的建筑安装工程费用的组成、计算和程序；
4. 掌握综合单价的组成，能计算各分部分项工程综合单价；
5. 能进行各分部分项已标价工程量清单的编制和综合单价分析表的编制。

**学习方法推荐** 行动导向法、练习法、头脑风暴法、小组讨论法等

**教学时间** 6～9 学时

**教学活动及技能训练时间** 1 学时

**延伸活动或技能训练时间** （3 学时）

**教学做过程/教学手段/教学场所安排**

| 教学做过程 | 具体内容 | 教学方法及时间安排 | | | 场所安排 |
|---|---|---|---|---|---|
| | | 授课时间（学时） | 活动时间（学时） | 延伸时间（学时） | |
| 工程造价的形成 | 工程造价组成要素 | 1 | | | 教室 |
| | 工程造价的计价过程 | | | | |
| | 工程造价的计价依据 | | | | |
| 建筑安装工程费用项目组成 | 按费用构成要素划分的建筑安装工程费用项目组成 | 2 | 1 | （1） | 教室 |
| | 按造价形成划分的建筑安装工程费用项目组成 | | | | |
| | 建筑安装工程费用计算程序 | | | | |
| 综合单价的确定 | 综合单价确定的步骤 | 2 | | （2） | 教室 |
| | 综合单价案例分析 | | | | |
| | 实训 13：某商住楼部分综合单价的确定 | | | | |
| 小　　计 | | 5 | 1 | （3） | |

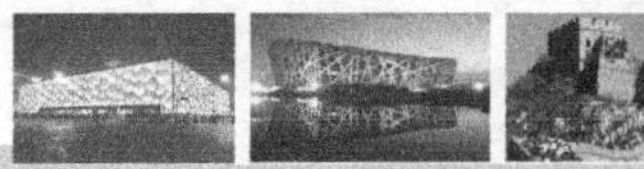

# 5.1 工程造价形成

“工程造价”一词的前身是“建筑工程概预算”和“建筑工程价格”。“建筑工程概预算”一词从我国建国以来一直沿用到改革开放前，这和我国在建国初期引进前苏联以概预算为核心的工程造价管理体制有关。80年代前期，在国内建筑经济学界开始使用“建筑工程价格”和“工程造价”这两个词语。“建筑工程价格”和“工程造价”在同一时期共存的现象，说明人们的思维向商品经济观念转变，但是另一方面却又为理顺商品经济关系和梳理新旧观念带来一定的困难。近几年来，中国建设工程造价管理协会在工程造价管理组织内，为澄清人们认识上的混乱，正本清源，于1996年终于界定了“工程造价”的含义。

“工程造价”中的“造价”既有“成本”的含义，也有“买价”的含义，已经从单纯的“费用”观点逐步向“价格”和“投资”观点转化，具有一词两义。其一是对投资者而言，指建设一项工程预期支付或实际支付所需的全部投资费用，即项目投资或建设成本等广义形式；其二是对承/发包双方而言，指建筑安装工程的价格，在不同的阶段具体表现为招标控制价、投标价、合同价款、竣工结算价等狭义形式。

## 5.1.1 工程造价组成要素

工程造价是指某一建设项目从开始设想到竣工直到使用阶段所耗费的全部建设费用。其内容包括单项工程费用、工程建设其他费用、预备费、建设期贷款利息等部分，如图5.1所示。

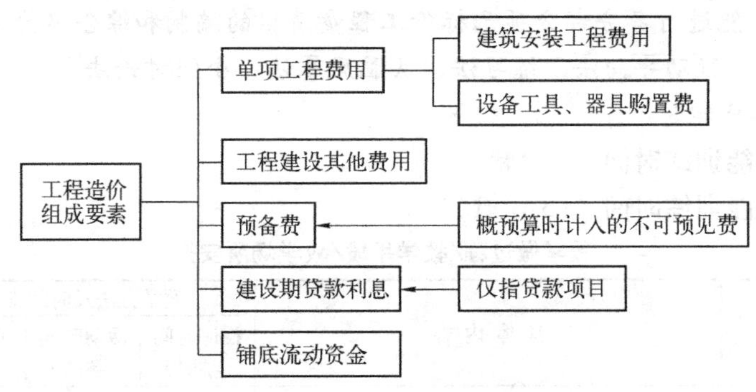


图5.1 工程造价组成要素

### 1. 工程建设其他费用

工程建设其他费用是指从工程筹建到工程竣工交付使用为止的整个建设期间，除单项工程费用以外的，为保证工程建设完成和交付使用后能够正常发挥效用而发生的各项费用。

工程建设其他费用的内容大体包括如下。

（1）土地使用费：包括土地征用及迁移补偿费、土地使用权出让金等。

（2）与建设项目有关的其他费用：包括建设单位管理费、勘察设计费、研究试验费、建设单位临时设施费、工程监理费、工程保险费、引进技术和进口设备其他费用、工程承包费等。

（3）与未来企业生产经营有关的其他费用：包括联合运转费和生产准备费。

### 2. 预备费

按照我国现行规定，预备费包括基本预备费和涨价预备费。

1）基本预备费

基本预备费是指在初步设计概算内难以预计的工程费用。其内容包括：

在批准的初步设计范围内的技术设计、施工图设计及施工过程中所增加的工程费用、设计变更、局部地基处理等增加的费用；

一般自然灾害造成的损失和预防自然灾害所采取的措施费用。

竣工验收为鉴定工程质量对隐蔽工程进行必要的挖掘和修复费用。

基本预备费 =（单项工程费用 + 工程建设其他费用）× 基本预备费率

2）涨价预备费

涨价预备费是指建设项目在建设期间内由于价格等变化引起工程造价变化的预测预留费用。其内容包括人工、设备、材料、施工机械的价格差费，建筑安装工程费和工程建设其他费用调整、利率、汇率调整等增加的费用。

### 3. 建设期贷款利息

建设期贷款利息包括向国内银行和其他非银行金融机构贷款、出口信贷、外国政府贷款、国际商业银行贷款及在境内/外发行的债券等在建设期间内应偿还的借款利息。

### 4. 单项工程费用

单项工程费用包括单位工程费用、设备工器具购置费用、建筑安装工程费用。

1）单位工程费用

单位工程费用又称为建筑安装工程费用，包括建筑工程费用和安装工程费用。具体是指建设单位支付给从事建筑安装工程的施工单位的全部生产费用，包括用于建筑物的建造及有关的准备、清理等工程的投资，用于需要安装设备的安置、装配工作的投资。它是以货币形式表现的建筑安装工程的价值。

2）设备工器具购置费

设备工器具购置费是指为工程建设项目购置或自制的达到固定资产标准的设备、工器具及家具的费用。

## 5.1.2　工程造价的计价过程

工程造价的计价过程是将建设项目细分到构成工程项目的最基本构成要素，即分部分项工程，在此基础上利用适当的计量单位，采用一定的估价方法，将各分部分项工程造价汇总而得到工程的全部造价。由此可见，工程造价的计价过程就是将建设项目进行分解和逐步组合的过程。具体为：分部分项工程费用——单位工程（建筑安装工程）费用——单项工程费用——建设项目总造价，如图 5.2 所示。

$$建设项目总造价 = 单项工程费用 + 工程建设其他费用 + 预备费 + 建设期贷款利息等$$

$$单项工程费用 = \sum 单位工程(建筑安装工程)费用 + 设备、工器具购置费用$$

$$单位工程(建筑安装工程)费用 = \sum 分部分项工程费$$

$$分部分项工程费用 = \sum 工程实物量 \times 工程单价$$

$$= \sum 工程实物量 \times 消耗量 \times 要素价格$$

可见，影响工程造价的主要因素有两个：一个是基本构成要素的实物工程数量，另一个则是基本构成要素的单价。基本子项的实物工程量越大、单价越高，则工程造价也越大。在进行工程计价时，实物工程量的计量单位是由单价的计量单位决定的。单价的计量单位的对象越大，得到的工程估算越粗略。反之，工程估算就较为准确。如清单计价中的计量单位对象比企业定额计价中计量单位的对象应略大一些，因为清单项目是以一个“综合实体”考虑的，计量单位的对象一般包括了多个定额子目工程内容。

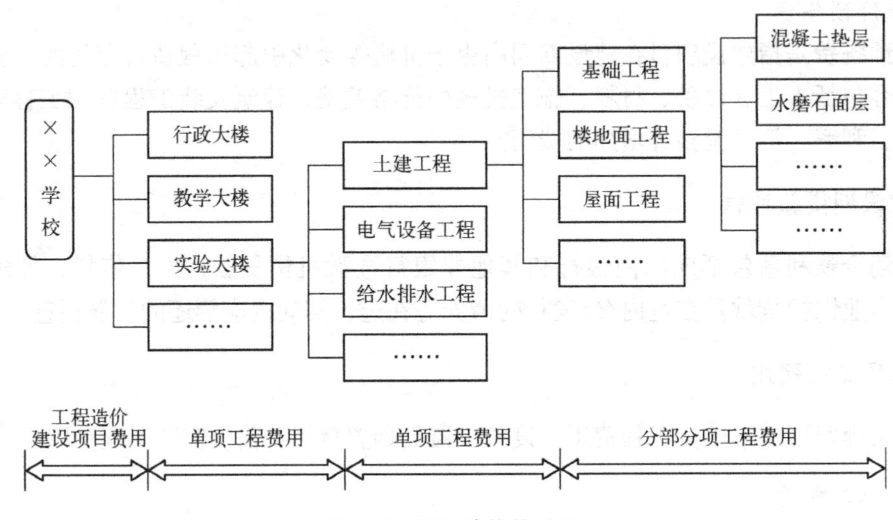


图5.2　工程计价的过程

## 5.1.3　工程造价计价编制的依据

前面我们已经提到，狭义的工程造价是指建筑安装工程价格，本节工程造价计价依据主要讲招标控制价和投标价的编制依据，合同价和竣工结算价的调整和编制将在第七章讲述。

**1. 招标控制价**

1）招标控制价的编制单位

招标控制价应由编制能力的招标人或受其具有相应资质的工程造价咨询人编制，招标控制价应在招标时公布，不应上调或下浮，招标人应将招标控制价及有关资料报送工程所在地工程造价管理机构备查。

2）招标控制价的编制依据

（1）《建设工程工程量清单计价规范》（GB 50500—2013）。

（2）国家或省级、行业建设主管部门颁发的计价定额或计价办法。
（3）建设工程设计文件及相关资料。
（4）拟定的招标文件及招标工程量清单。
（5）与建设项目相关的标准、规定、技术资料。
（6）施工现场情况、工程特点及常规施工方案。
（7）工程造价管理机构的工程造价信息，工程造价信息没有发布的材料，参考市场价。
（8）其他相关资料。

**2. 投标价**

1）投标价的编制单位

投标价应由投标人或受其委托具有相应资质的工程造价咨询人编制，投标价不得低于工程成本，且不得高于招标控制价。

2）投标价的编制依据

（1）《建设工程工程量清单计价规范》（GB 50500—2013）。
（2）国家或省级、行业建设主管部门颁发的计价办法。
（3）企业定额、国家或省级、行业建设主管部门颁发的计价定额。
（4）建设工程设计文件及相关资料。
（5）招标文件、工程量清单及补充通知、答疑纪要。
（6）与建设项目相关的标准、规定、技术资料。
（7）施工现场情况、工程特点及拟定的投标施工组织设计或施工方案。
（8）市场价格信息或工程造价管理机构发布的工程造价信息。
（9）其他相关资料。

## 5.2　建筑安装工程费用项目组成

工程造价计价模式就是工程造价计价的组成、计算方法和计算程序，由于我国存在定额计价和工程量清单计价两种模式，为适应计价模式，深化工程计价改革的需要，根据国家有关法律、法规及相关政策，将建筑安装工程费用按“费用构成要素”和按“工程造价形成顺序”两种方式进行项目组成划分。

### 5.2.1　按费用构成要素划分的建筑安装工程费用项目组成

定额计价模式是 20 世纪 50 年代初期从前苏联计划经济管理模式套用而来的，是我国计划经济时期所采用的行之有效的计价模式，对合理确定和有效控制工程造价曾起到了积极作用，目前在我国的招投标计价中还占有不可缺少的地位，其建筑安装工程费用项目正是按照费用构成要素进行划分组成的。

**1. 费用的组成**

建筑安装工程费用项目按费用构成要素组成划分为人工费、材料费、施工机具使用费、

企业管理费、利润、规费和税金，如图5.3所示。

1）人工费

人工费是指按工资总额构成规定，支付给从事建筑安装工程施工的生产工人和附属生产单位工人的各项费用。内容包括如下。

（1）计时工资或计件工资：是指按计时工资标准和工作时间或对已做工作按计件单价支付给个人的劳动报酬。

（2）奖金：是指对超额劳动和增收节支支付给个人的劳动报酬，如节约奖、劳动竞赛奖等。

（3）津贴补贴：是指为了补偿职工特殊或额外的劳动消耗和因其他特殊原因支付给个人的津贴，以及为了保证职工工资水平不受物价影响支付给个人的物价补贴，如流动施工津贴、特殊地区施工津贴、高温（寒）作业临时津贴、高空津贴等。

（4）加班加点工资：是指按规定支付的在法定节假日工作的加班工资和在法定工作日时间外延时工作的加点工资。

（5）特殊情况下支付的工资：是指根据国家法律、法规和政策规定，因病、工伤、产假、计划生育假、婚丧假、事假、探亲假、定期休假、停工学习、执行国家或社会义务等原因按计时工资标准或计时工资标准的一定比例支付的工资。

2）材料费

材料费是指施工过程中耗费的原材料、辅助材料、构配件、零件、半成品或成品、工程设备的费用。内容包括：材料原价、运杂费、运输损耗费、采购及保管费等。

工程设备是指构成或计划构成永久工程一部分的机电设备、金属结构设备、仪器装置及其他类似的设备和装置。

3）施工机具使用费

施工机具使用费是指施工作业所发生的施工机械、仪器仪表使用费或其租赁费。

（1）施工机械使用费：以施工机械台班耗用量乘以施工机械台班单价来表示，施工机械台班单价应由折旧费、大修理费、经常修理费、安拆和场外运费、人工费、燃料动力费及税费七项费用组成。

（2）仪器仪表使用费：是指工程施工所需使用的仪器仪表的摊销及维修费用。

4）企业管理费

企业管理费是指建筑安装企业组织施工生产和经营管理所需的费用。内容包括如下。

（1）管理人员工资：是指按规定支付给管理人员的计时工资、奖金、津贴补贴、加班加点工资及特殊情况下支付的工资等。

（2）办公费：是指企业管理办公用的文具、纸张、账表、印刷、邮电、书报、办公软件、现场监控、会议、水电、烧水和集体取暖降温（包括现场临时宿舍取暖降温）等费用。

（3）差旅交通费：是指职工因公出差、调动工作的差旅费、住勤补助费，市内交通费和误餐补助费，职工探亲路费，劳动力招募费，职工退休、退职一次性路费，工伤人员就医路费，工地转移费，以及管理部门使用的交通工具的油料、燃料等费用。

(4) 固定资产使用费：是指管理和试验部门及附属生产单位使用的属于固定资产的房屋、设备、仪器等的折旧、大修、维修或租赁费。

(5) 工具用具使用费：是指企业施工生产和管理使用的不属于固定资产的工具、器具、家具、交通工具和检验、试验、测绘、消防用具等的购置、维修和摊销费。

(6) 劳动保险和职工福利费：是指由企业支付的职工退职金，按规定支付给离休干部的经费，集体福利费，夏季防暑降温、冬季取暖补贴，上/下班交通补贴等。

(7) 劳动保护费：是企业按规定发放的劳动保护用品的支出，如工作服、手套、防暑降温饮料及在有碍身体健康的环境中施工的保健费用等。

(8) 检验试验费：是指施工企业按照有关标准规定，对建筑及材料、构件和建筑安装物进行一般鉴定、检查所发生的费用，包括自设试验室进行试验所耗用的材料等费用。不包括新结构、新材料的试验费，对构件做破坏性试验及其他特殊要求检验试验的费用和建设单位委托检测机构进行检测的费用，对此类检测发生的费用，由建设单位在工程建设其他费用中支付。但对施工企业提供的具有合格证明的材料进行检测不合格的，该检测费用由施工企业支付。

(9) 工会经费：是指企业按《工会法》规定的全部职工工资总额比例计提的工会经费。

(10) 职工教育经费：是指按职工工资总额的规定比例计提，企业为职工进行专业技术和职业技能培训，专业技术人员继续教育、职工职业技能鉴定、职业资格认定及根据需要对职工进行各类文化教育所发生的费用。

(11) 财产保险费：是指施工管理用财产、车辆等的保险费用。

(12) 财务费：是指企业为施工生产筹集资金或提供预付款担保、履约担保、职工工资支付担保等所发生的各种费用。

(13) 税金：是指企业按规定缴纳的房产税、车船使用税、土地使用税、印花税等。

(14) 其他：包括技术转让费、技术开发费、投标费、业务招待费、绿化费、广告费、公证费、法律顾问费、审计费、咨询费、保险费等。

5) 利润

利润是指施工企业完成所承包工程获得的盈利。

6) 规费

规费是指按国家法律、法规规定，由省级政府和省级有关权力部门规定必须缴纳或计取的费用。内容包括如下。

(1) 社会保险费：

养老保险费：是指企业按照规定标准为职工缴纳的基本养老保险费。

失业保险费：是指企业按照规定标准为职工缴纳的失业保险费。

医疗保险费：是指企业按照规定标准为职工缴纳的基本医疗保险费。

生育保险费：是指企业按照规定标准为职工缴纳的生育保险费。

工伤保险费：是指企业按照规定标准为职工缴纳的工伤保险费。

(2) 住房公积金：是指企业按规定标准为职工缴纳的住房公积金。

(3) 工程排污费：是指按规定缴纳的施工现场工程排污费。

其他应列而未列入的规费，按实际发生计取。

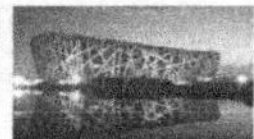

7）税金

税金是指国家税法规定的应计入建筑安装工程造价内的营业税、城市维护建设税、教育费附加及地方教育附加。

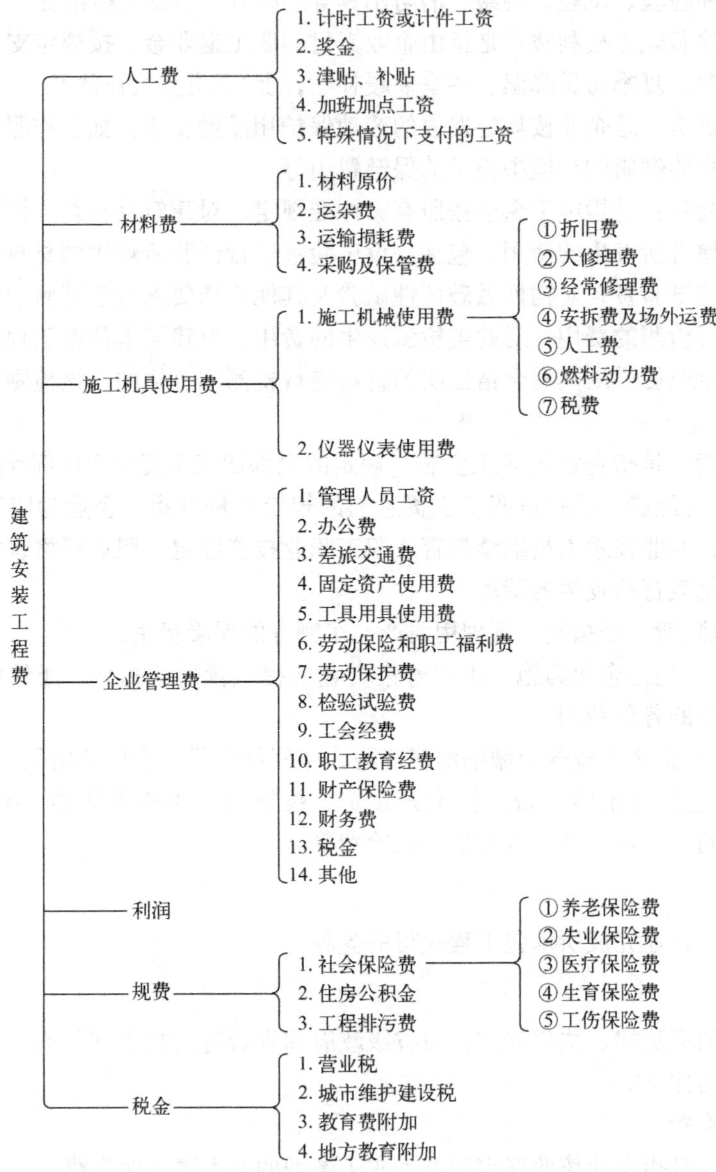


图5.3　按费用构成要素划分的建筑安装工程费用项目组成

**2. 费用的计算方法**

按费用构成要素划分的建筑安装工程费用项目的计算方法是工料单价法，各费用计算如下。

1）人工费

公式 1：人工费 = ∑（工日消耗量 × 日工资单价）

$$日工资单价=\frac{生产工人平均月工资（计时计件）+平均月（奖金+津贴补贴+特殊情况下支付的工资）}{年平均每月法定工作日}$$

公式 2：人工费 = ∑（工程工日消耗量 × 日工资单价）

日工资单价——施工企业平均技术熟练程度的生产工人的日工资总额。

公式 1 主要适用于施工企业投标报价时自主确定人工费。

公式 2 适用于工程造价管理机构编制计价定额时确定定额人工费。

2）材料费

材料费 = ∑（材料消耗量 × 材料单价）

工程设备费 = ∑（工程设备量 × 工程设备单价）

3）施工机具使用费

施工机械使用费 = ∑（施工机械台班消耗量 × 机械台班单价）

施工机械使用费 = ∑（施工机械台班消耗量 × 机械台班租赁单价）（租赁施工机械）

仪器仪表使用费 = 工程使用的仪器仪表摊销费 + 维修费

4）企业管理费费率

（1）以分部分项工程费为计算基础。

$$企业管理费费率（\%）=\frac{生产工人年平均管理费}{年有效施工天数\times人工单价}\times人工费占分部分项工程费比例（\%）$$

（2）以人工费和机械费合计为计算基础。

$$企业管理费费率（\%）=\frac{生产工人年平均管理费}{年有效施工天数\times（人工单价+每一工日机械使用费）}\times100\%$$

（3）以人工费为计算基础。

$$企业管理费费率（\%）=\frac{生产工人年平均管理费}{年有效施工天数\times人工单价}\times100\%$$

注意：上述公式适用于施工企业投标报价时自主确定管理费，是工程造价管理机构编制计价定额确定企业管理费的参考依据。

工程造价管理机构在确定计价定额中企业管理费时，应以定额人工费或（定额人工费 + 定额机械费）作为计算基数，其费率根据历年工程造价积累的资料，辅以调查数据确定，列入分部分项工程和措施项目中。

5）利润

（1）施工企业根据企业自身需求并结合建筑市场实际自主确定，列入报价中。

（2）工程造价管理机构在确定计价定额中利润时，应以定额人工费或（定额人工费 + 定额机械费）作为计算基数，其费率根据历年工程造价积累的资料，并结合建筑市场实际确定，以单位（单项）工程测算，利润在税前建筑安装工程费的比重可按不低于 5% 且不高于 7% 的费率计算。利润应列入分部分项工程和措施项目中。

6）规费

（1）社会保险费和住房公积金。

社会保险费和住房公积金 = ∑(工程定额人工费 × 社会保险费和住房公积金费率)

(2) 工程排污费。

工程排污费等其他应列而未列入的规费应按工程所在地环境保护等部门规定的标准缴纳，按实计取列入。

7) 税金

$$税金 = 税前造价 \times 综合税率(\%)$$

其中，综合税率的计算如下。

(1) 纳税地点在市区的企业。

$$综合税率(\%) = \frac{1}{1 - 3\% - (3\% \times 7\%) - (3\% \times 3\%) - (3\% \times 2\%)} - 1 = 3.43\%$$

(2) 纳税地点在县城、镇的企业。

$$综合税率(\%) = \frac{1}{1 - 3\% - (3\% \times 5\%) - (3\% \times 3\%) - (3\% \times 2\%)} - 1 = 3.37\%$$

(3) 纳税地点不在市区、县城、镇的企业。

$$综合税率(\%) = \frac{1}{1 - 3\% - (3\% \times 1\%) - (3\% \times 3\%) - (3\% \times 2\%)} - 1 = 3.25\%$$

(4) 实行营业税改增值税的，按纳税地点现行税率计算。

### 5.2.2 按造价形成划分的建筑安装工程费用项目组成

20世纪90年代末，是中国内地建设市场迅猛发展的时期，改革的核心问题是工程造价计价方式。按照“控制量、放开价、竞争费，最终由市场形成价格”的改革总体思路，客观上呼唤一种新模式的诞生——工程量清单计价模式。为规范建设工程造价计价行为，统一建设工程计价文件的编制原则和计价方法，凡使用国有资金或国有资金投资为主的建设工程均按清单计价规范执行，其建筑安装工程费用项目主要是按照造价形成顺序划分项目组成的。

**1. 费用的组成**

建筑安装工程费用项目按工程造价形成顺序划分为分部分项工程费、措施项目费、其他项目费、规费和税金，如图5.4所示。

1) 分部分项工程费

分部分项工程费是指各专业工程的分部分项工程应予列支的各项费用。

(1) 专业工程：是指按现行国家计量规范划分的房屋建筑与装饰工程、仿古建筑工程、通用安装工程、市政工程、园林绿化工程、矿山工程、构筑物工程、城市轨道交通工程、爆破工程等各类工程。

(2) 分部分项工程：指按现行国家计量规范对各专业工程划分的项目，如房屋建筑与装饰工程划分的土（石）方工程、地基处理与桩基工程、砌筑工程、钢筋及钢筋混凝土工程等。

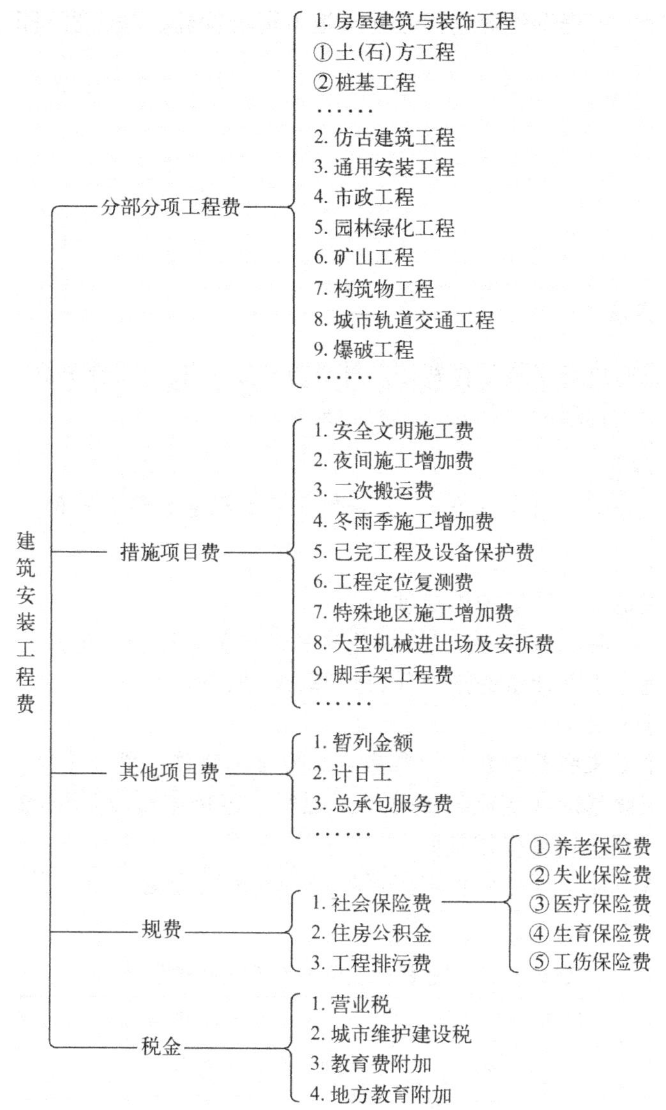

图5.4　按造价形成顺序划分的建筑安装工程费用项目组成

2）措施项目费

措施项目费是指为完成建设工程施工，发生的非工程实体的各种费用，包括通用项目和专用项目所发生的各种措施项目费用等。

3）其他项目费

（1）暂列金额：是指建设单位在工程量清单中暂定并包括在工程合同价款中的一笔款项。用于施工合同签订时尚未确定或者不可预见的所需材料、工程设备、服务的采购，施工中可能发生的工程变更、合同约定调整因素出现时的工程价款调整及发生的索赔、现场签证确认等的费用。

（2）计日工：是指在施工过程中，施工企业完成建设单位提出的施工图纸以外的零星项目或工作所需的费用。

（3）总承包服务费：是指总承包人为配合、协调建设单位进行的专业工程发包，对建设

单位自行采购的材料、工程设备等进行保管及施工现场管理、竣工资料汇总整理等服务所需的费用。

4）规费

定义同上。

5）税金

定义同上。

**2. 费用的计算方法**

按造价形成组成的建筑安装工程费用的计算方法是采用“综合单价”法，具体包括人工费、材料费、机械费、管理费、利润、风险因素。

1）分部分项工程费

$$分部分项工程费 = \sum(分部分项工程量 \times 综合单价)$$

2）措施项目费

国家计量规范规定应予计量的措施项目

$$措施项目费 = \sum(措施项目工程量 \times 综合单价)$$

国家计量规范规定不宜计量的措施项目计算方法如下。

(1) 安全文明施工费。

$$安全文明施工费 = 计算基数 \times 安全文明施工费费率(\%)$$

计算基数——定额基价（定额分部分项工程费 + 定额中可以计量的措施项目费）、定额人工费或（定额人工费 + 定额机械费）。

费率——根据各专业工程特点和调查资料综合分析后确定，如四川省按规定费率计算的措施项目费率见表5.1。

**表5.1 四川省按规定费率计算的措施项目费率**

| 序号 | 项目名称 | | | 计算基础 | 费率（%） |
|---|---|---|---|---|---|
| 1.1 | 安全文明施工 | 环境保护 | | 分部分项清单定额人工费 | 0.5 |
| | | 文明施工基本费 | 建筑工程 | 分部分项清单定额人工费 | 5.0 |
| | | | 单独装饰工程 | | 1.5 |
| | | | 单独安装工程 | | 1.5 |
| | | 安全施工基本费 | 建筑工程 | 分部分项清单定额人工费 | 7.5 |
| | | | 单独装饰工程 | | 2.5 |
| | | | 单独安装工程 | | 2.5 |
| | | 临时设施基本费 | 建筑工程 | 分部分项清单定额人工费 | 7.5 |
| | | | 单独装饰工程 | | 5 |
| | | | 单独安装工程 | | 5 |
| 1.2 | 夜间施工 | | | 分部分项清单定额人工费 | 2.5 |
| 1.3 | 二次搬运 | | | 分部分项清单定额人工费 | 1.5 |
| 1.4 | 冬/雨季施工 | | | 分部分项清单定额人工费 | 2 |

（2）夜间施工增加费。

夜间施工增加费 = 计算基数 × 夜间施工增加费费率(%)

（3）二次搬运费。

二次搬运费 = 计算基数 × 二次搬运费费率(%)

（4）冬/雨季施工增加费。

冬/雨季施工增加费 = 计算基数 × 冬/雨季施工增加费费率(%)

（5）已完工程及设备保护费。

已完工程及设备保护费 = 计算基数 × 已完工程及设备保护费费率(%)

计算基数——上述(2)～(5)项措施项目的计费基数应为定额人工费或（定额人工费 + 定额机械费）。

3）其他项目费

（1）暂列金额：由建设单位根据工程特点，按有关计价规定估算，施工过程中由建设单位掌握使用、扣除合同价款调整后如有余额，归建设单位。一般可根据工程的复杂程度、设计深度、工程环境条件进行估算，一般按分部分项工程费的 10%～15% 作为参考。

（2）计日工：由建设单位和施工企业按施工过程中的签证计价。

（3）总承包服务费：由建设单位在招标控制价中根据总承包服务范围和有关计价规定编制，施工企业投标时自主报价，施工过程中按签约合同价执行。

招标人仅要求对分包的专业工程进行总承包管理和协调时，按分包的专业工程估算造价的 1.5% 计算；

招标人要求对分包的专业工程进行总承包管理和协调，并同时要求提供配合服务时，根据招标文件列出的配合服务内容和提出的要求，按分包的专业工程估算造价的 3%～5% 计算；

招标人自行提供材料的，按供应材料价值的 1% 计算。

4）规费

规费是省级以上和有关权利部门规定的必须缴纳和计提的费用（简称规费），规费取费基数一般有两种：一是工程量清单计价合计（包括分部分项工程量清单计价合计、措施项目清单计价合计和其他项目清单计价合计）；二是清单计价合计中的定额人工费合计（包括分部分项工程量清单计价定额人工费、措施项目计价定额人工费）。

规费费率一般由各地工程造价管理部门统一规定，规费的计算公式：

规费 = 计算基数 × 规费费率(%)

下面以 2009 四川省相关规费取定为例说明，见表 5.2。

5）税金

税金的内容包括建筑安装造价的营业税、城市维护建设税、教育费附加、地方教育费附加，称为“两税两费”。各地区主管部门一般按纳税人所在地或工程所在地转换为综合税率，便于计价中反映税前和税后的两种工程造价，计算公式：

税金 = 计税基数 × 综合税率

计税基数 = 分部分项工程费合计 + 措施项目费合计 + 其他项目费合计 + 规费

**表5.2　四川省相关规费取定**

| 序号 | 项目名称 | 计算基础 | 费　率 | 金额（元） |
|---|---|---|---|---|
| 1 | 工程排污费 | | | |
| 2 | 社会保障费 | D.2.1+D.2.2+D.2.3 | | |
| (1) | 养老保险费 | 分部分项清单定额人工费+措施项目定额人工费 | 6%～11% | |
| (2) | 失业保险费 | 分部分项清单定额人工费+措施项目定额人工费 | 0.6%～1.1% | |
| (3) | 医疗保险费 | 分部分项清单定额人工费+措施项目定额人工费 | 3%～4.5% | |
| 3 | 住房公积金 | 分部分项清单定额人工费+措施项目定额人工费 | 2%～5% | |
| 4 | 工伤保险和危险作业意外伤害保险 | 分部分项清单定额人工费+措施项目定额人工费 | 0.8%～1.3% | |
| | | 合　计 | | |

注：在投标时规费的费率取定以各投标单位的规费取费证为依据；工程排污费在水费中收取。

## 5.2.3　建筑安装工程费用计算程序

由于建筑安装工程的价格，在不同的阶段具体表现形式不同，其计算程序的表达方式也不同。建设单位工程招标控制价计价程序见表5.3。施工企业工程投标报价计价程序见表5.4。竣工结算计价程序见表5.5。

**表5.3　建设单位工程招标控制价计价程序**

工程名称：　　　　　　　　　　　　　　标段：

| 序号 | 内　容 | 计算方法 | 金　额（元） |
|---|---|---|---|
| 1 | 分部分项工程费 | 按计价规定计算 | |
| 1.1 | | | |
| 1.2 | | | |
| 1.3 | | | |
| 1.4 | | | |
| 1.5 | | | |
| | | | |
| | | | |
| 2 | 措施项目费 | 按计价规定计算 | |
| 2.1 | 其中：安全文明施工费 | 按规定标准计算 | |
| 3 | 其他项目费 | | |
| 3.1 | 其中：暂列金额 | 按计价规定估算 | |
| 3.2 | 其中：专业工程暂估价 | 按计价规定估算 | |
| 3.3 | 其中：计日工 | 按计价规定估算 | |
| 3.4 | 其中：总承包服务费 | 按计价规定估算 | |
| 4 | 规费 | 按规定标准计算 | |
| 5 | 税金（扣除不列入计税范围的工程设备金额） | (1+2+3+4)×规定税率 | |
| 招标控制价合计=1+2+3+4+5 | | | |

**表 5.4　施工企业工程投标报价计价程序**

工程名称：　　　　　　　　　　　　　标段：

| 序号 | 内　　容 | 计算方法 | 金　额（元） |
|---|---|---|---|
| 1 | 分部分项工程费 | 自主报价 | |
| 1.1 | | | |
| 1.2 | | | |
| 1.3 | | | |
| 1.4 | | | |
| 1.5 | | | |
| | | | |
| | | | |
| | | | |
| 2 | 措施项目费 | 自主报价 | |
| 2.1 | 其中：安全文明施工费 | 按规定标准计算 | |
| 3 | 其他项目费 | | |
| 3.1 | 其中：暂列金额 | 按招标文件提供金额计列 | |
| 3.2 | 其中：专业工程暂估价 | 按招标文件提供金额计列 | |
| 3.3 | 其中：计日工 | 自主报价 | |
| 3.4 | 其中：总承包服务费 | 自主报价 | |
| 4 | 规费 | 按规定标准计算 | |
| 5 | 税金（扣除不列入计税范围的工程设备金额） | (1+2+3+4)×规定税率 | |
| 投标报价合计=1+2+3+4+5 | | | |

**表 5.5　竣工结算计价程序**

工程名称：　　　　　　　　　　　　　标段：

| 序号 | 汇总内容 | 计算方法 | 金　额（元） |
|---|---|---|---|
| 1 | 分部分项工程费 | 按合同约定计算 | |
| 1.1 | | | |
| 1.2 | | | |
| 1.3 | | | |
| 1.4 | | | |
| 1.5 | | | |
| | | | |
| | | | |
| 2 | 措施项目 | 按合同约定计算 | |
| 2.1 | 其中：安全文明施工费 | 按规定标准计算 | |
| 3 | 其他项目 | | |
| 3.1 | 其中：专业工程结算价 | 按合同约定计算 | |
| 3.2 | 其中：计日工 | 按计日工签证计算 | |
| 3.3 | 其中：总承包服务费 | 按合同约定计算 | |
| 3.4 | 索赔与现场签证 | 按发承包双方确认数额计算 | |
| 4 | 规费 | 按规定标准计算 | |
| 5 | 税金（扣除不列入计税范围的工程设备金额） | (1+2+3+4)×规定税率 | |
| 竣工结算总价合计=1+2+3+4+5 | | | |

## 5.3 综合单价

综合单价是指综合考虑直接费、间接费、风险和利润、税金的单价，即指完成工程量清单中一个规定的计量单位项目所需的人工费、材料费、机械费、管理费和利润，并考虑风险。其编制的依据主要采用企业定额和各地行政主管部门编制的预算定额或消耗量定额。具体地说招标人编制招标控制价时，必须根据建设行政主管部门颁发的工程计价依据进行编制；投标人编制投标报价时，可以根据建设行政主管部门颁发的工程计价依据，也可以根据企业内部定额。

### 5.3.1 综合单价计算的步骤

**1. 将清单项目工作内容拆分为一个或多个定额子目**

根据项目清单中的“项目特征”的描述，分析每个清单项目由哪些“工作内容”组成。一般情况下，一个清单项目由一个或多个“工作内容”构成，一个工作内容对应一个或多个定额子目。例如，“砖基础”（编码：010301001）清单项目内容可拆分为砌砖基础和防潮层铺设两个定额子目。

**2. 计算定额工程量 $E_i$ 或计价工程量 $S_i$。**

我们将招标文件中提供统一的清单工程量记作 $Q$，投标人拆分后在投标报价中计算的定额工程量记作 $E_i$，计价工程量 $S_i$ 为定额工程量 $E_i$ 除以清单工程量 $Q$：

$$S_i = \frac{E_i}{Q}$$

**3. 根据定额工程量或计价工程量计算清单项目费用**

依据企业定额和市场价格信息，或参照建设行政主管部门发布的社会平均消耗量定额（如地方单位估价表、预算定额），用“第 $i$ 项工作内容的定额工程量或计价工程量”套用相应的“企业定额或地方预算定额的分项工程定额基价”，计算得到“第 $i$ 项工作内容”的人工费、材料费、机械费，再通过取费程序计算“第 $i$ 项工作内容”的企业管理费和利润。

（1）清单项目费用 = ∑定额子目费用

定额子目费用 = 定额子目工程基价 × 定额工程量或计价工程量

定额子目基价 = 人工费 + 材料费 + 机械费

人工费 =（定额工程量或计价工程量 × 人工单价）

材料费 =（定额工程量或计价工程量 × 材料单价）

机械费 =（定额工程量或计价工程量 × 机械单价）

（2）管理费 = 清单项目合价中人工费 × 管理费的费率

（3）利润 = 清单项目合价中人工费 × 利润率

注意：有些地区将管理费和利润合并融入定额子目基价，以综合费的形式出现。

**4. 计算清单项目的综合单价 $P$**

以定额工程量计算，则

$$综合单价 = \frac{清单项目合价 + 管理费 + 利润 + 风险费}{清单工程量}$$

以计价工程量计算，则

$$综合单价 = 清单项目单价 + 管理费 + 利润 + 风险费$$

除此之外，清单项目的工程报价中还应考虑一定的风险因素，以应对不可预测因素发生的费用。

## 5.3.2　综合单价案例分析

**案例 5-1**　根据 2008 年河北省建筑工程计价，计算该清单项目的综合单价。

**背景资料**　某多层砖混住宅的土方工程，其施工要求如下。

(1) 土壤类别为三类土；基础为砖大放脚带形基础；混凝土垫层宽度为 1000 mm；挖土深度为 2.0 m；基础总长度为 1600 m；弃土运距 4 km。

(2) 招标人提供的工程量清单（见表 5.6）

**表 5.6　分部分项工程量清单与计价表**

工程名称：某多层住宅　　　　标段：　　　　第　页共　页

| 序号 | 项目编码 | 项目名称 | 项目特征描述 | 计量单位 | 工程数量 | 金额（元） | | |
|---|---|---|---|---|---|---|---|---|
| | | | | | | 综合单价 | 合价 | 其中：暂估价 |
| A. 1 土（石）方工程 | | | | | | | | |
| 1 | 010101003001 | 挖沟槽土方 | 1. 土壤类别：三类土<br>2. 挖土深度：2000 mm<br>3. 弃土运距：4 km | $m^3$ | 3200 | | | |
| 分部小计 | | | | | | | | |
| 本页小计 | | | | | | | | |
| 合　计 | | | | | | | | |

**解：**(1) 将挖基础土方清单项目的工作内容拆分为 3 个定额子目。

① 人工挖地槽。

② 人工运土方。

③ 装载机装自卸汽车运土方。

其中，工程的施工方案为基础土方采用人工开挖方式；除沟边堆土外，现场推土 2200 $m^3$、运距 60 m，采用人工运输；另外，1300 $m^3$的土方量，采用装载机装、自卸汽车运输，运距 4 km。

(2) 计算定额工程量 $E_i$；计价工程量 $S_i$。

① 人工挖地槽。

工程量应包括施工图提供的净挖方量及放坡工程量。根据施工资料，混凝土垫层工作面宽度每边增加 0. 30 m，放坡系数为 1∶0. 33，基础挖土方截面面积按图 5. 5 所示计算：

图 5.5 中：$a$——混凝土垫层宽度，$a=1\ \text{m}$；

$c$——每边增加的工作面宽度，$c=0.30\ \text{m}$；

$h$——基础的挖土深度，$h=2.0\ \text{m}$；

$k$——放坡系数，$k=0.33$。

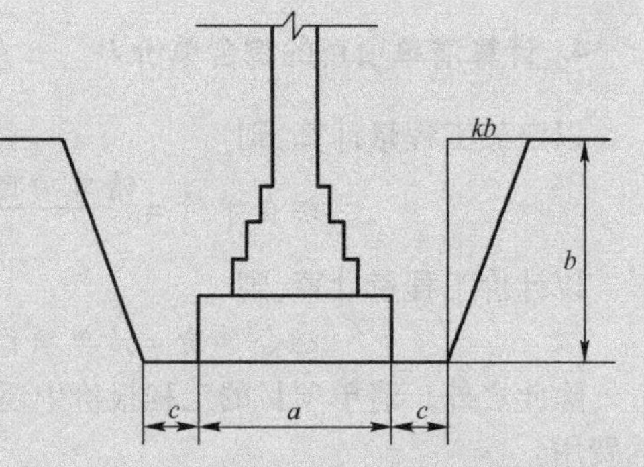


图 5.5　基础土方工程量计算示意图

人工挖地槽的定额工程量：

$$E_1=(a+2\times c+k\times h)\times h$$
$$=(1+0.30\times 2+0.33\times 2)\times 2\times 1600=7232(\text{m}^3)$$

$$人工挖地槽的计价工程量\ S_1=\frac{E_1}{Q}=\frac{7232}{3200}=2.26(\text{m}^3)$$

② 人工运土方。

定额工程量 $E_2$ 可根据施工方案中的数据得到：$E_2=2200(\text{m}^3)$

$$计价工程量:S_2=\frac{E_2}{Q}=\frac{2200}{3200}=0.6875(\text{m}^3)$$

③ 装载机装自卸汽车运土方。

定额工程量 $E_3$ 可根据施工方案中的数据得到：$E_3=1300(\text{m}^3)$

$$计价工程量:S_3=\frac{E_3}{Q}=\frac{1300}{3200}=0.40625(\text{m}^3)$$

（3）根据计价工程量，计算清单项目费用。

根据河北省预算定额规定，企业管理费、利润的计取按人工费与机械费之和分别乘以4%、3%确定，计算见表 5.7：

**表 5.7　定额项目表**

| 定额编号 | | A1－15 | （A1－100）＋（A1－101） | （A1－124）＋（A1－125）×3 |
|---|---|---|---|---|
| 工程项目 | | 人工挖地槽 | 人工运土方（60 m） | 机械运土方（4 km） |
| 基价（元） | | 1623.33 元/100 m³ | 552 元/100 m³ | 13109.68 元/1000 m³ |
| 其中 | 人工费（元） | 1619.10 元/100 m³ | 552 元/100 m³ | 249.6 元/1000 m³ |
| | 材料费（元） | — | — | 26.06 元/1000 m³ |
| | 机械费（元） | 4.23 元/100 m³ | — | 12834.02 元/1000 m³ |

① 人工挖地槽。

$$人工费:R_1=2.26\ \text{m}^3\times 16.1910=36.59(元)$$
$$机械使用费:J_1=2.26\ \text{m}^3\times 0.0423=0.10(元)$$
$$管理费:G_1=(R_1+J_1)\times 4\%=1.47(元)$$
$$利润:L_1=(R_1+J_1)\times 3\%=1.10(元)$$

② 人工运土方（60 m）。

$$人工费:R_2=0.6875\times 5.52=3.80(元)$$
$$管理费:G_2=R_2\times 4\%=0.15(元)$$

$$利润:L_2 = R_2 \times 3\% = 0.12(元)$$

③ 装载机装自卸汽车运土方（4 km）。

$$人工费:R_3 = 0.40625\ m^3 \times 0.2496\ 元 = 0.10(元)$$

$$材料费:C_3 = 0.40625\ m^3 \times 0.02606\ 元 = 0.01(元)$$

$$机械使用费:J_3 = 0.40625 \times 12.83402 = 5.21(元)$$

$$管理费:G_3 = (R_3 + J_3) \times 4\% = 0.21(元)$$

$$利润:L_3 = (R_3 + J_3) \times 3\% = 0.15(元)$$

④ 计算“挖基础土方”清单项目费用。

清单项目费用 = 人工挖地槽 + 人工运土方 + 装载机装自卸汽车运土方

其中，人工费 = 36.59 + 3.80 + 0.10 = 40.49(元)

材料费 = 0.01(元)

机械使用费 = 0.10 + 5.21 = 5.31(元)

管理费 = 1.47 + 0.15 + 0.21 = 1.83(元)

利润 = 1.10 + 0.12 + 0.15 = 1.38(元)

综合单价 = 40.49 + 0.01 + 5.31 + 1.83 + 1.38 = 49.02(元)

(4) 计算“挖沟槽土方”清单项目的综合单价。

清单项目的综合单价：$P = R + C + J + G + L$

$= 40.49 + 0.01 + 5.31 + 1.83 + 1.38 = 49.02(元)$

(5) 计算“挖沟槽土方”清单项目的合价。

清单项目的合价 $= P \times Q$

$= 49.02 \times 3200 = 156864(元)$

(6) 补充完整分部分项工程量清单与计价表（见表 5.8）。

**表 5.8　分部分项工程量清单与计价表（案例）（招标控制价）**

工程名称：某多层住宅　　　　　　标段：　　　　　　第 1 页　共 1 页

| 序号 | 项目编码 | 项目名称 | 项目特征描述 | 计量单位 | 工程数量 | 金额（元） | | |
|---|---|---|---|---|---|---|---|---|
| | | | | | | 综合单价 | 合价 | 其中：暂估价 |
| | | A.1 土（石）方工程 | | | | | | |
| 1 | 010101003001 | 挖沟槽土方 | 1. 土壤类别：三类土<br>2. 挖土深度：2000 mm<br>3. 弃土运距：4 km | $m^3$ | 3200.00 | 49.02 | 156864.00 | |
| 分部小计 | | | | | | | | |
| 本页小计 | | | | | | | | |
| 合　计 | | | | | | | | |

还可以根据情况选填工程量清单综合单价分析表（见表 5.9）。在填制表格时，如果是在编制投标报价，使用的不是省级或建设主管部门发布的计价依据，则对于“定额项目”、“定额编号”等可以不填；招标文件中提供了暂估单价的材料，按暂估的单价填入表内“暂估单价”栏及“暂估合价”栏。

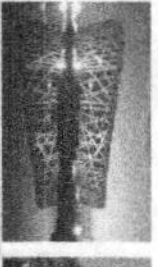

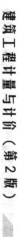

**表 5.9　工程量清单综合单价分析表**

工程名称：某多层住宅　　　　标段：　　　　第1页　　　　共1页

<table>
<tr><td>项目编码</td><td colspan="2">010101003001</td><td colspan="2">项 目 名 称</td><td colspan="5">挖沟槽土方</td><td>计量单位</td><td>$m^3$</td></tr>
<tr><td colspan="12">清单综合单价组成明细</td></tr>
<tr><td rowspan="2">定额编号</td><td rowspan="2">定额名称</td><td rowspan="2">定额单位</td><td rowspan="2">数量</td><td colspan="4">单　价</td><td colspan="4">合　价</td></tr>
<tr><td>人工费</td><td>材料费</td><td>机械费</td><td>管理费和利润</td><td>人工费</td><td>材料费</td><td>机械费</td><td>管理费和利润</td></tr>
<tr><td>A1－15</td><td>人工挖地槽</td><td>100 $m^3$</td><td>0.0226</td><td>1619.10</td><td>—</td><td>4.23</td><td>113.63</td><td>36.59</td><td>—</td><td>0.10</td><td>2.57</td></tr>
<tr><td>（A1 － 100）+（A1－101）</td><td>人工运土方(60 m)</td><td>100 $m^3$</td><td>0.006875</td><td>552</td><td>—</td><td>—</td><td>38.64</td><td>3.80</td><td>—</td><td>—</td><td>0.27</td></tr>
<tr><td>（A1 － 124）+（A1－125）×3</td><td>机械运土方（4 km）</td><td>1000 $m^3$</td><td>0.00040625</td><td>249.6</td><td>26.06</td><td>12834.02</td><td>915.85</td><td>0.10</td><td>0.01</td><td>5.21</td><td>0.37</td></tr>
<tr><td colspan="2">人工单价</td><td colspan="6">小　计</td><td>40.49</td><td>0.01</td><td>5.31</td><td>3.21</td></tr>
<tr><td colspan="2">30元/工日</td><td colspan="6">未计价材料</td><td colspan="4"></td></tr>
<tr><td colspan="8">清单项目综合单价</td><td colspan="4">49.02</td></tr>
<tr><td rowspan="4">材料费明细</td><td colspan="5">主要材料名称、规格、型号</td><td>单位</td><td>数量</td><td>单价（元）</td><td>合价（元）</td><td>暂估单价（元）</td><td>暂估合价（元）</td></tr>
<tr><td colspan="5">水</td><td>$m^3$</td><td>0.00349</td><td>3.03</td><td>0.01</td><td></td><td></td></tr>
<tr><td colspan="7">其他材料费</td><td>—</td><td>—</td><td></td><td></td></tr>
<tr><td colspan="7">材料费小计</td><td>—</td><td>0.01</td><td></td><td></td></tr>
</table>

**案例 5-2**　根据 2009 年四川省建筑工程计价定额，计算竹木地板的综合单价。

需在水泥地面上铺实木拼花平口地板 80.24 $m^2$；刷本色油漆烫硬蜡，木地板下防潮层干铺油毡。具体内容：

防潮层：干铺油毡；

实木地漆：本色油漆烫硬蜡；

实木地板安装：80.24 $m^2$。

四川省建筑工程工程量清单计价定额见表 5.10。

**表 5.10　四川省建设工程工程量清单计价定额**

| 序　号 | 定额编码 | 工程内容 | 单　位 | 综合单价 | 其中（元） | | | |
|---|---|---|---|---|---|---|---|---|
| | | | | 单价 | 人工费单价 | 材料费单价 | 机械费单价 | 综合费单价 |
| 1 | AG0536 | 干铺油毡防潮层 | 100 $m^2$ | 399.87 | 62.05 | 319.20 | 0.00 | 18.62 |
| 2 | BA0125 | 实木地板软铺 | 100 $m^2$ | 14386.65 | 801.10 | 13185.00 | 0.00 | 400.55 |
| 3 | BE0237 | 木地板本色烫硬蜡 | 100 $m^2$ | 1254.63 | 659.45 | 166.54 | 0.00 | 428.64 |

注：四川省将管理费和利润合并融入定额子目基价，以综合费的形式出现。

**解：**（1）计算木地板清单工程量 = 80.24（$m^2$）。

（2）计算木地板的综合单价。

① 竹木地板的工作内容包括基层清理、木地板安装、刷防护材料定额子目。

② 计算木地板工作内容中的定额工程量。

$$干铺油毡防潮层工程量 = 80.24(m^2)$$

$$实木地板软铺工程量 = 80.24(m^2)$$

$$木地板本色烫硬蜡工程量 = 80.24(m^2)$$

③ 根据定额工程量，通过表格计算木地板的综合单价（见表 5.11）。

**表 5.11　木地板的综合单价计算表**

| 序　号 | 定额编码 | 工程内容 | 计量单位 | 工程数量 | 金额（元） | |
|---|---|---|---|---|---|---|
| | | | | | 综合单价 | 合　价 |
| 1 | AG0536 | 干铺油毡防潮层 | 100 $m^2$ | 0.8024 | 399.87 | 320.86 |
| 2 | BA0125 | 实木地板软铺 | 100 $m^2$ | 0.8024 | 14386.65 | 11543.85 |
| 3 | BE0237 | 木地板本色烫硬蜡 | 100 $m^2$ | 0.8024 | 1254.63 | 1006.72 |
| 本页小计 | | | | | | 12871.42 |

木地板的综合单价 = 12871.42/80.24 = 160.42（元/ $m^2$）

④ 分析木地板综合单价内的人工费、材料费、机械费和综合费的组成（见表 5.12）。

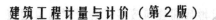

**表 5.12　竹木地板综合单价分析计算表**

工程名称：某工程　　　　　　　　　　　　　　计量单位：$m^2$
项目编码：011104002001　　　　　　　　　　　工程量：1
项目名称：竹木地板　　　　　　　　　　　　　清单项目综合单价：160.42 元

| 序号 | 定额编码 | 工程内容 | 单位 | 数量 | 综合单价 | | 其中（元） | | | | | | | |
|---|---|---|---|---|---|---|---|---|---|---|---|---|---|---|
| | | | | | 单价 | 合价 | 人工费 | | 材料费 | | 机械费 | | 综合费 | |
| | | | | | | | 单价 | 合价 | 单价 | 合价 | 单价 | 合价 | 单价 | 合价 |
| 1 | AG0536 | 干铺油毡防潮层 | 100 $m^2$ | 0.01 | 399.87 | 4.00 | 62.05 | 0.62 | 319.20 | 3.19 | 0.00 | 0.00 | 18.62 | 0.19 |
| 2 | BA0125 | 实木地板软铺 | 100 $m^2$ | 0.01 | 14386.65 | 143.87 | 801.10 | 8.04 | 13185.00 | 131.85 | 0.00 | 0.00 | 400.55 | 4.01 |
| 3 | BE0237 | 木地板本色烫硬蜡 | 100 $m^2$ | 0.01 | 1254.63 | 12.55 | 659.45 | 6.59 | 166.54 | 1.67 | 0.00 | 0.00 | 428.64 | 4.29 |
| 合计 | | | | | | 160.42 | | 15.22 | | 136.71 | | 0.00 | | 8.49 |

## 实训 13　某商住楼部分综合单价的确定

### 1. 项目目的

通过某商住楼部分综合单价的计算，熟悉工程量清单计价模式，掌握综合单价的组成和计价过程。

### 2. 项目任务

根据拟建某商住楼的清单工程量，完成下列项目内容的计算。

（1）计算分部分项工程量清单综合单价。

（2）填写分部分项工程量清单计价表，确定分部分项工程量清单费用。

### 3. 背景资料

（1）依据本省、市地方综合定额和相关规定。

（2）依据本省、市地方统一做法。

（3）给定的分部分项工程量清单（见表 5.13）。

**表 5.13　某商住楼分部分项工程量清单**

| 序号 | 项目编码 | 项目名称 | 项目特征描述 | 计量单位 | 工程数量 | 金额（元） | | |
|---|---|---|---|---|---|---|---|---|
| | | | | | | 综合单价 | 合价 | 其中：定额人工费 |
| 1 | 010401001001 | 砖基础 | 1. 基础类型：砖条形基础<br>2. 砂浆强度等级：M5 水泥砂浆 | $m^3$ | 23.40 | | | |
| 2 | 010902001001 | 屋面卷材防水 | 三毡四油一砂防水层 | $m^2$ | 124.08 | | | |
| 3 | 011301001001 | 天棚抹灰 | 1. 基层类型：预制板底<br>2. 抹灰厚度、材料种类：<br>（1）基层水加 10% 火碱清洗油腻<br>（2）刷素水泥浆一道（内掺 3% ~ 5% 的 107 胶）<br>（3）6 mm 厚 1:3:9 水泥石灰砂浆打底<br>（4）2 mm 厚纸筋灰罩面 | $m^2$ | 114.38 | | | |

**4. 项目要求**

(1) 学生应在教师指导下，独立认真地完成各项项目内容。
(2) 综合单价的计算过程正确，项目内容完整，无丢项现象。
(3) 提交统一分部分项工程量清单计价表和分部分项工程量清单综合单价分析表。

## 知识梳理与总结

"工程造价"中的"造价"既有"成本"的含义，也有"买价"的含义，具有一词两义。其一是对投资者而言，指建设一项工程预期支付或实际支付所需的全部投资费用，即项目投资或建设成本等广义形式；其二是对承发包双方而言，指建筑安装工程的价格，在不同的阶段具体表现为招标控制价、投标价、合同价款、竣工结算价等狭义形式。

工程造价是指某一建设项目从开始设想到竣工直到使用阶段所耗费的全部建设费用。其内容包括单项工程费用、工程建设其他费用、预备费、建设期贷款利息等部分组成。

工程造价的计价过程是将建设项目细分到构成工程项目的最基本构成要素，即分部分项工程，在此基础上利用适当的计量单位，采用一定的估价方法，将各分部分项工程造价汇总而得到工程的全部造价。由此可见，工程造价的计价过程就是将建设项目进行分解和逐步组合的过程。具体为：分部分项工程费用——单位工程（建筑安装工程）费用——单项工程费用——建设项目总造价。

建设项目总造价＝单项工程费用＋工程建设其他费用＋预备费＋建设期贷款利息等

单项工程费用＝∑单位工程(建筑安装工程)费用＋设备、工器具购置费用

单位工程(建筑安装工程)费用＝∑分部分项工程费

分部分项工程费用＝∑工程实物量×单价

工程造价计价模式就是工程造价计价的组成、计算方法和计算程序，由于我国存在定额计价和工程量清单计价两种模式，为适应计价模式，深化工程计价改革的需要，根据国家有关法律、法规及相关政策，将建筑安装工程费用按"费用构成要素"和按"工程造价形成顺序"两种方式进行项目组成划分。

建筑安装工程费用项目按费用构成要素组成划分为人工费、材料费、施工机具使用费、企业管理费、利润、规费和税金，其建筑安装工程费用项目的计算方法是工料单价法。

建筑安装工程费用项目按工程造价形成顺序划分为分部分项工程费、措施项目费、其他项目费、规费和税金，其建筑安装工程费用的计算方法是采用"综合单价"法。

综合单价是指综合考虑直接费、间接费及风险和利润、税金的单价，即指完成工程量清单中一个规定的计量单位项目所需的人工费、材料费、机械费、管理费和利润，并考虑风险。综合单价在编制时，应注意对清单项目的拆分和组合。

## 思考与练习题 5

1. 工程建设其他费用按其内容大体可分为哪三类型?
2. 按我国现行规定，预备费包括哪些内容?

3. 建筑安装工程费用组成有哪两种划分方式，其分别由哪些部分组成？

4. 企业管理费包括了什么内容？

5. 什么是利润，利润是如何进行计算的？

6. 什么是分部分项工程费用？分部分项工程费用如何进行计算？

7. 什么是措施项目工程费用？国家计量规范规定应予计量的措施项目如何计算？国家计量规范规定不宜计量的措施项目又如何计算？

8. 国家税法规定的应计入建筑安装工程造价内的税金包括哪些内容？税金综合税率和如何计算？

9. 规费指的是什么？包括什么内容？

10. 综合单价综合考虑了哪些因素？

11. 如图5.6所示的隔墙、木骨架（断面20 cm²以内、平均中距400 mm）、钉胶合板基层，外贴海绵软包织物面，计算其清单工程量及定额工程量，并确定其综合单价。

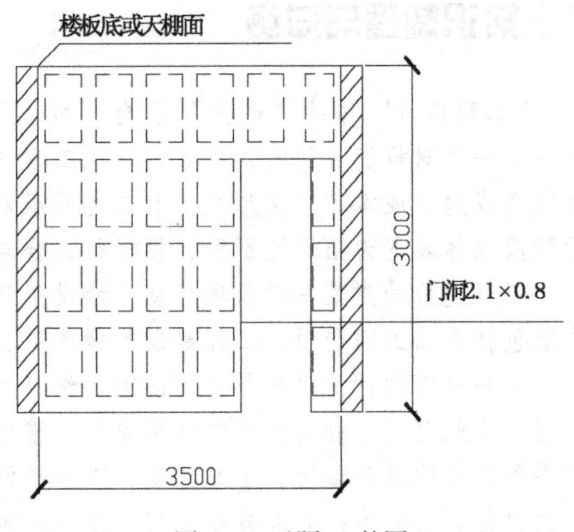


图5.6 习题11的图

12. 如图5.7所示，已知室内净高3.3 m，四樘窗洞口尺寸均为1200 mm×1500 mm，门洞口高2200 mm，宽1000 mm。大理石石踢脚板150 mm。一房间按图5.7所示尺寸进行吊顶，轻钢龙骨（U型、不上人、面层规格300 mm×300 mm），石膏板面层，计算天棚工程清单综合单价（240墙，400 mm×400 mm柱）。

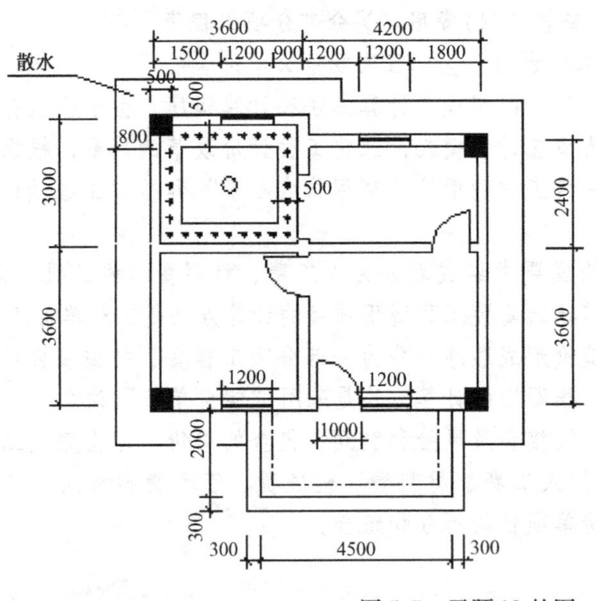


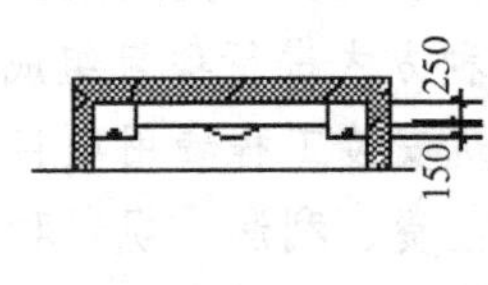


图5.7 习题12的图

# 第6章 建筑工程投标报价

## 教学导航

**学习目的** 1. 了解建设工程招投标程序、方式；
2. 掌握某机修厂工程量清单投标报价案例分析；
3. 掌握综合单价计算步骤和方法；
4. 掌握分部分项工程和措施项目的计价方法；
5. 能进行综合单价的分析与调整；
6. 能进行建筑工程投标报价文件的编制。

**学习方法推荐** 项目导向法、练习法、头脑风暴法、小组讨论法等

**教学时间** 2～4 学时

**延伸活动或技能训练时间** （2 学时）

**教学做过程/教学手段/教学场所安排**

| 教学做过程 | 具体内容 | 教学方法及时间安排 | | | 场所安排 |
|---|---|---|---|---|---|
| | | 授课时间（学时） | 活动时间（学时） | 延伸时间（学时） | |
| 建筑工程招标投标概述 | 建筑工程招投标的基本概念 | 2 | | | 教室 |
| | 建筑工程招投标的方式 | | | | |
| | 建筑工程招投标的程序 | | | | |
| ×××机修厂建筑工程投标报价实例 | | | | （2） | 实训室 |
| 小计 | | 2 | | （2） | |

工程建设招投标，已在国际上通用了多年，我国是在20世纪80年代初开始推行的。经过30多年的发展，招标投标制已成为建筑市场上的主要交易方式。

## 6.1 建设工程招投标的基本概念

### 1. 建设工程招投标的概念

1）建设工程招标

建设工程招标是指招标人在发包建设项目之前，公开招标，邀请投标人根据招标人的意图和要求提出报价，招标人从中择优选定中标人的一种经济活动。

2）建设工程投标

建设工程投标是指有合法资格和能力的投标人根据招标条件，经过研究和估算，在指定期限内填写标书，提出报价的一种经济活动。

招标投标实质上是一种市场竞争行为。建设工程招投标是以工程设计或施工，或以工程所需的物资（设备、建筑材料）等为对象，在招标人和若干个投标人之间进行的，它是商品经济发展到一定阶段的产物。在市场经济条件下，它是一种最普遍、最常见的择优方式。招标人通过招标活动来选择优胜者，获得最优的技术、最低的价格和最短的周期。投标人通过投标活动，选择项目和招标人，获得工程任务和利润。

3）建设工程招投标的分类

建设工程招投标可分为建设项目总承包招投标、工程勘察设计招投标、工程施工招投标和设备材料招投标等。

工程施工招投标是针对工程施工阶段的全部工作开展的招投标，根据工程施工范围的大小及专业的不同，可分为全部工程招标、单项工程招标、特殊专业工程招标。

### 2. 建设工程招投标的范围

2000年1月1日，我国《招投标法》正式施行，招投标进入一个新的发展阶段。新的《招投标法》规定：凡在我国境内进行下列工程建设项目包括项目的勘察、设计、施工、监理以及与工程建设有关的重要设备、材料等的采购，必须进行招标。

（1）大型基础设施、公用事业等关系社会公共利益、公共安全的项目。

（2）全部或部分使用国有资金投资或国家融资的项目。

（3）使用国际组织或外国政府贷款、援助资金的项目。

同时，2000年5月，国家发展计划委员会发布了《工程建设项目招标范围和规模标准规定》，规定了上述项目的具体范围和规模标准，即达到下列标准之一的，必须进行招标。

（1）施工单项合同估算价在200万元人民币以上的。

（2）重要设备、材料等货物的采购，单项合同估算价在100万元人民币以上的。

（3）勘察、设计、监理等货物的采购，单项合同估算价在50万元人民币以上的。

（4）单项合同估算价低于（1）~（3）项规定的标准，但项目总投资在3000万元人民币以上的。

## 6.2　建设工程招标的方式

建设工程招标的方式有公开招标和邀请招标。

### 1. 公开招标

公开招标是指招标人通过报刊、广播或电视等公共传播媒介，发布招标公告或信息而进行招标。它是一种无限制的竞争方式。公开招标的优点是招标人有较大的选择范围，可在众多的投标人中选定报价合理、工期较短、信誉良好的承包商，有助于打破垄断，实行公平竞争。由于参加投标的单位较多，招标工作量大，花费的精力较多，一般要设置资格预审，限制了投标单位的数量。

### 2. 邀请招标

邀请招标是指招标人以投标邀请书的方式邀请具备招标项目能力、资信良好的特定的法人或其他组织参加投标。邀请招标虽然也能邀请到有经验的、信誉可靠的投标者参加，保证履行合同，但它限制了竞争范围，可能会失去技术上和报价上有竞争力的投标者。

由于邀请招标是特殊情况下才能采用的一种招标方式，因此《招投标法》中规定：国家重点项目和地方重点项目不适宜公开招标的，经国务院或地方批准，才可以进行邀请招标。

## 6.3　建设工程招投标的程序

建设工程招投标的程序主要包括招标准备阶段的主要工作、招投标阶段的主要工作和决标成交阶段的主要工作等内容，具体包括以下几个步骤。

### 1. 招标准备阶段的主要工作

1）选择招标方式

根据工程特点、招标人的管理能力、工程总进度等方面确定发包范围、招标工作内容、合同计价方式，最终确定招标方式。

2）办理招标备案

3）编制招标文件

### 2. 招投标阶段的主要工作

1）发布招标广告

2）资格预审程序

资格预审的目的就是保证参与投标的法人或组织在资质或能力等方面满足完成招标工作的要求，通过评审择优选出综合实力较强的投标人参加投标竞争，减小评标的工作量。

（1）招标人编写资格预审文件。资格预审文件包括资格预审须知和资格预审表两部分。

（2）招标人确定评审的内容和条件。例如，资质条件、人员能力、设备和技术能力、财务状况、工程经验、企业信誉等方面。

（3）投标人必须满足的基本资格条件，包括必须满足条件和附加合格条件。必须满足条件，如法人地位、资质等级、财务状况、企业信誉等；附加合格条件，如特殊措施或工艺专长、专业工程施工资质、环境保护等。

3）招标文件的编制

（1）招标文件的内容，如投标须知、合同条件、合同格式、技术规范、图纸和技术资料、工程量清单、投标文件格式等内容。

（2）招标文件的编制说明，如评标原则与办法、投标价格及其计算依据、质量和工期要求、奖罚的规定、投标准备时间、投标保证金、履约保函、投标有效期、材料或设备采购供应、工程量清单、合同条款等内容。

4）踏勘现场

踏勘现场的目的，主要是让投标人了解工程项目的现场情况、自然条件、施工条件及周围环境条件，以便于编制投标文件和避免合同履行过程中以不了解现场情况而推卸应承担的合同责任。

5）解答投标人的质疑

招标人对任何一位投标人所提问题的回答，必须发送给每一位投标人，保证招标的公开、公平。

6）投标文件的编制

投标单位应依据招标文件和工程技术规范要求，根据编制的施工方案或施工组织设计，计算投标报价和编制投标文件。

投标文件须有投标单位和法定代表人或法定代表人委托的印鉴。投标单位应在规定的日期内，将投标文件密封送达招标单位或其指定地点。如果发现投标文件有误，需在投标截止日期前用正式函件更正，否则以原投标文件为准。

**3. 决标成交阶段的主要工作**

1）开标

开标时，所有投标致函中提出的附加条件、补充说明、优惠条件、替代方案均应宣读，如果有标底也应公布。

以下情形之一，应作为无效投标。

（1）投标文件未按招标文件的要求予以密封。

（2）投标文件中的投标函未加盖投标人的企业及企业法定代表人印章，或企业法定代表人委托代理人没有合法、有效的委托书（原件）及委托代理人印章。

（3）投标文件的关键内容字迹模糊、无法辨认。

（4）投标人未按招标文件的要求提供投标保证金或投标保函。

（5）组织联合体投标的，投标文件未附联合体各方共同投标协议。

2）评标

（1）评标委员会。评标委员会由招标人的代表和有关技术、经济等方面的专家组成，成员人数为 5 人以上单数，其中招标人以外的专家不得少于成员总数的 2/3。

（2）评标工作程序。评标工作程序包括初评和详评。评审方法可以分为定性评审和定量评审两大类。大型工程应采用“综合评分法”或“评标价法”。

3）定标

（1）定标程序。确定中标人之前，招标人不得与投标人就投标价格、投标方案等实质性内容进行谈判。招标人应根据评标委员会提出的评标报告和推荐的中标候选人确定中标人，也可授权评标委员会直接确定中标人。

（2）定标原则。《招投标法》规定，中标人的投标应当符合下列条件之一：

① 能够最大限度满足招标文件中规定的各项综合评价标准；

② 能够满足招标文件各项要求，并经评审的价格最低（投标价格低于成本的除外）。

**4. 签订合同**

中标确定后，招标人应当向中标人发出中标通知书，同时通知未中标人，并与中标人在 30 个工作日内签订合同。

招标人应当与中标人按招标文件和中标人的投标文件订立书面合同。招标人与中标人不得再另行订立背离合同实质性内容的其他协议。

招标人与中标人签订合同后 5 个工作日内，应当向中标人和未中标的投标人退还投标保证金。

前面已对建筑工程的招标程序、招标文件、投标报价的确定等进行了详细阐述，下面将进行投标报价的实例介绍。

## 综合实例　某机修厂建筑工程投标报价

**1. 建筑工程设计图**

设计图如图 6.1 所示。

**2. 说明**

本工程为某机修厂建筑工程，单层砖混结构，建筑用料如下所述。

（1）砖基础：MU10 普通砖，M5 水泥砂浆砌筑，独立柱基础垫层 C15 混凝土，基槽垫层 C15 混凝土。

（2）砖墙：MU7.5，M5 混合砂浆砌筑。

（3）混凝土构件：现浇和现场预制构件均采用 C20 混凝土，预应力冷轧肋空心板采用 C30 混凝土。

（4）散水：C15 混凝土，宽度为 1 m，厚度为 80 mm。

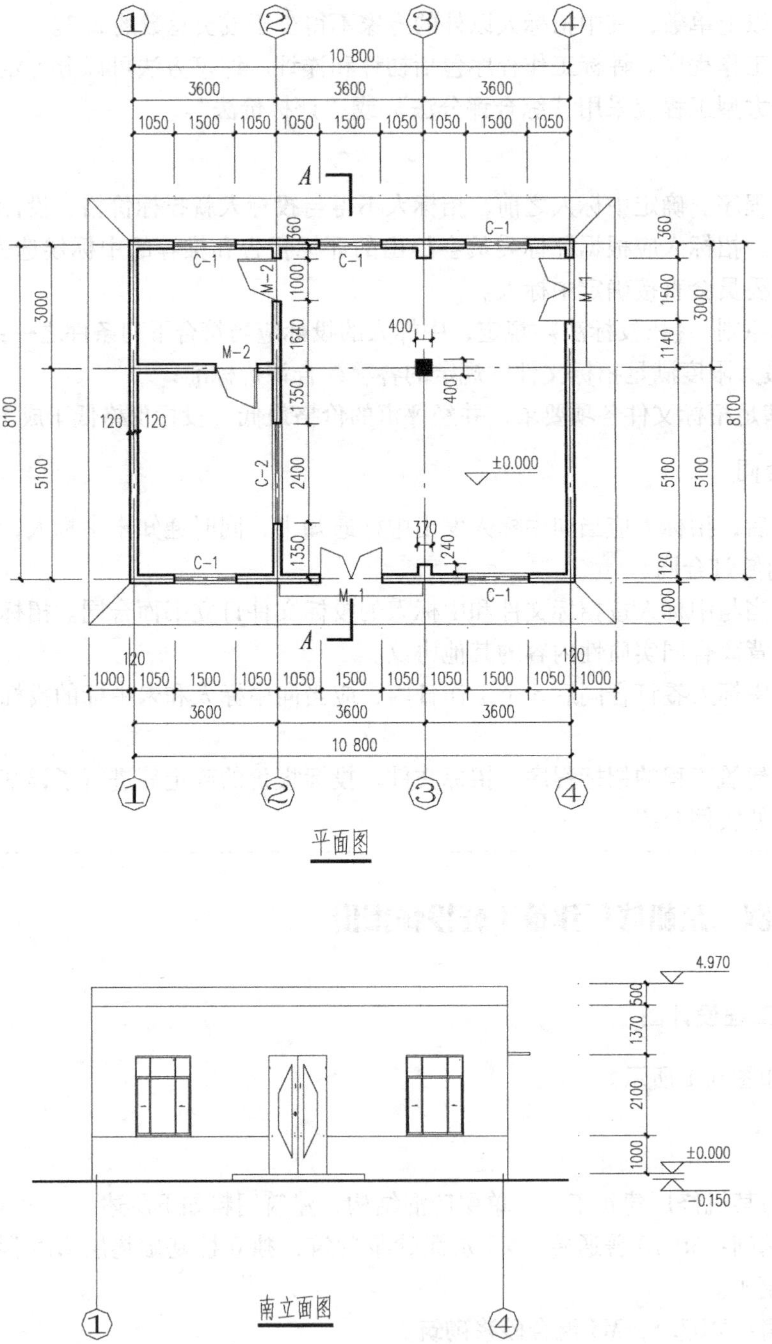

平面图

南立面图

图6.1　设计图

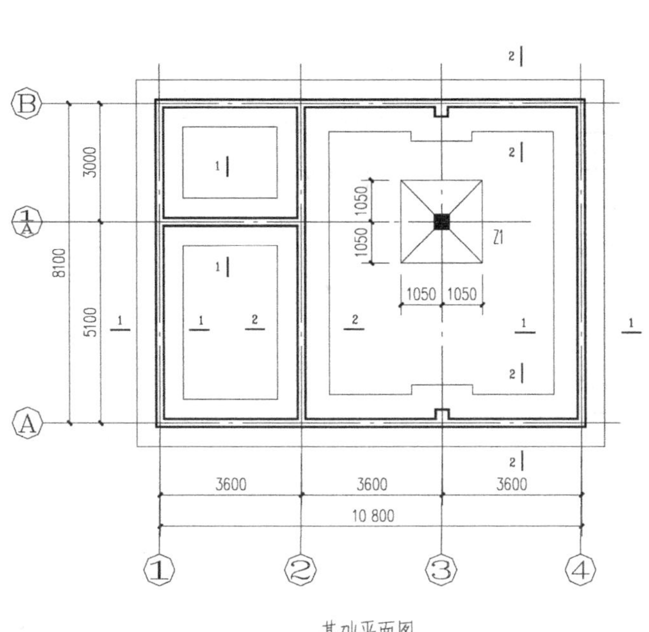

基础平面图
3600
3600
3600
10 800
3000
5100
8100
1050
1050
1050
1050
Z1


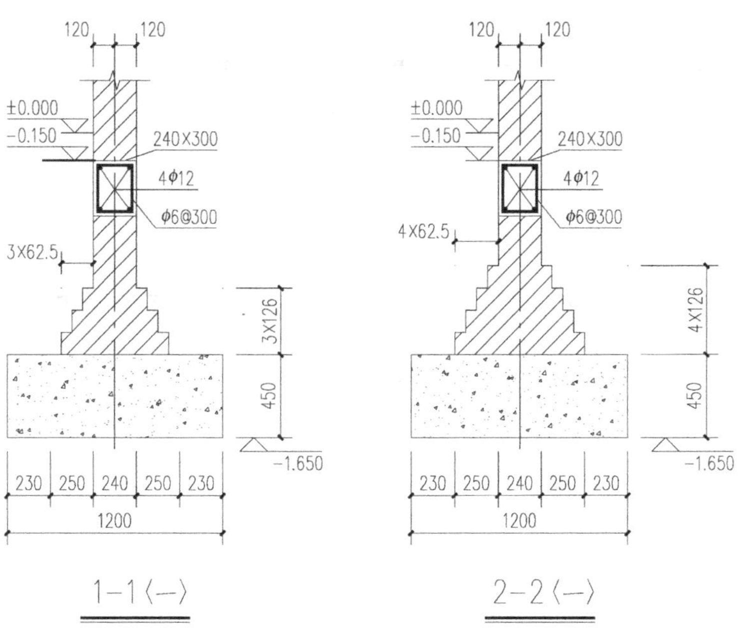

120
120
±0.000
-0.150
240X300
4φ12
φ6@300
3X62.5
4X62.5
3X126
4X126
450
-1.650
230
250
240
250
230
1200
1-1〈一〉
2-2〈一〉


图6.1　设计图（续）

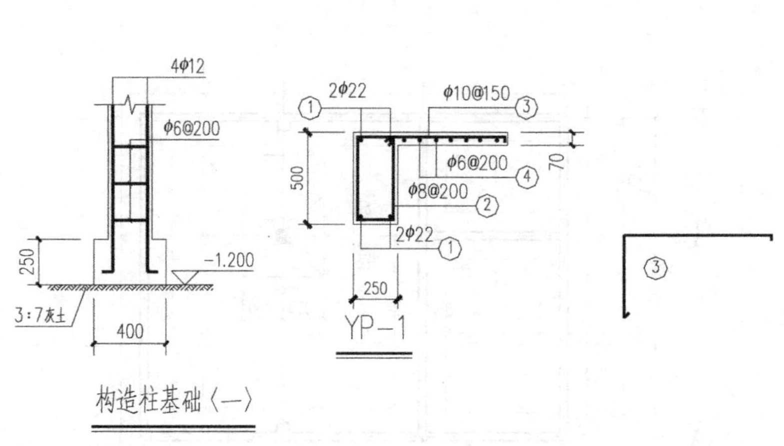
4φ12
φ6@200
250
-1.200
3:7灰土
400
构造柱基础〈一〉
2φ22
φ10@150
①
③
500
φ6@200
④
70
φ8@200
②
2φ22
①
250
YP-1
③

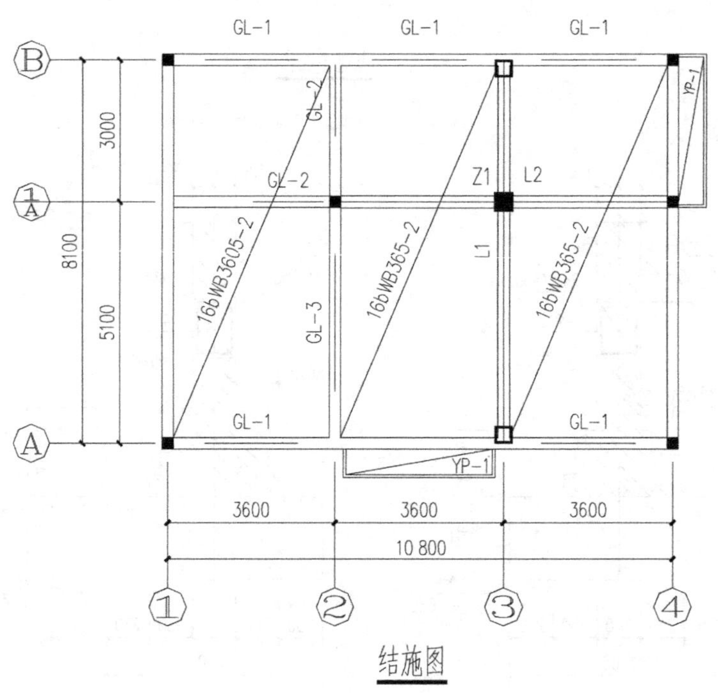
GL-1
GL-1
GL-1
B
3000
GL-2
YP-1
GL-2
Z1
L2
1/A
8100
16bWB3605-2
16bWB365-2
L1
16bWB365-2
5100
GL-3
A
GL-1
GL-1
YP-1
3600
3600
3600
10 800
①
②
③
④
结施图

图6.1 设计图（续）

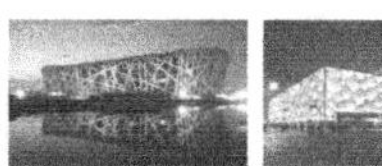

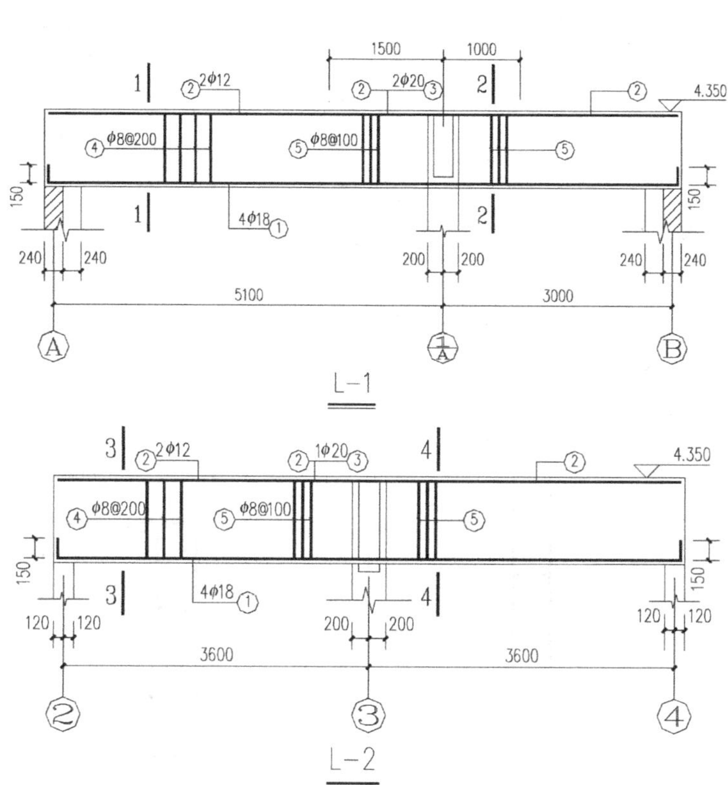
1500
1000
1
2φ12
2φ20
2
4.350
φ8@200
φ8@100
150
4φ18
240
200
5100
3000
A
B
L-1
3
2φ12
1φ20
4
φ8@200
φ8@100
4φ18
120
3600
L-2

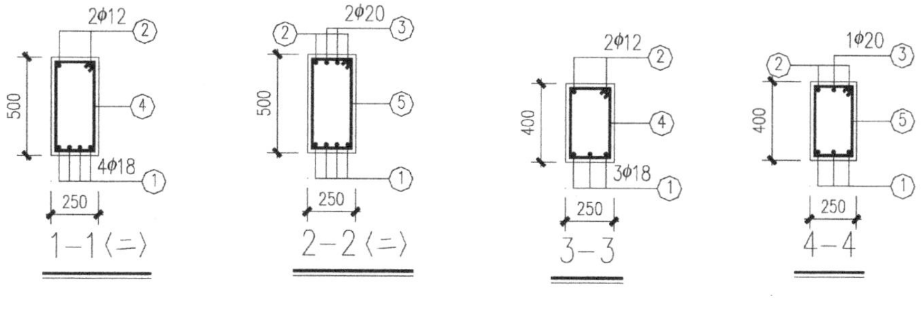
2φ12
500
4φ18
250
1-1〈二〉
2φ20
2-2〈二〉
400
3φ18
3-3
1φ20
4-4

图 6.1　设计图（续）

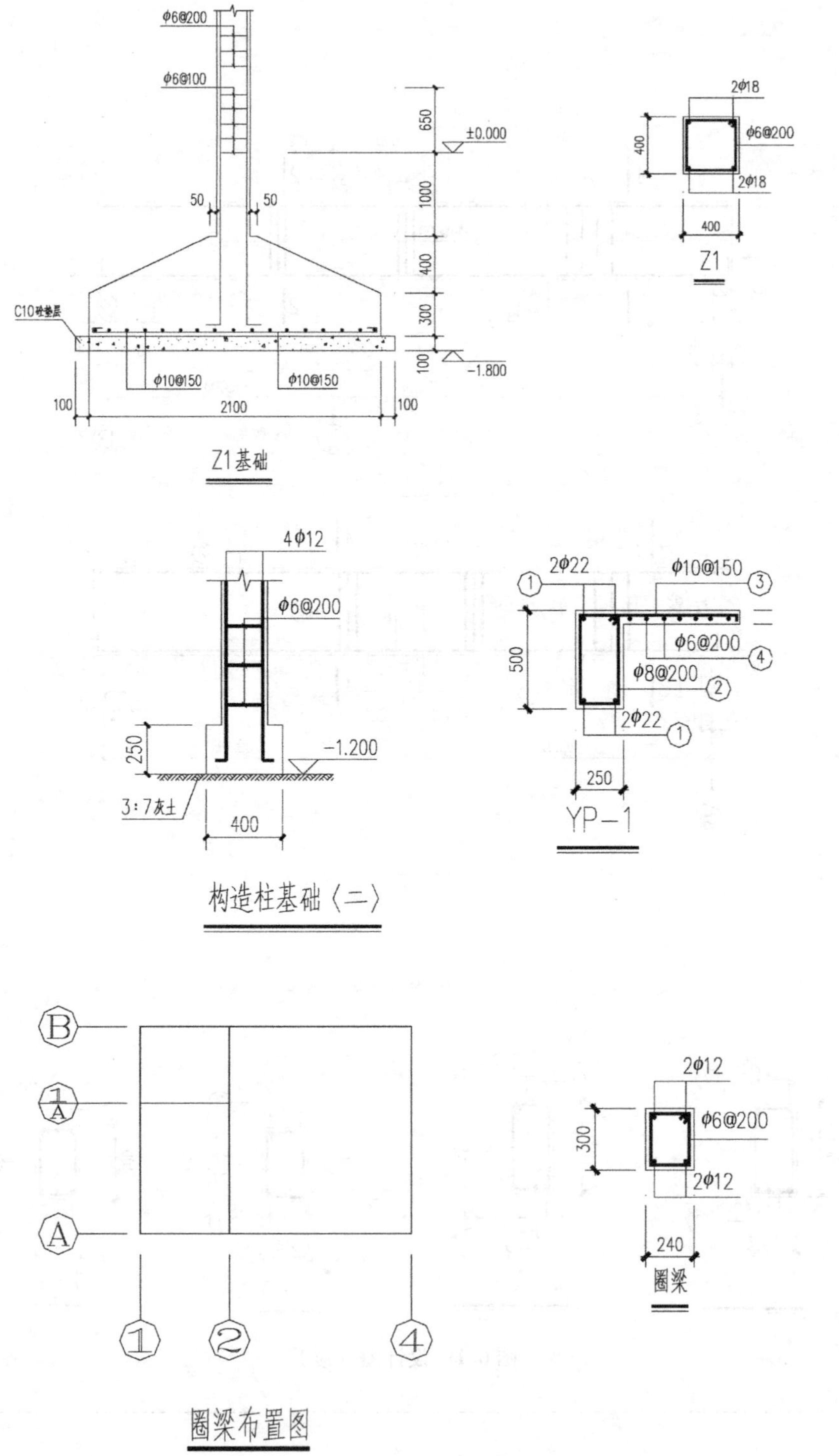

φ6@200
φ6@100
650
±0.000
1000
50
50
400
300
C10砼垫层
100
−1.800
φ10@150
φ10@150
100
2100
100

Z1基础

2φ18
φ6@200
400
2φ18
400

Z1

4φ12
φ6@200
250
−1.200
3∶7灰土
400

构造柱基础〈二〉

2φ22 ①
φ10@150 ③
500
φ6@200 ④
φ8@200 ②
2φ22 ①
250

YP−1

B
1/A
A
1
2
4

圈梁布置图

2φ12
φ6@200
300
2φ12
240

圈梁

图6.1　设计图（续）

（5）地面：60mm 厚 C10 混凝土垫层，20mm 厚 1:2 水泥砂浆面层。
（6）室外台阶：同地面做法。
（7）内墙面：混合砂浆打底、乳胶漆底漆一遍，面漆两遍。
（8）外墙面：普通水泥白石子水刷石。
（9）外墙裙：普通水泥豆石水刷石。
（10）门窗：均为木门窗，C-1 为一玻一纱窗，C-2 为单层玻璃窗，M-1 为平开单层胶合板门，M-2 为半玻胶合板门。
（11）屋面：
① 结构层。
② 1:2 水泥砂浆找平层。
③ 现浇珍珠岩找坡保温层。
④ 填充料上 1:2 水泥砂浆找平层。
⑤ 三毡四油一砂防水层。
⑥ 四角设水斗、水口、PVC 水落管 $\phi$100。
（12）顶棚：混合砂浆打底、乳胶漆底漆一遍，面漆两遍。

**3. 施工方案规定**

（1）预应力冷轧肋空心板由某国营构件厂加工，离现场 15 km。
（2）不考虑地下水，土质为Ⅲ类，余土外运按 1 km 考虑。
（3）门窗运距按 1 km 考虑。

**4. 计划工期及环境**

（1）计划工期：30 天。
（2）施工现场及变化情况：由投标人自行踏勘现场。
（3）自然地理条件：由投标人自行踏勘现场。
（4）环境保护要求：按当地环境保护部门的要求。

**5. 工程量清单编制依据**

（1）某机修厂施工图。
（2）《建设工程工程量清单计价规范》（GB 50500—2013）。
（3）2009 年《四川省建设工程工程量清单计价定额》。
（4）四川省工程造价信息 2009 年第 10 期。
（5）与工程量清单计价有关的文件。

**6. 工程质量、材料、施工等的特殊要求**

工程质量要求合格。
分部分项工程量清单见附 6. 1 ~ 附 6. 32。

附6.1　招标工程量清单封面

×××机修厂　工程

# 招标工程量清单

招标人：________________________
（单位盖章）

造价咨询人：________________________
（单位盖章）

2013年11月20日　　封建1

## 分部分项工程量和措施项目清单与计价表

工程名称：×××机修厂【建筑工程】　　　　　　标段：

| 序号 | 项目编码 | 项目名称 | 项目特征描述 | 计量单位 | 工程数量 | 金额（元） | | | |
|---|---|---|---|---|---|---|---|---|---|
| | | | | | | 综合单价 | 合价 | 其中 | |
| | | | | | | | | 定额人工费 | 暂估价 |
| 1 | 010101001001 | 平整场地 | 1. 土壤类别：三类土<br>2. 弃、取土运距：投标人自行考虑 | $m^2$ | 92.07 | | | | |
| 2 | 010101003001 | 挖沟槽土方 | 1. 土壤类别：综合<br>2. 挖土深度：2.0 m 以内<br>3. 弃土运距：投标人自行考虑 | $m^3$ | 84.78 | | | | |
| 3 | 0101004001 | 挖基坑土方 | 1. 土壤类别：综合<br>2. 挖土深度：2.0 m 以内<br>3. 弃土运距：投标人自行考虑 | $m^3$ | 8.73 | | | | |
| 4 | 010103002001 | 余方弃置 | 弃土运距：1 km | $m^3$ | 41.20 | | | | |
| 5 | 010103001001 | 回填方 | 1. 土质要求：一般土壤<br>2. 密实度要求：按规范要求，夯填<br>3. 运距：投标人自行考虑 | $m^3$ | 52.31 | | | | |
| 6 | 010401001001 | 砖基础 | 1. 砖品种、规格、强度等级：MU10 页岩标准砖<br>2. 基础类型：条形基础<br>3. 砂浆强度等级：M5 水泥砂浆 | $m^3$ | 18.84 | | | | |
| 7 | 010401003001 | 实心砖墙 | 1. 砖品种、规格、强度等级：MU7.5 页岩砖、240 mm×115 mm×53 mm<br>2. 墙体类型：直形墙<br>3. 砂浆强度等级：M5 混合砂浆 | $m^3$ | 42.05 | | | | |
| 8 | 010501003001 | 独立基础 | 1. 混凝土强度等级：C20<br>2. 混凝土拌合料要求：符合国家现行规范 | $m^3$ | 2.08 | | | | |

续表

| 序号 | 项目编码 | 项目名称 | 项目特征描述 | 计量单位 | 工程数量 | 金额（元） | | | |
|---|---|---|---|---|---|---|---|---|---|
| | | | | | | 综合单价 | 合价 | 其中 | |
| | | | | | | | | 定额人工费 | 暂估价 |
| 9 | 010501001001 | 垫层 | 1. 混凝土强度等级：C10<br>2. 混凝土拌合料要求：符合国家现行规范 | $m^3$ | 26.52 | | | | |
| 10 | 010502001001 | 矩形柱 | 1. 柱高度：5.35 m<br>2. 柱截面尺寸：400 mm×400 mm<br>3. 混凝土强度等级：C20<br>4. 混凝土拌合料：卵石5～40、中砂 | $m^3$ | 0.86 | | | | |
| 11 | 010502002001 | 构造柱 | 1. 柱高度：详见设计图<br>2. 柱截面尺寸：详见设计图<br>3. 混凝土强度等级：C20<br>4. 混凝土拌合料要求：符合国家现行规范 | $m^3$ | 4.35 | | | | |
| 12 | 010503002001 | 矩形梁 | 1. 梁底标高：4.35 m<br>2. 梁截面：详见设计图<br>3. 混凝土强度等级：C20<br>4. 混凝土拌合料：卵石5～40、中砂 | $m^3$ | 1.69 | | | | |
| 13 | 010503002002 | 矩形梁 | 1. 梁底标高：3.6 m<br>2. 梁截面：详见设计图<br>3. 混凝土强度等级：C20<br>4. 混凝土拌合料：卵石5～40、中砂 | $m^3$ | 0.81 | | | | |
| 14 | 010503004001 | 圈梁 | 1. 梁底标高：−0.3 m<br>2. 梁截面：240 mm×300 mm<br>3. 混凝土强度等级：C20<br>4. 混凝土拌合料要求：卵石5～40、中砂 | $m^3$ | 3.53 | | | | |
| 15 | 010503004002 | 圈梁 | 1. 梁底标高：4.35 m<br>2. 梁截面：240 mm×300 mm<br>3. 混凝土强度等级：C20<br>4. 混凝土拌合料要求：卵石5～40、中砂 | $m^3$ | 3.42 | | | | |
| 16 | 010505008001 | 雨篷 | 1. 混凝土强度等级：C20<br>2. 混凝土拌合料：卵石5～20、细砂 | $m^3$ | 2.72 | | | | |
| 17 | 010507001001 | 散水 | 1. 构件的类型：混凝土散水<br>2. 构件规格：80 mm厚，1 m宽<br>3. 混凝土强度等级 C15<br>4. 混凝土拌合料要求：卵石5～20、细砂 | $m^2$ | 36.48 | | | | |

续表

| 序号 | 项目编码 | 项目名称 | 项目特征描述 | 计量单位 | 工程数量 | 金额（元） | | | |
|---|---|---|---|---|---|---|---|---|---|
| | | | | | | 综合单价 | 合　价 | 其　中 | |
| | | | | | | | | 定额人工费 | 暂估价 |
| 18 | 010503005001 | 过梁 | 1. 单件体积：详见设计图<br>2. 安装高度：详见设计图<br>3. 混凝土强度等级：C20<br>4. 座浆强度等级：M5 水泥砂浆 | $m^3$ | 0.50 | | | | |
| 19 | 010512002001 | 空心板 | 1. 板尺寸、混凝土强度等级：详见设计图<br>2. 安装高度：详见设计图<br>3. 座浆、灌浆强度等级：M5 水泥砂浆 | $m^3$ | 6.24 | | | | |
| 20 | 010515001001 | 现浇构件钢筋 | 钢筋种类、规格：Ⅱ级钢 | t | 0.256 | | | | |
| 21 | 010515001002 | 现浇构件钢筋 | 钢筋种类、规格：$\phi$10 以上的圆钢 | t | 0.518 | | | | |
| 22 | 010515001003 | 现浇构件钢筋 | 钢筋种类、规格：$\phi$10 以内的圆钢 | t | 0.654 | | | | |
| 23 | 010515001001 | 预制构件钢筋 | 钢筋种类、规格：$\phi$10 以内的圆钢 | t | 0.028 | | | | |
| 24 | 010515006001 | 预应力钢丝 | 钢丝束种类、规格：冷轧带肋钢筋 650 级 | t | 0.251 | | | | |
| 25 | 010902001001 | 屋面卷材防水 | 1. 卷材品种、规格：4 mm 厚 SBS 改性沥青防水卷材<br>2. 防水层做法：<br>（1）20 mm 厚 1:2 水泥砂浆找平层<br>（2）4 mm 厚 SBS 改性沥青防水卷材防水层<br>3. 嵌缝材料种类：改性沥青嵌缝膏<br>4. 防护材料种类：40 mm 厚细石混凝土保护层 | $m^2$ | 92.21 | | | | |
| 26 | 010902004001 | 屋面排水管 | 1. 排水管品种、规格：PVC $\phi$100 mm 排水管<br>2. 接缝、嵌缝材料种类：密封胶 | m | 18.48 | | | | |
| 27 | 011001001001 | 保温隔热屋面 | 1. 保温隔热部位：屋面<br>2. 保温隔热方式（内保温、外保温、夹心保温）：外保温<br>3. 保温隔热面层材料品种、规格、性能：现浇水泥珍珠岩，最薄处 40 mm<br>4. 保温隔热材料品种、规格：详见设计图<br>5. 隔气层厚度：详见设计图<br>6. 黏结材料种类：详见设计图<br>7. 防护材料种类：详见设计图 | $m^2$ | 83.00 | | | | |

工程名称：×××机修厂【装饰工程】　　　　标段：

| 序号 | 项目编码 | 项目名称 | 项目特征描述 | 计量单位 | 工程数量 | 金额（元） | | | |
|---|---|---|---|---|---|---|---|---|---|
| | | | | | | 综合单价 | 合价 | 其中 | |
| | | | | | | | | 定额人工费 | 暂估价 |
| 1 | 011101001001 | 水泥砂浆楼地面 | 1. 垫层材料种类、厚度：C10混凝土60 mm厚<br>2. 面层厚度、砂浆配合比：20 mm厚1:2水泥砂浆 | $m^2$ | 80.31 | | | | |
| 2 | 011107004001 | 水泥砂浆台阶面 | 1. 垫层材料种类、厚度：素土夯实，60 mm厚C10混凝土垫层<br>2. 基层做法：M5.0水泥砂浆和页岩标准砖砌筑<br>3. 面层厚度、砂浆配合比：20 mm厚1:2水泥砂浆面层<br>参见设计图西南04J812 1A/7 | $m^2$ | 4.54 | | | | |
| 3 | 011201001001 | 墙面一般抹灰 | 1. 墙体类型：砖内墙<br>2. 底层厚度、砂浆配合比：基层上刷素水泥浆一遍、9 mm厚1:1:6混合砂浆打底<br>3. 面层厚度、砂浆配合比：5 mm厚1:0.3:2.5混合砂浆罩面压光 | $m^2$ | 211.55 | | | | |
| 4 | 011201002001 | 墙面装饰抹灰 | 1. 墙体类型：砖外墙水刷石<br>2. 底层、面层厚度、砂浆配合比：基层上刷素水泥浆一遍、8mm厚1:3水泥砂浆打底、7mm厚1:3水泥砂浆找平抹毛 | $m^2$ | 132.8 | | | | |
| 5 | 011201002002 | 墙面装饰抹灰 | 1. 墙体类型：墙裙水刷石<br>2. 底层、面层厚度、砂浆配合比：基层上刷素水泥浆一遍、8mm厚1:3水泥砂浆打底、7mm厚1:3水泥砂浆找平抹毛 | $m^2$ | 40.60 | | | | |
| 6 | 011202001001 | 柱面一般抹灰 | 1. 柱体类型：混凝土矩形柱<br>2. 底层厚度、砂浆配合比：基层刷加建筑胶的素水泥浆一遍、9 mm厚1:1:6混合砂浆打底<br>3. 面层厚度、砂浆配合比：5 mm厚1:0.3:2.5混合砂浆罩面压光 | $m^2$ | 6.16 | | | | |
| 7 | 011301001001 | 天棚抹灰 | 1. 基层类型：预制混凝土板<br>2. 抹灰厚度、材料种类、砂浆配合比：刷水泥浆一道、15 mm厚混合砂浆 | $m^2$ | 97.63 | | | | |

续表

| 序号 | 项目编码 | 项目名称 | 项目特征描述 | 计量单位 | 工程数量 | 金额（元） | | | |
|---|---|---|---|---|---|---|---|---|---|
| | | | | | | 综合单价 | 合价 | 其中 | |
| | | | | | | | | 定额人工费 | 暂估价 |
| 8 | 010801001001 | 木质门 | 1. 门类型：夹板门<br>2. 框截面尺寸、单扇面积：框截面 66 $cm^2$，1500 mm×3100 mm<br>3. 骨架材料种类：详见设计图及西南 04J611<br>4. 面层材料品种、规格、品牌、颜色：详见设计图及西南 04J611<br>5. 玻璃品种、厚度、五金特殊要求：详见设计图及西南 04J611<br>6. 防护层材料种类：详见设计图及西南 04J611<br>7. 油漆品种、刷漆遍数：详见设计图及西南 04J611 | 樘 | 2 | | | | |
| 9 | 010801001002 | 木质门 | 1. 门类型：夹板门<br>2. 框截面尺寸、单扇面积：框截面 48 $cm^2$，1000 mm×2700 mm<br>3. 骨架材料种类：详见设计图及西南 04J611<br>4. 面层材料品种、规格、品牌、颜色：详见设计图及西南 04J611<br>5. 玻璃品种、厚度、五金特殊要求：详见设计图及西南 04J611<br>6. 防护层材料种类：详见设计图及西南 04J611<br>7. 油漆品种、刷漆遍数：详见设计图及西南 04J611 | 樘 | 2 | | | | |
| 10 | 010806001001 | 木质平开窗 | 1. 窗类型：木质平开窗<br>2. 框外围尺寸：框截面60 $cm^2$，1500 mm×2100 mm<br>3. 骨架材料种类：一等杉木<br>4. 玻璃品种、厚度：5 mm 厚平玻<br>5. 油漆品种、刷漆遍数：刮原子灰腻子一遍，调和漆两遍 | 樘 | 5 | | | | |
| 11 | 011406001001 | 抹灰面油漆 | 1. 基层类型：抹灰面基层<br>2. 线条宽度、道数：详见设计要求<br>3. 泥子种类：详见设计要求<br>4. 刮泥子要求：刮泥子两遍<br>5. 油漆品种、刷漆遍数：乳胶漆底漆一遍、面漆两遍（颜色综合考虑），面喷甲硅醇纳憎水剂 | $m^2$ | 315. 34 | | | | |

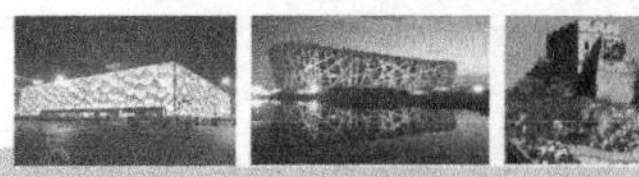

附 6.2　投标总价封面

×××机修厂 工程

# 投标总价

招标人：×××建筑工程有限公司

（单位盖章）

2013 年 12 月 20 日

封建 3

## 附 6.3　投标总价扉页

**投标总价**

招　　标　　人：×××

工 程 名 称：×××机修厂

投标总价(小写)：121 728.91 元人民币

(大写)：壹拾贰万壹仟柒佰贰拾捌元玖角壹分

投　　标　　人：×××建筑工程有限公司

(单位盖章)

法定代表人或其授权人：

(签字或盖章)

编　　制　　人：

(造价人员签字盖)

时间：2013. 12. 20

## 附 6.4　工程计价总说明

**总　说　明**

工程名称：×××机修厂　　　　第 1 页共 1 页

1. 工程概况

建设规模：本厂房建筑面积 92m$^2$。

工程特征：本工程为单层砖混结构，标准砖条形基础和混凝土独立柱基，建筑总高度 4. 97m。

计划工期：30 天。

施工现场及变化情况：由投标人自行踏勘现场。

自然地理条件：由投标人自行踏勘现场。

环境保护要求：按当地环境保护部门的要求。

2. 工程招标和分包范围

施工图设计所有内容。

3. 工程量清单编制依据

(1) 本工程清单是根据《建设工程工程量清单计价规范》(GB 50500—2013) 编制。

(2) 本工程使用 2009 年《四川省建设工程工程量清单计价定额》。

(3) 人工费按川建价发 [2012] 26 号文。

(4) 招标控制价中材料价格按《四川省工程造价信息》2009 年第 10 期，部分材料按市场价计入。

(5) 与工程量清单计价有关的文件。

4. 工程质量、材料、施工等的特殊要求

(1) 工程质量应达到国家现行验收标准。

(2) 材料品质、规格必须符合设计要求。

(3) 施工必须按经批准的《施工组织设计》，符合施工规范及验评标准。

5. 其他需说明的问题

(1) 混凝土砂石全部由绵阳运至施工现场，含一切运费及材料费，结算时不再调整。

(2) 木工程所有电气试验及调试费用均包含在清单之内，结算时不再调整。

(3) 木工程量清单项目特征不详之处以设计及标准图集为准。

(4) 木工程所有降水费用由投标人根据现在自行考虑，结算时不再调整。

## 附 6.5 建设项目投标报价汇总表

工程名称：×××机修厂　　　　　　　　　　　　　　　　　　　第 1 页共 1 页

| 序　号 | 单项工程名称 | 金　额（元） | 其　中 | | | |
|---|---|---|---|---|---|---|
| | | | 暂估价（元） | 安全文明施工费（元） | 规　费（元） | |
| | ×××机修厂 | 121 728. 91 | 112 519. 79 | 6402. 47 | 2806. 65 | |
| | | | | | | |
| | | | | | | |
| | | | | | | |
| | | | | | | |
| | | | | | | |
| 合　计 | | 121 728. 91 | 112 519. 79 | 6402. 47 | 2806. 65 | |

## 附 6.6 单项工程投标报价汇总表

工程名称：×××机修厂

| 序　号 | 单项工程名称 | 金　额（元） | 其　中 | | | |
|---|---|---|---|---|---|---|
| | | | 规　费（元） | 安全文明施工费（元） | 评标价（元） | 其中：评标价中暂估价（元） |
| 1 | 建筑工程 | 90 153. 99 | 1766. 37 | 4850. 44 | 83 537. 18 | |
| 2 | 装饰工程 | 31 574. 92 | 1040. 28 | 1552. 03 | 28 982. 61 | |
| | | | | | | |
| | | | | | | |
| | | | | | | |
| | | | | | | |
| | | | | | | |
| | | | | | | |
| 合　计 | | 121 728. 91 | 2806. 65 | 6402. 47 | 112 519. 79 | |

## 附 6.7 单位工程投标报价汇总表

工程名称：×××机修厂【建筑工程】　　　　　　　　　　　　　　　　标段：

| 序　号 | 汇总内容 | 金　额（元） | 其中：暂估价（元） |
|---|---|---|---|
| 1 | 分部分项工程 | 73 115. 87 | |
| 1. 1 | 土（石）方工程 | 2525. 74 | |
| 1. 2 | 砌筑工程 | 17 341. 09 | |
| 1. 3 | 混凝土及钢筋混凝土工程 | 25 363. 55 | |
| 1. 4 | 屋面及防水工程 | 27 000. 71 | |
| 1. 5 | 防腐、隔热、保温工程 | 884. 78 | |

续表

| 序　号 | 汇总内容 | 金　额（元） | 其中：暂估价（元） |
|---|---|---|---|
| 2 | 措施项目 | 12 282. 02 | — |
| | 其中：安全文明施工费 | 4850. 44 | — |
| 3 | 其他项目 | | — |
| 3. 1 | 其中：暂列金额 | | — |
| 3. 2 | 其中：专业工程暂估价 | | — |
| 3. 3 | 其中：计日工 | | — |
| 3. 4 | 其中：总承包服务费 | | — |
| 4 | 规费 | 1766. 37 | — |
| 5 | 税金：（1 +2 +3 +4） ×规定费率 | 2989. 73 | — |
| | | | |
| 投标报价合计 =1 +2 +3 +4 +5 | | 90 153. 99 | |

注：本表适用于单位工程招标控制价或投标报价的汇总。

## 附 6. 8　建筑工程工程量和措施项目清单与计价表

工程名称：×××机修厂【建筑工程】　　　　标段：

| 序号 | 项目编码 | 项目名称 | 项目特征描述 | 计量单位 | 工程数量 | 金　额（元） | | | |
|---|---|---|---|---|---|---|---|---|---|
| | | | | | | 综合单价 | 合　价 | 其　中 | |
| | | | | | | | | 定额人工费 | 暂估价 |
| 土（石）方工程 | | | | | | | | | |
| 1 | 010101002001 | 平整场地 | 1. 土壤类别：三类土<br>2. 弃、取土运距：投标人自行考虑 | $m^2$ | 92. 07 | 1. 12 | 103. 12 | 34. 99 | |
| 2 | 010101003001 | 挖沟槽土方 | 1. 土壤类别：综合<br>2. 基础类型：带形基础<br>3. 垫层底宽：1. 2 m<br>4. 挖土深度：2. 0 m 以内<br>5. 弃土运距：投标人自行考虑 | $m^3$ | 84. 78 | 19. 33 | 1638. 80 | 1119. 10 | |
| 3 | 010101004001 | 挖基坑土方 | 1. 土壤类别：综合<br>2. 基础类型：独立柱基<br>3. 垫层底面积：2. 3 m×2. 3 m<br>4. 挖土深度：2 m 以内<br>5. 弃土运距：投标人自行考虑 | $m^3$ | 8. 73 | 19. 33 | 168. 75 | 115. 24 | |
| 4 | 010103002001 | 余方弃置 | 弃土运距：1 km | $m^3$ | 41. 20 | 6. 27 | 258. 32 | 57. 68 | |
| 5 | 010103001001 | 回填方 | 1. 土质要求：一般土壤<br>2. 密实度要求：按规范要求，夯填<br>3. 运距：投标人自行考虑 | $m^3$ | 52. 31 | 6. 82 | 356. 75 | 170. 53 | |
| 小　计 | | | | | | | 2525. 74 | 1497. 54 | |
| 砌筑工程 | | | | | | | | | |
| 6 | 010401001001 | 砖基础 | 1. 砖品种、规格、强度等级：MU10 页岩标准砖<br>2. 基础类型：条形基础<br>3. 基础深度：1. 65 m<br>4. 砂浆强度等级：M5 水泥砂浆 | $m^3$ | 18. 84 | 278. 24 | 5242. 04 | 852. 51 | |

续表

| 序号 | 项目编码 | 项目名称 | 项目特征描述 | 计量单位 | 工程数量 | 金额（元） | | | |
|---|---|---|---|---|---|---|---|---|---|
| | | | | | | 综合单价 | 合价 | 其中 | |
| | | | | | | | | 定额人工费 | 暂估价 |
| 7 | 010401003001 | 实心砖墙 | 1. 砖品种、规格、强度等级：MU7.5 页岩砖、240 mm×115 mm×53 mm<br>2. 墙体类型：直形墙<br>3. 墙体厚度：240 mm（或一砖）<br>4. 砂浆强度等级：M5 混合砂浆 | $m^3$ | 42.05 | 287.73 | 12 099.05 | 2158.01 | |
| | | 小计 | | | | | 17 341.09 | 3010.52 | |
| | | | 混凝土及钢筋混凝土工程 | | | | | | |
| 8 | 010501003001 | 独立基础 | 1. 混凝土强度等级：C20<br>2. 混凝土拌合料要求：符合国家现行规范 | $m^3$ | 2.08 | 280.94 | 584.36 | 73.55 | |
| 9 | 010401006001 | 垫层 | 1. 混凝土强度等级：C10<br>2. 混凝土拌合料要求：符合国家现行规范 | $m^3$ | 26.52 | 243.09 | 6446.75 | 1007.23 | |
| 10 | 010502001001 | 矩形柱 | 1. 柱高度：5.35 m<br>2. 柱截面尺寸：400 mm×400 mm<br>3. 混凝土强度等级：C20 | $m^3$ | 0.86 | 283.15 | 243.51 | 34.91 | |
| 11 | 010502002001 | 构造柱 | 1. 柱高度：详见设计图<br>2. 柱截面尺寸：详见设计图<br>3. 混凝土强度等级：C20<br>4. 混凝土拌合料要求：符合国家现行规范 | $m^3$ | 4.35 | 299.22 | 1301.61 | 218.46 | |
| 12 | 010503002001 | 矩形梁 | 1. 梁底标高：4.35 m<br>2. 梁截面：详见设计图<br>3. 混凝土强度等级：C20<br>4. 混凝土拌合料：卵石 5~40、中砂 | $m^3$ | 1.69 | 282.01 | 476.60 | 66.45 | |
| 13 | 010503002002 | 矩形梁 | 1. 梁底标高：3.6 m<br>2. 梁截面：详见设计图<br>3. 混凝土强度等级：C20<br>4. 混凝土拌合料：卵石 5~40、中砂 | $m^3$ | 0.81 | 282.01 | 228.43 | 31.85 | |
| 14 | 010503004001 | 圈梁 | 1. 梁底标高：-0.3 m<br>2. 梁截面：240 mm×300 mm；<br>3. 混凝土强度等级：C20<br>4. 混凝土拌合料要求：卵石 5~40、中砂 | $m^3$ | 3.53 | 306.35 | 1081.42 | 188.75 | |
| 15 | 010503004002 | 圈梁 | 1. 梁底标高：4.35 m<br>2. 梁截面：240 mm×300 mm<br>3. 混凝土强度等级：C20<br>4. 混凝土拌合料要求：卵石 5~40、中砂 | $m^3$ | 3.42 | 306.35 | 1047.72 | 182.87 | |
| 16 | 010505008001 | 雨篷 | 1. 混凝土强度等级：C20<br>2. 混凝土拌合料要求：卵石 5~20、细砂 | $m^3$ | 2.72 | 338.70 | 921.26 | 164.89 | |
| 17 | 010507001001 | 散水 | 1. 构件的类型：混凝土散水<br>2. 构件规格：80 mm 厚，1 m 宽<br>3. 混凝土强度等级：C15<br>4. 混凝土拌合料要求：卵石 5~20、细砂 | $m^2$ | 36.48 | 24.07 | 878.07 | 116.01 | |

续表

| 序号 | 项目编码 | 项目名称 | 项目特征描述 | 计量单位 | 工程数量 | 金额（元） | | | |
|---|---|---|---|---|---|---|---|---|---|
| | | | | | | 综合单价 | 合　价 | 其　中 | |
| | | | | | | | | 定额人工费 | 暂估价 |
| 18 | 010503005001 | 过梁 | 1. 单件体积：详见西南 03G301<br>2. 安装高度：详见设计图<br>3. 混凝土强度等级：C20<br>4. 座浆强度等级：M5 水泥砂浆 | $m^3$ | 0.50 | 439.25 | 219.63 | 45.72 | |
| 19 | 010512002001 | 空心板 | 1. 板尺寸、混凝土强度等级：详见西南 04G231<br>2. 安装高度：详见设计图<br>3. 座浆、灌浆强度等级：M5 水泥砂浆 | $m^3$ | 6.24 | 486.70 | 3037.01 | 372.72 | |
| 20 | 010515001001 | 现浇构件钢筋 | 钢筋种类、规格：Ⅱ级钢 | t | 0.256 | 4975.05 | 1273.61 | 77.50 | |
| 21 | 010515001002 | 现浇构件钢筋 | 钢筋种类、规格：$\phi$10 以上的圆钢 | t | 0.518 | 4910.59 | 2543.69 | 169.85 | |
| 22 | 010515001003 | 现浇构件钢筋 | 钢筋种类、规格：$\phi$10 以内的圆钢 | t | 0.654 | 5281.51 | 3454.11 | 389.26 | |
| 23 | 010515002001 | 预制构件钢筋 | 钢筋种类、规格：$\phi$10 以内的圆钢 | t | 0.028 | 5001.83 | 140.05 | 13.55 | |
| 24 | 010416007004 | 预应力钢丝 | 钢丝束种类、规格：冷轧带肋钢筋 650 级 | t | 0.251 | 5919.21 | 1485.72 | 150.66 | |
| 小　计 | | | | | | | 25 363.55 | 3304.23 | |
| 屋面及防水工程 | | | | | | | | | |
| 25 | 010902001001 | 屋面、地面卷材防水 | 1. 卷材品种、规格：4 mm 厚 SBS 改性沥青防水卷材<br>2. 防水层做法：<br>(1) 20 mm 厚 1∶2 水泥砂浆找平层<br>(2) 4 mm 厚 SBS 改性沥青防水卷材防水层<br>3. 嵌缝材料种类：改性沥青嵌缝膏<br>4. 防护材料种类：40 mm 厚细石混凝土保护层 | $m^2$ | 92.21 | 281.33 | 25 941.44 | 3698.54 | |
| 26 | 010902004001 | 屋面排水管 | 1. 排水管品种、规格：PVC $\phi$100 mm 排水管<br>2. 接缝、嵌缝材料种类：密封胶 | m | 18.48 | 57.32 | 1059.27 | 299.56 | |
| 小　计 | | | | | | | 27 000.71 | 3998.10 | |
| 防腐、隔热、保温工程 | | | | | | | | | |
| 27 | 011001001001 | 保温隔热屋面 | 1. 保温隔热部位：屋面<br>2. 保温隔热方式（内保温、外保温、夹心保温）：外保温<br>3. 保温隔热面层材料品种、规格、性能：现浇水泥珍珠岩，最薄处 40 mm<br>4. 保温隔热材料品种、规格：详见设计图<br>5. 隔气层厚度：详见设计图<br>6. 黏结材料种类：详见设计图<br>7. 防护材料种类：详见设计图 | $m^2$ | 83.00 | 10.66 | 884.78 | 166.00 | |
| 小　计 | | | | | | | 884.78 | 166.00 | |
| 合　计 | | | | | | | 73 115.87 | 11 976.39 | |

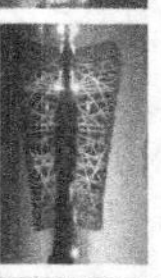

工程名称：×××机修厂【建筑工程】

| 清单项目编码 | | (2) 010101003001<br>(3) 010101004001 | | 清单项目名称 | | 挖沟槽土方/挖基坑土方 | | | | | 清单计量单位 | | $m^3$ |
|---|---|---|---|---|---|---|---|---|---|---|---|---|---|
| 清单综合单价组成明细 | | | | | | | | | | | | | |
| 定额编号 | 定额项目名称 | 定额单位 | 数量 | 单价（元） | | | | | 合价（元） | | | | |
| | | | | 定额人工费 | 人工费 | 材料费 | 机械费 | 综合费 | 定额人工费 | 人工费 | 材料费 | 机械费 | 综合费 |
| AA0004 | 挖基础土方 沟槽、基坑（深度）≤2 m | 10 $m^3$ | 0.1 | 99.75 | 133.67 | | | 12.47 | 9.98 | 13.37 | | | 1.25 |
| AA0015 | 人力车运土（石）方运距≤50 m | 10 $m^3$ | 0.1 | 32.20 | 43.15 | | | 4.03 | 3.22 | 4.32 | | | 0.40 |
| 小　计 | | | | | | | | | 13.20 | 17.69 | | | 1.65 |
| 未计价材料（设备）费（元） | | | | | | | | | | | | | |
| 清单项目综合单价（元） | | | | | | | | | | 19.34 | | | |
| 材料（设备）费明细 | 主要材料名称、规格、型号 | | | | | 单位 | 数量 | 单价（元） | 合价（元） | | 暂估单价（元） | 暂估合价（元） | |
| | | | | | | | | | | | | | |
| | | | | | | | | | | | | | |
| | | | | | | | | | | | | | |
| | | | | | | | | | | | | | |
| | 其他材料费 | | | | | | | | | | | | |
| | 材料费小计 | | | | | | | | | | | | |

## 附6.9　建筑工程综合单价分析表（部分）

工程名称：×××机修厂【建筑工程】

<table>
<tr><td colspan="2">清单项目编码</td><td colspan="2">(6) 010301001001</td><td colspan="2">清单项目名称</td><td colspan="5">砖基础</td><td colspan="2">清单计量单位</td><td>$m^3$</td></tr>
<tr><td colspan="14">清单综合单价组成明细</td></tr>
<tr><td rowspan="2">定额编号</td><td rowspan="2">定额项目名称</td><td rowspan="2">定额单位</td><td rowspan="2">数量</td><td colspan="5">单价（元）</td><td colspan="5">合价（元）</td></tr>
<tr><td>定额人工费</td><td>人工费</td><td>材料费</td><td>机械费</td><td>综合费</td><td>定额人工费</td><td>人工费</td><td>材料费</td><td>机械费</td><td>综合费</td></tr>
<tr><td>AC0003</td><td>砖基础 水泥砂浆（细砂）M5</td><td>10 $m^3$</td><td>0.1</td><td>452.50</td><td>606.35</td><td>2030.12</td><td>7.86</td><td>138.11</td><td>45.25</td><td>60.64</td><td>203.01</td><td>0.79</td><td>13.81</td></tr>
<tr><td></td><td></td><td></td><td></td><td></td><td></td><td></td><td></td><td></td><td></td><td></td><td></td><td></td><td></td></tr>
<tr><td colspan="9">小　计</td><td>45.25</td><td>60.64</td><td>203.01</td><td>0.79</td><td>13.81</td></tr>
<tr><td colspan="10">未计价材料（设备）费（元）</td><td colspan="4"></td></tr>
<tr><td colspan="10">清单项目综合单价（元）</td><td colspan="4">278.25</td></tr>
<tr><td rowspan="8">材料（设备）费明细</td><td colspan="5">主要材料名称、规格、型号</td><td>单位</td><td>数量</td><td>单价（元）</td><td colspan="2">合价（元）</td><td>暂估单价（元）</td><td colspan="2">暂估合价（元）</td></tr>
<tr><td colspan="5">水泥砂浆（细砂）M5</td><td>$m^3$</td><td>0.238</td><td>191.78</td><td colspan="2">45.64</td><td></td><td colspan="2"></td></tr>
<tr><td colspan="5">标准砖</td><td>千匹</td><td>0.524</td><td>300.00</td><td colspan="2">157.20</td><td></td><td colspan="2"></td></tr>
<tr><td colspan="5">水泥 32.5</td><td>kg</td><td>[53.788]</td><td>0.42</td><td colspan="2">(22.59)</td><td></td><td colspan="2"></td></tr>
<tr><td colspan="5">细砂</td><td>$m^3$</td><td>[0.276]</td><td>83.50</td><td colspan="2">(23.05)</td><td></td><td colspan="2"></td></tr>
<tr><td colspan="5">水</td><td>$m^3$</td><td>0.114</td><td>1.50</td><td colspan="2">0.17</td><td></td><td colspan="2"></td></tr>
<tr><td colspan="5">其他材料费</td><td></td><td></td><td></td><td colspan="2"></td><td></td><td colspan="2"></td></tr>
<tr><td colspan="5">材料费小计</td><td></td><td></td><td></td><td colspan="2">203.01</td><td></td><td colspan="2"></td></tr>
</table>

续表

工程名称：×××机修厂【建筑工程】

| 清单项目编码 | | (7) 010402003001 | | 清单项目名称 | | 实心砖墙 | | | | 清单计量单位 | | | $m^3$ |
|---|---|---|---|---|---|---|---|---|---|---|---|---|---|
| 清单综合单价组成明细 | | | | | | | | | | | | | |
| 定额编号 | 定额项目名称 | 定额单位 | 数量 | 单价（元） | | | | | 合价（元） | | | | |
| | | | | 定额人工费 | 人工费 | 材料费 | 机械费 | 综合费 | 定额人工费 | 人工费 | 材料费 | 机械费 | 综合费 |
| AC0011 | 砖墙　混合砂浆（细砂）M5 | 10 $m^3$ | 0.1 | 513.15 | 687.62 | 2026.23 | 7.27 | 156.13 | 51.32 | 68.76 | 202.62 | 0.73 | 15.61 |
| | | | | | | | | | | | | | |
| 小　计 | | | | | | | | | 51.32 | 68.76 | 202.62 | 0.73 | 15.61 |
| 未计价材料（设备）费（元） | | | | | | | | | | | | | |
| 清单项目综合单价（元） | | | | | | | | | | 287.72 | | | |
| 材料（设备）费明细 | 主要材料名称、规格、型号 | | | | | 单位 | 数量 | 单价（元） | 合价（元） | | 暂估单价（元） | 暂估合价（元） | |
| | 水泥混合砂浆（细砂）M5 | | | | | $m^3$ | 0.224 | 190.24 | 42.61 | | | | |
| | 标准砖 | | | | | 千匹 | 0.531 | 300.00 | 159.30 | | | | |
| | 水泥 32.5 | | | | | kg | [40.096] | 0.42 | (16.84) | | | | |
| | 细砂 | | | | | $m^3$ | [0.26] | 83.50 | (21.71) | | | | |
| | 石灰膏 | | | | | $m^3$ | [0.031] | 130.00 | (4.03) | | | | |
| | 水 | | | | | $m^3$ | 0.121 | 1.50 | 0.18 | | | | |
| | 其他材料费 | | | | | | | | 0.53 | | | | |
| | 材料费小计 | | | | | | | | 202.62 | | | | |

续表

工程名称：×××机修厂【建筑工程】

| 清单项目编码 | | (12) 010503002001 | | 清单项目名称 | | 矩形梁 | | | | | 清单计量单位 | | $m^3$ |
|---|---|---|---|---|---|---|---|---|---|---|---|---|---|
| 清单综合单价组成明细 | | | | | | | | | | | | | |
| 定额编号 | 定额项目名称 | 定额单位 | 数量 | 单价（元） | | | | | 合价（元） | | | | |
| | | | | 定额人工费 | 人工费 | 材料费 | 机械费 | 综合费 | 定额人工费 | 人工费 | 材料费 | 机械费 | 综合费 |
| AD0111 | 现浇砼 矩形梁（中砂）C20 | 10 $m^3$ | 0.1 | 393.15 | 526.82 | 2080.00 | 56.04 | 157.22 | 39.32 | 52.68 | 208.00 | 5.60 | 15.72 |
| | | | | | | | | | | | | | |
| 小　计 | | | | | | | | | 39.32 | 52.68 | 208.00 | 5.60 | 15.72 |
| 未计价材料（设备）费（元） | | | | | | | | | | | | | |
| 清单项目综合单价（元） | | | | | | | | | | 282.00 | | | |
| 材料（设备）费明细 | 主要材料名称、规格、型号 | | | | | 单位 | 数量 | 单价（元） | 合价（元） | | 暂估单价（元） | 暂估合价（元） | |
| | 塑性混凝土（中砂）砾石最大粒径：40 mm C20 | | | | | $m^3$ | 1.015 | 202.13 | 205.16 | | | | |
| | 水泥 32.5 | | | | | kg | [301.455] | 0.42 | (126.61) | | | | |
| | 中砂 | | | | | $m^3$ | [0.497] | 86.10 | (42.79) | | | | |
| | 砾石 5～40 mm | | | | | $m^3$ | [0.893] | 40.00 | (35.72) | | | | |
| | 水 | | | | | $m^3$ | 1.073 | 1.50 | 1.61 | | | | |
| | 其他材料费 | | | | | | | | 1.23 | | | | |
| | 材料费小计 | | | | | | | | 208.00 | | | | |

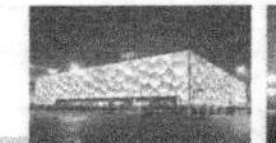

## 附6.10　建筑工程总价措施项目清单与计价表

工程名称：×××机修厂【建筑工程】　　　　标段：

| 序号 | | 项目编号 | 项目名称 | 计算基础 | 费率（%） | 金额（元） | 其中：定额人工费（元） |
|---|---|---|---|---|---|---|---|
| 1 | | 011701001001 | 安全文明施工费 | | | 4850.44 | — |
| 其中 | ① | | 环境保护 | 分部分项清单定额人工费 | 0.5 | 59.88 | — |
| | ② | | 文明施工 | 分部分项清单定额人工费 | 10 | 1197.64 | — |
| | ③ | | 安全施工 | 分部分项清单定额人工费 | 15 | 1796.46 | — |
| | ④ | | 临时设施 | 分部分项清单定额人工费 | 15 | 1796.46 | — |
| 2 | | 011701002001 | 夜间施工费 | 分部分项清单定额人工费 | | | — |
| 3 | | 011701004001 | 二次搬运费 | 分部分项清单定额人工费 | | | — |
| 4 | | 011701005001 | 冬雨季施工 | 分部分项清单定额人工费 | | | — |
| 5 | | 011701006001 | 大型机械设备进出场及安拆费 | | | | |
| 6 | | 011701007001 | 施工排水 | | | | |
| 7 | | 011701008001 | 施工降水 | | | | |
| 8 | | 011701009001 | 地上、地下设施/建筑物的临时保护设施 | | | | |
| 9 | | 011701010001 | 已完工程及设备保护 | | | | |
| 10 | | | 各专业工程的措施项目 | | | | |
| 合　计 | | | | | | 4850.44 | |

## 附6.11　建筑工程单价措施项目清单与计价汇总表

工程名称：×××机修厂【建筑工程】　　　　标段：

| 序号 | 项目编码 | 项目名称 | 项目特征描述 | 计量单位 | 工程数量 | 金额（元） | | |
|---|---|---|---|---|---|---|---|---|
| | | | | | | 综合单价 | 合价 | 其中：定额人工费 |
| | | 建筑工程 | | | | | | |
| | 011703003001 | 现浇砼模板安装、拆除 基础 | | 100 $m^2$ | 0.025 | 3857.79 | 96.44 | 24.40 |
| | 011703001001 | 现浇砼模板安装、拆除 基础垫层 | | 100 $m^2$ | 0.424 | 3851.46 | 1633.02 | 273.84 |
| | 011703007001 | 现浇砼模板安装、拆除 矩形柱 | | 100 $m^2$ | 0.086 | 3211.88 | 274.94 | 105.32 |
| | 011703008001 | 现浇砼模板安装、拆除 构造柱 | | 100 $m^2$ | 0.167 | 3221.52 | 538.12 | 205.52 |

续表

| 序号 | 项目编码 | 项目名称 | 项目特征描述 | 计量单位 | 工程数量 | 金　额（元） | | |
|---|---|---|---|---|---|---|---|---|
| | | | | | | 综合单价 | 合　价 | 其中：定额人工费 |
| | 011703011001 | 现浇砼模板安装、拆除 矩形梁 | | 100 $m^2$ | 0.172 | 3372.61 | 578.98 | 210.87 |
| | 011703013001 | 现浇砼模板安装、拆除 圈梁 | | 100 $m^2$ | 0.588 | 2752.49 | 1619.12 | 607.15 |
| | 011703027001 | 现浇砼模板安装、拆除 悬挑板、雨篷、阳台 直形 | | 10 $m^2$ 投影面积 | 1.426 | 1034.98 | 1475.88 | 499.03 |
| | 011702001001 | 综合脚手架 单层建筑（檐口高度）≤6 m | | 100 $m^2$ | 0.921 | 509.79 | 469.36 | 119.55 |
| | 011704001001 | 檐高 20 m（6 层）以内建筑物垂直运输机械费 砖混卷扬机 | | 100 $m^2$ | 0.921 | 809.51 | 745.32 | 222.81 |
| 小　计 | | | | | | | 7431.57 | 2268.49 |
| 合　计 | | | | | | | 7431.57 | 2268.49 |

## 附 6.12　建筑工程其他项目清单与计价汇总表

工程名称：×××机修厂【建筑工程】　　　　标段：

| 序　号 | 项目名称 | 计量单位 | 金　额（元） | 备　注 |
|---|---|---|---|---|
| 1 | 暂列金额 | | | |
| 2 | 暂估价 | | | |
| 2.1 | 材料暂估价 | 项 | — | |
| 2.2 | 专业工程暂估价 | | | |
| 3 | 计日工 | | | |
| 4 | 总承包服务费 | | | |
| 5 | 索赔与现场签证 | | | 明细详见相关表 |
| | | | | |
| | | | | |
| | | | | |
| | | | | |
| | | | | |
| 合　计 | | | | — |

## 附6.13　建筑工程材料（工程设计）暂估单价及调整表

工程名称：×××机修厂【建筑工程】　　　　　　　　　　　　　　　　　　　　标段：

| 序　号 | 材料名称、规格、型号 | 计量单位 | 单　价（元） | 备　注 |
|---|---|---|---|---|
| | | | | |

## 附6.14　建筑工程专业工程暂估价及结算表

工程名称：×××机修厂【建筑工程】　　　　　　　　　　　　　　　　　　　　标段：

| 序　号 | 项目名称 | 工程内容 | 金　额（元） | 备　注 |
|---|---|---|---|---|
| | | | | |
| 合　计 | | | | — |

## 附6.15　建筑工程总承包服务费计价表

工程名称：×××机修厂【建筑工程】　　　　　　　　　　　　　　　　　　　　标段：

| 序　号 | 项目名称 | 项目价值（元） | 服务内容 | 费　率（%） | 金　额（元） |
|---|---|---|---|---|---|
| 一 | 发包人发包专业工程 | | | | |
| 1 | | | | | |
| 2 | | | | | |
| 二 | 发包人供应材料 | | | | |
| 1 | | | | | |
| 2 | | | | | |
| 合　计 | | | | | |

## 附6.16　建筑工程计日工表

工程名称：×××机修厂【建筑工程】　　　　　　　　　　　　　　　　　　　　标段：

| 编　号 | 项目名称 | 单　位 | 暂定数量 | 综合单价 | 合　价 |
|---|---|---|---|---|---|
| 一 | 人工 | | | | |
| 1 | 建筑、市政、园林绿化、抹灰工程、措施项目普工 | 工日 | 0 | 41.00 | |
| 2 | 建筑、市政、园林绿化、措施项目混凝土工 | 工日 | 0 | 56.00 | |
| 3 | 建筑、市政、园林绿化、抹灰工程、措施项目技工 | 工日 | 0 | 61.00 | |
| 4 | 装饰普工 | 工日 | 0 | 41.00 | |
| 5 | 装饰技工 | 工日 | 0 | 60.00 | |
| 6 | 装饰细木工 | 工日 | 0 | 66.00 | |
| 7 | 安装普工 | 工日 | 0 | 62.00 | |

续表

| 编　号 | 项目名称 | 单　位 | 暂定数量 | 综合单价 | 合　价 |
| --- | --- | --- | --- | --- | --- |
| 8 | 安装技工 | 工日 | 0 | 62.00 | |
| 9 | 抗震加固普工 | 工日 | 0 | 41.00 | |
| 10 | 抗震加固技工 | 工日 | 0 | 61.00 | |
| 人工小计 | | | | | |
| 二 | 材料 | | | | |
| 材料小计 | | | | | |
| 三 | 施工机械 | | | | |
| 施工机械小计 | | | | | |
| 总　计 | | | | | |

## 附 6.17　建筑工程规费、税金项目计价表

工程名称：×××机修厂【建筑工程】　　　　标段：

| 序　号 | 项目名称 | 计算基础 | 费　率（%） | 金　额（元） |
| --- | --- | --- | --- | --- |
| 1 | 规费 | | | |
| 1.1 | 社会保障费 | D.2.1 + D.2.2 + D.2.3 | | 1367.51 |
| (1) | 养老保险费 | 分部分项清单定额人工费 + 措施项目定额人工费 | 6 | 854.69 |
| (2) | 失业保险费 | 分部分项清单定额人工费 + 措施项目定额人工费 | 0.6 | 85.47 |
| (3) | 医疗保险费 | 分部分项清单定额人工费 + 措施项目定额人工费 | 3 | 427.35 |
| (4) | 工伤保险费 | 分部分项清单定额人工费 + 措施项目定额人工费 | 0.8 | 113.96 |
| (5) | 生育保险费 | | | |
| 1.2 | 住房公积金 | 分部分项清单定额人工费 + 措施项目定额人工费 | 2 | 284.90 |
| 1.3 | 工程排污费 | 按工程所在地环境保护部门收取标准，按实计入 | | |
| 2 | 税金 | 分部分项清单定额人工费 + 措施项目定额人工费 + 其他项目费 + 规费 − 按规定不计税的工程设备金额 | | |
| 合　计 | | | | 1766.37 |

## 附6.18 建筑工程承包人提供主要材料和工程设计一览表

工程名称：×××机修厂【建筑工程】　　　　　　　　　　　　　　　　　　　　标段：

| 序　号 | 材料名称 | 规格、型号及特殊要求 | 单　位 | 单　价（元） | 备　注 |
|---|---|---|---|---|---|
| 1 | 柴油（机械） | | kg | 6.00 | |
| 2 | 水 | | $m^3$ | 1.50 | |
| 3 | 标准砖 | | 千匹 | 300.00 | |
| 4 | 水泥 | 32.5 | kg | 0.42 | |
| 5 | 细砂 | | $m^3$ | 83.50 | |
| 6 | 石灰膏 | | $m^3$ | 130.00 | |
| 7 | 其他材料费 | | 元 | 1.00 | |
| 8 | 中砂 | | $m^3$ | 86.10 | |
| 9 | 砾石 | 5～40 mm | $m^3$ | 40.00 | |
| 10 | 组合钢模板 | 包括附件 | kg | 4.50 | |
| 11 | 摊销卡具和支撑钢材 | | kg | 5.00 | |
| 12 | 二等锯材 | | $m^3$ | 1850.00 | |
| 13 | 汽油（机械） | | kg | 6.00 | |
| 14 | 砾石 | 5～20 mm | $m^3$ | 40.00 | |
| 15 | 铁件 | | kg | 4.50 | |
| 16 | 水泥 | 42.5 | kg | 0.55 | |
| 17 | 砾石 | 5～10 mm | $m^3$ | 50.00 | |
| 18 | 圆钢 | ≤$\phi$10 | t | 3900.00 | |
| 19 | 螺纹钢 | >$\phi$10 | t | 4000.00 | |
| 20 | 焊条 | 综合 | kg | 5.00 | |
| 21 | 圆钢 | >$\phi$10 | t | 3900.00 | |
| 22 | 锚具摊销费 | | 元 | 1.00 | |
| 23 | 弹性体（SBS）改性沥青防水卷材 | 聚酯胎Ⅰ型3 mm | $m^2$ | 20.00 | |
| 24 | 改性沥青嵌缝油膏 | | kg | 1.30 | |
| 25 | 石油沥青 | 30# | kg | 2.80 | |
| 26 | 汽油 | | kg | 6.00 | |
| 27 | 卡箍膨胀螺栓 | 110 | 套 | 2.00 | |
| 28 | 排水管伸缩节 | 110 | 个 | 5.00 | |
| 29 | 密封胶 | | kg | 12.00 | |
| 30 | 塑料山墙出水口 | $\phi$110 | 套 | 18.00 | |
| 31 | 塑料弯管 | | 个 | 9.00 | |
| 32 | 塑料水斗 | $\phi$110 | 个 | 15.00 | |
| 33 | 排水管连接件 | 160 mm×50 mm | 个 | 2.00 | |
| 34 | 珍珠岩 | | $m^3$ | 70.00 | |
| 35 | 脚手架钢材 | | kg | 5.00 | |
| 36 | 锯材 | 综合 | $m^3$ | 1850.00 | |
| 37 | 冷轧带肋钢筋650级 | | t | 4200.00 | |
| 38 | UPVC | $\phi$110 | m | 18.00 | |

## 附 6.19　单位工程投标报价汇总表

工程名称：×××机修厂【建筑工程】　　　　标段：

| 序　号 | 汇总内容 | 金　额（元） | 其中：暂估价（元） |
|---|---|---|---|
| 1 | 分部分项工程 | 27 935. 51 | |
| 1. 1 | 楼地面工程 | 3204. 08 | |
| 1. 2 | 墙、柱面工程 | 9779. 63 | |
| 1. 3 | 天棚工程 | 1528. 89 | |
| 1. 4 | 门窗工程 | 13 422. 91 | |
| 2 | 措施项目 | 1552. 03 | — |
| | 其中：安全文明施工费 | 1552. 03 | — |
| 3 | 其他项目 | | — |
| 3. 1 | 其中：暂列金额 | | — |
| 3. 2 | 其中：专业工程暂估价 | | — |
| 3. 3 | 其中：计日工 | | — |
| 3. 4 | 其中：总承包服务费 | | — |
| 4 | 规费 | 1040. 28 | — |
| 5 | 税金：(1 +2 +3 +4)×规定费率 | 1047. 10 | — |
| 投标报价合计 =1 +2 +3 +4 +5 | | 31 574. 92 | |

## 附 6.20　装饰工程工程量和措施项目清单与计价表

工程名称：×××机修厂【装饰工程】　　　　标段：

| 序号 | 项目编码 | 项目名称 | 项目特征描述 | 计量单位 | 工程数量 | 金　额（元） | | | |
|---|---|---|---|---|---|---|---|---|---|
| | | | | | | 综合单价 | 合　价 | 其　中 | |
| | | | | | | | | 定额人工费 | 暂估价 |
| 楼地面工程 | | | | | | | | | |
| 1 | 011101001001 | 水泥砂浆楼地面 | 1. 垫层材料种类、厚度：C10 混凝土 60 mm 厚<br>2. 面层厚度、砂浆配合比：20 mm 厚 1∶2 水泥砂浆 | $m^2$ | 80. 31 | 35. 18 | 2825. 31 | 636. 86 | |
| 2 | 011107004001 | 水泥砂浆台阶面 | 1. 垫层材料种类、厚度：素土夯实，60 mm 厚 C10 砼垫层<br>2. 基层做法：M5. 0 水泥砂浆和页岩标准砖砌筑<br>3. 面层厚度、砂浆配合比：20 mm 厚 1∶2 水泥砂浆面层<br>4. 具体做法：详见西南 04J812 1A/7 | $m^2$ | 4. 54 | 83. 43 | 378. 77 | 95. 61 | |
| 小　计 | | | | | | | 3204. 08 | 732. 47 | |

工程名称：×××机修厂【装饰工程】　　　　　　　　标段：　　　　　　　　**续表**

| 序号 | 项目编码 | 项目名称 | 项目特征描述 | 计量单位 | 工程数量 | 金额（元） | | | |
|---|---|---|---|---|---|---|---|---|---|
| | | | | | | 综合单价 | 合价 | 其中 | |
| | | | | | | | | 定额人工费 | 暂估价 |
| 墙、柱面工程 | | | | | | | | | |
| 3 | 011201001001 | 墙面一般抹灰 | 1. 墙体类型：砖内墙<br>2. 底层厚度、砂浆配合比：基层上刷素水泥浆一遍、9 mm 厚 1:1:6 混合砂浆打底<br>3. 面层厚度、砂浆配合比：5mm 厚 1:0.3:2.5 混合砂浆罩面压光 | $m^2$ | 211.55 | 13.61 | 2879.20 | 1106.41 | |
| 4 | 011201002001 | 墙面装饰抹灰 | 1. 墙体类型：砖外墙水刷石<br>2. 底层、面层厚度、砂浆配合比：基层上刷素水泥一遍、8mm 厚 1:3 水泥砂浆打底、7mm 厚 1:3 水泥砂浆找平抹毛 | $m^2$ | 132.8 | 39.04 | 5184.51 | 2047.78 | |
| 5 | 011201002002 | 墙面装饰抹灰 | 1. 墙体类型：墙裙水刷石<br>2. 底层、面层厚度、砂浆配合比：基层上刷素水泥一遍、8mm 厚 1:3 水泥砂浆打底、7mm 厚 1:3 水泥砂浆找平抹毛 | $m^2$ | 40.60 | 39.04 | 1585.02 | 626.05 | |
| 6 | 011202001001 | 柱面一般抹灰 | 1. 柱体类型：混凝土矩形柱<br>2. 底层厚度、砂浆配合比：基层刷加建筑胶的素水泥浆一遍、9 mm 厚 1:1:6 混合砂浆打底<br>3. 面层厚度、砂浆配合比：5 mm 厚 1:0.3:2.5 混合砂浆罩面压光 | $m^2$ | 6.16 | 21.25 | 130.90 | 57.66 | |
| 小　计 | | | | | | | 9779.63 | 3837.90 | |
| 天棚工程 | | | | | | | | | |
| 7 | 011301001001 | 天棚抹灰 | 1. 基层类型：预制混凝土板<br>2. 抹灰厚度、材料种类、砂浆配合比：刷水泥浆一遍、15 mm 厚混合砂浆 | $m^2$ | 97.63 | 15.66 | 1528.89 | 603.35 | |
| 小　计 | | | | | | | 1528.89 | 603.35 | |
| 门窗工程 | | | | | | | | | |
| 8 | 011801001001 | 胶合板门 | 1. 门类型：夹板门<br>2. 框截面尺寸、单扇面积：框截面 66 $cm^2$，1500 mm×3100 mm<br>3. 骨架材料种类：详见设计及西南 04J611<br>4. 面层材料品种、规格、品牌、颜色：详见设计及西南 04J611<br>5. 玻璃品种、厚度、五金特殊要求：详见设计及西南 04J611<br>6. 防护层材料种类：详见设计及西南 04J611<br>7. 油漆品种、刷漆遍数：详见设计及西南 04J611 | 樘 | 2 | 700.59 | 1401.18 | 232.30 | |

工程名称：×××机修厂【装饰工程】　　　　标段：　　　　续表

| 序号 | 项目编码 | 项目名称 | 项目特征描述 | 计量单位 | 工程数量 | 金额（元） | | | |
|---|---|---|---|---|---|---|---|---|---|
| | | | | | | 综合单价 | 合价 | 其中 | |
| | | | | | | | | 定额人工费 | 暂估价 |
| 9 | 0108401001002 | 胶合板门 | 1. 门类型：夹板门<br>2. 框截面尺寸、单扇面积：框截面48 cm²，1000 mm×2700 mm<br>3. 骨架材料种类：详见设计及西南04J611<br>4. 面层材料品种、规格、品牌、颜色：详见设计及西南04J611<br>5. 玻璃品种、厚度、五金特殊要求：详见设计及西南04J611<br>6. 防护层材料种类：详见设计及西南04J611<br>7. 油漆品种、刷漆遍数：详见设计及西南04J611 | 樘 | 2 | 431.49 | 862.98 | 154.86 | |
| 10 | 010806001001 | 木质平开窗 | 1. 窗类型：木质平开窗<br>2. 框外围尺寸：框截面60 cm²，1500 mm×2100 mm<br>3. 骨架材料种类：一等杉木<br>4. 玻璃品种、厚度：5 mm厚平玻<br>5. 油漆品种、刷漆遍数：刮原子灰腻子一遍，调和漆两遍 | 樘 | 5 | 515.04 | 2575.20 | 491.75 | |
| 11 | 011406001001 | 抹灰面油漆 | 1. 基层类型：抹灰面基层<br>2. 线条宽度、道数：详见设计要求<br>3. 腻子种类：详见设计要求<br>4. 刮腻子要求：刮腻子两遍<br>5. 油漆品种、刷漆遍数：乳胶漆底漆一遍、面漆两遍（颜色综合考虑），面喷甲硅醇纳憎水剂 | m² | 315.34 | 27.22 | 8583.55 | 2336.67 | |
| 小计 | | | | | | | 13 422.91 | 3215.58 | |
| 合计 | | | | | | | 27 935.51 | 8389.30 | |

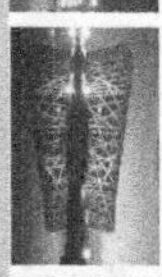

## 附 6.21　装饰工程综合单价分析表（部分）

工程名称：×××机修厂【装饰工程】　　　　　　　　　　　　第 1 页

| 清单项目编码 | | (1) 011101001001 | | 清单项目名称 | | 水泥砂浆楼地面 | | | | | 清单计量单位 | | $m^2$ |
|---|---|---|---|---|---|---|---|---|---|---|---|---|---|
| 清单综合单价组成明细 | | | | | | | | | | | | | |
| 定额编号 | 定额项目名称 | 定额单位 | 数量 | 单价（元） | | | | | 合价（元） | | | | |
| | | | | 定额人工费 | 人工费 | 材料费 | 机械费 | 综合费 | 定额人工费 | 人工费 | 材料费 | 机械费 | 综合费 |
| BA0024 | 整体面层 水泥砂浆面层（中砂）厚度 25 mm 1:2 | 100 $m^2$ | 0.01 | 473.20 | 634.09 | 934.69 | 8.25 | 118.30 | 4.73 | 6.34 | 9.35 | 0.08 | 1.18 |
| BA0026 | 整体面层 水泥砂浆面层（中砂）每增减 5 mm 1:2 | 100 $m^2$ | -0.01 | 93.90 | 125.83 | 174.35 | 1.57 | 23.48 | -0.94 | -1.26 | -1.74 | -0.02 | -0.23 |
| BA0019 | 楼地面找平层 细石混凝土（中砂）厚度 30 mm C20 | 100 $m^2$ | 0.01 | 207.10 | 277.51 | 725.49 | 17.84 | 51.78 | 2.07 | 2.78 | 7.25 | 0.18 | 0.52 |
| BA0020 换 | 楼地面找平层 细石混凝土（中砂）每增减 5mm C20 [+BA0020×5] | 100 $m^2$ | 0.01 | 206.40 | 276.58 | 730.13 | 17.34 | 51.60 | 2.06 | 2.77 | 7.30 | 0.17 | 0.52 |
| 小　计 | | | | | | | | | 7.92 | 10.63 | 22.16 | 0.41 | 1.99 |
| 未计价材料（设备）费（元） | | | | | | | | | | | | | |
| 清单项目综合单价（元） | | | | | | | | | | 35.19 | | | |
| 材料（设备）费明细 | 主要材料名称、规格、型号 | | | | | 单位 | 数量 | 单价 | 合价（元） | | 暂估单价（元） | | 暂估合价（元） |
| | 水泥砂浆（中砂）1:2 | | | | | $m^3$ | 0.0202 | 341.54 | 6.90 | | | | |
| | 水泥浆 | | | | | $m^3$ | 0.001 | 637.14 | 0.64 | | | | |
| | 水泥 32.5 | | | | | kg | [36.137] | 0.42 | (15.18) | | | | |
| | 中砂 | | | | | $m^3$ | [0.0499] | 86.10 | (4.30) | | | | |
| | 水 | | | | | $m^3$ | 0.094 | 1.50 | 0.14 | | | | |
| | 塑性混凝土（中砂）砾石最大粒径：10 mm C20 | | | | | $m^3$ | 0.0609 | 238.15 | 14.50 | | | | |
| | 砾石 5～10 mm | | | | | $m^3$ | [0.0494] | 50.00 | (2.47) | | | | |
| | 其他材料费 | | | | | | | | | | | | |
| | 材料费小计 | | | | | | | | 22.18 | | | | |

续表

工程名称：×××机修厂【装饰工程】

| 清单项目编码 | | (3) 011201001001 | | 清单项目名称 | | 墙面一般抹灰 | | | | 清单计量单位 | | | m² |
|---|---|---|---|---|---|---|---|---|---|---|---|---|---|
| 清单综合单价组成明细 | | | | | | | | | | | | | |
| 定额编号 | 定额项目名称 | 定额单位 | 数量 | 单价（元） | | | | | 合价（元） | | | | |
| | | | | 定额人工费 | 人工费 | 材料费 | 机械费 | 综合费 | 定额人工费 | 人工费 | 材料费 | 机械费 | 综合费 |
| BB0007 | 墙面一般抹灰 其他墙面 混合砂浆 细砂 | 100 m² | 0.01 | 523.25 | 701.16 | 521.23 | 7.66 | 130.81 | 5.23 | 7.01 | 5.21 | 0.08 | 1.31 |
| | | | | | | | | | | | | | |
| 小计 | | | | | | | | | 5.23 | 7.01 | 5.21 | 0.08 | 1.31 |
| 未计价材料（设备）费（元） | | | | | | | | | | | | | |
| 清单项目综合单价（元） | | | | | | | | | | 13.61 | | | |
| 材料（设备）费明细 | 主要材料名称、规格、型号 | | | 单位 | 数量 | 单价（元） | 合价（元） | | 暂估单价（元） | | 暂估合价（元） | | |
| | 混合砂浆（细砂）1:1:6 | | | m³ | 0.017 | 209.68 | 3.56 | | | | | | |
| | 混合砂浆（细砂）1:0.3:2.5 | | | m³ | 0.0055 | 284.68 | 1.57 | | | | | | |
| | 水泥 32.5 | | | kg | [6.076] | 0.42 | (2.55) | | | | | | |
| | 石灰膏 | | | m³ | [0.0035] | 130.00 | (0.46) | | | | | | |
| | 细砂 | | | m³ | [0.0254] | 83.50 | (2.12) | | | | | | |
| | 水 | | | m³ | 0.022 | 1.50 | 0.03 | | | | | | |
| | 其他材料费 | | | | | | 0.05 | | | | | | |
| | 材料费小计 | | | | | | 5.21 | | | | | | |

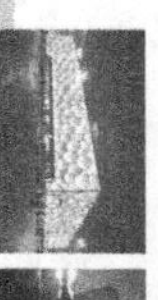
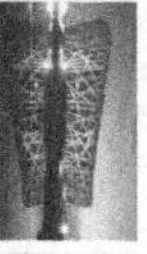

续表

工程名称：×××机修厂【装饰工程】

| 清单项目编码 | | (7) 011301001001 | | 清单项目名称 | | 天棚抹灰 | | | | | 清单计量单位 | | $m^2$ |
|---|---|---|---|---|---|---|---|---|---|---|---|---|---|
| 清单综合单价组成明细 | | | | | | | | | | | | | |
| 定额编号 | 定额项目名称 | 定额单位 | 数量 | 单价（元） | | | | | 合价（元） | | | | |
| | | | | 定额人工费 | 人工费 | 材料费 | 机械费 | 综合费 | 定额人工费 | 人工费 | 材料费 | 机械费 | 综合费 |
| BC0005 | 天棚抹灰 混凝土天棚 混合砂浆（细砂） | 100 $m^2$ | 0.01 | 618.47 | 828.75 | 576.04 | 6.48 | 154.62 | 6.18 | 8.29 | 5.76 | 0.06 | 1.55 |
| | | | | | | | | | | | | | |
| 小计 | | | | | | | | | 6.18 | 8.29 | 5.76 | 0.06 | 1.55 |
| 未计价材料（设备）费（元） | | | | | | | | | | | | | |
| 清单项目综合单价（元） | | | | | | | | | | 15.66 | | | |
| 材料（设备）费明细 | 主要材料名称、规格、型号 | | | | | 单位 | 数量 | 单价（元） | 合价（元） | | 暂估单价（元） | | 暂估合价（元） |
| | 混合砂浆（细砂）1：0.3：3 | | | | | $m^3$ | 0.0041 | 282.50 | 1.16 | | | | |
| | 混合砂浆（细砂）1：0.5：2.5 | | | | | $m^3$ | 0.0135 | 284.54 | 3.84 | | | | |
| | 水泥 801 胶浆 1：0.1：0.2 | | | | | $m^3$ | 0.001 | 667.08 | 0.67 | | | | |
| | 水泥 32.5 | | | | | kg | [8.774] | 0.42 | (3.69) | | | | |
| | 细砂 | | | | | $m^3$ | [0.0177] | 83.50 | (1.48) | | | | |
| | 801 胶水 | | | | | kg | [0.102] | 1.50 | (0.15) | | | | |
| | 石灰膏 | | | | | $m^3$ | [0.0027] | 130.00 | (0.35) | | | | |
| | 水 | | | | | $m^3$ | 0.018 | 1.50 | 0.03 | | | | |
| | 其他材料费 | | | | | | | | 0.06 | | | | |
| | 材料费小计 | | | | | | | | 5.76 | | | | |

续表

工程名称：×××机修厂【装饰工程】

| 清单项目编码 | | (8) 010801001001 | | 清单项目名称 | | 胶合板门 | | | | | 清单计量单位 | | $m^2$ |
|---|---|---|---|---|---|---|---|---|---|---|---|---|---|
| 清单综合单价组成明细 | | | | | | | | | | | | | |
| 定额编号 | 定额项目名称 | 定额单位 | 数量 | 单价（元） | | | | | 合价（元） | | | | |
| | | | | 定额人工费 | 人工费 | 材料费 | 机械费 | 综合费 | 定额人工费 | 人工费 | 材料费 | 机械费 | 综合费 |
| BE0001 | 木门调和漆 底油一遍 刮泥子 调和漆两遍 | 100 $m^2$ | 0.0405 | 650.00 | 884.00 | 486.67 | | 325.00 | 26.33 | 35.80 | 19.71 | | 13.16 |
| BD0035 | 胶合板门 框断面≤72 $cm^2$有亮子 | 100 $m^2$ | 0.0405 | 2217.95 | 3016.41 | 11 169.51 | 307.83 | 1108.97 | 89.83 | 122.16 | 452.37 | 12.47 | 44.91 |
| 小计 | | | | | | | | | 116.16 | 157.96 | 472.08 | 12.47 | 58.07 |
| 未计价材料（设备）费（元） | | | | | | | | | | | | | |
| 清单项目综合单价（元） | | | | | | | | | | 700.58 | | | |

| 材料（设备）费明细 | 主要材料名称、规格、型号 | 单位 | 数量 | 单价（元） | 合价（元） | 暂估单价（元） | 暂估合价（元） |
|---|---|---|---|---|---|---|---|
| | 调和漆 白酯胶调和漆 | kg | 1.902 | 8.00 | 15.22 | | |
| | 熟桐油 | kg | 0.172 | 7.80 | 1.34 | | |
| | 油漆溶剂油 200# | kg | 0.451 | 3.50 | 1.58 | | |
| | 一等锯材（干） | $m^3$ | 0.212625 | 1550.00 | 329.57 | | |
| | 胶合板 3 mm | $m^2$ | 7.009 | 10.00 | 70.09 | | |
| | 木砖 | $m^3$ | 0.01337 | 1850.00 | 24.73 | | |
| | 平板玻璃 3 mm | $m^2$ | 0.4605 | 14.00 | 6.45 | | |
| | 乳白胶 | kg | 0.244 | 6.00 | 1.46 | | |
| | 铰链 70～100 mm | 付 | 3.807 | 1.50 | 5.71 | | |
| | 风钩 120～150 mm | 只 | 1.904 | 0.20 | 0.38 | | |
| | 插销 50～100 mm | 付 | 3.807 | 0.50 | 1.90 | | |
| | 弓形拉手 150 mm | 付 | 1.904 | 0.70 | 1.33 | | |
| | 搭扣 | 付 | 0.972 | 1.00 | 0.97 | | |
| | 其他材料费 | | | | 11.35 | | |
| | 材料费小计 | | | | 472.08 | | |

## 附6.22　装饰工程总价措施项目清单与计价表

工程名称：×××机修厂【装饰工程】　　　　　　　　　　　　　　　　　标段：

| 序号 | | 项目编号 | 项目名称 | 计算基础 | 费率（%） | 金额（元） | 其中：定额人工费（元） |
|---|---|---|---|---|---|---|---|
| 1 | | 011701001002 | 安全文明施工费 | | | 1552.03 | — |
| 其中 | ① | | 环境保护 | 分部分项清单定额人工费 | 0.5 | 41.95 | — |
| | ② | | 文明施工 | 分部分项清单定额人工费 | 3 | 251.68 | — |
| | ③ | | 安全施工 | 分部分项清单定额人工费 | 5 | 419.47 | — |
| | ④ | | 临时设施 | 分部分项清单定额人工费 | 10 | 838.93 | — |
| 2 | | 011701002002 | 夜间施工费 | 分部分项清单定额人工费 | | | — |
| 3 | | 011701004002 | 二次搬运费 | 分部分项清单定额人工费 | | | — |
| 4 | | 011701005002 | 冬/雨季施工 | 分部分项清单定额人工费 | | | — |
| 5 | | 011701006001 | 大型机械设备进出场及安拆费 | | | | |
| 6 | | 011701007001 | 施工排水 | | | | |
| 7 | | 011701008001 | 施工降水 | | | | |
| 8 | | 011701009001 | 地上、地下设施/建筑物的临时保护设施 | | | | |
| 9 | | 011701010001 | 已完工程及设备保护 | | | | |
| 10 | | | 各专业工程的措施项目 | | | | |
| | | | | | | | |
| 合　计 | | | | | | 1552.03 | |

## 附6.23　装饰工程单价措施项目清单与计价表

工程名称：×××机修厂【装饰工程】　　　　　　　　　　　　　　　标段：

| 序号 | 项目编码 | 项目名称 | 项目特征描述 | 计量单位 | 工程数量 | 金额（元） | | |
|---|---|---|---|---|---|---|---|---|
| | | | | | | 综合单价 | 合　价 | 其中：定额人工费 |
| | | 装饰装修工程 | | | | | | |
| 1 | 011702001002 | 脚手架 | | | | | | |
| 2 | 011704001002 | 垂直运输机械 | | | | | | |
| 3 | | 室内空气污染测试 | | | | | | |
| 4 | 011705001002 | 建筑物超高施工增加费 | | | | | | |
| | | | | | | | | |
| | | | | | | | | |
| | | | | | | | | |
| | | | | | | | | |
| | | | | | | | | |
| 本页小计 | | | | | | | | |
| 合　计 | | | | | | | | |

## 附 6.24　装饰工程其他项目清单与计价汇总表

工程名称：×××机修厂【装饰工程】　　　　　　　　　　　　　　　　标段：

| 序　号 | 项目名称 | 计量单位 | 金　额（元） | 备　注 |
|---|---|---|---|---|
| 1 | 暂列金额 | | | 明细详见相关表 |
| 2 | 暂估价 | | | |
| 2.1 | 材料暂估价 | 项 | — | 明细详见相关表 |
| 2.2 | 专业工程暂估价 | | | 明细详见相关表 |
| 3 | 计日工 | | | 明细详见相关表 |
| 4 | 总承包服务费 | | | 明细详见相关表 |
| 5 | 索赔与现场签证 | | | 明细详见相关表 |
| | | | | |
| | | | | |
| | | | | |
| | | | | |
| | | | | |
| 合　计 | | | | — |

## 附 6.25　装饰工程暂列金额明细表

工程名称：×××机修厂【装饰工程】　　　　　　　　　　　　　　　　标段：

| 序　号 | 项目名称 | 计量单位 | 暂列金额（元） | 备　注 |
|---|---|---|---|---|
| | | | | |
| | | | | |
| | | | | |
| | | | | |
| | | | | |
| | | | | |
| | | | | |
| | | | | |
| | | | | |
| | | | | |
| | | | | |
| | | | | |
| 合　计 | | | | — |

## 附6.26　装饰工程材料（工程设备）暂估单价及调整表

工程名称：×××机修厂【装饰工程】　　标段：　　第1页共1页

| 序　号 | 材料名称、规格、型号 | 计量单位 | 数　量 | | 暂估（元） | | 确认（元） | | 差额±（元） | | 备　注 |
|---|---|---|---|---|---|---|---|---|---|---|---|
| | | | 暂估 | 确认 | 单价 | 合价 | 单价 | 合价 | 单价 | 合价 | |
| | | | | | | | | | | | |
| | | | | | | | | | | | |

## 附6.27　装饰工程专业工程暂估价及结算表

工程名称：×××机修厂【装饰工程】　　标段：　　第1页共1页

| 序　号 | 工程名称 | 工程内容 | 暂估金额（元） | 结算金额（元） | 差额（元） | 备　注 |
|---|---|---|---|---|---|---|
| | | | | | | |
| | | | | | | |
| 合计 | | | | | | |

## 附6.28　装饰工程总承包服务费计价表

工程名称：×××机修厂【装饰工程】　　标段：　　第1页共1页

| 序　号 | 项目名称 | 项目价值（元） | 服务内容 | 计算基础费率（%） | 金额（元） |
|---|---|---|---|---|---|
| 一 | 发包人发包专业工程 | | | | |
| 1 | | | | | |
| 2 | | | | | |
| 二 | 发包人供应材料 | | | | |
| 1 | | | | | |
| 2 | | | | | |
| 合　计 | | | | | |

## 附6.29　装饰工程计日工表

工程名称：×××机修厂【装饰工程】　　标段：　　第1页共1页

| 编　号 | 项目名称 | 单　位 | 暂定数量 | 实际数量<br>综合单价 | 合价（元） | |
|---|---|---|---|---|---|---|
| | | | | | 暂定 | 实际 |
| 一 | 人工 | | | | | |
| 1 | 建筑、市政、园林绿化、抹灰工程、措施项目普工 | 工日 | 0 | 41.00 | | |
| 2 | 建筑、市政、园林绿化、措施项目混凝土工 | 工日 | 0 | 56.00 | | |
| 3 | 建筑、市政、园林绿化、抹灰工程、措施项目技工 | 工日 | 0 | 61.00 | | |
| 4 | 装饰普工 | 工日 | 0 | 41.00 | | |
| 5 | 装饰技工 | 工日 | 0 | 60.00 | | |
| 6 | 装饰细木工 | 工日 | 0 | 66.00 | | |
| 7 | 安装普工 | 工日 | 0 | 62.00 | | |
| 8 | 安装技工 | 工日 | 0 | 62.00 | | |
| 9 | 抗震加固普工 | 工日 | 0 | 41.00 | | |
| 10 | 抗震加固技工 | 工日 | 0 | 61.00 | | |
| 人工小计 | | | | | | |
| 二 | 材料 | | | | | |
| 材料小计 | | | | | | |
| 三 | 施工机械 | | | | | |
| 施工机械小计 | | | | | | |
| 总　计 | | | | | | |

## 附 6.30　装饰工程规费、税金项目计价表

工程名称：×××机修厂【装饰工程】　　　　标段：　　　　第 1 页共 1 页

| 序　号 | 项目名称 | 计算基础 | 费率（%） | 金额（元） |
|---|---|---|---|---|
| 1 | 规费 | | | |
| 1.1 | 社会保障费 | D. 2. 1 + D. 2. 2 + D. 2. 3 | | 805. 38 |
| (1) | 养老保险费 | 分部分项清单定额人工费 + 措施项目定额人工费 | 6 | 503. 36 |
| (2) | 失业保险费 | 分部分项清单定额人工费 + 措施项目定额人工费 | 0. 6 | 50. 34 |
| (3) | 医疗保险费 | 分部分项清单定额人工费 + 措施项目定额人工费 | 3 | 251. 68 |
| (4) | 工伤保险 | 分部分项清单定额人工费 + 措施项目定额人工费 | 0. 8 | 67. 11 |
| (5) | 生育保险 | | | |
| 1.2 | 住房公积金 | 分部分项清单定额人工费 + 措施项目定额人工费 | 2 | 167. 79 |
| 1.3 | 工程排污费 | 按工程所在地环境保护部门收取标准，按实计入 | | |
| 2 | 税金 | 分部分项清单定额人工费 + 措施项目定额人工费 + 其他项目费 + 规费 − 按规定不计税的工程设备金额 | | |
| | | | | |
| 合　计 | | | | 1040. 28 |

## 附 6.31　装饰工程承包人提供主要材料和工程设计一览表

工程名称：×××机修厂【装饰工程】　　　　标段：

| 序　号 | 材料名称 | 规格、型号及特殊要求 | 单　位 | 单　价（元） | 备　注 |
|---|---|---|---|---|---|
| 1 | 水泥 | 32. 5 | kg | 0. 42 | |
| 2 | 中砂 | | $m^3$ | 86. 10 | |
| 3 | 水 | | $m^3$ | 1. 50 | |
| 4 | 砾石 | 5 ~ 10 mm | $m^3$ | 50. 00 | |
| 5 | 其他材料费 | | 元 | 1. 00 | |
| 6 | 标准砖 | | 千匹 | 300. 00 | |
| 7 | 石灰膏 | | $m^3$ | 130. 00 | |
| 8 | 细砂 | | $m^3$ | 83. 50 | |
| 9 | 白石子（方解石） | | kg | 0. 30 | |
| 10 | 801 胶水 | | kg | 1. 50 | |
| 11 | 一等锯材（干） | | $m^3$ | 1550. 00 | |
| 12 | 胶合板 | 3 mm | $m^2$ | 10. 00 | |
| 13 | 木砖 | | $m^3$ | 1850. 00 | |
| 14 | 平板玻璃 | 3 mm | $m^2$ | 14. 00 | |
| 15 | 乳白胶 | | kg | 6. 00 | |
| 16 | 铰链 | 70 ~ 100 mm | 付 | 1. 50 | |
| 17 | 风钩 | 120 ~ 150 mm | 只 | 0. 20 | |

续表

工程名称：×××机修厂【装饰工程】　　　　标段：

| 序　号 | 材料名称 | 规格、型号及特殊要求 | 单　位 | 单　价（元） | 备　注 |
|---|---|---|---|---|---|
| 18 | 插销 | 50～100 mm | 付 | 0.50 | |
| 19 | 弓形拉手 | 150 mm | 付 | 0.70 | |
| 20 | 搭扣 | | 付 | 1.00 | |
| 21 | 调和漆 | 白酯胶调和漆 | kg | 8.00 | |
| 22 | 熟桐油 | | kg | 7.80 | |
| 23 | 油漆溶剂油 | 200# | kg | 3.50 | |
| 24 | 铰链 | 25～60 mm | 付 | 1.00 | |
| 25 | 滑石粉 | | kg | 0.35 | |
| 26 | 腻子胶 | | kg | 1.50 | |
| 27 | 大白粉 | | kg | 0.40 | |
| 28 | 白水泥 | | kg | 0.60 | |
| 29 | 立邦永得丽底漆 | | kg | 25.00 | |
| 30 | 立邦永得丽面漆 | | kg | 27.00 | |
| | | | | | |
| | | | | | |
| | | | | | |

## 附6.32　工程量计算表

### 工程量计算表

工程名称：×××机修厂

| 名　称 | | 计算公式 | 单　位 | 工程量 |
|---|---|---|---|---|
| 一、计算基数 | | | | |
| $L_中$ | | $L_中=(10.8+8.1)\times2=37.8$ | m | 37.8 |
| $L_内$ | | $L_内=(8.1-0.24)+(3.6-0.24)=11.22$ | m | 11.22 |
| $L_外$ | | $L_外=(8.34+11.04)\times2=38.76$ | m | 38.76 |
| $L_垫$ | | $L_垫=8.1-2\times0.6+3.6-2\times0.6=9.3$ | m | 9.3 |
| $S_底$ | | $S_底=11.04\times8.34=92.07$ | $m^2$ | 92.07 |
| $S_净$ | | $S_净=11.04\times8.34-(37.8+11.2)\times0.24=80.31$ | $m^2$ | 80.31 |
| 二、土(石)方工程 | | | | |
| 平整场地 | | $S_平=S_底=92.07$ | | |
| 挖基础土方 | | $V_挖=V_槽+V_坑=84.78+8.73=93.51$ | $m^3$ | 93.51 |
| | 挖基槽 | $V_槽=B\times H\times(L_中+L_垫)=1.2\times1.5\times(37.8+9.3)=84.78$ | | |
| | 挖基坑 | $V_坑=2.3\times2.3\times(1.8-0.15)=8.73$ | | |

续表

| 名　称 | | 计算公式 | 单　位 | 工 程 量 |
|---|---|---|---|---|
| 回填土 | | $V_{填}=V_{基填}+V_{室填}=46.81+5.62=52.43$ | $m^3$ | 52.43 |
| | 基础回填 | $V_{基填}=V_{挖}-V_{砖基}-V_{DQL}-V_{槽垫}-V_{坑垫}+V_{室外以上部分墙体}=93.51-18.84-3.53-25.73-0.53+1.93=46.81$ | | |
| | 室内回填 | $V_{室填}=S_{净}\times(0.15-0.08)=80.31\times0.07=5.62$ | | |
| 余土外运 | | $V_{运}=V_{挖}-V_{填}=93.51-52.31=41.20$ | $m^3$ | 41.20 |
| 三、混凝土 | | | | |
| 地圈梁 C20 | | $V=(L_{中}+L_{内})\times0.24\times0.3=(37.8+11.22)\times0.24\times0.3=3.53$ | $m^3$ | 3.53 |
| 槽垫层 C15 | | $V=(L_{中}+L_{垫})\times0.45\times1.2+2\times1.2\times0.24\times0.45=25.99$ | $m^3$ | 25.99 |
| 柱垫层 C10 | | $V=2.3\times2.3\times0.1=0.53$ | $m^3$ | 0.53 |
| 柱基 C20 | | $V=\frac{A+B+\sqrt{AB}}{3}\times H+2.1\times2.1\times0.3=\frac{0.5\times0.5+2.1\times2.1+\sqrt{0.5\times0.5\times2.1\times2.1}}{3}\times0.4+1.323=2.08$ | $m^3$ | 2.08 |
| 独立柱 C20 | | $V=(4.35+1)\times0.4\times0.4=0.86$ | $m^3$ | 0.86 |
| 构造柱 C20 | | $V=[(0.24+0.06)\times(0.24+0.03)+(0.24+0.03)\times(0.24+0.03)\times4+(0.24+0.06)\times0.24]\times4.35=1.93$ | $m^3$ | 1.93 |
| 圈梁 C20 | | $V=[(L_{中}+L_{内})-0.24\times6]\times0.24\times0.3=[(37.8+11.22)-0.24\times6]\times0.24\times0.3=3.43$ | $m^3$ | 3.43 |
| 现浇梁 | | | $m^3$ | 1.69 |
| | L-1 | $V=0.25\times0.5\times(8.34-0.4)=0.99$ | | |
| | L-2 | $V=0.25\times0.4\times(7.44-0.4)=0.70$ | | |
| 雨篷 YP | | | | |
| | YPB | $V=3.24\times0.7\times0.06\times2=0.272$ | $m^3$ | 0.272 |
| | YPL | $V=3.24\times0.25\times0.5\times2=0.81$ | $m^3$ | 0.81 |
| 室外台阶 | | $S=0.7\times3.24\times2=4.54$ | $m^2$ | 4.54 |
| 砼散水 | | $S=(38.76+4\times1)\times136.48-4.54=36.48$ | $m^2$ | 36.48 |
| 预制过梁 | | $V=0.29+0.086+0.125=0.50$ | $m^3$ | 0.50 |
| | GL-1 | $0.24\times0.12\times2\times5=0.29$ | | |
| | GL-2 | $0.24\times0.12\times1.5\times2=0.086$ | | |
| | GL-3 | $0.24\times0.18\times2.9=0.125$ | | |
| 预制板 bWB3605-3 | | $0.13\times48=6.24$ | $m^3$ | 6.24 |
| 四、砖石工程 | | | | |

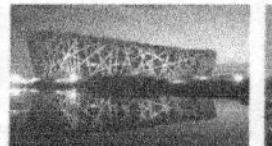

续表

| 名称 | | 计算公式 | 单位 | 工程量 |
|---|---|---|---|---|
| | | | | 18.84 |
| 砖基础 | 1-1 断面 | $V_{1\text{-}1}=L_{1\text{-}1}\times 0.24\times H_{折}=(8.1\times 2+3.6-0.24)\times 0.24\times(1.65-0.45-0.3+0.394)=6.07$ | | |
| | 2-2 断面 | $V_{2\text{-}2}=L_{2\text{-}2}\times 0.24\times H_{折}=(10.8\times 2+8.1-0.24+0.365\times 2)\times 0.24\times(1.65-0.45-0.3+0.656)]=11.27$ | | |
| 砖墙 | | $V=V_{外}+V_{内}-V_{构柱}-V_{圈}-V_{过梁}-V_{YPL}=39.76+9.02-1.93-3.42-0.56-0.81=42.06$ | $m^3$ | 42.06 |
| | 外墙 | $V_{外}=(L_{中}\times H_{外墙}-S_{门洞})\times$ 墙厚 $=[(37.8\times 4.97)-25.05]\times 0.24+0.365\times 0.24\times 3.85\times 2=39.75$ | | |
| | 内墙 | $V_{内}=(L_{中}\times H_{内墙}-S_{门洞})\times$ 墙厚 $=(11.22\times 4.35-6.2-5.04)\times 0.24=9.02$ | | |
| 五、屋面工程 | | | | |
| 卷材防水屋面 | | $S_{水}=(37.8-4\times 0.24)\times 0.25+(92.07-37.8\times 0.24)=92.21$ | $m^2$ | 92.21 |
| 屋面排水管 | | $L=(4.47+0.15)\times 4=18.48$ | m | 18.48 |
| 保温隔热屋面 | | $S=(10.8-0.24)\times(8.1-0.24)=83.00$ | $m^2$ | 83.00 |
| 装饰工程工程量 | | | | |
| 一、楼地面工程 | | | | |
| 水泥砂浆地面 | | $S_{地}=S_{净}=80.31$ | $m^2$ | 80.31 |
| 水泥砂浆地室外台阶 | | $S_{台}=0.7\times 3.24\times 2=4.54$ | $m^2$ | 4.54 |
| 二、墙柱面工程 | | | | |
| 内墙面一般抹灰 | | $S=[(37.8-7\times 0.24)+11.22\times 2+0.25\times 4]\times 4.35-[15.75+9.3+(6.20+5.04)\times 2]=211.56$ | $m^2$ | 211.56 |
| 柱面一般抹灰 | | $S_{柱}=4\times 0.4\times 3.85=6.16$ | $m^2$ | 6.16 |
| 水刷石外墙裙 | | $S_{裙}=38.76\times 1.15-1.5\times 2\times 1-3.24\times 0.15\times 2=40.60$ | $m^2$ | 40.60 |
| 白石子水刷石外墙面 | | $S_{外}=38.76\times(4.35+0.12+0.5+0.15)-25.05-40.60=132.80$ | $m^2$ | 132.80 |
| 白石子水刷石窗台 | | $S_{窗}=(1.5+0.2)\times 5\times 0.36=3.06$ | $m^2$ | 3.06 |
| | | | | |
| 三、顶棚工程 | | $S_{顶}=S_{室顶}+S_{雨}=93.74+3.89=97.63$ | $m^2$ | 97.63 |
| 室内顶棚一般抹灰 | | $S_{室顶}=80.31+(8.1-0.24)\times 0.5\times 2+(7.2-0.24)\times 0.4\times 2=93.74$ | $m^2$ | 93.74 |
| 雨棚顶棚一般抹灰 | | $S_{雨}=3.24\times 0.6\times 2=3.89$ | $m^2$ | 3.89 |
| 四、油漆、涂料工程 | | $S=211.56+6.16+93.74+3.89=315.35$ | $m^2$ | 315.34 |
| 内墙面普通乳胶漆 | | $S=[(37.8-7\times 0.24)+11.22\times 2+0.25\times 4]\times 4.35-[15.75+9.3+(6.20+5.04)\times 2]=211.56$ | $m^2$ | 211.56 |
| 柱面普通乳胶漆 | | $S_{柱}=4\times 0.4\times 3.85=6.16$ | $m^2$ | 6.16 |
| 室内顶棚普通乳胶漆 | | $S_{室顶}=80.31+(8.1-0.24)\times 0.5\times 2+(7.2-0.24)\times 0.4\times 2=93.74$ | $m^2$ | 93.74 |
| 雨棚顶棚普通乳胶漆 | | $S_{雨}=3.24\times 0.6\times 2=3.89$ | $m^2$ | 3.89 |
| | | | | |
| | | | | |
| | | | | |
| | | | | |

**钢筋计算表**

工程名称：×××机修厂

| 名　称 | 构件根数 | 钢筋直径 | 单根构件根数 | 构件钢筋计算公式 | 单根长度(m) | 理论质量(kg) | 备　注 |
|---|---|---|---|---|---|---|---|
| GZ | 6 | $\phi$12 | 4 | 4.35+1.2-0.06+3×0.92 | 5.526 | 117.73 | |
| | | $\phi$6 | 24 | (0.24-0.03)×4+0.08 | 0.92 | 29.41 | |
| L-1 | 1 | $\phi$20 | 2 | 2.5 | 2.5 | 12.33 | |
| | | $\phi$18 | 4 | 8.34-0.05+2×0.15 | 8.6 | 68.7 | |
| | | $\phi$12 | 2 | 8.34-0.05+6.25×0.012×2 | 8.44 | 14.99 | |
| | | $\phi$8 | 56 | (0.5-2×0.015+0.25-2×0.015)×2+0.1 | 3.38 | 52.65 | |
| L-2 | 1 | $\phi$20 | 1 | 2 | 2 | 4.93 | |
| | | $\phi$18 | 3 | 7.44-0.05+2×0.15 | 23.07 | 46.07 | |
| | | $\phi$12 | 2 | 7.44-0.05+2×6.25×0.012 | 7.54 | 13.39 | |
| | | $\phi$8 | 48 | (0.45-0.03+0.25-0.03)×2+0.1 | 1.28 | 24.27 | (7.44-2-0.05)/0.2+(2/0.1+1)=48 |
| Z | | $\phi$18 | 4 | (4.35+1)+0.07-0.06+3×0.018 | 6.04 | 48.28 | |
| | | $\phi$6 | 32 | (0.4-0.015×2)×4+0.08 | 1.5 | 10.66 | (0.65/0.1+(5.35-0.65)/0.2+1)=32 |
| QL | 2 | $\phi$12 | 4 | 8.1+3.6+37.8 | 49.5 | 351.65 | |
| | | $\phi$6 | 252 | (0.24+0.3)×2-0.015×8+0.08 | 1.04 | 524.16 | 49.5/0.2+4=252 |
| YP | | $\phi$22 | 4 | 3.24-0.05 | 3.19 | 76.15 | |
| | | $\phi$10 | 23 | 8.47+6.25×0.01+0.85-0.015×2+0.07-2×0.015 | 1.39 | 19.76 | |
| | | $\phi$8 | 17 | (0.25+0.5)×2-0.015×8+0.1 | 1.48 | 9.27 | 3.19/0.2+1=17 |
| | | $\phi$6 | 4 | 3.19+2×6.25×0.06 | 3.94 | 3.5 | |
| GL-1 | | $\phi$8 | 2 | 2-0.03+12.5×0.08 | 2.97 | 11.73 | |
| | | $\phi$6 | 9 | 0.24-0.03 | 0.21 | 2.1 | 1.97/0.25+1=9 |
| GL-2 | | $\phi$8 | 2 | 1.5-0.03+12.5×0.08 | 2.47 | 3.93 | |
| | | $\phi$6 | 7 | 0.24-0.03 | 0.21 | 0.65 | 1.47/0.25+1=7 |
| GL-3 | | $\phi$12 | 2 | 2.9-0.03+12.5×0.012 | 3.87 | 6.87 | |
| | | $\phi$6 | 16 | (0.24+0.18)×2-0.015×8+0.05 | 0.77 | 2.73 | 2.87/0.2+1=16 |
| 预制板预应力钢筋 | | | 48 | 5.24×48 | 5.24 $m^3$/块 | 251.52 | |
| | | | | | | | |
| | | | | | | | |
| | | | | | | | |

## 知识梳理与总结

建设工程招标投标概述，主要讲述了建设工程招投标的概念、方式和程序，了解我国境内必须进行招标的范围。

建筑工程投标报价是建筑工程投标工作的重要环节，可以采用定额报价和工程量清单报价模式。

通过某机修厂工程量清单投标报价模式案例讲解，掌握建筑工程投标报价的计算程序，能熟练地应用各地计价依据和造价文件、规范，正确地应用各种计价表格，进一步掌握清单列项、项目特征、内容描述、计算工程量、综合单价、利润、税金和投标价格等内容。

# 第7章 工程结算、竣工结算和竣工决算

## 教学导航

**学习目的** 1. 了解工程结算的概念、方式；掌握工程价款的计算与支付；

2. 了解竣工结算的概念、编制和法律规定；掌握竣工结算计算的方法；

3. 了解竣工决算的作用和编制。

**学习方法推荐** 讲解法、案例法、小组讨论法等

**教学时间** 4～6 学时

**延伸活动或技能训练时间** （2 学时）

**教学做过程/教学手段/教学场所安排**

| 教学做过程 | 具体内容 | 教学方法及时间安排 | | | 场所安排 |
|---|---|---|---|---|---|
| | | 授课时间（学时） | 活动时间（学时） | 延伸时间（学时） | |
| 工程结算 | 工程结算的意义 | 1 | | | 教室 |
| | 工程结算的方式 | | | | |
| | 工程结算价款的计算与支付 | | | | |
| 竣工结算 | 竣工结算的内容与编制 | 1 | | (1) | 教室 |
| | 竣工结算价款的调整 | | | | |
| | 竣工结算价款的支付 | | | | |
| 竣工决策 | 竣工决算编制的作用 | 2 | | (1) | |
| | 竣工决算编制的依据 | | | | |
| | 竣工决算的编制内容 | | | | |
| 小　计 | | 4 | | (2) | |

# 7.1　工程结算

工程结算是指施工企业按照承包合同和已完工程量向建设单位（业主）办理工程价款清算的经济文件。工程建设周期长，耗用资金数量大，为使建筑安装企业在施工中耗用的资金及时得到补偿，承发包双方根据合同约定，对合同工程在实施中、终止时、已完工后进行的合同价款计算、调整和确认，包括中间结算（进度款结算）、终止结算和竣工结算。

## 7.1.1　工程结算的意义

工程结算是工程项目承包中的一项十分重要的工作，主要表现为以下几方面。

（1）工程结算是反映工程进度的主要指标。在施工过程中，工程结算的依据之一就是按照已完的工程进行结算，根据累计已结算的工程价款占合同总价款的比例，能够近似反映出工程的进度情况。

（2）工程结算是加速资金周转的重要环节。施工单位尽快尽早地结算工程款，有利于偿还债务，有利于资金回笼，降低内部运营成本。通过加速资金周转，提高资金的使用效率。

（3）工程结算是考核经济效益的重要指标。对于施工单位来说，只有工程款如数地结清，才意味着避免了经营风险，施工单位也才能够获得相应的利润，进而达到良好的经济效益。

## 7.1.2　工程结算的方式

根据工程性质、规模、资金来源和施工工期，以及承包内容不同，一般工程结算方式可分为定期结算、分段结算、年终结算、竣工后一次结算和目标结算等。

### 1. 定期结算

定期结算是指定期由承包方提出已完成的工程进度报表，连同工程价款结算账单，经发包方签证，交银行办理工程价款结算。定期结算通常分为如下内容。

（1）月初预支，月末结算，竣工后清算的办法。在月初（或月中），承包方按施工作业计划和施工图预算，编制当月工程价款预支账单，其中包括预计完成的工程名称、数量和预算价值等，经发包方认定，交建设银行预支大约 50% 的当月工程价款，月末按当月施工统计数据，编制已完工程月报表和工程价款结算账单，经发包方签证，交建设银行办理月末结算。同时，扣除本月预支款，并办理下月预支款。本期收入额为月终结算的已完工程价款金额。

（2）月末结算。月初（或月中）不实行预支，月终承包方按统计的实际完成分部分项工程量，编制已完工程月报表和工程价款结算账单，经发包方签证，交建设银行审核办理结算。

### 2. 分段结算

分段结算是指以单项（或单位）工程为对象，按其施工形象进度划分为若干施工阶段，按阶段进行工程价款结算。

（1）阶段预支和结算。根据工程的性质和特点，将其施工过程划分为若干施工形象进度

阶段，以审定的施工图预算为基础，测算每个阶段的预支款数额。在施工开始时，办理第一阶段的预支款，待该阶段完成后，计算其工程价款，经发包方签证，交建设银行审查并办理阶段结算，同时办理下一阶段的预支款。

(2) 阶段预支，竣工结算。对于工程规模不大，投资额较小，承包合同价值在50万元以内，或工期较短，一般在六个月以内完成的工程，将其施工全过程的形象进度大体分几个阶段，施工企业按阶段预支工程价款，在工程竣工验收后，经发包方签证，通过建设银行办理工程竣工结算。

**3. 年终结算**

年终结算是指单位工程或单项工程不能在本年度竣工，而要转入下年度继续施工。为了正确统计施工企业本年度的经营成果和建设投资完成情况，由承包方、发包方和建设银行对正在施工的工程进行已完成和未完成工程量盘点，结清本年度的工程价款。

**4. 竣工后一次结算**

基本建设投资由预算拨款改为建设银行拨款，取消了预付备料款和预支工程价款制度，承包方所需流动资金，全部由建设银行贷款。采用新的贷款制度的建设项目，或者按承包合同规定，实行竣工结算的工程项目，工程价款结算实行竣工后一次结算。竣工后一次结算的工程，一般按建设项目工期长短不同可分为如下内容。

(1) 建设项目竣工结算。它是指建设工期在一年内的工程，一般以整个建设项目为结算对象，实行竣工后一次结算。

(2) 单项工程竣工结算。它是指当年不能竣工的建设项目，其单项工程在当年开工，当年竣工的，实行单项工程竣工后一次结算。

单项工程当年不能竣工的工程项目，也可以实行分段结算、年终结算，或竣工后一次结算的方法。

### 7.1.3 工程价款的计算与支付

**1. 预付款**

在开工前，发包人按照合同约定，预先支付给承包人用于购买合同工程施工所需的材料、工程设备，以及组织施工机械和人员进场等款项。

1) 预付款的计算

工程预付款额度，各地区、各部门的规定不完全相同，主要是保证施工所需材料和构件的正常储备，其计算方法如下。

(1) 百分比法：百分比法是按年度工作量的一定比例确定预付款额度的一种方法，由各地区、各部门根据各自的条件从实际出发分别制订预付款的比例。

① 建筑工程一般不得超过当年建筑工程量的25%（大量采用预制构件以及工期在6个月内的工程可适当增加）；

② 安装工程一般不得超过当年安装工程量的10%（安装材料用量较大的工程可适当增加）；

③ 小型工程（指 30 万元以下）可以不预付款，采用直接分阶段拨付工程进度款等。

(2) 数学计算法：数学计算法是根据主要材料（含结构构件等）占年度承包工程总价的比重、材料储备定额天数和年度施工天数等因素，通过数学公式计算预付备料款额度的一种方法，其计算公式为：

$$工程预付款数额 = \frac{工程总价 \times 材料比重（\%）}{年度施工天数} \times 材料储备天数$$

公式中，年度施工天数按 365 天（日历天）计算；材料储备天数由当地材料供应的在途天数、加工天数、整理天数、供应间隔天数、保险天数等因素决定。

2）预付款的支付

工程预付款是建设工程施工合同订立后由发包人按照合同约定，在正式开工前预先支付给承包人的工程款。在《建设工程施工合同（示范文本）》中，对有关工程预付款做了如下约定：

“实行工程预付款的，双方应当在专用条款内约定发包人向承包人预付工程款的时间和数额，开工后按约定的时间和比例逐次扣回。预付时间应不迟于约定的开工日期前 7 天。发包人不按约定预付，承包人在约定预付时间 7 天后向发包人发出要求预付的通知，发包人收到通知后仍不能按要求预付，承包人可在发出通知后 7 天停止施工，发包人应从约定应付之日起向承包人支付应付款的贷款利息，并承担违约责任。”

3）预付款担保

发包人要求承包人提供预付款担保的，承包人应在发包人支付预付款 7 天前提供预付款担保。预付款担保可采用银行保函、担保公司担保等形式，在预付款完全扣回之前，承包人应保证预付款担保持续有效。

发包人在工程款中逐期扣回预付款后，预付款担保额度应相应减少，但剩余的预付款担保金额不得低于未被扣回的预付款金额。

4）预付款的扣回

在实际工作中，预付款的回扣方法可由发包人和承包人通过洽商用合同的形式予以确定，也可针对工程实际情况具体处理。如有些工程工期较短、造价较低，就无须分期扣还；有些工期较长，如跨年度工程，其备料款的占用时间很长，根据需要可以少扣或不扣。

$$起扣点 = 承包工程价款总额 - (预付款/主要材料所占比重)$$

**2. 进度款**

进度款是指工程开工之后，在施工过程中，发包人按照合同约定，对付款周期内承包人完成的合同价款支付的款项，也是合同价款期中结算支付。

1）进度款的内容

(1) 截至本次付款周期已完成工作对应的金额。

(2) 本期间应增加和扣减的变更金额。

(3) 本期间约定应支付的预付款和扣减的返还预付款。

(4) 本期间质量保证金约定应扣减的质量保证金。

(5) 本期间索赔应增加和扣减的索赔金额。

(6) 对已签发的进度款支付证书中出现错误的，修正金额应在本次进度付款中支付或扣除的

金额。

(7) 根据合同约定应增加和扣减的其他金额。

2) 进度款的支付

进度款支付周期应与合同约定的工程计量周期一致。《建设工程施工合同（示范文本）》关于工程款的支付也做出了如下相应的约定。

(1) 监理人应在收到承包人进度付款申请单及相关资料后7天内完成审查并报送发包人，发包人应在收到后7天内完成审批并签发进度款支付证书。发包人逾期未完成审批且未提出异议的，视为已签发进度款支付证书。

(2) 发包人和监理人对承包人的进度付款申请单有异议的，有权要求承包人修正和提供补充资料，承包人应提交修正后的进度付款申请单。监理人应在收到承包人修正后的进度付款申请单及相关资料后7天内完成审查并报送发包人，发包人应在收到监理人报送的进度付款申请单及相关资料后7天内，向承包人签发无异议部分的临时进度款支付证书。

(3) 发包人应在进度款支付证书或临时进度款支付证书签发后14天内完成支付，发包人逾期支付进度款的，应按照中国人民银行发布的同期同类贷款基准利率支付违约金。

(4) 发包人签发进度款支付证书或临时进度款支付证书，不表明发包人已同意、批准或接受了承包人完成的相应部分的工作。

(5) 在对已签发的进度款支付证书进行阶段汇总和复核中发现错误、遗漏或重复的，发包人和承包人均有权提出修正申请。经发包人和承包人同意的修正金额，应在下期进度付款中支付或扣除。

**3. 质量保证金**

质量保证金是指发、承包双方在工程合同中约定，从应付合同价款中预留，用以保证承包人在缺陷责任期内履行缺陷修复义务的金额。

1) 质量保证金的方式

承包人提供质量保证金有以下三种方式。

(1) 质量保证金保函。

(2) 相应比例的工程款。

(3) 双方约定的其他方式。

除另有约定外，质量保证金原则上采用上述第（1）种方式。

2) 质量保证金的扣留

质量保证金的扣留有以下三种方式。

(1) 在支付工程进度款时逐次扣留，在此情形下，质量保证金的计算基数不包括预付款的支付、扣回及价格调整的金额。

(2) 工程竣工结算时一次性扣留质量保证金。

(3) 双方约定的其他扣留方式。

除另有约定外，质量保证金的扣留原则上采用上述第（1）种方式。

发包人累计扣留的质量保证金不得超过结算合同价格的5%，如承包人在发包人签发竣工付款证书后28天内提交质量保证金保函，发包人应同时退还扣留的作为质量保证金的工程价款。

## 7.2　竣工结算

竣工结算是指单位或单项建筑安装工程完工验收后办理的工程结算，它是以施工过程发生的工程变更、物价变化、不可抗力等情况，对原施工图预算或工程合同价进行调整修正，最终确定工程造价的技术经济文件。由施工单位编制，建设单位审查，双方最终确定。

竣工结算是承包方完成该工程项目的总货币收入，是企业内部进行成本核算，确定工程实际成本的重要依据；竣工结算的完成，标志着承包方和发包方双方所承担的合同义务和经济责任的结束。

### 7.2.1　竣工结算的内容与编制

#### 1. 竣工结算的内容

(1) 竣工结算合同价格。
(2) 发包人已支付承包人的款项。
(3) 应扣留的质量保证金。
(4) 发包人应支付承包人的合同价款。

#### 2. 竣工结算的编制

竣工结算的编制与施工图预算基本相同。其费用构成和编制方法与施工图预算也基本相同，只是结合施工中历次设计变更资料、修改图纸、现场签证、工程量核定单、材料差价等实际变动情况，在合同中所列基础上进行增、减调整计算。

编制竣工结算除应具备全套竣工图纸、计价定额、材料价格或材料购物凭证、设备购物凭证、取费标准以及有关计价规定外，还应具备以下资料。

(1) 工程合同或协议书的有关条款。
(2) 施工图预算书。
(3) 设计变更通知单（见表 7.1）。

**表 7.1　设计变更通知单**

| 工 程 项 目 | | | | |
|---|---|---|---|---|
| 项目名称 | | | | |
| | | | | |
| | | | | |
| 审查人 | 施工单位 | | 设计人 | |
| | 监理单位 | | 校核 | |
| 编号 | | | 年　　月　　日 | |

(4) 建设单位会同设计单位提出的有关追加、削减项目的通知单。
(5) 由施工单位提出，建设单位和设计单位会签的施工技术问题核定单（见表 7.2）。
(6) 工程签证单。

（7）隐蔽工程验收单（见表7.3）。

**表7.2 施工技术问题核定单**

<table>
<tr><td colspan="2">工 程 名 称</td><td></td><td>提 出 单 位</td><td></td></tr>
<tr><td colspan="2">图纸编号</td><td></td><td>核定单位</td><td></td></tr>
<tr><td colspan="2">问题及处理意见</td><td></td><td></td><td></td></tr>
<tr><td>核定内容</td><td colspan="4"></td></tr>
<tr><td>建设单位意见</td><td colspan="4"></td></tr>
<tr><td>设计单位意见</td><td colspan="4"></td></tr>
<tr><td>监理单位意见</td><td colspan="4"></td></tr>
<tr><td colspan="2">提出单位</td><td colspan="2">核定单位</td><td>监理单位</td></tr>
<tr><td colspan="2">技术负责人<br>年 月 日</td><td colspan="2">核定人<br>年 月 日</td><td>现场代表<br>年 月 日</td></tr>
</table>

**表7.3 隐蔽工程验收单**

<table>
<tr><td colspan="2">工 程 名 称</td><td></td><td>隐 蔽 工 程</td><td></td></tr>
<tr><td colspan="2">项目名称</td><td></td><td>施工图号</td><td></td></tr>
<tr><td>施工说明及简图</td><td colspan="4"></td></tr>
<tr><td colspan="2">建设单位：<br>主管负责人：</td><td>监理单位：<br>现场代表：</td><td colspan="2">施工单位：<br>质检员：</td></tr>
</table>

年 月 日

(8) 材料代换核定单。

(9) 材料价格变更文件。

(10) 经双方协商同意并办理了签证的应列入工程结算的其他事项。

### 7.2.2　竣工结算的计算方法

合同履行期间，由于工程变更、物价变化、不可抗力等情况，出现了合同工程实施过程中任何一项工作的增减、取消或施工工艺、顺序、时间的改变；设计图纸的修改；施工条件的改变引起措施项目改变；招标工程量清单的错漏而引起合同条件的改变、工程量的增减变化等。竣工结算的调整应由发包人或承包人提出，经发包人批准以下合同工程均应进行竣工结算价款的调整。

#### 1. 清单项目的调整

由于工程变更引起新的清单项目，应进行如下调整。

(1) 已标价工程量清单中有适用于变更工程项目的，采用该项目的单价。

(2) 已标价工程量清单中没有适用的，但有类似变更工程项目的，可在合理范围内参照类似项目的单价执行。

(3) 已标价工程量清单中没有适用的，也没有类似于变更工程项目的，由承包人根据变更工程资料、计量规则和计价办法、工程造价管理机构发布的信息价格和承包人报价浮动率提出变更工程项目的单价，报发包人确认后调整。

承包人报价浮动率的计算如下。

招标工程：　　承包人报价浮动率 $L=(1-$中标价/招标控制价$)\times100\%$

非招标工程：　承包人报价浮动率 $L=(1-$报价值/施工图预算$)\times100\%$

(4) 已标价工程量清单中没有适用的，也没有类似于变更工程项目的，且工程造价管理机构发布的信息价格缺价的，由承包人根据变更工程资料、计量规则、计价办法和通过市场调查等取得合法依据的市场价格提出变更工程项目的单价，报发包人确认后调整。

#### 2. 工程量差调整

工程量差是指施工图预算或合同内所列分项工程量与实际完成的分项工程量不相符而需要增加或减少的工程量。这部分量差一般由以下原因造成：

(1) 设计单位提出的设计变更。工程开工后，由于某种原因，建设单位提出要求改变某些施工做法，增减某些具体工程项目等。经与施工单位研究并征求设计单位同意后，填写设计变更洽商记录，经三方签证后作为结算增减工程量的依据。

(2) 施工中遇到需要处理的问题而引起的设计变更。施工单位在施工过程中，遇到一些原设计未预料到的具体情况，需要进行处理，经三方签证后作为结算增减工程量的依据。

(3) 施工单位提出的设计变更。施工单位在施工中，由于施工方面的原因，例如，由于某种建筑材料一时供应不上，需要改用其他材料代替；或因施工现场要求改变某些项目的具体设计而需变更设计时，除较大者需经设计单位同意外，一般只需建设单位同意并在洽商记录上签证，即可作为增减工程量的依据。

(4) 发包人在招标文件中所列的分项工程不准确。在编制竣工结算前，应结合工程竣工验收，核对实际完成的分项工程量。如发现与施工图预算或合同价内所列分项工程量不符时，应按实调整。

调整原则：当工程量增加15%以上时，其增加部分的工程量的综合单价应调低；当工程量减少15%时，减少后剩余部分的工程量的综合单价应调高。该分部分项工程费调整为：

$$S = Q_0 \times P_0 \qquad (0.85Q_0 < Q_1 \leqslant 1.15Q_0)$$

$$S = 1.15Q_0 \times P_0 + (Q_1 - 1.15Q_0) \times P_1 \qquad (Q_1 > 1.15Q_0)$$

$$S = Q_1 \times P_1 \qquad (Q_1 \leqslant 0.85Q_0)$$

式中　$S$——调整后的某一分部分项工程费结算价；

$Q_0$——已列出的招标工程量；

$Q_1$——完成的竣工工程量；

$P_0$——承包人在工程量清单中填报的综合单价；

$P_1$——按照最终完成的工程量重新调整后的综合单价。

**3. 施工方案改变引起调整**

由于工程变更引起施工方案改变，并使措施项目发生变化的，且拟实施的方案经发、承包双方确认的，应按下列规定调整措施项目费用。

(1) 安全文明施工费按实际发生变化的措施项目依据国家或省级、行业建设主管部门的规定计算，不得作为竞争性费用。

(2) 采用单价计算的措施项目费，按照实际发生变化的措施项目依据（1）清单项目调整规定确定单价。

(3) 按总价（或系数）计算的措施项目费用，按照实际发生变化的措施项目调整，但应考虑承包人报价浮动，即调整金额为实际调整金额乘以（1）清单项目调整规定的承包人报价浮动率。

**4. 综合单价调整**

工程变更引起承包人在工程量清单中填报的综合单价与发包人招标控制价或施工图预算相应清单项目的综合单价变化的，且综合单价偏差超过15%时，发、承包双方可按以下规定进行调整。

当 $P_0 \leqslant P_2 \times (1-L) \times (1-15\%)$ 时，调整后的综合单价：

$$P = P_2 \times (1-L) \times (1-15\%)$$

当 $P_0 > P_2 \times (1+15\%)$ 时，调整后的综合单价：

$$P = P_2 \times (1+15\%)$$

式中　$P_0$——承包人在工程量清单中填报的综合单价；

$P_2$——发包人招标控制价或施工预算相应清单项目的综合单价；

$L$——承包人报价浮动率。

**5. 物价变化引起的调整**

由于物价变化引起了人工、材料、工程设备和施工机械台班单价出现涨落，且涨落超过一定范围，则超过部分的价格应进行调整，其调整的方法有价格指数调整法和造价信息调整法两种。

1）价格指数调整法

因人工、材料和工程设备、施工机械台班等价格波动影响合同价格时，根据招标人提供的主要材料和工程设备一览表，并由投标人在投标函附录中的价格指数和权重表约定的数据，按下式计算差额并调整合同价款。

$$\triangle P = P_0[A + (B_1 \times F_{t1}/F_{01} + B_2 \times F_{t2}/F_{02} + B_3 \times F_{t3}/F_{03} + \cdots + B_n \times F_{tn}/F_{0n}) - 1]$$

式中　$\triangle P$——需调整的价格差额；

$P_0$——调值前工程工程款；

$A$——定值权重（即不调部分的权重）；

$B_1$，$B_2$，$B_3$，…，$B_n$——各可调因子的变值权重，为各可调因子在投标函投标总报价中所占的比例；

$F_{t1}$，$F_{t2}$，$F_{t3}$，…，$F_{tn}$——各可调因子的现行价格指数，指约定的付款证书相关周期最后一天的前 42 天的各可调因子的价格指数；

$F_{01}$，$F_{02}$，$F_{03}$，…，$F_{0n}$——各可调因子的基本价格指数，指基准日期的各可调因子的价格指数。

以上各可调因子、定值和变值权重，以及基本价格指数及其来源由承发包双方约定。价格指数应首先采用工程造价管理机构发布的价格指数，无前述价格指数时，可采用工程造价管理机构发布的价格代替。

应用调值公式时注意如下。

（1）计算物价指数的品种只选择对总造价影响较大的少数几种。

（2）在签订合同时，要明确调价品种和波动到何种程度可调整（材料、工程设备单价变化超过 5%，施工机械台班单价变化超过 10%）。

（3）考核地点一般在工程所在地或指定某地市场。

（4）确定基期时点价格指数或价格、计算期时点价格指数或价格。计算期时点是特定付款凭证涉及的期间最后一天的 49 天前一天。

2）造价信息调整法

（1）人工单价调整：发、承包双方应按省级/行业建设主管部门或其授权的工程造价信息机构发布的人工成本文件调整合同价款。

（2）材料单价调整：施工期间材料单价涨幅、跌幅超过合同约定的风险幅度值时，其超出部分按实调整。

价格差额 = ∑招标文件中的材料用量 ×（竣工时当时当地工程造价管理机构公布的材料信息价或结算价 – 招标文件中列出的基准价格）

（3）施工机械台班单价或施工机械使用费发生变化超过省级/行业建设主管部门或其授权的工程造价管理机构规定的范围时，按规定调整合同价格。

**6. 材料价差调整**

材料价差，包括因材料代用所发生的价格差额和材料实际价格与招标文件中列出的主要材料表的基期价格存在的价差。

材料调整差额 = ∑招标文件中的材料用量 ×（竣工时当时当地工程造价管理机构公布的材料信息价或结算价 – 招标文件中列出的基期价格）

**案例7-1** 计算某装饰工程墙地砖材料价差。

某装饰工程按合同工期按时竣工，经双方签订的合同协议，可调整装饰工程中的墙地砖材料价差。具体如下。

800 mm×800 mm 花岗石：招标文件中的材料用量为45 $m^2$，基期价格为305 元/$m^2$，实际采购价格为365 元/$m^2$，市内运输费率为4%，材料采购及保管费率为2%。

600 mm×600 mm 地砖：招标文件中的材料用量为105 $m^2$，基期价格为68 元/$m^2$，实际采购价格为78 元/$m^2$，市内运输费为0.2 元/$m^2$。

300 mm×300 mm 仿古地砖：招标文件中的材料用量为25 $m^2$，基期价格为20 元/$m^2$，实际采购价格为18 元/$m^2$。

300 mm×300 mm 彩釉墙砖：招标文件中的材料用量为253 $m^2$，基期价格为12 元/$m^2$，实际采购价格为13 元/$m^2$。

**解**：(1) 计算800 mm×800 mm 花岗石价差。

材料的结算单价＝实际采购价格×(1＋市内运输费率)×(1＋采购及保管费率)
＝365×(1＋4%)×(1＋2%)
＝387.19(元/$m^2$)

材料的调整单价＝材料的结算单价－基期价格
＝387.19－305
＝82.19(元/$m^2$)

则：材料的调整差额＝招标文件中的材料用量×材料的调整单价
＝45×82.19
＝3698.55(元)

(2) 600 mm×600 mm 地砖价差。

材料的结算单价＝(实际采购价格＋市内运输费)
＝(78＋0.2)
＝78.2(元/$m^2$)

材料的调整单价＝材料的结算单价－基期价格
＝78.2－68
＝10.2(元/$m^2$)

则：材料的调整差额＝招标文件中的材料用量×材料的调整单价
＝105×10.2
＝1071(元)

(3) 300 mm×300 mm 仿古地砖。

材料的结算单价＝实际采购价格＝18(元/$m^2$)

材料的调整单价＝材料的结算单价－基期价格
＝18－20
＝－2(元/$m^2$)

则：材料的调整差额 = 招标文件中的材料用量 × 材料的调整单价

$= 25 \times (-2)$

$= -50$（元）

（4）300 mm × 300 mm 彩釉墙砖。

材料的结算单价 = 实际采购价格 = 13（元/m²）

材料的调整单价 = 材料的结算单价 − 基期价格

$= 13 - 12$

$= 1$（元/m²）

则：材料的调整差额 = 招标文件中的材料用量 × 材料的调整单价

$= 253 \times 1$

$= 253$（元）

以上材料通常采用差价计算表格形式进行计算，见表 7.4。

**表 7.4　材料差价计算表**

| 序号 | 材料名称 | 规　　格 | 单位 | 材料用量 | 材料差价（元） | | 单价差计算式 |
|---|---|---|---|---|---|---|---|
| | | | | | 单价差 | 差价合计 | |
| 1 | 花岗石 | 800 mm × 800 mm | $m^2$ | 45 | 82.19 | 3698.55 | 387.19 − 305 = 82.19（元/m²） |
| 2 | 地砖 | 600 mm × 600 mm | $m^2$ | 105 | 10.2 | 1071 | 78.2 − 68 = 10.2（元/m²） |
| 3 | 仿古地砖 | 300 mm × 300 mm | $m^2$ | 25 | −2 | −50 | 18 − 20 = −2（元/m²） |
| 4 | 彩釉墙砖 | 300 mm × 300 mm | $m^2$ | 253 | 1 | 253 | 13 − 12 = 1（元/m²） |
| | | | | | | | |
| 合　　计 | | | | | | 4972.55 | |

**7. 法律变化引起的调整**

法律变化导致承包人在合同履行过程中所需要的费用发生除市场价格波动引起的调整约定以外的增加时，由发包人承担由此增加的费用；减少时，应从合同价格中予以扣减。因法律变化造成工期延误时，工期应予以顺延。因法律变化引起的合同价格和工期调整，合同当事人无法达成一致的，由总监理工程师商定或确定的约定处理；因承包人原因造成工期延误，在工期延误期间出现法律变化的，由此增加的费用和（或）延误的工期由承包人承担。

**8. 不可抗力**

不可抗力是指合同当事人在签订合同时不可预见，在合同履行过程中不可避免且不能克服的自然灾害和社会性突发事件，如地震、海啸、瘟疫、骚乱、戒严、暴动、战争和专用合同条款中约定的其他情形。

不可抗力引起的后果及造成的损失由合同当事人按照法律规定及合同约定各自承担。不

可抗力发生前已完成的工程应当按照合同约定进行计量支付，导致的人员伤亡、财产损失、费用增加和（或）工期延误等后果，由合同当事人按以下原则承担。

（1）永久工程、已运至施工现场的材料和工程设备的损坏，以及因工程损坏造成的第三人人员伤亡和财产损失由发包人承担。

（2）承包人施工设备的损坏由承包人承担。

（3）发包人和承包人承担各自人员伤亡和财产的损失。

（4）因不可抗力影响承包人履行合同约定的义务，已经引起或将引起工期延误的，应当顺延工期，由此导致承包人停工的费用损失由发包人和承包人合理分担，停工期间必须支付的工人工资由发包人承担。

（5）因不可抗力引起或将引起工期延误，发包人要求赶工的，由此增加的赶工费用由发包人承担。

（6）承包人在停工期间按照发包人要求照管、清理和修复工程的费用由发包人承担。

### 7.2.3 有关竣工结算的法律规定

《建设工程施工合同》通用条款对竣工结算做了以下详细规定。

（1）工程竣工验收报告经发包方认可后28天内，承包方向发包方递交竣工结算报告及完整的结算资料，双方按照协议书约定的合同价款及专用条款约定的合同价款调整内容，进行工程竣工结算。

（2）发包方收到承包方递交的竣工报告及结算资料后28天内进行核实，给予确认或提出修改意见。发包方确定竣工结算报告后通知经办银行向承包方支付工程竣工结算价款。承包方收到竣工结算价款后14天内将竣工工程交付发包方。

（3）发包方收到竣工结算报告及结算资料后28天内无正当理由不支付工程竣工结算价款，从第29天起按承包方同期向银行贷款利率支付拖欠工程价款的利息，并承担违约责任。

（4）发包方收到竣工结算报告及结算资料后28天内不支付工程竣工结算价款，承包方可以催告发包方支付结算价款。发包方在收到竣工结算及结算资料后56天内仍不支付的，承包方可以与发包方协议将该工程折价，也可以由承包方申请人民法院将该工程依法拍卖，承包方就该工程折价或拍卖的价款优先受偿。

（5）工程竣工验收报告经发包方认可后28天内，承包方未能向发包方递交竣工结算报告及完整的结算资料，造成工程竣工结算不能正常进行或工程竣工结算价款不能及时支付，发包方要求交付工程的，承包方应当交付；发包方不要求交付工程的，承包方承担保管责任。

（6）发包承包双方对工程竣工结算价款发生争议的，按争议的约定处理。在实际工作中，当年开工、当年竣工的工程，只办理一次性结算。跨年度的工程，在年终办理一次年终结算，将未完工程结转到下一年度，此时竣工结算等于各年度结算的总和。

## 7.3 竣工决算

竣工决算是指在工程竣工验收交付使用阶段，由建设单位以竣工结算等资料为基础进行编制的。竣工决算反映建设项目从筹建到竣工投产或使用全过程的全部实际支出费用。它是建设单位建设项目实际造价和投资效果的文件，是竣工验收报告的重要组成部分。

为了严格执行基本建设项目竣工验收制度，正确核定新增固定资产价值，考核投资效果，建立健全项目法人责任制，按照国家关于基本建设项目竣工验收的规定，所有的新建、扩建、改建和恢复项目竣工后都要编制竣工决算。

## 7.3.1　竣工决算编制的作用

### 1. 竣工决算是国家对基本建设投资实行计划管理的重要手段

按照国家基本建设投资的规定，在批准基本建设项目计划任务书时，根据投资估算估计基本建设计划投资额。在确定基本建设项目设计方案时，按设计概算决定基本建设项目计划总投资最高数额。为了保证投资计划的实施，在施工图设计时编制施工图预算，确定单项工程或单位工程的计划价格，并且规定它不能超过相应的设计概算。施工企业要在施工图预算指标控制之下编制施工预算，确定施工计划成本。然而，在基本建设项目从筹建到竣工投产或交付使用的全过程中，各项费用的实际发生额，基本建设投资计划的实际执行情况，只能从建设单位编制的建设工程竣工决算中全面地反映出来。把节约或超支的原因总结经验教训，加强投资计划管理以提高基本建设投资效果。

### 2. 竣工决算是对基本建设实行“三算”对比的基本依据

“三算”对比中的设计概算和施工图预算，都是在建筑施工前不同建设阶段根据有关资料进行计算，确定拟建工程所需要的费用。在一定意义上，它们属于人们主观上的估算范畴。而建设工程竣工决算所确定的建设费用是人们在建设活动中实际支出的费用。因此，它在“三算”对比中具有特殊的作用，能够直接反映出固定资产投资计划完成情况和投资效果。

### 3. 竣工决算是竣工验收的主要依据

按照国家基本建设程序规定，当批准的设计文件规定的工业项目经负荷运转和试生产，生产出合格的产品，民用项目符合设计要求，能够正常使用时，应及时组织竣工验收工作，对建设项目进行全面考核。

建设单位提出的验收报告，主要组成部分是竣工决算文件，作为验收依据，验收人员要检查建设项目的实际建筑物、构筑物和生产设备与设施的生产和使用情况，审查竣工决算文件中的有关内容和指标，确定建设项目的验收结果。

### 4. 竣工决算是确定建设单位新增固定资产价值的依据

在竣工决算中详细地计算了建设项目所有的建筑工程费、安装工程费、设备费和其他费用等新增固定资产总额及流动资金，作为建设管理部门向企事业使用单位移交财产的依据。

**5. 竣工决算是基本建设成果和财务的综合反映**

建设工程竣工决算包括了基本项目从筹建到建成投产或使用的全部费用。它除了用货币形式表示基本建设的实际成本和有关指标外，还包括建设工期、工程量和资产的实物量以及技术经济指标。它综合了工程的年度财务决算，全面地反映了基本建设的主要情况。

### 7.3.2 竣工决算编制的依据

(1) 建设工程计划任务书和有关文件。

(2) 建设项目总概算书和单项工程综合概算书。

(3) 建设工程项目设计图纸及说明，其中包括总平面图、建筑工程施工图、安装工程施工图及有关资料。

(4) 设计交底或图纸会审会议纪要。

(5) 招标标底、承包合同及工程竣工结算资料。

(6) 施工记录或施工签证单及其他施工中发生的费用记录，如索赔报告与记录、停（交）工报告等。

(7) 竣工图及各种竣工资料。

(8) 设备、材料调价文件和调价记录。

(9) 历年基建资料、历年财务决算的批复文件。

(10) 国家和地方主管部门颁发的有关建设工程竣工决算文件。

### 7.3.3 竣工决算编制的内容

竣工决算编制的内容包括竣工财务决算说明书、竣工财务决算报表、工程竣工图和工程造价比较分析四个部分，前两个部分又称为建设项目竣工财务决算，是竣工决算的核心内容和重要组成部分。

**1. 竣工财务决算说明书**

(1) 建设项目概况。

(2) 会计账务的处理财产物资情况及债权债务的清偿情况。

(3) 资金节余、基建结余资金等的上交分配情况。

(4) 主要技术经济指标的分析、计算情况。

(5) 基本建设项目管理及决算中存在的问题、建议。

(6) 需说明的其他事项。

**2. 竣工财务决算报表**

按照财政部的规定，建设项目竣工财务决算报表如下：

大、中型建设项目竣工财务决算报表
- （1）建设项目竣工财务决算审批表（见表7.5）
- （2）大、中型建设项目概况表（见表7.6）
- （3）大、中型建设项目竣工财务决算表（见表7.7）
- （4）大、中型建设项目交付使用资产总表（见表7.8）
- （5）建设项目交付使用资产明细表（见表7.9）

小型建设项目竣工财务决算报表
- （1）建设项目竣工财务决算审批表
- （3）小型建设项目竣工财务决算表
- （5）建设项目交付使用资产明细表

**3. 建设工程竣工图**

建设工程竣工图是真实地记录各种地上、地下建筑物/构筑物等情况的技术文件，是工程进行交工验收、维护改建和扩建的依据，是国家的重要技术档案。

(1) 凡按图竣工没有变动的，由施工单位在原施工图上加盖"竣工图"标志后，即作为"竣工图"。

(2) 凡在施工过程中，虽有一般性设计变更，但能将原施工图加以修改补充作为竣工图的，可不重新绘制，由施工单位负责在原施工图（必须是蓝图）上注明修改的部分，并附以设计变更通知单和施工说明，加盖"竣工图"标志后，作为竣工图。

**表 7.5　建设项目竣工财务决算审批表**

| 建设项目法人（建设单位） | | 建设性质 | |
|---|---|---|---|
| 建设项目名称 | | 主管部门 | |
| 开户银行意见：<br><br>盖　章<br>年　月　日 | | | |
| 专员办审批意见：<br><br>盖　章<br>年　月　日 | | | |
| 主管部门或地方财政部门审批意见<br><br>盖　章<br>年　月　日 | | | |

(3) 凡有重大改变，不宜再在原施工图上修改、补充者，应重新绘制改变后的竣工图。由设计原因造成改变的，设计单位负责重新绘制竣工图；由施工单位原因造成改变的，由施

工单位重新绘制竣工图；由其他原因造成改变的，建设单位委托设计单位绘制竣工图。施工单位加盖“竣工图”标志后，作为竣工图。

（4）绘制反映竣工工程全部内容的工程设计平面示意图。

**表7.6 大、中型建设项目概况表**

| | | | | | | | | | | | | | |
|---|---|---|---|---|---|---|---|---|---|---|---|---|---|
| 建设项目（单项工程）名称 | | | 建设地址 | | | | | 基建支出 | 项目 | | 概算 | 实际 | 主要指标 |
| 主要设计单位 | | | 主要施工企业 | | | | | | 建筑安装工程 | | | | |
| 占地面积 | 计算 | 实际 | 总投资（万元） | 设计 | | 实际 | | | 设备 工具 器具 | | | | |
| | | | | 固定资产 | 流动资金 | 固定资产 | 流动资金 | | 待摊投资其中建设单位管理费 | | | | |
| | | | | | | | | | | | | | |
| 新增生产能力 | 能力（效益）名称 | | 设计 | 实际 | | | | | 其他投资 | | | | |
| | | | | | | | | | 待核销基建支出 | | | | |
| 建设起止时间 | 设计 | 从 年 月开工至 年 月竣工 | | | | | | | 非经营项目转出投资 | | | | |
| | 实际 | 从 年 月开工至 年 月竣工 | | | | | | | 合计 | | | | |
| 设计概算与批准文号 | | | | | | | | 主要材料消耗 | 名称 | 单位 | 概算 | 实际 | |
| | | | | | | | | | 钢材 | t | | | |
| 完成主要工程量 | 建筑面积（平方米） | | | 设备（台、套、吨） | | | | | 木材 | $m^3$ | | | |
| | 设计 | | 实际 | 设计 | | 实际 | | | 水泥 | t | | | |
| | | | | | | | | 主要批核经济指标 | | | | | |
| 收尾工程 | 工程内容 | | | 投资额 | | 完成时间 | | | | | | | |
| | | | | | | | | | | | | | |

**表7.7 大、中型建设项目竣工财务决算表**

| 资金来源 | 金额 | 资金占用 | 金额 | 补充资料 |
|---|---|---|---|---|
| 一、基建拨款 | | 一、基本建设支出 | | 1. 基建投资借款期末余额 |
| 1. 预算拨款 | | 1. 交付使用资产 | | |
| 2. 基建基金拨款 | | 2. 在建工程 | | 2. 应收生产单位投资借款期末数 |
| 3. 进口设备转账拨款 | | 3. 待核销基建支出 | | |
| 4. 器材转账拨款 | | 4. 非经营项目转出投资 | | 3. 基建结余资金 |
| 5. 煤代油专用基金拨款 | | 二、应收生产单位投资借款 | | |
| 6. 其他拨款 | | 三、拨付所属投资借款 | | |
| 二、项目资本 | | 四、器材 | | |
| 1. 国家资本 | | 其中：待处理器材损失 | | |
| 2. 法人资本 | | 五、货币资金 | | |
| 3. 个人资本 | | 六、预付及应收款 | | |
| 三、项目资本公积 | | 七、有价证券 | | |
| 四、基建借款 | | 八、固定资产 | | |
| 五、上级拨入投资借款 | | 固定资产原值 | | |
| 六、企业债券资金 | | 减：累计折旧 | | |
| 七、待冲基建支出 | | 固定资产净值 | | |
| 八、应付款 | | 固定资产清理 | | |
| 九、未交款 | | 待处理固定资产损失 | | |
| 1. 未交税金 | | | | |
| 2. 未交基建收入 | | | | |
| 3. 未交基建包干节余 | | | | |
| 4. 其他未交款 | | | | |
| 十、上级拨入资金 | | | | |
| 十一、留成收入 | | | | |
| 合计 | | 合计 | | |

**表7.8 大、中型建设项目交付使用资产总表**

| 单项工程项目名称 | 合计 | 固定资产 | | | | | 流动资产 | 无形资产 | 递延资产 |
|---|---|---|---|---|---|---|---|---|---|
| | | 建筑工程 | 安装工程 | 设备 | 其他 | 合计 | | | |
| 1 | 2 | 3 | 4 | 5 | 6 | 7 | 8 | 9 | 10 |
| | | | | | | | | | |
| | | | | | | | | | |
| | | | | | | | | | |
| | | | | | | | | | |
| | | | | | | | | | |
| | | | | | | | | | |
| | | | | | | | | | |

交付单位盖章　　年　　月　　日　　　　　　　　接收单位盖章　　年　　月　　日

**表 7.9　建设项目交付使用资产明细表**

| 单项工程项目名称 | 建筑工程 | | | 设备、工具、器具、家具 | | | | | 流动资产 | | 无形资产 | | 递延资产 | |
|---|---|---|---|---|---|---|---|---|---|---|---|---|---|---|
| | 结构 | 面积（$m^2$） | 价值（元） | 名称 | 规格型号 | 单位 | 价值（元） | 设备安装费（元） | 名称 | 价值（元） | 名称 | 价值（元） | 名称 | 价值（元） |
| | | | | | | | | | | | | | | |
| | | | | | | | | | | | | | | |
| | | | | | | | | | | | | | | |
| | | | | | | | | | | | | | | |
| | | | | | | | | | | | | | | |
| | | | | | | | | | | | | | | |
| | | | | | | | | | | | | | | |
| | | | | | | | | | | | | | | |
| 合　　计 | | | | | | | | | | | | | | |

交付单位盖章　　　　年　　月　　日　　　　　　　　　接收单位盖章　　　　年　　月　　日

## 知识梳理与总结

竣工结算是指单位或单项建筑安装工程完工验收后办理的工程结算，它是以施工过程发生的工程变更情况，对原施工图预算或工程合同价进行调整修正，最终确定工程造价的技术经济文件。由施工单位编制，建设单位审查，双方最终确定。

工程结算方式可分为定期结算、分段结算、年终结算、竣工后一次结算和目标结算等。

注意预付款和工程进度款的计算和支付。

合同履行期间，由于工程变更、物价变化、不可抗力等情况，出现了人工、材料、工程设备、施工机械台班单价、清单项目、工程数量、施工方案等发生改变，应掌握各种因素在规定范围内的调整计算。

了解竣工决算编制的作用、依据和内容。

## 思考与练习题 6

1. 什么是竣工结算？竣工结算包括哪些内容？
2. 什么是建设项目竣工决算？竣工决算包括哪些内容？
3. 竣工结算和竣工决算应如何编制？
4. 什么是工程预付款？工程预付款应如何拨付和扣还？
5. 什么是工程进度款？工程进度款应如何计算？
6. 某建筑安装工程，工程总价 600 万元，计划当年上半年内完工。主要材料和结构构件金额占总产值的 62.5%，年施工天数按 324 天计，材料储备天数 65 天，当年上半年各月实际完成施工产值见表 7.10。

**表 7.10　上半年各月实际完成施工产值**

| 一月（万元） | 二月（万元） | 三月（万元） | 四月（万元） | 五月（万元） | 六月（竣工）（万元） |
|---|---|---|---|---|---|
| 60 | 80 | 80 | 120 | 140 | 120 |

# 参考文献


[1] 建设部标准定额研究所．建设工程工程量清单计价规范［M］．北京：中国计划出版社，2003.

[2] 中华人民共和国建设部．建设工程工程量清单计价规范（GB 50500—2003）［M］．北京：中国计划出版社，2003.

[3] 中华人民共和国建设部．建设工程工程量清单计价规范（GB 50500—2008）［M］．北京：中国计划出版社，2008.

[4] 广东省建设工程造价管理总站．建设工程计价应用［M］．北京：中国建筑工业出版社，2006.

[5] 李希伦．建设工程工程量清单计价编制实用手册［M］．北京：中国计划出版社，2003.

[6] 中国建筑装饰协会．建筑装饰工程概预算编制与投标报价手册［M］．北京：中国建筑工业出版社，1994.

[7] 栋室工作室．全国统一建筑装饰装修工程消耗量定额应用手册［M］．北京：中国建筑工业出版社，2002.

[8] 肖伦斌．建筑装饰工程计价［M］．武汉：武汉工业大学出版社，2004.

[9] 龚维丽．工程建设定额基本理论与实务［M］．北京：中国计划出版社，1997.

[10] 徐大图．工程造价确定与控制［M］．北京：中国计划出版社，1997.

[11] 四川省建设工程造价管理总站．四川省建筑工程计价定额［M］．成都：四川科学技术出版社，SGD1-95.

[12] 四川省建设工程造价管理总站．四川省建筑工程计价定额［M］．成都：四川科学技术出版社，SGD1-2000.

[13] 李宏杨．建筑装饰装修工程量清单计价与投标报价［M］．北京：中国建材工业出版社，2003.

[14] 田永复．建筑装饰工程概预算［M］．北京：中国建筑工业出版社，2002.

[15] 徐伟，徐蓉．木工工程概预算与招投标［M］．上海：同济大学出版社，2003.

[16] 龚维丽．工程造价计价与控制［M］．北京：中国计划出版社，2003.

[17] 宋芳．建筑工程定额与预算［M］．北京：机械工业出版社，2009.

[18] 何辉．工程定额原理与实务［M］．北京：中国建筑工业出版社，2003.

[19] 袁建新，许元．建筑工程计量与计价［M］．北京：中国建筑工业出版社，2007.

[20] 尹贻琳．全国造价工程师执业资格考试培训教程：工程造价计价与控制［M］．北京：中国计划出版社，2004.

[21] 四川省建设工程造价管理站．四川省工程计价从业人员培训讲义：工程造价计价基础理论［M］．成都：西南交通大学出版社，2006.

[22] 四川省建设工程造价管理站．四川省工程计价从业人员培训讲义：建筑工程计量与计价［M］．成都：西南交通大学出版社，2006.

[23] 张寅．建筑装饰装修工程计量与计价［M］．北京：高等教育出版社，2006.

[24] 王朝霞．建筑工程计量与计价［M］．北京：机械工业出版社，2007.